普通高等教育“十三五”规划教材

计算几何算法与实现

（Visual C++版）

孔令德　等编著

電子工業出版社
Publishing House of Electronics Industry
北京 · BEIJING

内容简介

本书系统介绍Bezier曲线曲面、B样条曲线曲面和NURBS曲线曲面的理论与算法。第1章介绍曲线曲面的基本概念及表示形式；第2章介绍二维图形和三维图形的程序设计方法，示范直线绘图函数的使用方法，重点讲解制作网格模型动画的双缓冲技术；第3章讲解三次样条曲线、三次参数样条曲线、Hermite样条曲线和Cardinal曲线的原理与算法；第4章介绍三次Bezier曲线的定义算法、de Casteljau递推算法，重点讲解基于双三次Bezier曲面片制作Utah茶壶的算法，并在课程设计部分给出完整的代码；第5章介绍B样条的de Boor-Cox递推定义算法、二次和三次均匀B样条算法、非均匀B样条曲线计算节点矢量的Hartley-Judd算法；第6章在曲线部分介绍NURBS精确表示圆弧的方法，在曲面部分重点讲解NURBS构建三维曲面如球、圆环、酒杯的原理和算法。为了改变计算几何以数学公式推导为主的单调学习方法，增强曲线曲面的可视化效果，本书提供所有与原理配套的Visual C++源程序。这些源程序用模块化方法编写，注释简单易懂。为了降低程序的理解难度，旋转曲面投影以最简单的正交投影为主。对于计算机专业教师，可以深入理解原理与代码的对应关系；对于非计算机专业教师，可以直接运行程序。

本书不追求数学上的严密性与完整性，而注重于根据曲线曲面的数学公式的编程实现。本书的所有插图全部使用程序绘制。从数学角度的理解转换为图形方面的观察，可有效提高读者的学习兴趣，实现将数学公式借助于编程技术表示为图形效果的设计初衷。本书附录部分给出了6个实验项目及2个课程设计项目，并给出了犹他茶壶和花瓶的Visual C++源代码。

本书可作为高等院校计算机科学与技术、数字媒体技术、信息与计算科学、机械设计等专业本科生、硕士生、博士生的教材与参考书，也可供从事游戏开发、计算机建模、计算机图形学等领域的科学工作者参考使用。

图书在版编目 (CIP) 数据

计算几何算法与实现：Visual C++版 / 孔令德等编著．—北京：电子工业出版社，2017.8
ISBN 978-7-121-31569-5

I. ①计… II. ①孔… III. ①计算几何－高等学校－教材②计算机算法－高等学校－教材
IV. ①O18 ②TP301.6

中国版本图书馆CIP数据核字（2017）第121344号

策划编辑：谭海平
责任编辑：谭海平　　特约编辑：王崧
印　　刷：北京捷迅佳彩印刷有限公司
装　　订：北京捷迅佳彩印刷有限公司
出版发行：电子工业出版社
　　　　　北京市海淀区万寿路173信箱　　邮编：100036
开　　本：787×1 092　1/16　印张：19　字数：486.4千字
版　　次：2017年8月第1版
印　　次：2024年1月第4次印刷
定　　价：49.00元

凡所购买电子工业出版社图书有缺损问题，请向购买书店调换。若书店售缺，请与本社发行部联系，联系及邮购电话：（010）88254888，88258888。

质量投诉请发邮件至zlts@phei.com.cn，盗版侵权举报请发邮件至dbqq@phei.com.cn。

本书咨询联系方式：（010）88254552，tan02@phei.com.cn。

前　　言

数学的研究对象是“数”与“形”。几何学是研究“形”的一门数学学科。最早的几何学是欧氏几何学。阿基米德创立的欧氏几何学，用刚体运动研究几何不变量，这是最原始的几何学。笛卡儿发现坐标系后，形成了解析几何，通过坐标系将几何问题转化为代数问题。随着微积分的诞生，出现了微分几何。20 世纪 40 年代发明计算机后，为计算几何的出现提供了物质基础，很多几何问题都可使用计算机来解决。计算几何是以计算机为核心的、在信息环境下新产生的一门几何学。计算几何是对物体的形状信息进行计算机表示、分析与综合。计算几何的理论只有借助于计算机的编程实现，才能被更好地理解和应用。

计算几何的研究方面，国外有皮格尔（Piegl）与蒂勒（Tiller）合著的经典教材 *The NURBS Book*，书中重点介绍了关于 NURBS 的理论和算法。作为 NURBS 的主要研究者，皮格尔与蒂勒提出“要想从事 CAD，必须了解 NURBS”。NURBS 是计算几何的集大成者，已成为形状的表示、设计和数据交换的工业标准。国内苏步青与刘鼎元先生于 1981 年合著且影响深远的《计算几何》，开启了我国计算几何研究的先河。北京航空航天大学的施法中先生出版的《计算机辅助几何设计与非均匀有理 B 样条》已成为计算机几何领域的翘楚，内容涵盖了国内外近年来的最新研究进展及施法中先生的创新。

本书的研究内容涉及 Bezier、B 样条、NURBS 曲线曲面。其中，“数”是指 Bezier、B 样条、NURBS 等曲线曲面理论中数学公式的严格推理，“形”是指借助于计算机的强大计算能力，将曲线曲面的数学公式表达为图形。分形几何的创始人曼德尔布罗特（Mandelbrot）曾说过，“看到数学公式，我首先想到的是图形，图形的问题解决了，数学的问题也就解决了”。为了降低理解曲线曲面理论的难度，本书编写的出发点是基于计算几何的基本理论，使用 Visual C++编程生成曲线曲面图形。这些图形包括二维曲线图形和三维曲面图形。三维曲面图形主要采用最简单的平行投影讲解，这也有助于降低理解编程的难度。

本书不追求数学上的严密性与完整性，而注重于使用现有的曲线曲面的理论研究结论，编程绘制二维曲线及三维曲面。对于三维曲面，作者借助于三维图形学技术，基于双缓冲技术建立物体的线框模型，支持键盘方向键旋转图形，可从各个角度对曲面进行观察。作者在大学中主要讲授计算机图形学课程，出版有“十二五”本科普通高等教育国家级规划教材——计算机图形学系列教材（见 www.klingde.com）。计算机图形学研究的内容是模型与渲染问题。作者在讲授计算机图形学模型时，发现仅使用立方体、球体、圆环等模型太过乏味，进而研究犹他茶壶，并使用 Visual C++编程绘制了包含 306 个控制点的 32 片双三次曲面。调用 Visual C++编写的不同程序模块，学生可以选择绘制壶盖、壶嘴、壶体、壶柄、壶嘴等。这与直接调用 OpenGL 或 3DS 中的茶壶模型，只能绘制茶壶的整体效果是不同的。在此基础上，指导博创研究所的学生基于 B 样条方法与 NURBS 方法，使用 MFC 框架建立不同旋转体的曲面模型。博创研究所开发了一套“平转立”系统，只要给出一段 NURBS 二维曲线，就可直接生成其三维模型，并可使用键盘方向键旋转进行交互观察。作为教学相长的范例，学生的快速进步，促使我产生了编写一本适合于应用型本科院校使用的计算几何教材的想法，而该教材应该是图文并茂的。为了编好本书，作者开发了近 100 多个源程序，并详细编写了程序注释。博创研究所的石长盛、李振林、陶作柠等学生全程参与了程序的设计与开发，付出了辛苦的努力，在此一并致谢。本书不包含任何手绘插图，每幅插图全部由作者提供的 Visual C++算法生成。插图准确、图例丰富、立体感强，易于理解，更便于教与学。

本书的特点是理论与代码一一对应。代码方面模块性强、注释规范、容易理解。这些代码不仅可以从实践上印证理论的正确性，也可以从图形可视化角度展示理论应用的效果。本书附录部分给出了 6 个实验项目及 2 个课程设计项目，并给出了犹他茶壶和花瓶的源代码。读者可以通过编程提高对理论的认识。读者学习本书的先行课程包括高等数学、C++程序设计等。

本书理论部分由孔令德编写，上机实验及课程设计部分由康凤娥编写。全书由孔令德提出编写提纲并统稿、校对。康凤娥上机调试了全部程序并绘制了插图。数字媒体技术专业的贾惠楠和王荟婷同学从学生视角录制了微课，在此一并致谢，感谢她们的辛勤的劳动。

作者提供计算几何算法与实现 QQ 群，群号为 229275085。群内的“共享文件”包括与教学配套的电子课件及相关的案例源程序等教学资源，欢迎读者下载使用。请扫描微信二维码或通过 QQ（307622194）与作者联系。就书中理论和编程方面的问题，作者将为读者提供在线答疑。

本书适合于计算机科学与技术专业、数字媒体技术专业、数学与应用数学专业以及机械设计与制造专业的本科生与研究生使用。建议本科生的学习重点为 Bezier 曲线曲面，研究生的学习重点为 B 样条与 NURBS 曲线曲面。

王阳明说过：“知者行之始，行者知之成”，让我们打开计算机，开始学习基于动画的计算几何学，以物体的几何形状来加深对枯燥数学公式的理解吧。

孔令德说计算几何课

作　者

于太原万达龙湖广场

2017 年 7 月 7 日

目　　录

第1章 绪论

计算几何（Computational Geometry）由 Minsky 和 Papert 于 1969 年提出，但直到 Forrest 才给出正式的定义：对几何外形信息的计算机表示、分析与综合。几何外形信息是指几何体的曲线曲面信息。按照这些信息建立数学模型，使用计算机进行计算，求得曲线曲面上的更多信息，这就是所谓的计算机表示，然后对计算机内的几何模型进行分析和综合，这些内容形成了计算几何。计算几何借助于程序设计算法，可以方便地研究“数”与“形”的问题。1981 年苏步青教授在上海科学技术出版社出版的专著《计算几何》，开启了我国研究计算几何的先河。该书是对 1980 年前国际上关于计算几何的理论、方法和应用的总结。1982 年，该书荣获“全国优秀科技图书奖”。需要说明的是，国际上常把计算几何称为计算机辅助几何设计（Computer Aided Geometric Design，CAGD）。施法中编著的《计算机辅助几何设计与非均匀有理 B 样条》是国内这一领域的经典教材；国际上著名的教材是 Piegl 与 Tiller 合著的权威之作 *The NURBS Book*。

1.1 计算几何的研究内容

世界是由形状各异的物体组成的，物体的几何形状大致可分为两类：一类由初等解析曲面如平面、圆柱面、圆锥面、球面和圆环面等组成，使用初等函数可完全且清楚地表达这些形状；另一类由没有数学表达式的自由曲面（Free form Surface）组成，如汽车车身、飞机机翼和轮船船体等的曲面，如图 1.1 所示。不能用初等函数完全且清楚地表达全部形状，需要构造新的函数来表示。

在制造飞机与船舶的工厂里，传统上采用模线样板法来表示自由曲线（Free form Curve）的形状。模线员通过在型值点处固定均匀且带弹性的细木条、有机玻璃条或金属条来绘制所需要的曲线即模线，以此制成样板作为生产与检验的依据。曲面上没有模线的部分取成光滑过渡，这是采用模拟量传递信息的设计制造方法。人们一直在寻求用数学方法来唯一地定义自由曲线曲面的

图 1.1 汽车曲面

形状，将形状信息从模拟量改为数字量，这称为形状数学。形状信息的表示中，大量计算工作手工无法完成，只能依赖于计算机。随着计算机应用的普及，采用数学方法定义的自由曲线曲面才得到实际应用，这就促成了计算几何学科的产生与发展。目前，人们普遍认为计算几何是综合了微分几何、代数几何、数值计算、逼近论、拓扑学等的一门边缘性学科。计算几何与微分几何不同，它的生命力在于应用。国际上重要的计算几何会议，总有 IBM、波音和通用汽车等大企业的代表参加。计算几何的研究内容是计算机环境中曲线曲面的表示与逼近。依据定义形状的几何信息可建立相应的曲线曲面方程，即几何模型，并借助于程序设计方法绘制这些曲线曲面。

实体造型（Solid Modeling）技术是采用描述几何模型的曲线曲面理论，由计算机生成具有真实感的三维图形的技术。虽然近年来实体造型技术已经取得很大的进展并进入实际应用，但实体造型理论的发展落仍后于曲线曲面，不像曲线曲面理论那样成熟。学习计算几何的目的之一是为了建模。本书将从计算机学科的角度讲解曲线曲面造型理论，不注重理论的证明，而侧重于编程实现。书中讲述的每个理论，都采用案例化的方法给出使用二维、三维建模技术绘制的图形。图 1.2 为采用 B 样条曲面制作的“崇寧通寶”铜钱的实体模型，图 1.3 为使用 Bezier 曲面制作的“西施壶”紫砂壶的实体模型。

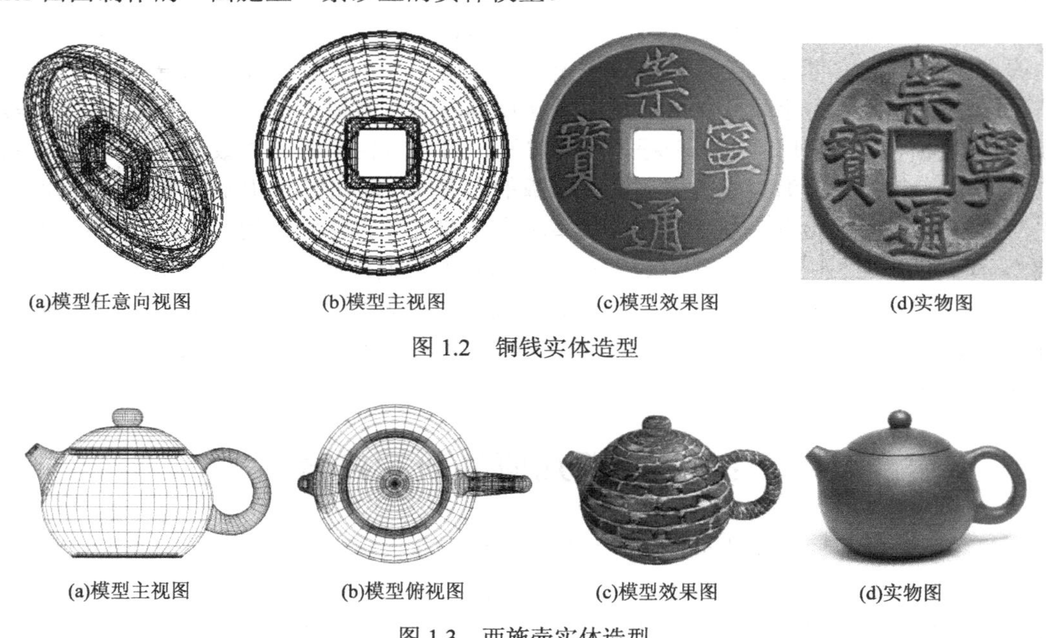

(a)模型任意向视图　(b)模型主视图　(c)模型效果图　(d)实物图

图 1.2　铜钱实体造型

(a)模型主视图　(b)模型俯视图　(c)模型效果图　(d)实物图

图 1.3　西施壶实体造型

1.2　曲线曲面描述数学的发展

自从 1946 年世界上首台电子计算机问世以来，计算机应用的一个重要里程碑是 1962 年美国麻省理工学院发明了世界上第一台图形显示器。自此以后，计算机就可以通过图形显示器直接输入、输出图形，并可以在显示屏上通过光标的移动而修改图形。而在这之前，工程师是通过一厚叠纸上密密麻麻的数字来表达工程图形的。

1962 年被认为是美国和欧洲计算机辅助设计（Computer Aided Design，CAD）开始发展

的一年。最早的应用领域是汽车、飞机和造船工业。在这三个行业，由于产品外形特别复杂，要求特别严格，因此成为 CAD 首先应用的领域。与此同时，发展出了一门新兴学科 CAGD，专门研究“几何图形信息（曲面和三维实体）的计算机表示、分析和综合”。1974 年在美国举行的 CAGD 第一次国际会议，标志着计算几何学科的形成。

1963 年，美国波音公司的 Ferguson 首先提出将曲线曲面表示为参数的矢函数方法。他最早引入了参数三次曲线，构造了组合曲线和由四角点的位置矢量及两个方向的切矢定义的 Ferguson 双三次曲面片。在这之前，曲线的描述一直采用显式的标量函数 $y=y(x)$ 或隐函数方程 $F(x,y)=0$ 的形式，曲面相应采用 $z=z(x,y)$ 或 $F(x,y,z)=0$ 的形式。Ferguson 所采用的曲线曲面参数形式从此成为自由曲线曲面数学描述的标准形式。

1964 年美国麻省理工学院（MIT）的 Coons 发表了一种具有一般性的曲面描述方法，即给定围成封闭曲线的四条边界就可定义一片曲面。1967 年，Coons 进一步推广了他的这一思想。在 CAGD 实践中应用广泛的只是其特殊形式：Coons 双三次曲面片。它与 Ferguson 双三次曲面片的区别，仅在于将角点扭矢由零矢量改为非零矢量。但这两种方法都存在形状控制与连接问题。1967 年，由 Schoenberg 提出的样条函数提供了解决连接问题的一种技术。用于形状描述的样条方法是样条函数的参数形式，即参数样条曲线曲面。样条方法用于解决插值问题，在构造整体上达到某种参数连续性的插值曲线曲面时很方便。但该方法不存在局部调整性，而且样条曲线和曲面的形式难以预测。

1962 年，法国雷诺汽车公司的 Bezier 提出了一种由控制多边形定义曲线的方法，并成功地运用于 UNISURF 汽车造型系统中。设计人员只需要移动控制顶点，就可方便地修改曲线的形状，而且曲线形状的变化完全在可控范围之内。Bezier 方法不仅简单易用，而且出色地解决了整体形状控制问题，把曲线曲面的设计向前推进了一大步，为曲面造型的进一步发展奠定了坚实的基础。但 Bezier 方法仍然存在连接问题和局部修改问题。

1972 年，de Boor 给出了关于 B 样条的一套标准算法。1974 年，美国通用汽车公司的 Gordon 和 Riesenfeld 又将 B 样条理论应用于形状描述，提出了 B 样条曲线曲面。B 样条方法几乎继承了 Bezier 方法的所有优点，克服了 Bezier 方法存在的缺点，既较为成功地解决了局部控制问题，又轻而易举地在参数连续性基础上解决了连接问题，从而使得自由曲线曲面形状的描述问题得到了较好解决。但随着技术的进步，B 样条方法显示出明显不足：不能精确地表示圆锥截线及初等解析曲面，这就造成了产品几何定义的不唯一，使曲线曲面没有统一的数学描述形式，容易造成生产管理混乱。

人们希望找到一种统一的数学方法。1975 年，美国 Syracuse 大学的 Versprille 在其博士论文中首次提出了有理 B 样条方法。此后，主要由于 Piegl 和 Tiller 等人的功绩，到 20 世纪 80 年代后期，非均匀有理 B 样条（Non-Uniform Rational B-Spline，NURBS）方法成为现代曲面造型中广泛流行的数学方法。国际标准化组织（International Standardization Organization，ISO）于 1991 年颁布了关于工业产品数据交换（Standard for Exchange of Product model data，STEP）的国际标准，将 NURBS 方法作为定义工业产品几何形状的唯一数学方法，从而使得 NURBS 方法成为曲面造型技术发展中最重要的基础。目前，国外几乎所有的商品化软件都使用了 NURBS 方法。

20 世纪 70 年代中期，CAD 在我国的造船和飞机制造业中开始发展。在苏步青的组织和推动下，我国于 1982 年举办了第一届计算几何和 CAD 学术会议。直到现在，我国每年都会举办计算机辅助设计与图形学（CG/CAD）大会。

1.3 矢量代数基础

1.3.1 矢量表示

矢量是既有大小又有方向的量，也称为向量，如位移、速度、加速度等。与之对应，只有大小而没有方向的量称为标量。

矢量依其始端是否位于原点分为绝对矢量与相对矢量。

曲线上的点用绝对矢量末端即矢端表示。绝对矢量也称为该点的位置矢量（Position Vector）。相对矢量是表示点与点之间相对位置关系的矢量。

在图 1.4 中，$\overrightarrow{OM}$ 表示位置矢量，$\boldsymbol{i}, \boldsymbol{j}, \boldsymbol{k}$ 分别表示三个坐标轴的单位矢量。矢量 $\overrightarrow{OM}$ 表示为

$$\overrightarrow{OM} = a\boldsymbol{i} + b\boldsymbol{j} + c\boldsymbol{k} \quad \text{或} \quad (a, b, c)$$

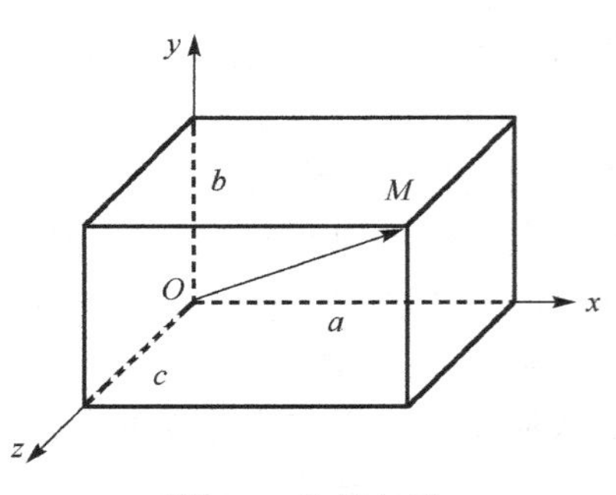

图 1.4　位置矢量

矢量的模：矢量的大小称为矢量的模，即 $\left|\overrightarrow{OM}\right| = \sqrt{a^2 + b^2 + c^2}$。

单位矢量：大小为 1 的矢量。

1.3.2 矢量的运算

矢量的加减法：设有两个矢量 $\boldsymbol{a} = (a_x, a_y, a_z)$ 和 $\boldsymbol{b} = (b_x, b_y, b_z)$，则

$$\boldsymbol{a} + \boldsymbol{b} = (a_x + b_x, a_y + b_y, a_z + b_z)$$

矢量与数的乘法：设有实数 λ，则 $\lambda\boldsymbol{a} = (\lambda a_x, \lambda a_y, \lambda a_z)$。

矢量的点积：两个矢量的点积是一个数，它等于两个矢量的模与夹角余弦的乘积。

设有两个矢量 $\boldsymbol{a} = (a_x, a_y, a_z)$ 和 $\boldsymbol{b} = (b_x, b_y, b_z)$，$\theta$ 为 $\boldsymbol{a}$ 和 $\boldsymbol{b}$ 间的夹角，则

$$\boldsymbol{a} \cdot \boldsymbol{b} = |\boldsymbol{a}| \cdot |\boldsymbol{b}| \cos\theta = a_x b_x + a_y b_y + a_z b_z \tag{1.1}$$

矢量的叉积：两个矢量的叉积是一个矢量，使用右手螺旋法可确定矢量的方向，如图 1.5 所示。矢量的模为两个矢量的模与夹角正弦的乘积。

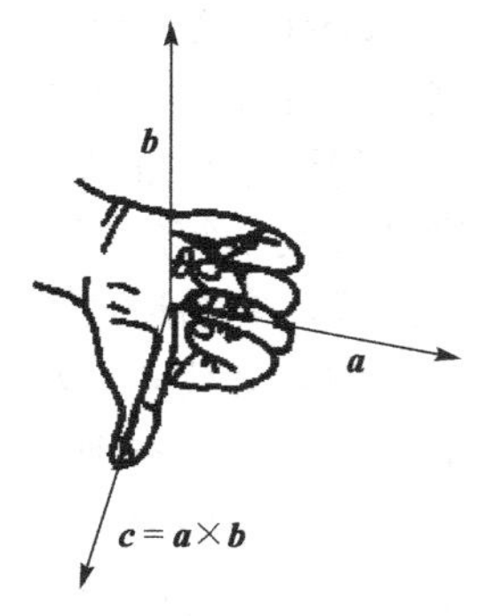

图 1.5　矢量的叉积

设有两个矢量 $\boldsymbol{a} = (a_x, a_y, a_z)$ 和 $\boldsymbol{b} = (b_x, b_y, b_z)$，$\theta$ 为 $\boldsymbol{a}$ 和 $\boldsymbol{b}$ 间的夹角，则 $|\boldsymbol{c}| = |\boldsymbol{a}| \cdot |\boldsymbol{b}| \sin\theta$。

矢量的叉积还可表示为

$$\begin{aligned}
\boldsymbol{a} \times \boldsymbol{b} &= (a_x\boldsymbol{i} + a_y\boldsymbol{j} + a_z\boldsymbol{k}) \times (b_x\boldsymbol{i} + b_y\boldsymbol{j} + b_z\boldsymbol{k}) \\
&= a_x\boldsymbol{i} \times (b_x\boldsymbol{i} + b_y\boldsymbol{j} + b_z\boldsymbol{k}) + a_y\boldsymbol{j} \times (b_x\boldsymbol{i} + b_y\boldsymbol{j} + b_z\boldsymbol{k}) + a_z\boldsymbol{k} \times (b_x\boldsymbol{i} + b_y\boldsymbol{j} + b_z\boldsymbol{k}) \\
&= a_x b_x(\boldsymbol{i} \times \boldsymbol{i}) + a_x b_y(\boldsymbol{i} \times \boldsymbol{j}) + a_x b_z(\boldsymbol{i} \times \boldsymbol{k}) + a_y b_x(\boldsymbol{j} \times \boldsymbol{i}) + a_y b_y(\boldsymbol{j} \times \boldsymbol{j}) + a_y \boldsymbol{b}_z(\boldsymbol{j} \times \boldsymbol{k}) + \\
&\quad a_z b_x(\boldsymbol{k} \times \boldsymbol{i}) + a_z b_y(\boldsymbol{k} \times \boldsymbol{j}) + a_z b_z(\boldsymbol{k} \times \boldsymbol{k})
\end{aligned}$$

由于 $\boldsymbol{i}\times\boldsymbol{i}=\boldsymbol{j}\times\boldsymbol{j}=\boldsymbol{k}\times\boldsymbol{k}=0$, $\boldsymbol{i}\times\boldsymbol{j}=\boldsymbol{k}$, $\boldsymbol{j}\times\boldsymbol{k}=\boldsymbol{i}$, $\boldsymbol{k}\times\boldsymbol{i}=\boldsymbol{j}$, $\boldsymbol{j}\times\boldsymbol{i}=-\boldsymbol{k}$, $\boldsymbol{k}\times\boldsymbol{j}=-\boldsymbol{i}$, $\boldsymbol{i}\times\boldsymbol{k}=-\boldsymbol{j}$ ，所以

$$\boldsymbol{a}\times\boldsymbol{b}=(a_yb_z-a_zb_y,a_zb_x-a_xb_z,a_xb_y-a_yb_x) \tag{1.2}$$

1.3.3 设计矢量类

定义三维矢量类 CVector3，计算三维矢量的点积与叉积。其中 CP3 是三维点类，包括 x, y, z 三个数据成员。

```
#include "P3.h"
class CVector3
{
public:
	CVector3(void);
	virtual ~CVector3(void);
	CVector3(double x, double y, double z);                  //分量构造矢量
	CVector3(const CP3 &p);                                  //构造绝对矢量
	CVector3(const CP3 &p0, const CP3 &p1);                  //构造相对矢量
	double Magnitude(void);                                  //矢量的模
	CVector3 Normalize(void);                                //单位矢量
	friend CVector3 operator+ (const CVector3 &v0, const CVector3 &v1);
	                                                         //运算符重载
	friend CVector3 operator- (const CVector3 &v0, const CVector3 &v1);
	friend CVector3 operator* (const CVector3 &v, double scalar);
	friend CVector3 operator* (double scalar, const CVector3 &v);
	friend double   DotProduct (const CVector3 &v0, const CVector3 &v1);
	                                                         //矢量点积
	friend CVector3 CrossProduct (const CVector3 &v0, const CVector3 &v1);
	                                                         //矢量叉积
public:
	double x, y, z;
};
CVector3::CVector3(void)
{
	x = 0.0;
	y = 0.0;
	z = 1.0;
}
CVector3::~CVector3(void)
{
}
CVector3::CVector3(double x, double y, double z)
{
	this->x = x;
	this->y = y;
	this->z = z;
}
CVector3::CVector3(const CP3 &p)
```

```
{
    x = p.x;
    y = p.y;
    z = p.z;
}
CVector3::CVector3(const CP3 &p0, const CP3 &p1)
{
    x = p1.x – p0.x;
    y = p1.y – p0.y;
    z = p1.z – p0.z;
}
double CVector3::Magnitude(void)
{
    return sqrt(x * x + y * y + z * z);
}
CVector3 CVector3::Normalize(void)
{
    CVector3 vector;
    double Mag = sqrt(x * x + y * y + z * z);
    if(fabs(Mag) < 1e-6)
        Mag = 1.0;
    vector.x = x / Mag;
    vector.y = y / Mag;
    vector.z = z / Mag;
    return vector;
}
CVector3 operator +(const CVector3 &v0, const CVector3 &v1)
{
    CVector3 vector;
    vector.x = v0.x + v1.x;
    vector.y = v0.y + v1.y;
    vector.z = v0.z + v1.z;
    return vector;
}
CVector3 operator –(const CVector3 &v0, const CVector3 &v1)
{
    CVector3 vector;
    vector.x = v0.x – v1.x;
    vector.y = v0.y – v1.y;
    vector.z = v0.z – v1.z;
    return vector;
}
CVector3 operator *(const CVector3 &v, double scalar)
                                                        //矢量与常量的积
{
    CVector3 vector;
    vector.x = v.x * scalar;
```

```
        vector.y = v.y * scalar;
        vector.z = v.z * scalar;
        return vector;
}
CVector3 operator *(double scalar, const CVector3 &v)
                                                    //常量与矢量的积
{
        CVector3 vector;
        vector.x = v.x * scalar;
        vector.y = v.y * scalar;
        vector.z = v.z * scalar;
        return vector;
}
double DotProduct(const CVector3 &v0, const CVector3 &v1)
                                                    //矢量的点积
{
        return(v0.x * v1.x + v0.y * v1.y + v0.z * v1.z);
}
CVector3 CrossProduct(const CVector3 &v0, const CVector3 &v1)
                                                    //矢量的叉积
{
        CVector3 vector;
        vector.x = v0.y * v1.z – v0.z * v1.y;
        vector.y = v0.z * v1.x – v0.x * v1.z;
        vector.z = v0.x * v1.y – v0.y * v1.x;
        return vector;
}
```

例 1.1　图 1.6 所示正四棱锥的 4 个顶点为 P_0，P_1，P_2 和 P_3，试写出平面 $P_0P_1P_2$ 的方程。

平面的一般方程为

$$ax + by + cz + d = 0 \tag{1.3}$$

计算曲面方程系数

平面的法矢量为 $\boldsymbol{n} = (a, b, c)$ 。

取 P_0 点为参考点，则有边矢量

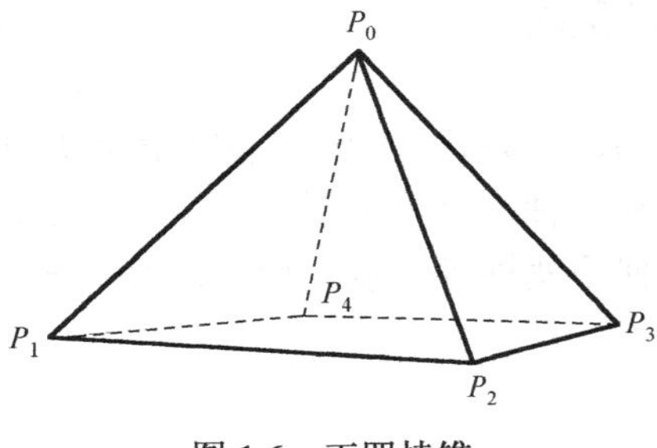

图 1.6　正四棱锥

$$\overrightarrow{P_1P_0} = (x_1 - x_0, y_1 - y_0, z_1 - z_0)$$
$$\overrightarrow{P_2P_0} = (x_2 - x_0, y_2 - y_0, z_2 - z_0)$$

平面的法矢量 $\boldsymbol{n}$ 为

$$\begin{aligned}\boldsymbol{n} &= \overrightarrow{P_1P_0} \times \overrightarrow{P_2P_0} \\ &= ((y_1 - y_0)(z_2 - z_0) - (z_1 - z_0)(y_2 - y_0), \\ &\quad (z_1 - z_0)(x_2 - x_0) - (x_1 - x_0)(z_2 - z_0), \\ &\quad (x_1 - x_0)(y_2 - y_0) - (y_1 - y_0)(x_2 - x_0))\end{aligned}$$

所以

$$a = (y_1 - y_0)(z_2 - z_0) - (z_1 - z_0)(y_2 - y_0)$$
$$b = (z_1 - z_0)(x_2 - x_0) - (x_1 - x_0)(z_2 - z_0)$$

$$c=(x_1-x_0)(y_2-y_0)-(y_1-y_0)(x_2-x_0)$$
$$d=-ax_0-by_0-cz_0$$

将 a, b, c, d 代入式（1.3），得到平面 $P_0P_1P_2$ 的方程表达式。

计算平面方程的程序代码如下：

```
void CTestView::PlaneEquation(CDC* pDC)
{
    //读入表面顶点三维坐标
    CP3 P[3];
    P[0].x=100,   P[0].y=100,   P[0].z=0;
    P[1].x=-100, P[1].y=-100, P[1].z=-100;
    P[2].x=100,   P[2].y=-100, P[2].z=100;
    //计算法矢量
    CVector3 vector1(P[1], P[0]);                           //边矢量 P1P0
    CVector3 vector2(P[2], P[0]);                           //边矢量 P2P0
    CVector3 n =CrossProduct(vector1, vector2);             //平面法矢量 n
    //计算平面方程系数
    double a,b,c,d;
    a = n.x, b = n.y, c = n.z;
    d = -a * P[0].x - b * P[0].y - c * P[0].z;
    //输出平面方程系数
    CString sa,sb,sc,sd;
    sa.Format(_(T"a=%f"), a);
    sb.Format(_(T"b=%f"), b);
    sc.Format(_(T"c=%f"), c);
    sd.Format(_(T"d=%f"), d);
    pDC->TextOut(100, 100, sa);
    pDC->TextOut(300, 100, sb);
    pDC->TextOut(500, 100, sc);
    pDC->TextOut(700, 100, sd);
}
```

1.4 曲线曲面的表示形式

对于汽车、飞机、轮船等其他一些具有复杂外形的产品，计算几何的一个重要内容是建立物体的几何模型，主要指曲线与曲面模型。曲线与曲面有三种主要表示形式：显式表示、隐式表示和参数表示。由于参数表示的曲线与曲面具有几何不变性等优点，计算几何中常采用参数方程进行描述。

1.4.1 显式表示

二维曲线的显式表示（Explicit Form）是将因变量用自变量表示。在 xOy 直角坐标系中可以写为

$$y=f(x) \tag{1.4}$$

斜率为 k、y 轴上截距为 b 的直线方程为

$$y = kx + b \tag{1.5}$$

很明显，式（1.5）不能表示垂直于 x 轴的直线。

对于圆心位于原点的单位圆，使用显式方程表示时，最多只能写出半圆方程

$$y = \sqrt{1 - x^2} \tag{1.6}$$

另一个半圆的显式方程为

$$y = -\sqrt{1 - x^2} \tag{1.7}$$

直线和圆的存在独立于其表示形式，任何不能对特定方向（垂直方向）进行表示的方法都存在缺陷。

1.4.2 隐式表示

曲线曲面大多具有隐式形式（Implicit Form）。在 xOy 直角坐标系内，二维曲线的隐式表示为

$$F(x,y) = 0 \tag{1.8}$$

函数 $F(x,y)$ 将空间中的点划分为曲线上的点和曲线外的点，因此可以通过计算 $F(x,y)$ 来判断点 (x,y) 是否位于曲线上。直线的隐式表示为

$$ax + by + c = 0 \tag{1.9}$$

圆锥曲线的隐式表示为

$$x^2 + y^2 + 2xy + dx + ey + f = 0 \tag{1.10}$$

通过定义方程中的系数 a, b, c, d, e, f，可以得到抛物线、双曲线和椭圆（圆是椭圆的特例）。在三维空间中，曲面的隐式表示为

$$F(x,y,z) = 0 \tag{1.11}$$

平面可以表示为

$$ax + by + cz + d = 0 \tag{1.12}$$

圆心位于原点、半径为 r 的球面，可以表示为

$$x^2 + y^2 + z^2 - r^2 = 0 \tag{1.13}$$

隐式表示与显式表示相比，具有较小的坐标系依赖性，可以表示任意斜率的直线和圆锥曲线。实际应用中，曲线曲面常用隐式表示，但由于难以求解曲线曲面上的点，其应用受到限制。

1.4.3 参数表示

1. 曲线的表示

曲线的参数表示（Parametric Form）是指以自变量 t 为参数来表示曲线上点的每个分量。

二维曲线表示为

$$\begin{cases} x = x(t) \\ y = y(t) \end{cases}, \quad t \in [0,1] \tag{1.14}$$

三维曲线表示为

$$\begin{cases} x = x(t) \\ y = y(t), \quad t \in [0,1] \\ z = z(t) \end{cases} \tag{1.15}$$

参数表示的优点是，在二维空间和三维空间中表示形式类似，在三维情况下，只需要增加 z 的方程。

2．直线的表示

在计算几何中有多种直线的表示方法，最常用的是两点间的线性插值（Linear Interpolation）表示。对于起点坐标为 P_0、终点坐标为 P_1 的直线 $\boldsymbol{p}$ 的参数表示，其二维形式为

$$\begin{cases} x = x_0 + (x_1 - x_0)t \\ y = y_0 + (y_1 - y_0)t \end{cases}, \quad t \in [0,1] \tag{1.16}$$

二维形式更常用的形式为

$$\begin{cases} x = (1-t)x_0 + tx_1 \\ y = (1-t)y_0 + ty_1 \end{cases}, \quad t \in [0,1] \tag{1.17}$$

其三维形式为

$$\begin{cases} x = (1-t)x_0 + tx_1 \\ y = (1-t)y_0 + ty_1 \\ z = (1-t)z_0 + tz_1 \end{cases}, \quad t \in [0,1] \tag{1.18}$$

3．圆的表示

圆心在原点、单位圆的参数形式表示为

$$\begin{cases} x = \dfrac{1-t^2}{1+t^2} \\ y = \dfrac{2t}{1+t^2} \end{cases}, \quad t \in [0,1] \tag{1.19}$$

式（1.19）表示的是 1/4 的单位圆。

4．矢函数

矢量随着变化的参数（标量）而变化时，称它为该参数的矢函数，如图 1.7 所示。计算几何中常使用矢函数来描述曲线曲面。进行理论分析时，要将矢量作为一个整体来看待；而在编程实现时，则应在各个坐标分量上进行计算。

（1）曲线的一般矢函数形式

$$\boldsymbol{p} = \boldsymbol{p}(t) \tag{1.20}$$

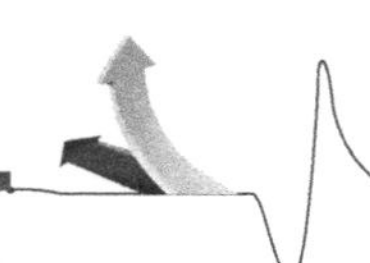

对于三维曲线，矢函数的矩阵表示为

$$\boldsymbol{p}(t)=\begin{bmatrix}x(t) & y(t) & z(t)\end{bmatrix} \tag{1.21}$$

这是由 3 个标量函数 $x(t),y(t),z(t)$ 合写在一起构成的矢函数，等价于

$$\boldsymbol{p}(t)=x(t)\boldsymbol{i}+y(t)\boldsymbol{j}+z(t)\boldsymbol{k} \tag{1.22}$$

式中，$\boldsymbol{i},\boldsymbol{j},\boldsymbol{k}$ 分别为沿 x 轴、y 轴、z 轴正向的 3 个单位矢量。

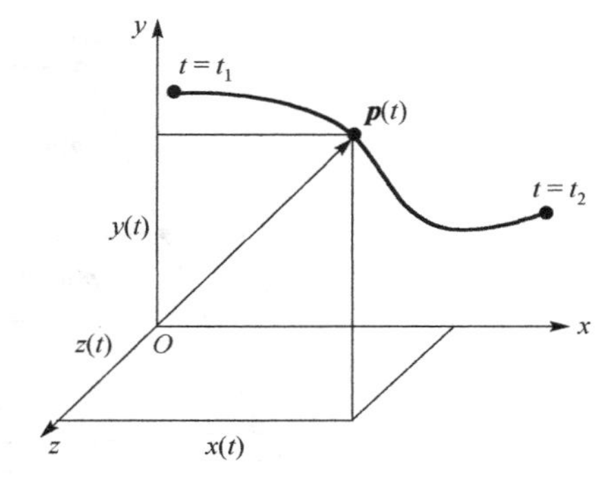

图 1.7 参数曲线上的一点表示为参数 t 的矢函数

式（1.21）将 3 个分量坐标当做一个整体看待，使理论研究完全抽象地进行，而不必考虑组成矢函数的 3 个坐标函数是怎样的标量函数。曲线采用矢函数表示后，就有了方向。曲线的方向对应于曲线上参数增加的方向。

既然曲线上的点 p 是参数 t 的函数，就可以将曲线 $\boldsymbol{p}(t)$ 对参数 t 求导。曲线对参数 t 求导等于各分量分别对参数 t 求导，可视为该点的切线或沿曲线运动的速度：

$$\frac{\mathrm{d}\boldsymbol{p}}{\mathrm{d}t}=\begin{bmatrix}\frac{\mathrm{d}x(t)}{\mathrm{d}t} & \frac{\mathrm{d}y(t)}{\mathrm{d}t} & \frac{\mathrm{d}z(t)}{\mathrm{d}t}\end{bmatrix} \tag{1.23}$$

（2）曲线的基表示形式

$$\boldsymbol{p}(t)=\sum_{i=0}^{n}\boldsymbol{a}_i\phi_i(t) \tag{1.24}$$

式中，$\phi_i(t),i=0,1,\cdots,n$ 称为基函数，它决定了曲线的整体性质；$\boldsymbol{a}_i$ 称为系数矢量。

（3）曲面的矢函数表示

曲面是曲线的推广，曲面表示为双参数 u 和 v 的矢函数：

$$\boldsymbol{p}=\boldsymbol{p}(u,v) \tag{1.25}$$

矩阵表示为

$$\boldsymbol{p}(u,v)=\begin{bmatrix}x(u,v) & y(u,v) & z(u,v)\end{bmatrix} \tag{1.26}$$

而

$$\frac{\partial\boldsymbol{p}(u,v)}{\partial u}=\begin{bmatrix}\frac{\partial x(u,v)}{\partial u} & \frac{\partial y(u,v)}{\partial u} & \frac{\partial z(u,v)}{\partial u}\end{bmatrix} \tag{1.27}$$

$$\frac{\partial\boldsymbol{p}(u,v)}{\partial v}=\begin{bmatrix}\frac{\partial x(u,v)}{\partial v} & \frac{\partial y(u,v)}{\partial v} & \frac{\partial z(u,v)}{\partial v}\end{bmatrix} \tag{1.28}$$

式（1.27）和式（1.28）分别表示曲面上任意一点的切矢量，而且只要两个矢量不平行，其叉积就又可以决定曲面的法矢量 $\boldsymbol{n}$，

$$\boldsymbol{n}=\frac{\partial\boldsymbol{p}}{\partial u}\times\frac{\partial\boldsymbol{p}}{\partial v} \tag{1.29}$$

假定曲面上的点为 $p(u_0,v_0)$，该点的切矢量为参数曲面的偏导数 $\left.\frac{\partial\boldsymbol{p}(u,v)}{\partial u}\right|_{\substack{u=u_0\\v=v_0}}$，$\left.\frac{\partial\boldsymbol{p}(u,v)}{\partial v}\right|_{\substack{u=u_0\\v=v_0}}$，则该点处的法矢量为 $\boldsymbol{n}=\left.\frac{\partial\boldsymbol{p}(u,v)}{\partial u}\right|_{\substack{u=u_0\\v=v_0}}\times\left.\frac{\partial\boldsymbol{p}(u,v)}{\partial v}\right|_{\substack{u=u_0\\v=v_0}}$，如图 1.8 所示。

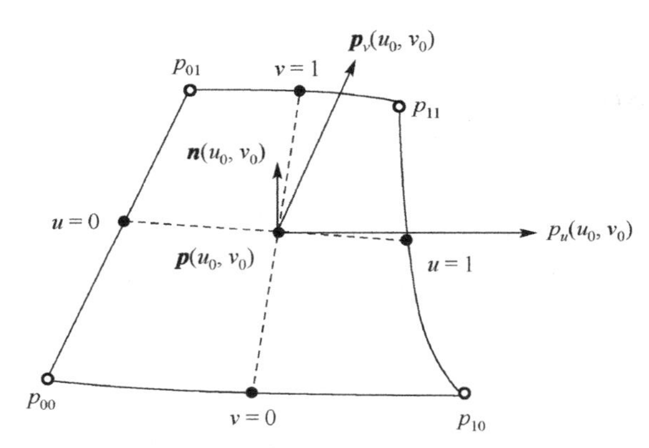

图 1.8　$p(u_0,v_0)$ 点的切矢量与法矢量

（2）曲面的基表示形式

$$\boldsymbol{p}(u,v)=\sum_{i=0}^{m}\sum_{j=0}^{n}\boldsymbol{a}_{ij}\boldsymbol{\phi}_i(u)\boldsymbol{\psi}_j(v) \tag{1.30}$$

式中，$\boldsymbol{\phi}_i(u), u=0,1,\cdots,m$ 是以 u 为变量的一组基函数，$\boldsymbol{\psi}_j(v), v=0,1,\cdots,n$ 是以 v 为变量的一组基函数，二者都用以定义曲线；$\boldsymbol{a}_{ij}$ 为系数矢量。

在曲线曲面的表示上，参数方程与显式、隐式方程相比，具有更多的优越性，主要表现在以下 7 个方面。

（1）可以满足几何不变性的要求。所谓几何不变性，是指当用有限的信息决定一个形状时，若点的相对位置确定，则所决定的形状也就固定，不随所取坐标系的改变而改变。

（2）有更大的自由度来控制曲线曲面的形状。例如，一条二维三次曲线的显式表示为

$$y=ax^3+bx^2+cx+d$$

它只有 4 个系数控制曲线的形状；而二维三次曲线的参数表达式为

$$\boldsymbol{p}(t)=\begin{bmatrix} a_1t^3+a_2t^2+a_3t+a_4 \\ b_1t^3+b_2t^2+b_3t+b_4 \end{bmatrix},\quad t\in[0,1]$$

它有 8 个系数控制曲线的形状。

（3）对非参数方程的曲线曲面进行变换，必须对曲线曲面上的每个型值点进行几何变换；而对参数表示的曲线曲面，可以对其参数方程直接进行几何变换。

（4）便于处理斜率为无穷大的情形。

（5）参数方程中，代数、几何相关和无关的分量是完全分离的，而且变量个数不限，从而便于用户把低维空间中的曲线曲面扩展到高维空间中。

（6）归一化的参数变量 $t\in[0,1]$，使得相应的几何分量是有界的，而不必用另外的参数定义边界。$t=0$ 和 $t=1$ 分别为曲线在首末两端点的参数值。

（7）易于用矢量与矩阵表示几何分量，简化了计算。

例 1.2　已知三维顶点 $P_0(3, 5, 8), P_1(6, 10, 2)$。试计算 $t=0.2$ 时，直线在 xOy 平面内投影的二维点(x, y)的当前坐标。

直线的参数方程为式（1.18），代入三维顶点后得

$$\begin{cases} x = 3(1-t) + 6t \\ y = 5(1-t) + 10t \\ z = 8(1-t) + 2t \end{cases}$$

直线曲线在 xOy 平面上的二维投影为

$$\begin{cases} x = 3(1-t) + 6t \\ y = 5(1-t) + 10t \end{cases}$$

当 $t = 0.2$ 时，当前点的二维坐标为(3.6, 6)。

1.5 连续性条件

通常单一的曲线段或曲面片难以表达复杂的形状，必须将一些曲线段拼接成组合曲线，或将一些曲面片拼接成组合曲面，才能表达复杂的形状。为了保证在结合点处光滑过渡，需要满足连续性条件。连续性条件有两种：参数连续性（Parametric Continuity）与几何连续性（Geometric Continuity）。

1.5.1 参数连续性

零阶参数连续性，记为 C^0，指相邻两段曲线在结合点处具有相同的坐标，如图 1.9 所示。

一阶参数连续性，记为 C^1，指相邻两段曲线在结合点处具有相同的一阶导数，如图 1.10 所示。

$$p'(1) = q'(0) \tag{1.31}$$

二阶参数连续性，记为 C^2，指相邻两段曲线在结合点处具有相同的一阶导数和二阶导数，如图 1.11 所示。

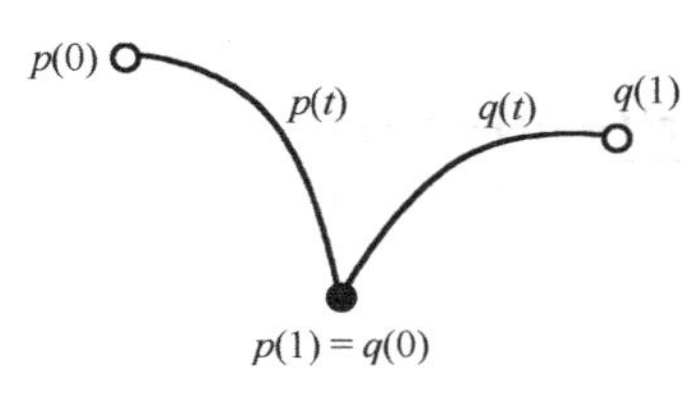

图 1.9 零阶参数连续性

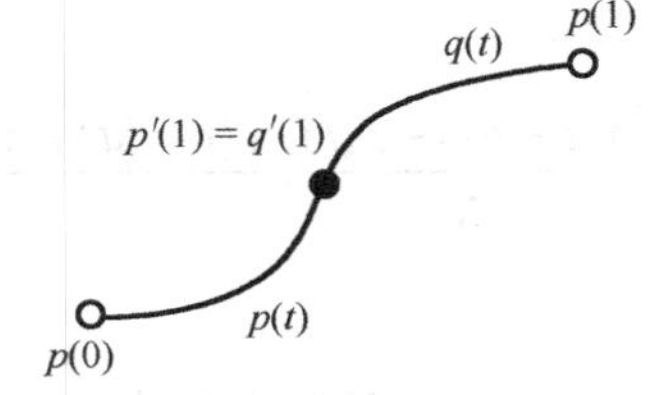

图 1.10 一阶参数连续性

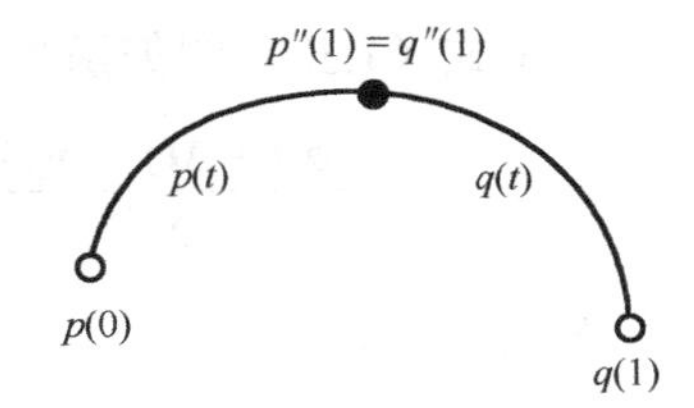

图 1.11 二阶参数连续性

1.5.2 几何连续性

与参数连续性不同的是，几何连续性只要求参数成比例而非相等。

零阶几何连续性，记为 G^0，与零阶参数连续性相同，即相邻两段曲线在结合点处有相同的坐标。

一阶几何连续性，记为 G^1，指相邻两段曲线在结合点处的一阶导数成比例，但大小不一定相等。对于整数 α 有

$$p'(1) = \alpha \cdot q'(0) \tag{1.32}$$

二阶几何连续性，记为 G^2，指相邻两段曲线在结合点处的一阶导数和二阶导数成比例，即曲率一致，但大小不一定相等。

在曲线和曲面造型中，一般只使用 C^1、C^2 和 G^1、G^2 连续，一阶导数反映了曲线对参数 t 的变化速度，二阶导数反映了曲线对参数 t 变化的加速度。通常 C 连续性能保证 G 连续性，但反过来并不成立。

1.6 预 备 知 识

1.6.1 矢函数的导矢、切矢

曲线上的点是参数 t 的矢函数，对曲线求导也就是对矢函数的求导，即对曲线参数 t 求导，它等于各个分量分别对参数 t 求导。在形式上和标量函数相同，设矢函数

$$\boldsymbol{p}(t)=[x(t),y(t),z(t)] \tag{1.33}$$

$\boldsymbol{p}(t)$ 在区间 $[t_i,t_{i+1}]$ 上连续，t_0 和 $t_0+\Delta t(\Delta t\neq 0)$ 都在这个区间上，若极限

$$\lim_{\Delta t\to 0}\frac{\boldsymbol{p}(t_0+\Delta t)-\boldsymbol{p}(t_0)}{\Delta t} \tag{1.34}$$

存在，则称 $\boldsymbol{p}(t)$ 在 t_0 处可微，这个极限称为曲线 $\boldsymbol{p}(t)$ 在 $t=t_0$ 处的一阶导矢，用 $\boldsymbol{p}'(t_0)$ 或 $\dfrac{\mathrm{d}\boldsymbol{p}(t_0)}{\mathrm{d}t}$ 表示：

$$\boldsymbol{p}'(t_0)=\frac{\mathrm{d}\boldsymbol{p}(t_0)}{\mathrm{d}t}=\lim_{\Delta t\to 0}\frac{\boldsymbol{p}(t_0+\Delta t)-\boldsymbol{p}(t_0)}{\Delta t} \tag{1.35}$$

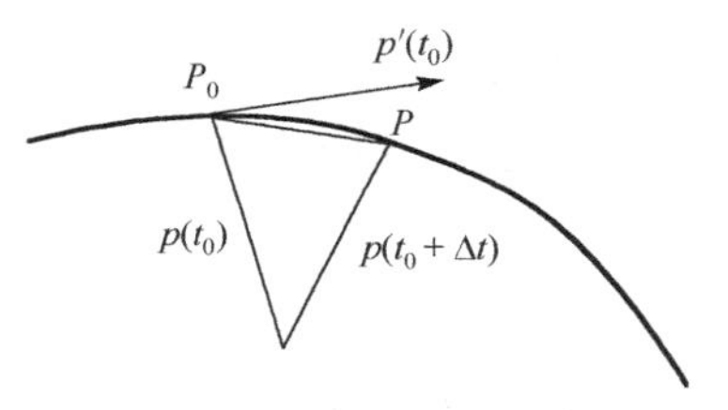

图 1.12　导矢的几何意义

导矢具有重要的几何意义，如图 1.12 所示，当 P 沿曲线趋向 P_0 时，弦 PP_0 到达某一极限位置，即曲线在 P_0 点的切线位置，$\boldsymbol{p}'(t_0)$ 则称为曲线在 P_0 点的切矢。

对于式（1.33）的矢函数

$$\frac{\boldsymbol{p}(t+\Delta t)-\boldsymbol{p}(t)}{\Delta t}=\left[\frac{x(t+\Delta t)-x(t)}{\Delta t},\frac{y(t+\Delta t)-y(t)}{\Delta t},\frac{z(t+\Delta t)-z(t)}{\Delta t}\right]$$

令 $\Delta t\to 0$，可得

$$\boldsymbol{p}'(t)=[x'(t),y'(t),z'(t)] \tag{1.36}$$

式（1.36）表明，矢函数导数的坐标分量等于矢函数各坐标分量关于参数 t 的导数，矢函数的导数也是矢函数，因此，也有方向和大小。其方向即切矢方向，其大小即切矢的模 $|\boldsymbol{p}'(t)|$：

$$|\boldsymbol{p}'(t)|=\sqrt{(x'(t))^2+(y'(t))^2+(z'(t))^2)} \tag{1.37}$$

单位切矢以 $\boldsymbol{T}$ 表示，

$$\boldsymbol{T}=\frac{\boldsymbol{p}'(t)}{|\boldsymbol{p}'(t)|} \tag{1.38}$$

曲线采用参数表示后，就有了方向。曲线的方向对应于曲线上参数增加的方向。曲线在一点的方向也就是曲线在该点的切线方向。若 $\boldsymbol{p}'(t_0)=0$，曲线在 $p(t_0)$ 点处的切线方向就不能

由该点处的一阶导矢确定。这时，曲线在该点的切线方向，可由曲线在该点处的最低阶的非零导矢的方向决定。

曲线上一点关于参数 t 的一阶导矢为零的矢量，被称为切矢消失，这样的点称为奇点。曲线上切矢为非零矢量的点，称为正则点（Regular Point）。若给定一曲线参数化，在其参数域内处处一阶导矢为非零矢量，则称该参数化为正则的，所定义的曲线称为正则曲线。

1.6.2 曲线的自然参数方程

1. 弧长参数化

通常曲线的参数是任意参数 t，这样的参数不具有几何意义。对于同一曲线，若选择的参数不同，则表达式也不同，故用坐标系讨论曲线时，具有人为的性质。而曲线自身的弧长则是曲线的不变量，它与坐标系的选择无关。即不管坐标系如何选取，只要在其上取一初始点，确定一个方向，取一个单位长度，曲线的弧长和参数增长方向就完全确定。因此，我们取曲线自身的弧长作为参数，研究曲线的内在性质，对实际应用和理论研究都有很重要的意义。

给定一空间曲线 $\boldsymbol{p}$，在其上任取一点 $P_0(x_0,y_0,z_0)$ 作为计算弧长 s 的起点，如图 1.13 所示。

图 1.13 弧长参数化

应用弧长积分公式，即可计算该曲线上任意点 $P(x,y,z)$ 到 P_0 之间的弧长 s。这样，曲线上点 P 的位置与该点处的弧长 s 是一一对应的。以曲线弧长 s 作为曲线方程的参数，方程 $\boldsymbol{p}(s)$ 就称为曲线的自然参数方程，弧长 s 则称为自然参数。也就是说，曲线上点的坐标 $P(x,y,z)$ 是以弧长 s 为参数的函数：

$$\begin{cases} x = x(s) \\ y = y(s) \\ z = z(s) \end{cases} \tag{1.39}$$

其矢量方程为

$$\boldsymbol{p} = \boldsymbol{p}(s) = [x(s), y(s), z(s)] \tag{1.40}$$

2. 自然曲线方程与参数方程的联系

设曲线的矢量方程为

$$\boldsymbol{p} = \boldsymbol{p}(t) = [x(t), y(t), z(t)] \tag{1.41}$$

因为

$$\boldsymbol{p}' = \boldsymbol{p}'(t) = [x'(t), y'(t), z'(t)]$$

$$|\boldsymbol{p}'(t)| = \left|\frac{\mathrm{d}\boldsymbol{p}}{\mathrm{d}t}\right| = \sqrt{(x'(t))^2 + (y'(t))^2 + (z'(t))^2)}$$

$s(t)$ 为参数 t_0 和 t 对应的两点 P_0 和 P 之间的弦长，根据弧长的微分公式

$$|\mathrm{d}s| = \sqrt{(x'(t))^2 + (y'(t))^2 + (z'(t))^2)}\mathrm{d}t \tag{1.42}$$

$$\left|\frac{\mathrm{d}s}{\mathrm{d}t}\right| = \sqrt{(x'(t))^2 + (y'(t))^2 + (z'(t))^2)} = |\boldsymbol{p}'(t)|$$

因为矢量的模大于等于零，所以

$$\left|\frac{\mathrm{d}s}{\mathrm{d}t}\right| = |\boldsymbol{p}'(t)| \geqslant 0 \tag{1.43}$$

显然曲线的弧长 s 是参数 t 的单调增函数，其必然存在反函数 $t(s)$。把 $t(s)$ 代入曲线方程(1.41)，对其重新参数化，得到以弧长为参数的自然参数方程 $\boldsymbol{p}(s)$：

$$\boldsymbol{p} = \boldsymbol{p}(t(s)) = \boldsymbol{p}(s) \tag{1.44}$$

为方便起见，用“·”代替“′”表示函数对弧长参数的导矢，即用 $\dot{\boldsymbol{p}}(s)$ 表示自然参数方程的导矢，$\boldsymbol{p}'(t)$ 表示一般参数方程的导矢。自然参数方程有一个重要特征：

因为

$$\dot{\boldsymbol{p}}(s) = \frac{\mathrm{d}\boldsymbol{p}}{\mathrm{d}s} = \frac{\mathrm{d}\boldsymbol{p}}{\mathrm{d}t}\cdot\frac{\mathrm{d}t}{\mathrm{d}s} = \boldsymbol{p}'(t)\cdot\frac{1}{|\boldsymbol{p}'(t)|} \tag{1.45}$$

所以

$$|\dot{\boldsymbol{p}}(s)| = 1 \tag{1.46}$$

即自然参数方程的切矢量为单位矢量。一般参数方程转化为自然参数方程时，参数转换为

$$\left|\frac{\mathrm{d}s}{\mathrm{d}t}\right| = |\boldsymbol{p}'(t)|$$

所以

$$s = \int_{t_0}^{t}\sqrt{(x'(t))^2 + (y'(t))^2 + (z'(t))^2}\,\mathrm{d}t = \int_{t_0}^{t}|\boldsymbol{p}'(t)|\mathrm{d}t \tag{1.47}$$

1.6.3　活动标架

如果取坐标系的原点和曲线 $\boldsymbol{p}$ 上的动点 P 重合，使整个坐标系随 P 点的运动而随之运动，那么这种坐标系称为活动坐标系，亦称活动标架。

1．活动标架的三个坐标轴的选取

（1）第一个坐标轴

对于自然参数方程曲线 $\boldsymbol{p}(s)$，它的切矢量 $\boldsymbol{T}(s)$（曲线 $\boldsymbol{p}(s)$ 的一阶导矢）为单位矢量。取

$$\boldsymbol{T}(s) = \dot{\boldsymbol{p}}(s) \tag{1.48}$$

切矢量 $\boldsymbol{T}(s)$ 的方向为活动标架的第一个坐标轴的方向。

（2）第二个坐标轴

因为

$$[\boldsymbol{T}(s)]^2 = 1$$

对上式求导，得

$$2[\boldsymbol{T}(s)]\cdot\dot{\boldsymbol{T}}(s) = 0$$

即 $[\boldsymbol{T}(s)]$ 和 $\dot{\boldsymbol{T}}(s)$ 垂直。又因为 $\dot{\boldsymbol{T}}(s)$ 不是单位矢量，可以认为

$$\dot{\boldsymbol{T}}(s) = k(s)\cdot\boldsymbol{N}(s) \tag{1.49}$$

式(1.49)所定义的单位矢量 $\boldsymbol{N}(s)$ 是曲线在 s 处的主法线矢量，或称主法矢。主法矢 $\boldsymbol{N}(s)$ 总是指向曲线凹入的方向，这是主法矢正向的几何意义。$k(s)$ 是个数量系数，称为曲线的曲

率。而 $\ddot{\boldsymbol{p}}(s)=\dot{\boldsymbol{T}}(s)$ 称为曲率矢量（即曲线 $\boldsymbol{p}(s)$ 的二阶导矢），它的模是该曲线的曲率：

$$k(s)=\left|\ddot{\boldsymbol{p}}(s)\right| \tag{1.50}$$

记 $1/k(s)=\rho(s)$，则 $\rho(s)$ 称为曲率半径。曲率半径反映的是曲线在此点处的弯曲程度。曲率半径为 ρ 的 P 点处的弯曲程度，可以理解为等价于在此点相切、圆心位于主法矢上的一个圆的弯曲程度，如图 1.14 所示。曲率半径越大，弯曲程度就越小；曲率半径越小，曲率越大。

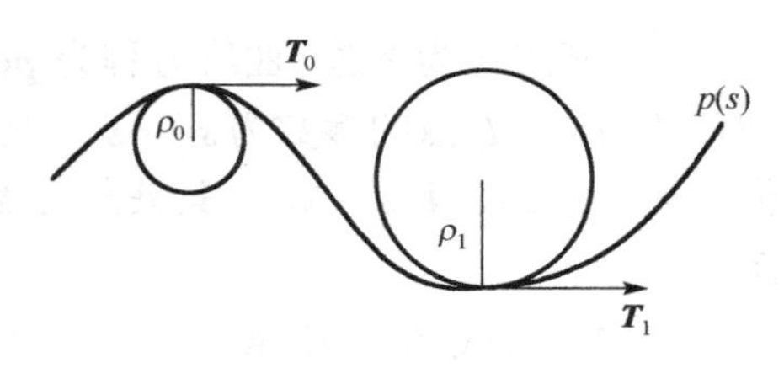

图 1.14 曲率半径

取主法线单位矢量 $\boldsymbol{N}(s)$ 的方向作为活动标架的第二个坐标轴的方向。

（3）第三个坐标轴

曲线上任意一点 P 处都存在同时和切矢量 $\boldsymbol{T}(s)$、主法矢 $\boldsymbol{N}(s)$ 相垂直的矢量。叉乘单位矢量 $\boldsymbol{T}(s)$ 和 $\boldsymbol{N}(s)$，得到一个新的单位矢量：

$$\boldsymbol{B}(s)=\boldsymbol{T}(s)\times\boldsymbol{N}(s) \tag{1.51}$$

矢量 $\boldsymbol{B}(s)$ 称为曲线在 P 点的单位副法矢。取副法线单位矢量 $\boldsymbol{B}(s)$ 的方向作为活动标架的第三个坐标轴的方向。

单位切矢 $\boldsymbol{T}(s)$、单位主法矢 $\boldsymbol{N}(s)$ 和单位副法矢 $\boldsymbol{B}(s)$ 三者相互垂直，构成右手坐标系，称为活动坐标系，即活动标架。它们与空间直角坐标的三个单位矢量 $\boldsymbol{i}$，$\boldsymbol{j}$，$\boldsymbol{k}$ 有相同的性质。该标架随 P 点在曲线上的移动而移动，空间曲线上由 P 点所导出的其他任何矢量都可以在活动标架上分解，故将 $\boldsymbol{T}(s)$，$\boldsymbol{N}(s)$ 和 $\boldsymbol{B}(s)$ 称为三基矢，为方便描述常将三基矢简写为 $\boldsymbol{T}$，$\boldsymbol{N}$ 和 $\boldsymbol{B}$。

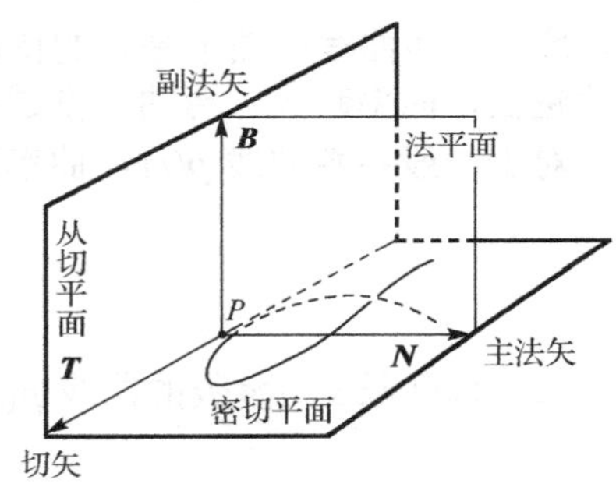

图 1.15 活动标架及其坐标面

通过点 P，由单位切矢 $\boldsymbol{T}$ 和单位主法矢 $\boldsymbol{N}$ 所张成的平面称为密切平面，如图 1.15 所示；通过点 P，由单位切矢 $\boldsymbol{T}$ 和单位副法矢 $\boldsymbol{B}$ 所张成的平面称为从切平面；由单位主法矢 $\boldsymbol{N}$ 和单位副法矢 $\boldsymbol{B}$ 所张成的平面称为法平面。

2. 三基矢 $\boldsymbol{T}$，$\boldsymbol{N}$ 和 $\boldsymbol{B}$ 之间的关系

（1）三基矢都是单位矢量

$$\boldsymbol{T}^2=\boldsymbol{N}^2=\boldsymbol{B}^2 \tag{1.52}$$

（2）三基矢相互垂直

$$\boldsymbol{T}\cdot\boldsymbol{N}=\boldsymbol{N}\cdot\boldsymbol{B}=\boldsymbol{B}\cdot\boldsymbol{T}=0 \tag{1.53}$$

（3）三基矢构成右手系

$$\boldsymbol{T}\times\boldsymbol{N}=\boldsymbol{B},\quad \boldsymbol{N}\times\boldsymbol{B}=\boldsymbol{T},\quad \boldsymbol{B}\times\boldsymbol{T}=\boldsymbol{N} \tag{1.54}$$

（4）三基矢组成的平行六面体体积为 1

$$(\boldsymbol{T}\times\boldsymbol{N})\cdot\boldsymbol{B}=(\boldsymbol{T},\boldsymbol{N},\boldsymbol{B})=1 \tag{1.55}$$

1.6.4 曲率和挠率

1. 曲率

设以弧长 s 为参数，曲线方程为 $\boldsymbol{p}(s)$，其上 P_0 点的参数为 s，P 点的参数为 $s+\Delta s$，P_0，P 相应的单位切矢为 $\boldsymbol{T}(s)$，$\boldsymbol{T}(s+\Delta s)$，其夹角为 $\Delta\theta$，如图 1.16 所示。

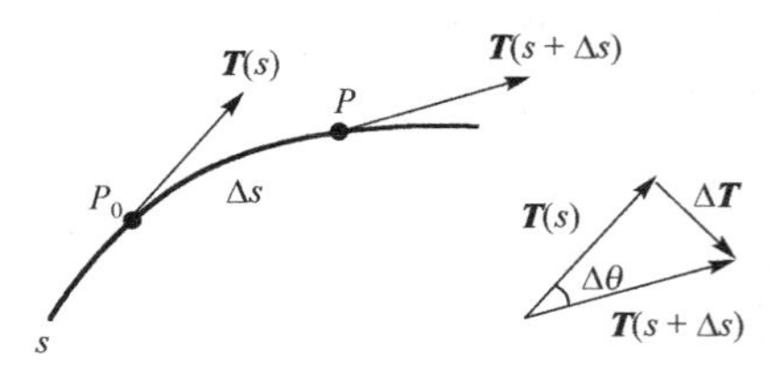

图 1.16　参数曲线的曲率

由曲率公式（1.50）得

$$k=\dot{\boldsymbol{T}}=\left|\frac{\mathrm{d}\boldsymbol{T}}{\mathrm{d}s}\right|=\lim_{\Delta s\to 0}\left|\frac{\Delta\boldsymbol{T}}{\Delta s}\right|=\lim_{\Delta s\to 0}\left|\frac{\Delta\boldsymbol{T}}{\Delta\theta}\right|\cdot\left|\frac{\Delta\theta}{\Delta s}\right|$$

由于 $\boldsymbol{T}(s)=\boldsymbol{T}(s+\Delta s)=1$，都是单位矢量，故弦长 $|\Delta\boldsymbol{T}|$ 与 $\Delta\theta$ 之比的极限为 1，因此得到

$$k=\lim_{\Delta s\to 0}\left|\frac{\Delta\theta}{\Delta s}\right|=\frac{\mathrm{d}\theta}{\mathrm{d}s} \tag{1.56}$$

式（1.56）给出的曲率 k 的定义和平面曲线曲率的定义是一致的，此处 k 为空间曲线的曲率，曲率 k 是曲线上邻近两点切矢 $\boldsymbol{T}(s)$，$\boldsymbol{T}(s+\Delta s)$ 的夹角对弧长的变化率，反映了曲线的弯曲程度。平面曲线的曲率是它的特例。曲率的几何意义是切线的单位切矢对于弧长的转动率，转动越快，曲率越大，弯曲程度越厉害。曲率 k 的倒数 $\rho=1/k$ 称为曲率半径。

对于一般参数曲线 $\boldsymbol{p}(t)$，曲率的计算公式为

$$k=\frac{\boldsymbol{p}'(t)\times\boldsymbol{p}''(t)}{|\boldsymbol{p}'(t)|^3} \tag{1.57}$$

对于以弧长 s 为参数的曲线 $\boldsymbol{p}(s)$，曲率的计算公式为

$$k=\|\ddot{\boldsymbol{p}}(s)\| \tag{1.58}$$

2. 挠率

对于平面曲线，密切平面就是曲线所在的平面，其副法矢 $\boldsymbol{B}$ 是固定不变的，因此有 $\mathrm{d}\boldsymbol{B}/\mathrm{d}s=0$；对于非平面曲线，矢量 $\boldsymbol{B}$ 不再为常数，它的变化 $\mathrm{d}\boldsymbol{B}/\mathrm{d}s$ 反映了曲线的扭挠性质。

设以弧长 s 为参数，曲线方程为 $\boldsymbol{p}(s)$，曲线上点 P_0 对应的参数为 s，P_1 点对应的参数为 $s+\Delta s$，$\Delta\theta$ 为 P_0 和 P_1 处的两个密切平面的夹角，则比值 $|\Delta\theta/\Delta s|$ 称为弧 Δs 的平均挠度；若 $\Delta s\to 0$ 时 $|\Delta\theta/\Delta s|$ 的极限存在，此极限就称为曲线在 P_0 点的挠率 τ 的绝对值，即

$$|\tau|=\lim_{\Delta s\to 0}\left|\frac{\Delta\theta}{\Delta s}\right|=\frac{\mathrm{d}\theta}{\mathrm{d}s} \tag{1.59}$$

由于两个密切平面的夹角 $\Delta\theta$ 是两个单位副法矢 $\boldsymbol{B}_0$ 和 $\boldsymbol{B}_1$ 的夹角，如图 1.17 所示，$\Delta\boldsymbol{B}=\boldsymbol{B}_1(s+\Delta s)-\boldsymbol{B}_0(s)$，因为副法矢 $\boldsymbol{B}_0$ 和 $\boldsymbol{B}_1$ 为单位矢量，所以

$|\boldsymbol{B}_0(s)|=|\boldsymbol{B}_1(s+\Delta s)|=1$，$\lim\limits_{\Delta s\to 0}\left|\dfrac{\Delta\theta}{\Delta\boldsymbol{B}}\right|=1$，从而有

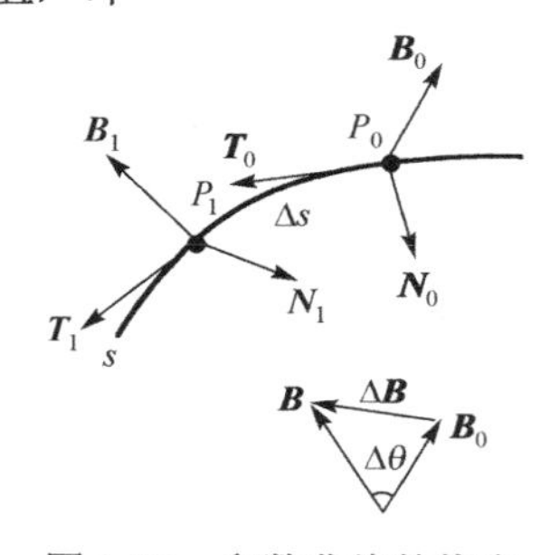

图 1.17　参数曲线的挠率

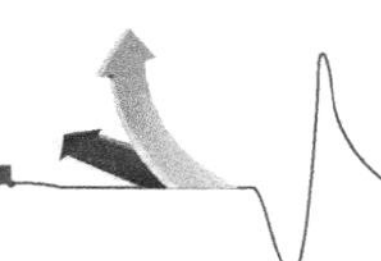

$$\lim_{\Delta s\to 0}\left|\frac{\Delta\theta}{\Delta s}\right| = \lim_{\Delta s\to 0}\left|\frac{\Delta\theta}{\|\Delta \boldsymbol{B}\|}\right|\left|\frac{\|\Delta \boldsymbol{B}\|}{\Delta s}\right| = \lim_{\Delta s\to 0}\left|\frac{\|\Delta \boldsymbol{B}\|}{\Delta s}\right|$$

可得挠率τ为

$$\tau = \lim_{\Delta s\to 0}\left|\frac{\Delta \boldsymbol{B}}{\Delta s}\right| = \left|\frac{\mathrm{d}\boldsymbol{B}}{\mathrm{d}s}\right| \tag{1.60}$$

即空间曲线上一点处的挠率，等于在该点处单位副法矢对弧长的导数。因$\frac{\mathrm{d}\boldsymbol{B}}{\mathrm{d}s}\cdot\boldsymbol{T}=0$，$\frac{\mathrm{d}\boldsymbol{B}}{\mathrm{d}s}\cdot\boldsymbol{B}=0$，故$\frac{\mathrm{d}\boldsymbol{B}}{\mathrm{d}s}$与$\boldsymbol{T}$和$\boldsymbol{B}$垂直，与矢量$\boldsymbol{N}$反向，即

$$\frac{\mathrm{d}\boldsymbol{B}}{\mathrm{d}s} = -\tau\boldsymbol{N} \tag{1.61}$$

空间曲线副法矢沿弧长的变化见图 1.17。对于平面曲线，密切平面与曲线所在平面一致，副法矢是固定不变的，因而挠率$\tau=0$。

挠率的绝对值等于副法线方向对于弧长的转动率，其大于、等于、小于 0 分别表示曲线为右旋空间曲线、平面曲线和左旋空间曲线。

对于一般参数t的曲线$\boldsymbol{p}(t)$，挠率的计算公式为

$$\tau = \frac{(\boldsymbol{p}'(t), \boldsymbol{p}''(t), \boldsymbol{p}'''(t))}{(\boldsymbol{p}'(t)\times\boldsymbol{p}''(t))^2} \tag{1.62}$$

对于以弧长s为参数时的曲线$\boldsymbol{p}(s)$，挠率的计算公式为

$$\tau = \frac{\dot{\boldsymbol{p}}(s), \ddot{\boldsymbol{p}}(s), \dddot{\boldsymbol{p}}(s)}{(\ddot{\boldsymbol{p}}(s))^2} \tag{1.63}$$

以上两式中“,”为混合积，×为矢量积。

1.6.5 型值点、插值、逼近、控制点

1．型值点

型值点（Data Point）是通过测量得到的一组描述曲线或曲面几何形状的数据点。由于数量有限，不足以描述曲线曲面的形状，因此在求得一些型值点后，要采用一定的数学方法获得曲线曲面上每一点的几何信息。

2．插值

构造一条曲线顺序通过一组给定的型值点，从曲线的方程可以计算出曲线上型值点以外其他点的值，这称为曲线的插值（Interpolation）。所构造的曲线称为插值曲线，如图 1.18 所示。

3．逼近

当型值点太多时，构造插值曲线使其通过所有型值点是困难的。此时人们往往选择一个次数较低的函数，在某种意义下最佳逼近这些型值点，如图 1.19 所示。逼近的方法很多，最常用的方法是最小二乘法。构造一条曲线使之在某种意义下最为接近一组给定的型值点，称为曲线的逼近（Approximation），所构造的曲线称为逼近曲线。

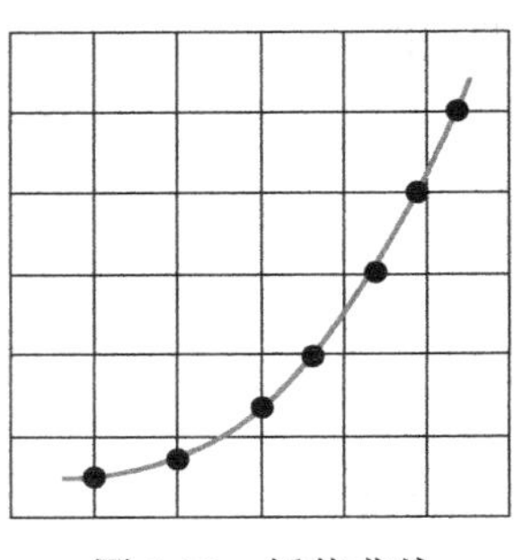

图 1.18 插值曲线

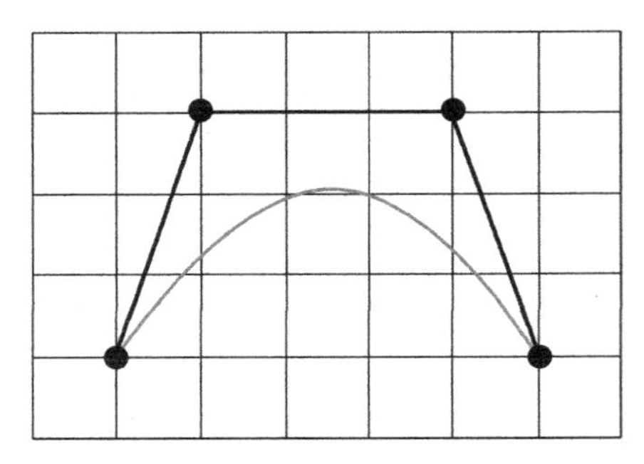

图 1.19 逼近曲线

插值与逼近统称为拟合（Fitting）。

4．控制点

控制点（Control Point）是用来控制或调整曲线曲面形状的控制多边形的顶点。

1.6.6 多项式基

在 CAGD 中，基表示的参数矢函数形式已成为形状数学描述的标准形式。人们首先注意到在各类函数中，多项式函数能较好地满足要求。它的表示形式简单，又无穷次可微，且容易计算函数值及各阶导数值。采用多项式函数作为基函数即多项式基，相应可得到参数多项式曲线曲面。

幂基 $t^i, i=0,1,\cdots,n$ 是最简单的多项式基。相应多项式的全体构成 n 次多项式空间。n 次多项式空间中任一组 $n+1$ 个线性无关的多项式都可以作为一组基，因此有无穷多组基。不同组基之间仅相差一个线性变换。

一个 n 次参数多项式曲线方程可表示为

$$\boldsymbol{p}(t)=\sum_{i=0}^{n}\boldsymbol{P}_i t^i \tag{1.64}$$

式中，$\boldsymbol{P}_i$ 为系数矢量。

同一条参数多项式曲线可以采用不同的基表示，由此决定了它们具有不同的性质，因而就有不同的优点。

1.7 本 章 小 结

计算几何是综合了微分几何、代数几何、数值计算、逼近论、拓扑学等的一门边缘性学科。计算几何的主要研究内容是曲线曲面的表示与逼近。本章介绍了自 20 世纪 70 年代中期以来，该学科所取得的重要理论成果。作为后续章节的知识准备，本章还介绍了矢量代数，曲线曲面的参数表示，连续性，矢函数的导矢、切矢，曲线的自然参数方程，活动标架，曲线的曲率和挠率等基本知识。

1.8 习 题

1．计算几何的研究内容是什么？

2．什么方法是现代曲面造型中广泛流行的数学方法？什么方法作为定义工业产品几何形状的唯一数学方法？

3．已知空间不在一条直线上的 3 点 $P_0(x_0,y_0,z_0)$，$P_1(x_1,y_1,z_1)$，$P_2(x_2,y_2,z_2)$，用矢量形式或分量形式写出经过这 3 点的平面参数方程。

4．在目前的几何建模系统中，自由曲线曲面常用哪种表示方式？采用这种表示方式的曲线曲面具有什么优点？

5．简述 Frenet 活动标架。在活动标架中，三个基本矢量的关系是什么？

6．解释曲率、挠率的几何意义。

7．解释型值点、插值、逼近的基本概念。

8．解释 C 连续性与 G 连续性。

第2章

图形程序设计基础

计算几何讲解的是建模的数学原理，给出严格的数学推导。如何在数学结论的基础上绘制出曲线曲面的二维或三维图形，并能通过键盘方向键旋转观察三维图形？从图形可视化角度理解计算几何原理无疑是最好的方法，因为它体现了“数”与“形”的对应关系。本章将讲解二维和三维网格模型动画的制作方法。在深入学习曲线曲面原理之前，三维模型以立方体与球体为例进行讲解。

2.1 MFC 上机操作步骤

2.1.1 应用程序向导

在 MFC Application Wizard 的引导下，建立一个单文档应用程序框架，步骤如下。

(1)从图 2.1 所示的 Windows 7 操作系统的“开始”菜单中启动 Microsoft Visual Studio 2010（以下简称 VS2010），打开图 2.2 所示的 Start Page 页面。

图 2.1 VS2010 启动菜单

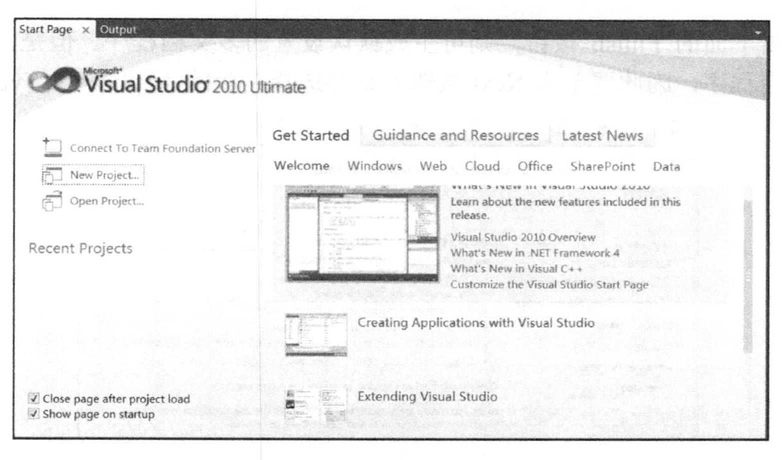

图 2.2　Start Page 页面

（2）在 Start Page 页面中选择 New Project…，出现图 2.3 所示 New Project 对话框。若安装完 VS2010 以后，第一次启动时已经设置为 Visual C++，则对话框左侧的 Installed Templates→Visual C++项会默认展开。若未设置过 Visual C++，则可以展开到 Installed Templates→Other Languages→Visual C++项。因为要生成 MFC 程序，所以在 Visual C++下选择 MFC。

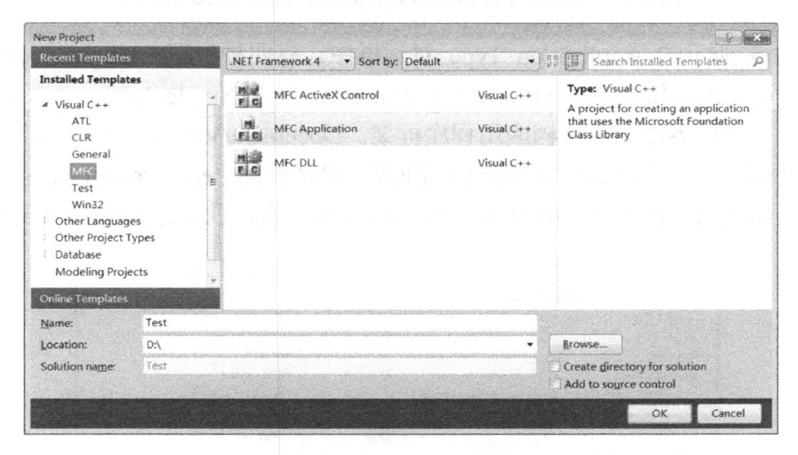

图 2.3　New Project 对话框

对话框中间区域出现三个选项：MFC ActiveX Control、MFC Application 和 MFC DLL。MFC ActiveX Control 用于生成 MFC ActiveX 控件程序；MFC Application 用于生成 MFC 应用程序；MFC DLL 用于生成 MFC 动态链接库程序。此处选择 MFC Application。

在对话框下部有 Name、Location 和 Solution name 三个设置项。Name 为工程名，Location 为解决方案路径，Solution name 为解决方案名称。去掉 Create directory for solution 前面的对钩，则 Solution name 选项为灰色，表示不为解决方案创建文件夹。设置 Name 为“Test”，设置 Location 为“D:\”，如图 2.3 所示。单击 OK 按钮。

（3）在图 2.4 所示的 MFC Application Wizard-Test 对话框中，上部写有 Welcome to the MFC Application Wizard。左侧一列是多选项（鼠标移动到每个选项上将会给出信息提示，也可以直接选择），右侧一列是对左侧任一选项的进一步解释。默认的选项是 Overview，相应的类型设置是 Tabbed multiple document interface（MDI），这说明默认的工程是多文档应用程序。如果此时直接单击下面的 Finish 按钮，则可生成默认设置的多文档程序。但是，这里需要建立的是单文档应用程序，因此要单击 Next 按钮或直接选择左侧的 Application Type 进行修改。

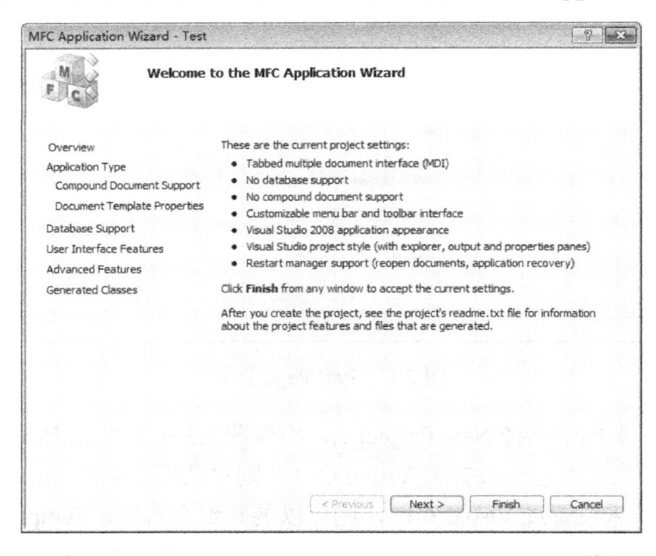

图 2.4　Welcome to the MFC Application Wizard 对话框

（4）在图 2.5 所示的 Application Type 对话框中，有四种类型：Single document、Multiple documents、Dialog based 和 Multiple top-level documents。选择 Single document 类型，以便生成一个运行时是一个单窗口界面的单文档应用程序框架。Document/View architecture support 选项默认是选中的，因此会得到内置的文档/视图结构的支持。对话框的 Resource language 还提供语言的选择，保持默认英语选项。Project style 可以选择不同工程风格，此处选择 MFC standard 风格。

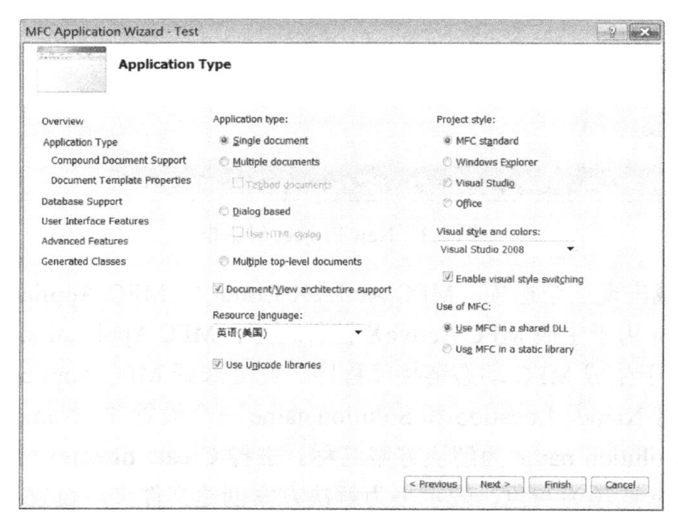

图 2.5　Application Type 对话框

Use of MFC 有两个选项：Use MFC in a shared DLL（动态链接库方式使用 MFC，这是默认选项）和 Use MFC in a static library（静态库方式使用 MFC）。选择默认项时，MFC 的类会以动态链接库的方式访问，编译后的应用程序可执行文件就会小一些，但要求运行此程序的

计算机上有 MFC DLL，发布应用程序时必须同时添加必要的动态链接库，以便在未安装 VS2010 的计算机上能够正常运行。选择 Use MFC in a static library 时，MFC 的类会编译到可执行文件中，应用程序的可执行文件要比默认选项大，可以单独发布，不需要另加包含 MFC 类的库。这里，保持默认选项 Use MFC in a shared DLL。单击 Finish 按钮，结束 MFC 应用程序向导。

（5）应用程序向导最后生成 Test 工程的单文档应用程序框架，并在 Solution Explorer 中自动打开解决方案，如图 2.6 所示。

（6）单击工具条上的 ▶ 按钮，就可直接编译、链接、运行 Test 工程，运行结果如图 2.7 所示。

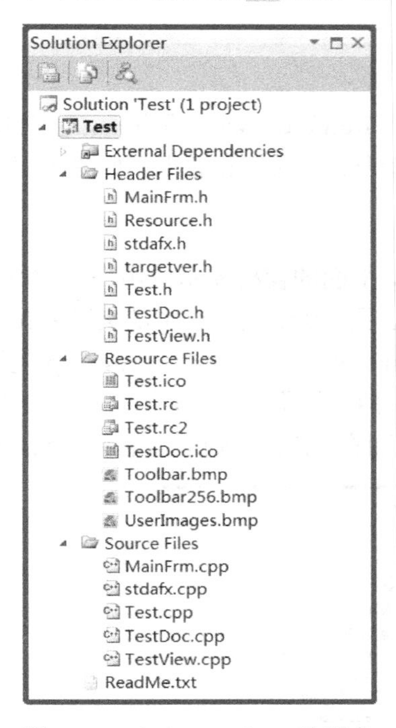

图 2.6 Solution Explorer 选项卡

图 2.7 Test 工程运行效果图

至此，尽管未编写一句代码，但在 MFC 应用程序向导的引导下，Test 工程已经形成了一个可执行程序框架。以后的任务就是针对具体的设计任务，为该框架添加自己的程序代码。

小贴士

初次编译并链接程序时需要花费一些时间。但第二次及以后的编译过程会非常快，这是因为 VS2010 具有预编译头文件的功能。在首次编译过程中，编译器会把头文件产生的输出保存在扩展名为.pch 的文件中。在以后的编译过程中，如果未修改头文件中的源代码，编译器就重用这个.pch 文件，从而节省头文件的编译时间。

2.1.2 查看工程信息

在 VS2010 中，每个应用程序都作为一个工程来集中管理，它包含了头文件、源文件和资源文件等。而工程是由解决方案管理的。一个解决方案可以管理多个工程，可以把解决方案理解为多个有关系或没有关系的工程集合。

MFC Application Wizard 生成的所有文件都存放在名为 Test 的文件夹中，主要包含头文件（.h）、源文件（.cpp）、资源文件（.rc）等，其中 Test.sln 记录解决方案中工程的信息，退出本工程后，双击 Test.sln 可以重新编译工程。

VS2010 的 IDE 提供了多种方法，可以查看与工程有关的信息。

1．Solution Explorer 选项卡

Solution Explorer 显示所创建的程序文件。主要包括头文件 Header Files、资源文件 Resource Files 和源文件 Source Files。单击左侧的空心三角形全部展开 Solution Explorer 选项卡后，显示的内容如图 2.6 所示。

2．Resource View 选项卡

单击选项卡标签可以进行切换，以查看工程信息。打开 Resource View 选项卡，它会显示工程所使用的资源，如快捷键、对话框、图标、菜单、字符串表、工具栏和版本，如图 2.8 所示。

3．Class View 选项卡

打开 Class View 选项卡。该选项卡分为上下两个窗格，上面的窗格显示应用程序定义的类。单击某个类名，该类的成员函数就会显示在下面的窗格中。图 2.9 中已经选中的类是 CTestView 类。可以看出，Test 工程定义的类主要有主框架类 CMainFrame、主程序类 CTestApp、文档类 CTestDoc 和视图类 CTestView。在 MFC 中，习惯上用大写 C 字母开始的标识符作为类名，例如“关于”对话框类的类名在 C++中可以命名为 AboutDlg，而在 MFC 中则应命名为 CAboutDlg。

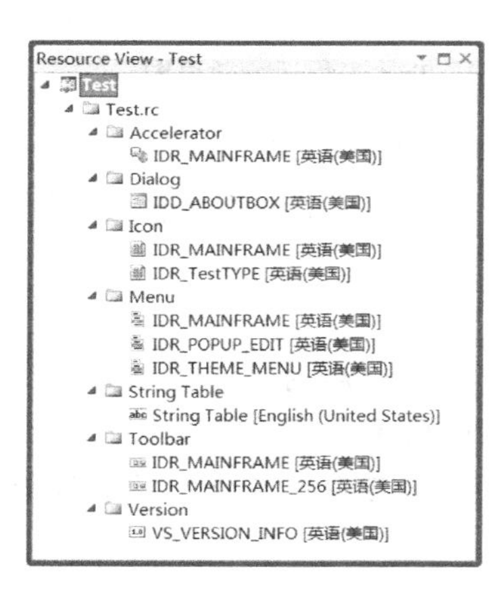

图 2.8　Resource View 选项卡

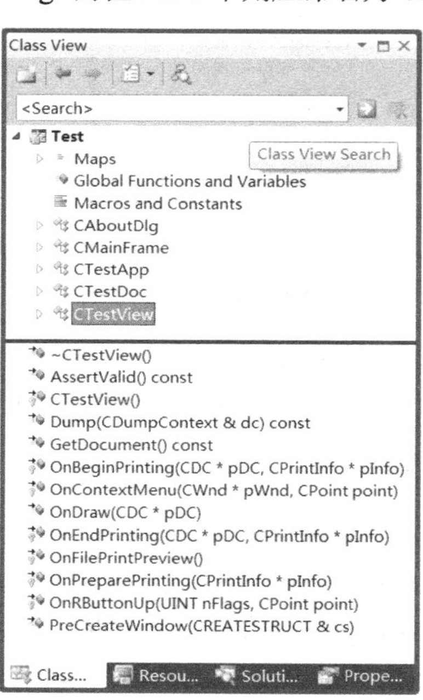

图 2.9　Class View 选项卡

在本例中，CTestApp 是 Test 工程的主程序类，用来处理消息，将收到的消息分发给相应的对象；数据存放在文档类 CTestDoc 中，显示在视图类 CTestView 中；而视图类 CTestView 显示在主框架类 CMainFrame 的客户区中。MFC 中的文档/视图结构用来将程序的数据的处理

和显示分开。文档对象管理和维护数据，包括保存数据、取出数据及修改数据等操作；视图对象将文档中的数据可视化，负责从文档对象中取出数据显示给用户，并接受用户的输入和编辑，将数据的改变反映给文档对象。视图充当了文档和用户之间媒介的角色。一个文档可能有多个视图界面，这就需要有主框架来管理。主框架就是用来管理文档和视图的。主框架是应用程序的主窗口，视图窗口是没有菜单和边界的子窗口，它必须包含在主框架窗口中，即置于主框架窗口的客户区内。

从 C++中可知，一个类是由头文件和源文件组成的。对比图 2.6 和图 2.9 可以看出，CTestApp 类由 Test.h 和 Test.cpp 文件组成；CTestDoc 类由 TestDoc.h 和 TestDoc.cpp 文件组成；CTestView 类由 TestView.h 和 TestView.cpp 文件组成；CMainFrame 类由 MainFrm.h 和 MainFrm.cpp 文件组成。

在 CTestView 类的源文件 TestView.cpp 中可以找到 OnDraw 函数。每当视区需要被重新绘制时，系统都要调用 OnDraw 函数。例如，当用户改变了窗口尺寸时，窗口都会重新绘制。OnDraw 函数是一个处理图形的虚函数，它带有一个指向设备上下文的指针 pDC，MFC 的绘图工作大多是通过这个指针来完成的。OnDraw 函数的定义如下：

```
void CTestView::OnDraw(CDC* /*pDC*/)
{
    CTestDoc* pDoc = GetDocument();
    ASSERT_VALID(pDoc);
    if (!pDoc)
        return;
    // TODO: add draw code for native data here
}
```

程序说明：pDC 定义为 CDC 类的指针。注意，在 OnDraw 函数头中，pDC 已被系统注释，但程序编译无错。由于 CTestView 继承于 CView 类，因此可在 CView 类中查到 OnDraw 函数原型的声明如下：

```
virtual void OnDraw(CDC* pDC) = 0;
```

这说明 OnDraw 函数是一个纯虚函数。纯虚函数的声明形式与一般虚函数类似，只是最后加了个“=0”。纯虚函数在基类中不必给出函数实现，各个派生类可根据自己的功能需要定义其实现。

MFC 应用程序向导在 CView 的派生类 CTestView 类中定义了其实现，因此去掉 pDC 的注释就可以借助于 pDC 指针，使用 CDC 类的成员函数进行编程。pDoc 通过 GetDocument 函数得到了指向文档类 CTestDoc 的指针。ASSERT_VALID 函数使 pDoc 指针有效。编写程序时，常将自己编写的代码写于注释行（TODO: add draw code for native data here）之下，以区分于系统提供的框架代码。

小贴士

OnDraw 函数是由系统框架直接调用的，每当窗口重绘时就会自动执行。

2.2　基本绘图函数

VS2010 不仅运算功能强大，而且拥有完备的绘图功能。在 Windows 平台上，GDI 被抽象为设备上下文 CDC 类（Device Context，DC）。设备上下文 DC 是表示显示器或打印机的图形属性的一种 Windows 数据结构，包含了对输出设备绘图属性的描述。在 Windows 平台上，直接接收图形数据信息的不是显示器或打印机等硬件设备，而是 CDC 对象。在 MFC 中，CDC 类封装了绘图所需的基本函数。

2.2.1 修改单文档窗口显示参数

在 MFC Application Wizard 的引导下，上节已经完成了创建单文档窗口的所有步骤，余下的工作只是修改窗口的显示状态和标题内容。

1. 显示窗口函数

类属：CWnd::ShowWindow
原型：BOOL ShowWindow(int nCmdShow);
参数：nCmdShow 指定窗口的显示模式，可以是表 2.1 给出的模式代码之一。
返回值：若窗口先前可见，则返回值为非零；若窗口先前被隐藏，则返回值为零。

小贴士

设置窗口显示状态。事实上，VS2010 对显示的窗口有记忆性。比如，使用窗口最大化按钮调整窗口的显示状态为最大化模式显示，关闭程序后再次运行，窗口则以最大化模式显示。

表 2.1 nCmdShow 参数

nCmdShow	宏定义值	解 释
SW_HIDE	0	隐藏窗口并激活其他窗口
SW_SHOWNORMAL 或 SW_NORMAL	1	激活并显示一个窗口。若窗口被最小化或最大化，则系统将其恢复到原来的尺寸和大小。应用程序在第一次显示窗口时应该指定此标志
SW_SHOWMINIMIZED	2	激活窗口并将其最小化显示
SW_SHOWMAXIMIZED 或 SW_MAXIMIZE	3	激活窗口并将其最大化显示
SW_SHOWNOACTIVATE	4	以窗口最近一次的大小和状态显示窗口，不改变窗口的激活状态
SW_SHOW	5	激活窗口并以原来的尺寸和位置显示窗口
SW_MINIMIZE	6	最小化显示窗口并激活在 Z 序列中的顶层窗口
SW_SHOWMINNOACTIVE	7	最小化显示窗口。不改变窗口的激活状态
SW_SHOWNA	8	以窗口原来的状态显示窗口，不改变窗口的激活状态
SW_RESTORE	9	激活并显示窗口。若窗口是最小化或最大化显示，则系统将窗口恢复到原来的尺寸和位置

2. 设置窗口标题函数

类属：CWnd::SetWindowText
原型：void SetWindowText(LPCTSTR lpszString);
参数：lpszString 是 CString 类对象或将被用做标题的、以空字符结尾的字符串。

小贴士

用指定的字符串设置窗口标题。

上节创建 Test 工程后，图 2.7 中的窗口是按照默认设置显示的。Test.cpp 文件的 InitInstance 函数中有如下代码段：

```
// The one and only window has been initialized, so show and update it.
m_pMainWnd->ShowWindow(SW_SHOW);
m_pMainWnd->UpdateWindow();
```

其中，m_pMainWnd 属于 CWinThread 类，是一个指向应用程序主窗口的指针。参数 SW_SHOW 表示窗口以默认的尺寸和位置显示。窗口作为展示模型的舞台，一般以最大化形式显示。本书一直假定单文档窗口以最大化形式显示，并在最大化窗口上建立自定义坐标系来绘制图形。窗口最大化形式显示的代码如下：

```
// The one and only window has been initialized, so show and update it.
m_pMainWnd->ShowWindow(SW_MAXIMIZE);          //窗口全屏显示
m_pMainWnd->SetWindowText(_T("工程"));          //设置窗口标题栏的文字为“工程”
m_pMainWnd->UpdateWindow();
```

代码中，_T 是 Unicode 编码转换的宏定义。Windows 使用两种字符集 ANSI 和 Unicode，ANSI 是通常使用的单字节方式，Unicode 是双字节方式。在 VS2010 中要求使用 Unicode。对于 ANSI 方式，需要使用_T 宏进行转换。

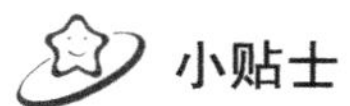
小贴士

在以后的程序中约定，阴影部分表示用户自己编写或修改的代码，其余部分是系统框架自动生成的代码。

2.2.2　CDC 派生类与 GDI 工具类

1．CDC 类

在 MFC 中，一般使用 CDC 类在窗口客户区内直接绘图。需要显式调用 GetDC 函数获得设备上下文，然后才能调用相应的 CDC 类成员函数绘图。由于在任何时刻，最多只能获得 5 个设备上下文同时使用，不及时释放设备上下文，就会影响其他应用程序的正常访问，因此绘图完成后，应显式调用 ReleaseDC 函数释放所获得的设备上下文。

（1）GetDC 函数

类属：CWnd::GetDC

原型：CDC* GetDC();

参数：无。

返回值：若调用成功，返回当前窗口客户区的设备上下文的标识符；否则，返回 NULL。

（2）ReleaseDC 函数

类属：CWnd::ReleaseDC

原型：int ReleaseDC(CDC* pDC);

参数：pDC 是将要被释放的设备上下文标识符。

返回值：若调用成功返回“非 0”；否则返回“0”。

2．简单数据类型

在绘图中常用到 MFC 的 CPoint、CRect、CSize 等简单数据类型。简单数据类型的共同特点是没有基类。由于 CPoint、CSize 和 CRect 是对 Windows 的 POINT、SIZE 和 RECT 结构体的封装，因此可以直接使用其公有成员变量。POINT、SIZE 和 RECT 结构体的定义如下：

```
typedef struct tagPOINT
{
    LONG x;                    //点的 x 坐标
    LONG y;                    //点的 y 坐标
} POINT;
typedef struct tagSIZE
{
    LONG cx;                   //矩形 x 方向的长度
    LONG cy;                   //矩形 y 方向的长度
} SIZE;
typedef struct tagRECT
{
    LONG left;                 //矩形左上角点的 x 坐标
    LONG top;                  //矩形左上角点的 y 坐标
    LONG right;                //矩形右下角点的 x 坐标
    LONG bottom;               //矩形右下角点的 y 坐标
} RECT;
```

3. 图形对象类

Windows 提供了多种绘图工具来使用设备上下文，如提供了画笔来绘制线条、提供了画刷来填充图形内部、提供了字体来显示文本等。MFC 提供的图形对象类等同于 Windows 的绘图工具，包括 CPen、CBrush 等。

CGdiObject 类：提供各种 Windows GDI 对象诸如画刷、画笔的基类。不能直接创建 CGdiObject 类对象，仅能使用其派生类如 CPen、CBrush 等创建对象。

CPen 类：封装了 GDI 画笔，可以选作设备上下文的当前画笔。画笔用于绘制图形的边界线。

CBrush 类：封装了 GDI 画刷，可以选作设备上下文的当前画刷。画刷用于填充图形的内部。

在设备上下文中使用图形对象时，需要遵循以下步骤：

（1）定义一个图形对象，使用具体的 Create 函数初始化图形对象。

（2）将图形对象选入当前设备上下文，同时保存原先选入的旧图形对象。

（3）使用当前图形对象绘图结束后，将旧图形对象选入设备上下文来恢复原状。

2.2.3 映射模式

将图形显示在屏幕坐标系中的过程称为映射。根据映射模式的不同，坐标可以分为逻辑坐标和设备坐标，逻辑坐标的单位是米制尺度或英制尺度，设备坐标的单位是像素。映射模式都是以“MM_”为前缀的预定义标识符，代表 MapMode。VS2010 系统提供了几种不同的映射模式，如表 2.2 所示。

表 2.2 映射模式

模式代码	宏定义值	坐标系特征
MM_TEXT	1	每个逻辑单位被转换为 1 个设备单位。正 x 向右，正 y 向下
MM_LOMETRIC	2	每个逻辑单位被转换为 0.1 毫米。正 x 向右，正 y 向上
MM_HIMETRIC	3	每个逻辑单位被转换为 0.01 毫米。正 x 向右，正 y 向上
MM_LOENGLISH	4	每个逻辑单位被转换为 0.01 英寸。正 x 向右，正 y 向上
MM_HIENGLISH	5	每个逻辑单位被转换为 0.001 英寸。正 x 向右，正 y 向上

续表

模式代码	宏定义值	坐标系特征
MM_TWIPS	6	每个逻辑单位被转换为 1/20 点或 1/1440 英寸。正 x 向右，正 y 向上
MM_ISOTROPIC	7	在保证 x 轴和 y 轴的比例相等的情况下，逻辑单位被转换为任意单位，且方向可以独立设置
MM_ANISOTROPIC	8	逻辑单位被转换为任意单位，x 轴和 y 轴的方向和比例独立设置

注：1 英寸=25.4 毫米。

默认情况下使用的是设备坐标系 MM_TEXT，一个逻辑单位等于一个设备单位，即一个像素，像素的物理大小会因设备的不同而不同。设备坐标系原点位于客户区的左上角，*x* 轴水平向右为正，*y* 轴垂直向下为正，设备坐标系的基本单位为一个像素，如图 2.10 所示。

图 2.10　设备坐标系

1．设置映射模式函数

类属：CDC::SetMapMode

原型：virtual int SetMapMode(int nMapMode);

参数：nMapMode 用于指定新的映射模式，可取表 2.2 的模式代码之一。

返回值：原映射模式，用宏定义值表示。

小提示

SetMapMode 函数设置映射模式，定义了将逻辑单位转换为设备单位的度量单位，并定义了设备的 *x* 坐标轴和 *y* 坐标轴的方向。

2．设置窗口范围函数

类属：CDC:: SetWindowExt

原型：virtual CSize SetWindowExt (int cx, int cy);

　　　virtual CSize SetWindowExt(SIZE size);

参数：cx 窗口 x 范围的逻辑单位，cy 窗口 y 范围的逻辑单位；size 是窗口的 x 和 y 范围的逻辑单位。

返回值：原窗口范围的 CSize 对象。

3．设置视区范围函数

类属：CDC::SetViewportExt

原型：virtual CSize SetViewportExt(int cx, int cy);

　　　virtual CSize SetViewportExt(SIZE size);

参数：cx 视区 x 范围的设备单位，cy 视区 y 范围的设备单位。size 是视区的 x 和 y 范围的设备单位。

返回值：原视区范围的 CSize 对象。

4．设置窗口原点函数

类属：CDC::SetWindowOrg

原型：CPoint SetWindowOrg(int x, int y);

　　　CPoint SetWindowOrg(POINT point);

参数：x、y 是窗口新原点的逻辑坐标；point 是窗口新原点的逻辑坐标，可以传递一个 POINT 结构体或 CPoint 对象。

返回值：原窗口原点的 CPoint 对象。

5．设置视区原点函数

类属：CDC::SetViewportOrg

原型：virtual CPoint SetViewportOrg(int x, int y);

　　　virtual CPoint SetViewportOrg(POINT point);

参数：x、y 是视区新原点的设备坐标；point 是视区新原点，可以传递一个 POINT 结构体或 CPoint 对象。视区坐标系原点必须位于设备坐标系的范围之内。

返回值：原视区原点的 CPoint 对象。

小提示

使用各向同性的映射模式 MM_ISOTROPIC 和各向异性的映射模式 MM_ANISOTROPIC 时，需要调用 SetWindowExt 和 SetViewportExt 成员函数来改变窗口和视区的设置，其他模式则不需要。

例 2.1　使用映射模式函数，设置窗口大小和视区大小相等的自定义二维坐标系：视区中 x 轴水平向右为正，y 轴垂直向上为正，原点位于窗口客户区中心。

```
void CTestView::OnDraw(CDC* pDC)
{
    CTestDoc* pDoc = GetDocument();
    ASSERT_VALID(pDoc);
    if (!pDoc)
        return;
    // TODO: add draw code for native data here
    CRect rect;
    GetClientRect(&rect);                                   //获得客户区大小
    pDC->SetMapMode(MM_ANISOTROPIC);                        //设置映射模式
    pDC->SetWindowExt(rect.Width(), rect.Height());         //设置窗口范围
    pDC->SetViewportExt(rect.Width(), -rect.Height());      //设置视区范围
    pDC->SetViewportOrg(rect.Width()/2, rect.Height()/2);   //设置坐标系原点
    rect.OffsetRect(-rect.Width()/2, -rect.Height()/2);     //校正客户区矩形 rect
}
```

代码中，SetViewPortExt 的 cy 为负值，说明视区的 y 轴向上为正，视区原点位于窗口客户区中心。OffsetRect 函数用于校正客户区矩形。自定义二维坐标系的说明如图 2.11 所示。在设备坐标系中，窗口客户区矩形 rect 的所有顶点均在第一象限。在自定义坐标系中出现了四个象限，需要使用 OffsetRect 函数校正客户区矩形，如图 2.12 所示。

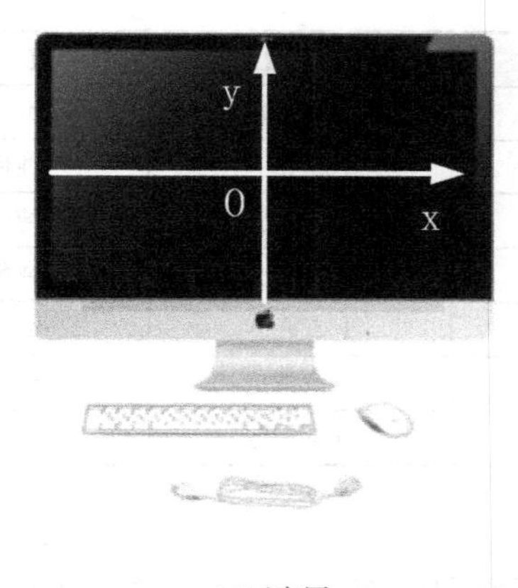

(a)示意图

(b)点位于四个象限

图 2.11 自定义二维坐标系

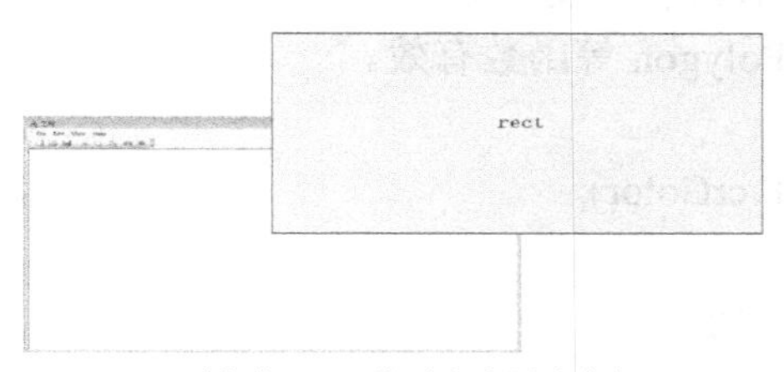

(a)平移前，rect 位于客户区右上角

(b)平移后，rect 与客户区重合

图 2.12 校正 rect 矩形位置

小贴士

使用自定义二维坐标系时，这段代码可视为框架代码。若增加 z 轴由原点指向观察者的定义，就可创建三维坐标系。

2.2.4 使用 GDI 对象

1. 创建画笔函数

MFC 中的画笔用来绘制直线、曲线或区域的边界线。画笔通常具有线型、宽度和颜色三种属性。画笔的线型通常有实线、虚线、点线、点画线、双点画线、不可见线和内框架线七种样式，画笔样式都是以“PS_”为前缀的预定义标识符，代表 PenStyle。画笔的宽度是用像素表示的线条宽度。画笔的颜色是用 RGB 宏表示的线条颜色。默认的画笔绘制 1 像素宽度的黑色实线。要更换新画笔，可在创建新画笔对象后，将其选入设备上下文，使用新画笔进行绘图，使用完新画笔后要将设备上下文恢复原状。

类属：CPen::CreatePen

原型：BOOL CreatePen(int nPenStyle, int nWidth, COLORREF crColor);

参数：nPenStyle是画笔样式，见表 2.3；nWidth是画笔的宽度；crColor是画笔的颜色。

返回值：调用成功返回“非 0”；否则返回“0”。

表 2.3　画笔的样式

画笔样式	宏定义值	线　型	宽　度	颜　色
PS_SOLID	0	实线	任意指定	纯色
PS_DASH	1	虚线	1 或更小	纯色
PS_DOT	2	点线	1 或更小	纯色
PS_DASHDOT	3	点画线	1 或更小	纯色
PS_DASHDOTDOT	4	双点画线	1 或更小	纯色
PS_NULL	5	不可见线	任意指定	纯色
PS_INSIDEFRAME	6	内框架线	任意指定	纯色

2. 创建画刷函数

画刷用于填充图形内部，可以是实体画刷、阴影画刷和图案画刷，默认的画刷是白色实体画刷。若要更换新画刷，可在创建新画刷对象后，将其选入设备上下文，这时就可使用新画刷填充图形内部。新画刷使用完毕后，要用旧画刷将设备上下文恢复原状。由于画刷用于填充闭合图形，所以仅对 Rectangle、Ellipse、Polygon 等函数有效。

类属：CBrush::CreateSolidBrush

原型：BOOL CreateSolidBrush(COLORREF crColor);

参数：crColor是画刷的颜色。

返回值：调用成功返回“非 0”；否则返回“0”。

3. 选入 GDI 对象

GDI 对象创建完毕后，只有选入当前设备上下文中才能使用。

类属：CDC::SelectObject

原型：CPen* SelectObject(CPen* pPen);

　　　CBrush* SelectObject(CBrush* pBrush);

参数：pPen 是将要被选入的画笔对象指针；pBrush 是将要被选入的画刷对象指针。

返回值：如果成功，返回正在被替换对象的指针；否则，返回 NULL。

小贴士

本函数将设备上下文中的原 GDI 对象更换为新对象，同时返回指向原对象的指针。

4. 删除 GDI 对象

类属：CGdiObject::DeleteObject

原型：BOOL DeleteObject();

参数：无。

返回值：如果成功删除 GDI 对象，返回“非 0”；否则，返回“0”。

小贴士

该函数删除 Windows 的 GDI 对象（位图、画刷、字体、调色板、画笔或区域），并释放所有与该对象有关的系统资源。

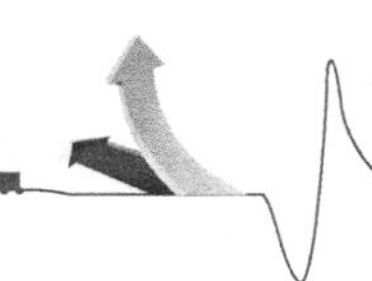

5. 选入库对象

除了自定义的 GDI 对象外，Windows 系统中还预先定义了一些使用频率较高的画笔和画刷，不需要创建就可以直接选用。同样，使用完库画笔和库画刷后，也不需要调用 DeleteObject 函数将其从内存中删除。

类属：CDC::SelectStockObject

原型：virtual CGdiObject *SelectStockObject(int nIndex);

参数：参数 nIndex 可以是表 2.4 中的库画刷代码或表 2.5 中的库画笔代码。

返回值：如果调用成功，返回被替代的 CGdiObject 类对象的指针；否则返回 NULL。

小贴士

库对象的返回类型是 CGdiObject*，使用时请根据对象的具体类型进行相应转换。从表 2.4 的宏定义值可以看出，透明画刷和空心画刷其实是同一个库画刷。

表 2.4　7 种常用库画刷

库画刷代码	宏定义值	含　义	颜　色
WHITE_BRUSH	0	白色的实心画刷	RGB(255, 255, 255)
LTGRAY_BRUSH	1	淡灰色的实心画刷	RGB(192, 192, 192)
GRAY_BRUSH	2	灰色的实心画刷	RGB(128, 128, 128)
DKGRAY_BRUSH	3	暗灰色的实心画刷	RGB(64, 64, 64)
BLACK_BRUSH	4	黑色的实心画刷	RGB(0, 0, 0)
HOLLOW_BRUSH	5	空心画刷	
NULL_BRUSH	5	透明画刷	

表 2.5　3 种常用库画笔

库画笔代码	宏定义值	含　义
WHITE_PEN	6	宽度为 1 像素的白色实线画笔
BLACK_PEN	7	宽度为 1 像素的黑色实线画笔
NULL_PEN	8	透明画笔

2.2.5　绘制直线函数

CDC 类提供了用于绘制点、直线、矩形、多边形、椭圆等图形的成员函数。除了绘制像素点函数需要直接指定颜色外，其余函数使用默认的 1 像素宽黑色实线画笔绘制边界，使用默认的白色画刷填充闭合图形内部。可以使用画笔和画刷来改变图形边界的颜色和图形内部的填充色。

1. 绘制像素点函数

（1）SetPixel 函数

类属：CDC::SetPixel

原型：COLORREF SetPixel(int x, int y, COLORREF crColor);

　　　COLORREF SetPixel(POINT point, COLORREF crColor);

参数：x 是将要被设置的像素点的 x 逻辑坐标；y 是将要被设置的像素点的 y 逻辑坐标；crColor 是将要被设置的像素点颜色；point 是将要被设置的像素点的 x 逻辑坐标和 y 逻辑坐标，它可以是 POINT 结构体或 CPoint 对象。

返回值：若 SetPixel 函数调用成功，返回所绘制像素点的 RGB 值；否则（若点不在裁剪区域内），返回“–1”。

2．绘制直线函数

组合使用 MoveTo 和 LineTo 函数可以绘制直线段或折线。直线的绘制过程中有一个称为“当前位置”的特殊位置。每次绘制直线段都以当前位置为起点，直线段绘制结束后，直线段的终点又成为当前位置。由于当前位置在不断更新，因此只使用 LineTo 函数就可绘制出折线。

（1）移动到当前位置函数

类属：CDC::MoveTo

原型：CPoint MoveTo(int x, int y);

　　　CPoint MoveTo(POINT point);

参数：新位置的 x 坐标和 y 坐标；point 是新位置的点坐标，可以是 POINT 结构体或 CPoint 对象。

返回值：先前位置的 CPoint 对象。

小贴士

本函数只将画笔的当前位置移动到坐标 x 和 y （或 point）处，不画线。

（2）绘制直线函数

类属：CDC::LineTo

原型：BOOL LineTo(int x, int y);

　　　BOOL LineTo(POINT point);

返回值：画线成功返回“非 0”；否则返回“0”。

参数：直线终点的逻辑坐标 x 和 y ；point 是直线的终点，可以是 POINT 结构体或 CPoint 对象。

小贴士

从当前位置绘制直线段，但不包括(x, y)点。绘制完毕后，当前位置改变为 x，y 或 point。绘制直线段的函数不能指定颜色，直线段的颜色通过画笔来指定。默认的画笔颜色为黑色。

例 2.2　从 $P_0(100, 100)$到 $P_1(300, 200)$绘制 1 像素宽的蓝色直线段。请在设备坐标系中编程实现，效果如图 2.13 所示。

绘制蓝色直线段

```
void CTestView::OnDraw(CDC* pDC)
{
    CTestDoc* pDoc = GetDocument();
    ASSERT_VALID(pDoc);
    if (!pDoc)
        return;
    // TODO: add draw code for native data here
    CPoint P0(100, 100), P1(300, 200);                    //直线端点
    CPen NewPen, *pOldPen;
    NewPen.CreatePen(PS_SOLID, 1, RGB(0,0,255));          //直线颜色为蓝色
    pOldPen = pDC->SelectObject(&NewPen);
    pDC->MoveTo(P0);
```

```
        pDC->LineTo(P1);
        pDC->SelectObject(pOldPen);
}
```

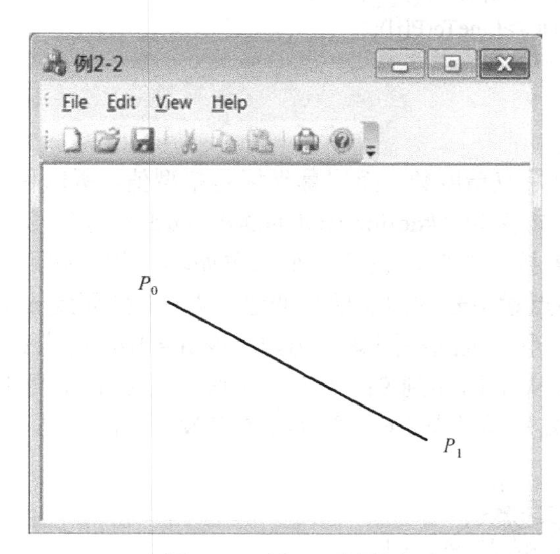

图 2.13　例 2.2 效果图

例 2.3　将半径为 r 的圆划分 n 个等分点后，使用直线段将等分点相连得到的图案称为金刚石图案。请在自定义坐标系中编程实现。

```
void CTestView::OnDraw(CDC* pDC)
{
        CTestDoc* pDoc = GetDocument();
        ASSERT_VALID(pDoc);
        if (!pDoc)
                return;
        // TODO: add draw code for native data here
        CRect rect;
        GetClientRect(&rect);
        pDC->SetMapMode(MM_ANISOTROPIC);
        pDC->SetWindowExt(rect.Width(), rect.Height());
        pDC->SetViewportExt(rect.Width(), –rect.Height());
        pDC->SetViewportOrg(rect.Width()/2, rect.Height()/2);
        rect.OffsetRect(–rect.Width()/2,–rect.Height()/2);
        int r = 300, n = 10;                    //定义的圆的半径 r 和圆的等分点数 n
        CPoint P[10];                           //金刚石图案顶点数组
        double Theta = 2 * PI/n;                //等分角 θ
        double Alpha = PI/10;                   //起始角 α
        for(int i = 0; i < n; i++)              //计算等分点坐标
        {
                P[i].x = ROUND(r * cos(i * Theta + Alpha));
                P[i].y = ROUND(r * sin(i * Theta + Alpha));
        }
        for(int i = 0; i <= n – 2; i++)         //连接等分点形成金刚石图案
        {
```

金刚石图案

```
            for(int j = i + 1; j <= n - 1; j++)
            {
                pDC->MoveTo(P[i]);
                pDC->LineTo(P[j]);
            }
        }
    }
```

代码中，由于计算值是双精度数，而屏幕坐标是整型值，所以使用了带参数的宏 ROUND 进行圆整，本例也可简单定义为“#define ROUND(d) int(d+0.5)”。金刚石图案算法的难点是避免两个点之间出现重复连接。为此，设计一个二重循环，代表起点索引号的外层整型变量 i 从 0 循环到 n−2，代表终点索引号的内层整型变量 j 从 i+1 循环到 n−1。以 P[i]为起点，以 P[j]为终点依次连接各线段可形成金刚石图案。例如，令 n = 10，起点索引号 i 从 0 循环到 8。当 i = 0 时，终点索引号 j 从 1 循环到 9；当 i = 1 时，终点索引号 j 从 2 循环到 9……，如图 2.14 所示，线段顶点编号详见表 2.6。金刚石图案效果如图 2.15 所示。

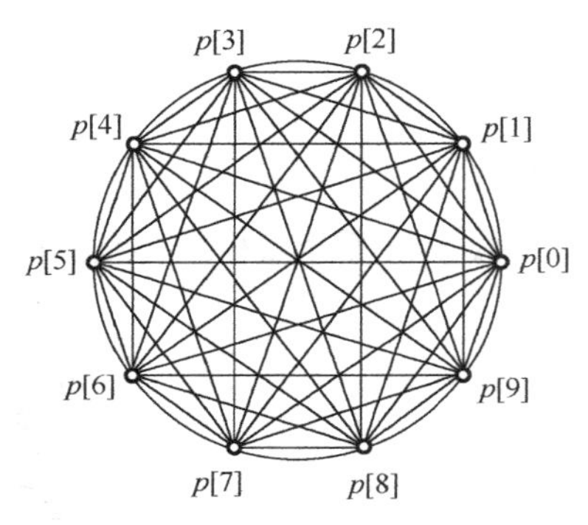

图 2.14　金刚石图案等分点

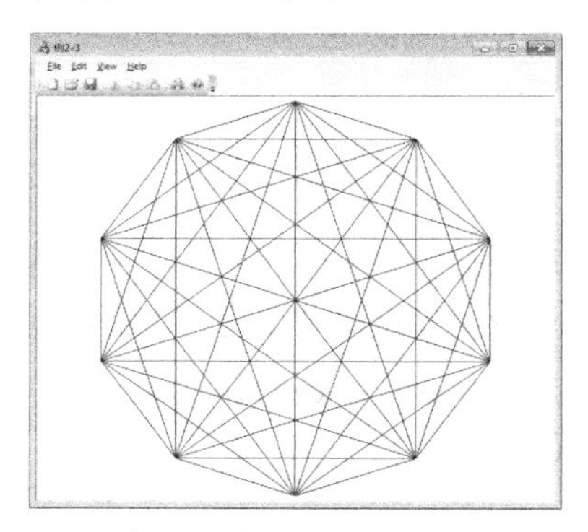
图 2.15　例 2.3 效果图

本例程中用到了圆周率 π 的值，宏定义名为 PI；还用到了三角函数，因此要包含数学头文件 math.h；由于等分点的计算结果为浮点型数据，存储为 CPoint 类型时需要进行四舍五入处理，用到了带参数的宏 ROUND。在文件头需要添加以下编译预处理语句：

```
#define PI 3.1415926
#include <math.h>
#define ROUND(d) int((d) + 0.5)
```

表 2.6　线段连接方式

起点索引号 i	终点索引号 j
p[0]	p[1]，p[2]，p[3]，p[4]，p[5]，p[6]，p[7]，p[8]，p[9]
p[1]	p[2]，p[3]，p[4]，p[5]，p[6]，p[7]，p[8]，p[9]
p[2]	p[3]，p[4]，p[5]，p[6]，p[7]，p[8]，p[9]
p[3]	p[4]，p[5]，p[6]，p[7]，p[8]，p[9]
p[4]	p[5]，p[6]，p[7]，p[8]，p[9]
p[5]	p[6]，p[7]，p[8]，p[9]
p[6]	p[7]，p[8]，p[9]
p[8]	p[9]

3. 绘制矩形函数

矩形是计算机图形学中的一个重要概念，窗口是矩形，视区也是矩形。在设备坐标系中，矩形使用左上角点和右下角点唯一定义；在自定义坐标系中，矩形使用左下角点和右上角点唯一定义。

类属：CDC::Rectangle

原型：BOOL Rectangle(int x_1, int y_1, int x_2, int y_2);

BOOL Rectangle(LPCRECT lpRect);

参数：x_1, y_1 是矩形的左上角点的逻辑坐标，x_2, y_2 是矩形的右下角点的逻辑坐标；lpRect 参数可以是 CRect 对象或 RECT 结构体的指针。

返回值：调用成功返回“非 0”；否则返回“0”。

小贴士

Rectangle 函数使用当前画刷填充矩形内部，并使用当前画笔绘制矩形边界线。默认的画刷为白色实体画刷，默认的画笔为 1 像素宽的黑色实线画笔。矩形不包括右边界坐标和下边界坐标，即矩形宽度为 x_2-x_1，高度为 y_2-y_1。

例 2.4 将客户区矩形左右边界各收缩 100 像素，上下边界各收缩 50 像素得到一个新矩形。使用 3 像素宽的绿色实线绘制边界线，使用蓝色填充矩形内部。请在自定义坐标系中编程实现，效果如图 2.16 所示。

```
void CTestView::OnDraw(CDC* pDC)
{
	CTestDoc* pDoc = GetDocument();
	ASSERT_VALID(pDoc);
	if (!pDoc)
		return;
	// TODO: add draw code for native data here
	CRect rect;
	GetClientRect(&rect);
	pDC->SetMapMode(MM_ANISOTROPIC);
	pDC->SetWindowExt(rect.Width(), rect.Height());
	pDC->SetViewportExt(rect.Width(), –rect.Height());
	pDC->SetViewportOrg(rect.Width()/2, rect.Height()/2);
	rect.OffsetRect(–rect.Width()/2, –rect.Height()/2);
	rect.DeflateRect(100, 50);	//将客户区左右边界缩小 100 像素，上下边界缩小 50 像素
	CPen NewPen, *pOldPen;
	NewPen.CreatePen(0, 3, RGB(0,255,0));		//创建并选入 3 像素宽的绿色实线画笔
	pOldPen = pDC->SelectObject(&NewPen);
	CBrush NewBrush, *pOldBrush;
	NewBrush.CreateSolidBrush(RGB(0,0,255));	//创建并选入蓝色实体画刷
	pOldBrush = pDC->SelectObject(&NewBrush);
	pDC->Rectangle(rect);
	pDC->SelectObject(pOldPen);
	pDC->SelectObject(pOldBrush);
}
```

图 2.16　例 2.4 效果图

4．绘制椭圆函数

类属：CDC::Ellipse

原型：BOOL Ellipse(int x_1, int y_1, int x_2, int y_2);

　　　BOOL Ellipse(LPCRECT lpRect);

参数：x_1, y_1 是限定椭圆范围的外接矩形（bounding rectangle）左上角点的逻辑坐标，x_2, y_2 是限定椭圆范围的外接矩形右下角点的逻辑坐标；lpRect 是确定椭圆范围的外接矩形，可以是 CRect 对象或 RECT 结构体。

返回值：调用成功返回“非 0”；否则返回“0”。

小贴士

椭圆中心与由 x_1, y_1, x_2, y_2 或 lpRect 定义的矩形中心重合。

Ellipse 函数使用当前画刷填充椭圆内部，并使用当前画笔绘制椭圆边界线。

椭圆不包括右边界坐标和下边界坐标，即椭圆宽度为 x_2-x_1，高度为 y_2-y_1。

MFC 中没有专门绘制圆的函数，而只是把圆绘制为长半轴和短半轴相等的椭圆。

例 2.5　将客户区矩形上下左右边界各收缩 100 像素，依次绘制矩形内切圆、矩形内切椭圆和矩形。设定圆、椭圆和矩形的边界线为 1 像素宽黑色实线，图形内部全部使用透明画刷填充。请在自定义坐标系中编程实现，效果如图 2.17 所示。

绘制圆、椭圆、矩形

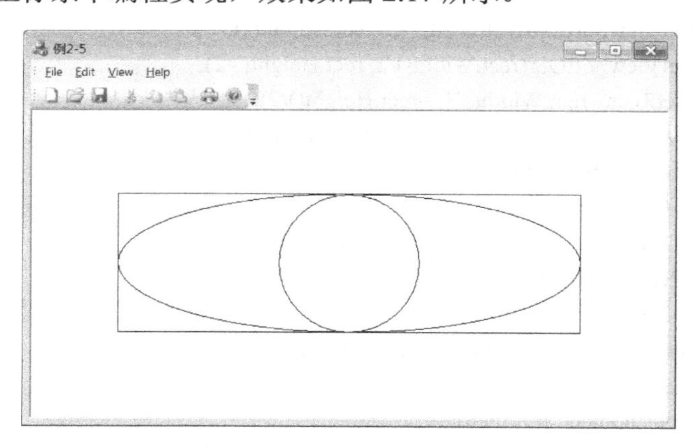

图 2.17　透明画刷填充效果图

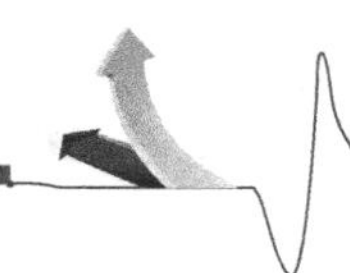

```
void CTestView::OnDraw(CDC* pDC)
{
	CTestDoc* pDoc = GetDocument();
	ASSERT_VALID(pDoc);
	if (!pDoc)
		return;
	// TODO: add draw code for native data here
	CRect rect;
	GetClientRect(&rect);
	pDC->SetMapMode(MM_ANISOTROPIC);
	pDC->SetWindowExt(rect.Width(), rect.Height());
	pDC->SetViewportExt(rect.Width(), –rect.Height());
	pDC->SetViewportOrg(rect.Width()/2, rect.Height()/2);
	rect.OffsetRect(–rect.Width()/2, –rect.Height()/2);
	rect.DeflateRect(100, 100);                         //客户区矩形各边界缩小 100 像素
	CBrush* pOldBrush = (CBrush*)pDC->SelectStockObject(NULL_BRUSH);  //选入透明画刷
	int r = rect.Height()/2;                            //取 rect 的高度之半作为圆的半径 r
	CRect rect1(CPoint(–r, –r), CPoint(r, r));          //定义圆的外接矩形
	pDC->Ellipse(rect1);                                //绘制圆
	pDC->Ellipse(rect);                                 //绘制椭圆
	pDC->Rectangle(rect);                               //绘制矩形
	pDC->SelectObject(pOldBrush);
}
```

代码中，如果不使用透明画刷，则要按照先画圆、后画椭圆、再画矩形的顺序绘制。因为图形使用默认的白色画刷填充，绘制过程会依次覆盖，结果只有最后绘制的矩形可见。

2.2.6　位图操作函数

1．创建与指定设备上下文兼容的位图函数

类属：CBitmap::CreateCompatibleBitmap

原型：BOOL CreateCompatibleBitmap(CDC* pDC, int nWidth, int nHeight);

参数：pDC 是显示设备上下文指针；nWidth 是位图宽度，单位为像素；nHeight 是位图高度，单位为像素。

返回值：调用成功返回“非 0”；否则返回“0”。

小贴士

初始化一幅与 pDC 兼容的位图。该位图具有与显示设备上下文相同的颜色位面或位数/像素。该位图可以选入一个与 pDC 所指向的设备上下文兼容的内存设备上下文作为当前位图。GDI 自动创建的位图是一幅黑色的单色位图。使用 CreateCompatibleBitmap 函数创建 CBitmap 对象后，首先将位图从设备上下文中移除，然后删除 CBitmap 对象。

2．导入位图函数

类属：CBitmap::LoadBitmap

原型：BOOL LoadBitmap(LPCTSTR lpszResourceName);

BOOL LoadBitmap(UINT nIDResource);

参数：lpszResourceName 指向包含位图资源名字的以 NULL 结尾的字符串；nIDResource 是位图资源的资源 ID 编号。

返回值：调用成功返回“非 0”；否则返回“0”。

小贴士

该函数将导入 nIDResource 中以 ID 编号标识的位图资源，加载给 CBitmap 对象。

3．创建与指定设备上下文兼容的内存设备上下文函数

类属：CDC::CreateCompatibleDC

原型：virtual BOOL CreateCompatibleDC(CDC* pDC);

参数：pDC 是显示设备上下文的指针。

返回值：调用成功返回“非 0”；否则返回“0”。

小贴士

创建一个与 pDC 指定设备兼容的内存设备上下文。“内存设备上下文”是一块代表显示器的内存块，在向与其兼容的实际设备上下文拷贝图像前，内存设备上下文可以用来准备图像。创建的内存设备上下文是标准的 1×1 单色像素位图。在使用内存设备上下文之前，必须先创建或选入一个宽度与高度都正确的位图。

4．获取位图信息函数

类属：CBitmap::GetBitmap

原型：int GetBitmap(BITMAP* pBitMap);

参数：pBitMap 是 BITMAP 结构体的指针，它不能为 NULL。BITMAP 结构体定义了逻辑位图的宽度、高度、颜色格式和位图的字节数据。BITMAP 结构体定义如下：

```
typedef struct tagBITMAP
{
    int     bmType;             //位图的类型，对于逻辑位图，其值为 0
    int     bmWidth;            //位图的宽度
    int     bmHeight;           //位图的高度，指扫描线数
    int     bmWidthBytes;       //每条扫描线上的字节数，该值必须是偶数
    BYTE    bmPlanes;           //颜色位面数
    BYTE    bmBitsPixel;        //每个位面上定义一个像素颜色的位数
    LPVOID  bmBits;             //位图数据指针
} BITMAP;
```

返回值：调用成功返回“非 0”；否则返回“0”。

小贴士

从 CBitmap 对象中获得位图信息。由于 CBitmap 是以类的形式封装的，不能直接访问，但可使用 GetBitmap 函数将数据写入 BITMAP 结构体。

5. 位块传送函数

类属：CDC::BitBlt

原型：BOOL BitBlt(int x, int y, int nWidth, int nHeight, CDC* pSrcDC, int xSrc, int ySrc, DWORD dwRop);

参数：x, y 指定目标矩形区域左上角点的逻辑坐标；nWidth是目标矩形和源位图的宽度，以逻辑坐标表示；nHeight是目标矩形和源位图的高度，以逻辑坐标表示；pSrcDC 是 CDC 对象的指针，该 CDC 对象包含有将要被拷贝的位图；xSrc 和 ySrc 是源位图的左上角点逻辑坐标；dwRop是光栅操作码。光栅操作码（raster operation code）定义了在输出时，如何以位对（bits）方式对当前画刷、源位图和目标位图进行组合。GDI 有多种光栅操作码，最常用的是 SRCCOPY，表示将源位图直接拷贝到目标设备上下文中。

返回值：调用成功返回“非 0”；否则返回“0”。

小贴士

BitBlt 是 Bit Block Transfer 的缩写。BitBlt 函数对指定的源设备上下文中的一幅位图进行位块转换，以传输到目标设备上下文中。

例 2.6 在窗口客户区内，居中显示图 2.18 所示的西施茶壶位图（teaport.bmp），效果如图 2.19 所示。

显示位图

```
void CTestView::OnDraw(CDC* pDC)
{
	CTestDoc* pDoc = GetDocument();
	ASSERT_VALID(pDoc);
	if (!pDoc)
		return;
	// TODO: add draw code for native data here
	CRect rect;
	GetClientRect(&rect);
	pDC->SetMapMode(MM_ANISOTROPIC);           //显示缓冲区自定义坐标系
	pDC->SetWindowExt(rect.Width(),rect.Height());
	pDC->SetViewportExt(rect.Width(),-rect.Height());
	pDC->SetViewportOrg(rect.Width()/2,rect.Height()/2);
	rect.OffsetRect(-rect.Width()/2,-rect.Height()/2);
	CDC picDC;                                 //声明一个图片缓冲区
	picDC.CreateCompatibleDC(pDC);             //创建一个与显示缓冲区兼容的图片缓冲区
	CBitmap NewBitmap,*pOldBitmap;
	NewBitmap.LoadBitmap(IDB_BITMAP1);         //从资源中导入位图 teaport.bmp
	BITMAP bmp;                                //声明 bmp 结构体
	NewBitmap.GetBitmap(&bmp);                 //获取位图信息
	pOldBitmap=picDC.SelectObject(&NewBitmap); //将位图选入内存 DC
	picDC.SetMapMode(MM_ANISOTROPIC);          //内存 DC 自定义坐标系
	picDC.SetWindowExt(bmp.bmWidth,bmp.bmHeight);
	picDC.SetViewportExt(bmp.bmWidth,-bmp.bmHeight);
	picDC.SetViewportOrg(bmp.bmWidth/2,bmp.bmHeight/2);
	int nX = rect.left+(rect.Width()-bmp.bmWidth)/2;  //计算位图居中显示时的左下角点坐标
```

```
        int nY = rect.top+(rect.Height()-bmp.bmHeight)/2;
        pDC->BitBlt(nX,nY,rect.Width(),rect.Height(),&picDC,-bmp.bmWidth/2,
                -bmp.bmHeight/2,SRCCOPY);          //图片拷贝到显示缓冲区
        picDC.SelectObject(pOldBitmap);            //恢复系统原位图
        NewBitmap.DeleteObject();                  //删除新位图
        picDC.DeleteDC();                          //删除 picDC
    }
```

图 2.18　teaport.bmp

图 2.19　例 2.6 效果图

代码中，声明一个图片缓冲区 picDC，并向图片缓冲区导入茶壶位图。声明一个位图结构体变量 bmp，用于存储茶壶图片的信息。计算位图的左下角点坐标位置 X 和 Y。使用 BitBlt 函数将位图一次性拷贝到显示缓冲区 pDC 中。在位块传送时，光栅操作码选用的是源拷贝 SRCCOPY。这样，将在客户区中央显示茶壶位图。

从本例程可以看出，将一幅 DIB 位图显示在实际设备中，须遵循下列步骤：

① 将位图导入资源中。

② 使用 CreateCompatiableDC 函数创建一个与显示设备上下文兼容的图片设备上下文。

③ 使用 SelectObject 函数将 DIB 位图选入图片设备上下文。

④ 调用 BitBlt 函数将 DIB 位图从图片设备上下文中拷贝到任意兼容的显示设备上下文中。

⑤ 当前位图使用完毕后，将图片设备上下文中的位图恢复原状。

在使用图案画刷前，需先将位图导入资源中。为此，在 Resource View 面板（可用菜单 View→Resource View 打开）中选择 Test resources，右击鼠标，选择 Add→Resource…，弹出 Add Resource 对话框，如图 2.20 所示。选择 Import…按钮，打开图 2.21 所示的 Import 对话框，选择“teaport.bmp”位图。保持或修改其位图资源标识符为 IDB_BITMAP1，对所选入的位图茶壶进行标识。

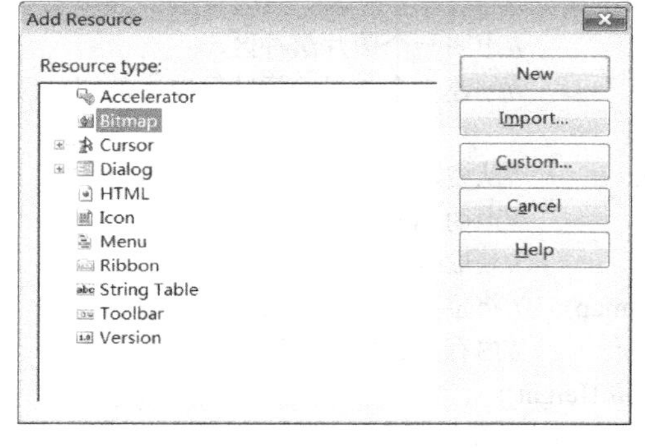

图 2.20　向资源中添加位图

图 2.21　选入茶壶位图

2.2.7 动画函数

1. 设置定时器函数

类属：CWnd::SetTimer

原型：UINT_PTR SetTimer(UINT_PTR nIDEvent, UINT nElapse,
      void (CALLBACK* lpfnTimer)(HWND,UINT, UINT_PTR,DWORD));

参数：nIDEvent 是非零的定时器标识符；nElapse 是以毫秒表示的时间间隔；lpfnTimer 是处理 WM_TIMER 消息的 TimerProc 回调函数的地址。若此参数是 NULL，表示 WM_TIMER 消息进入由 CWnd 对象处理的消息队列，即由 OnTimer 函数响应。

返回值：调用成功返回“非 0”；否则返回“0”。

小贴士

如果调用成功，返回值是新定时器的标识符。应用程序传递此标识符给 killTimer 函数用于关闭定时器。

2. 关闭定时器函数

类属：CWnd::KillTimer

原型：BOOL KillTimer(UINT_PTR nIDEvent);

参数：nIDEvent 是由 SetTimer 函数设置的定时器标识符。

返回值：关闭定时器成功，返回“非 0”；否则，返回“0”。

3. 强制客户区无效函数

类属：CWnd::Invalidate

原型：void Invalidate(BOOL bErase = TRUE);

参数：bErase 指定是否擦除更新区域的背景，默认值 TRUE 代表擦除。

返回值：无。

小贴士

Invalidate 函数使得 CWnd 的整个客户区无效，强制调用 WM_PAINT 的响应函数，在 MFC 中实际调用的是 OnDraw 函数，而且不需要传递 pDC 指针。

例 2.7 直线的起点始终位于窗口客户区中心，终点位于圆周上。使用定时器逆时针方向旋转直线的终点，形成圆的半径旋转动画。直线的旋转角度的步长为 10°，请在自定义坐标系内编程实现。

（1）构造函数

旋转直线

```
CTestView::CTestView()
{
    // TODO: add construction code here
    p0 = CPoint(0, 0);                    //初始化圆心 P0 点的坐标
    Alpha = 0;                            //初始化起始角度
    r = 200;                              //初始化圆的半径
}
```

（2）绘图函数

```
void CTestView::OnDraw(CDC* pDC)
{
	CTestDoc* pDoc = GetDocument();
	ASSERT_VALID(pDoc);
	if (!pDoc)
		return;
	// TODO: add draw code for native data here
	CRect rect;
	GetClientRect(&rect);
	pDC->SetMapMode(MM_ANISOTROPIC);
	pDC->SetWindowExt(rect.Width(), rect.Height());
	pDC->SetViewportExt(rect.Width(), -rect.Height());
	pDC->SetViewportOrg(rect.Width()/2, rect.Height()/2);
	rect.OffsetRect(-rect.Width()/2, -rect.Height()/2);
	//p0.x = 0;
	//p0.y = 0;
	p1.x = ROUND(r * cos(Alpha*PI/180));				//计算圆周上的直线的终点坐标
	p1.y = ROUND(r *sin(Alpha*PI/180));
	pDC->MoveTo(p0.x, p0.y);						//绘制直线
	pDC->LineTo(p1.x, p1.y);
	SetTimer(1, 150, NULL);						//设置定时器
}
```

P0 和 p1 是 CPoint 类型的变量，代表直线的起点和终点。Alpha 是整型变量，代表直线的转角。

（3）定时器消息响应函数

通过菜单项 Project→Class Wizard，打开 MFC Class Wizard 对话框，如图 2.22 所示。在 MFC Class Wizard 对话框中，Class name 选择 CTestView。在 Messages 消息标签页选择 WM_TIMER，单击 Add Handler 按钮，对消息进行映射。单击 Edit Code 按钮编辑代码。

```
void CTestView::OnTimer(UINT_PTR nIDEvent)
{
	// TODO: Add your message handler code here and/or call default
	Alpha += 10;
	if(Alpha == 360)				//转满一圈，角度归零
		Alpha = 0;
	Invalidate();					//使客户区无效，意味着需要强制执行 OnDraw 函数
	CView::OnTimer(nIDEvent);
}
```

Invalidate 函数的括号中不写参数，表示使用默认参数 TRUE，即客户区背景将被擦除，绘制效果如图 2.23 所示；若 bErase 参数取为 FALSE，则客户区背景保持不变，绘制效果如图 2.24 所示。本例使用的是单缓冲（pDC）绘制直线旋转动画，需要强制擦除客户区，才能在定时器的作用下逐帧绘制。但擦除客户区会带来屏幕的闪烁，此时可以使用双缓冲来改善。

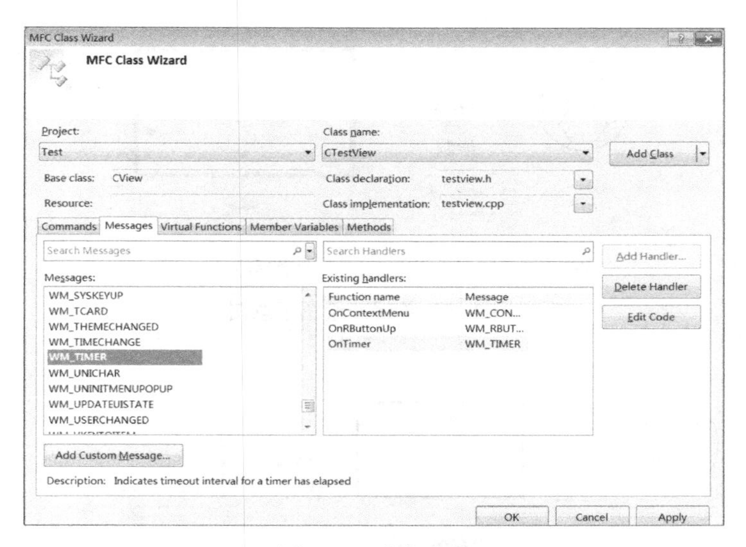

图 2.22　消息映射

图 2.23 “擦除客户区”动画效果图

图 2.24 “不擦除客户区”动画效果图

以上仅介绍了一些本书中用到的 MFC 基本绘图函数，更多绘图函数的详细介绍，请读者参阅 MSDN。

2.3　双缓冲动画技术

双缓冲是一种基本的动画技术，主要用于解决单缓冲擦除图像时带来的屏幕闪烁问题。所谓双缓冲，是指一个屏幕设备上下文（屏幕缓冲区）和一个内存设备上下文（内存缓冲区）。图 2.25 是单缓冲绘图原理示意图，由于直接将图形绘制到了屏幕缓冲区，所以制作动画时需要执行擦除屏幕操作，而这会带来屏幕的闪烁。图 2.26 是双缓冲绘图原理示意图，第一步是将图形绘制到内存缓冲区。完成所有绘图操作后，第二步是从内存缓冲区中将图形一次性拷贝到屏幕缓冲区。内存缓冲区用于准备图形，屏幕缓冲区用于显示图形。图形绘制到内存缓冲区，而非直接绘制到屏幕缓冲区。每帧动画只执行图形从内存缓冲区到屏幕缓冲区的拷贝操作，屏幕缓冲区只是内存缓冲区的一个映像。双缓冲机制中根本不需要擦除屏幕缓冲区，因此有效地避免了屏幕闪烁现象，可生成平滑的逐帧动画。

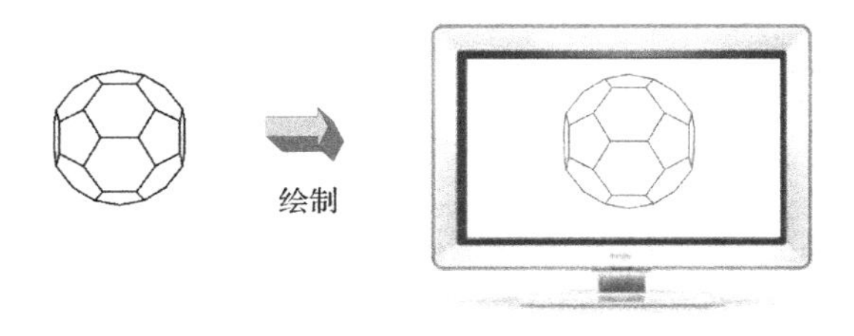

图 2.25　单缓冲绘图示意图

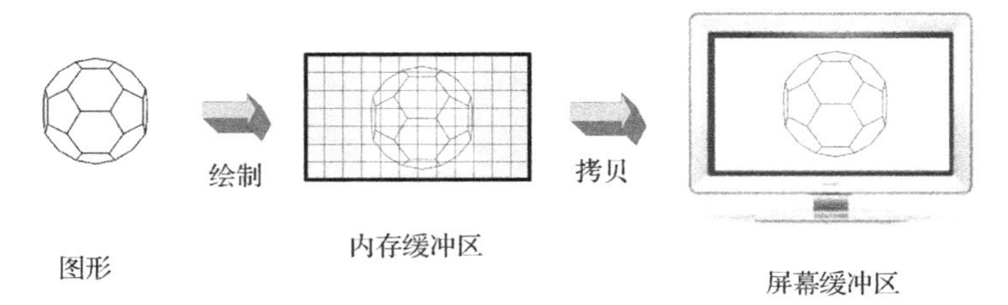

图 2.26　双缓冲绘图示意图

例 2.8　使用双缓冲机制绘制逆时针旋转的“金刚石图案”。已知金刚石图案的半径为 200，等分点个数为 20。

金刚石图案

（1）定义金刚石图案类

如图 2.27 所示，在 Solution Explorer 选项卡上选中 Test。单击鼠标右键，选择 Add→Class，打开图 2.28 所示的 Add Class 对话框，选中 C++ Class。单击 Add 按钮，打开 Generic C++ Class Wizard 对话框，如图 2.29 所示。在 Class name 编辑框输入类名 CDiamond 即金刚石图案类。然后，根据设计思想，给出类的完整定义。

```
class CDiamond
{
public:
	CDiamond(void);                        //构造函数
	~CDiamond(void);                       //析构函数
	void SetAngle(double Alpha);           //构造旋转角为 α 的金刚石图案函数
	void Draw(CDC* pDC);                   //绘制金刚石图案函数
private:
	void CalculatePoint(void);             //计算各个等分点函数
	int n;                                 //等分点个数
	double r;                              //金刚石图案半径
	CPoint P[20];                          //顶点一维数组;
	double Alpha;                          //α 为旋转角
};
CDiamond::CDiamond(void)
{
	n = 20;
	r = 200;
}
```

```
CDiamond::~CDiamond(void)
{
}
void CDiamond::SetAngle(double Alpha)
{
    this->Alpha = Alpha;
}
void CDiamond::CalculatePoint(void)
{
    double Theta = 2 * PI/n;                    //定义金刚石图案的等分角
    for (int i = 0; i < n; i++)                 //计算等分点坐标
    {
        P[i].x = Round(r * cos(i * Theta + Alpha));
        P[i].y = Round(r * sin(i * Theta + Alpha));
    }
}
void CDiamond::Draw(CDC* pDC)
{
    CalculatePoint();
    for (int i = 0; i <= n – 2; i++)                    //连接等分点
    {
        for (int j = i + 1; j <= n – 1; j++)
        {
            pDC->MoveTo(P[i]);
            pDC->LineTo(P[j]);
        }
    }
}
```

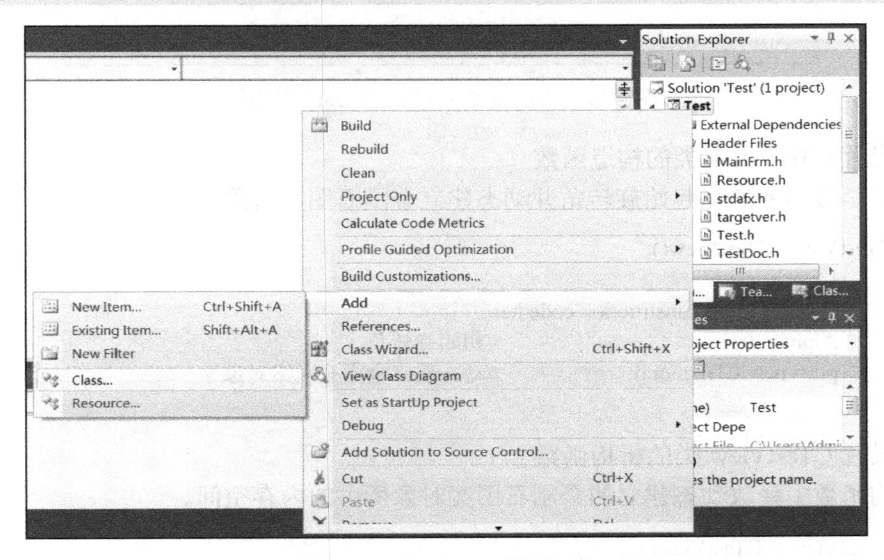

图 2.27　为 Test 工程添加类

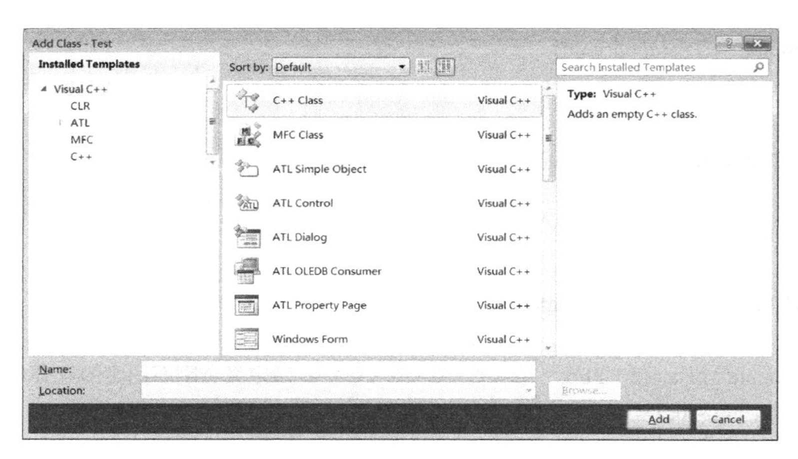

图 2.28　Add Class 对话框

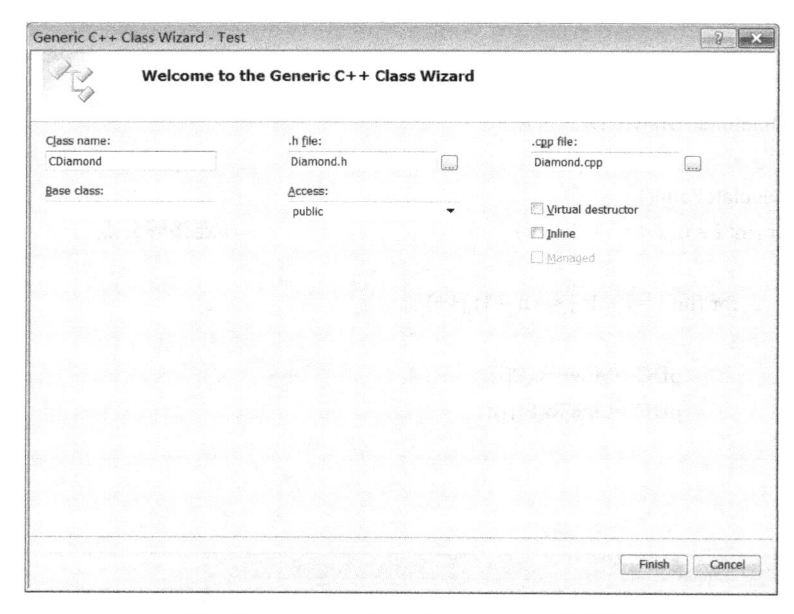

图 2.29　Generic C++ Class Wizard 对话框

（2）设置 CTestView 类的构造函数

在构造函数内初始化起始旋转角并动态建立金刚石图案对象。

```
CTestView::CTestView()
{
	// TODO: add construction code here
	Alpha = 0;                          //初始旋转角
	ptr = new CDiamond;                 //动态建立金刚石图案对象
}
```

（3）设置 CTestView 类的析构函数

在析构函数中释放动态建立的金刚石图案对象所占的内存空间。

```
CTestView::~CTestView()
{
```

```
        delete ptr;                    //释放动态创建的金刚石图案所占的内存空间
        ptr = NULL;                    //置指针为空
    }
```

（4）OnDraw 函数

设置定时器为每 100 毫秒绘制一次金刚石图案。

```
void CTestView::OnDraw(CDC* pDC)
{
    CTestDoc* pDoc = GetDocument();
    ASSERT_VALID(pDoc);
    if (!pDoc)
        return;
    // TODO: add draw code for native data here
    SetTimer(1, 100, NULL);                        //设置定时器
    DoubleBuffer(pDC);                             //调用双缓冲函数绘制金刚石图案
}
```

（5）建立双缓冲函数

先将金刚石图案绘制到内存，然后从内存中一次性拷贝到显存。

```
void CTestView::DoubleBuffer(CDC* pDC)
{
    CRect rect;
    GetClientRect(&rect);
    pDC->SetMapMode(MM_ANISOTROPIC);
    pDC->SetWindowExt(rect.Width(), rect.Height());
    pDC->SetViewportExt(rect.Width(), –rect.Height());
    pDC->SetViewportOrg(rect.Width()/2,rect.Height()/2);
    CDC memDC;                                     //声明内存缓冲区
    memDC.CreateCompatibleDC(pDC);                 //创建与 pDC 兼容的 memDC
    CBitmap NewBitmap, *pOldBitmap                 //声明位图对象和指针
    NewBitmap.CreateCompatibleBitmap(pDC,rect.Width(),rect.Height());    //创建兼容的位图
    pOldBitmap = memDC.SelectObject(&NewBitmap);   //将新位图选入内存
    memDC.FillSolidRect(rect, pDC->GetBkColor());  //用背景色填充客户区
    rect.OffsetRect(–rect.Width()/2, –rect.Height()/2);
    memDC.SetMapMode(MM_ANISOTROPIC);              //定义内存的坐标系
    memDC.SetWindowExt(rect.Width(), rect.Height());
    memDC.SetViewportExt(rect.Width(), –rect.Height());
    memDC.SetViewportOrg(rect.Width()/2, rect.Height()/2);
    DrawGraph(&memDC);                             //向内存绘制图形
    pDC->BitBlt(rect.left, rect.top, rect.Width(), rect.Height(),&memDC,–rect.Width()/2,
            –rect.Height()/2, SRCCOPY);            //将 memDC 中的位图拷贝到 pDC
    memDC.SelectObject(pOldBitmap);
    NewBitmap.DeleteObject();
    memDC.DeleteDC();
}
```

代码中，CreateCompatibleBitmap 函数创建一幅与 pDC 兼容的位图，该位图的宽度和高度

与客户区大小一致，此处创建的兼容位图是一幅黑色位图，需要用背景色（白色）填充客户区。这里，使用了 GetBkColor 函数来获得当前背景色的颜色。当然，也可以使用 RRGB(255, 255, 255) 宏来代替 GetBkColor 函数。内存实质上就是一幅位图，而显存就是指显示器。

（6）绘制金刚石图案函数

根据旋转角来实时绘制金刚石图案。

```
void CTestView::DrawGraph(CDC *pDC)
{
    ptr->SetAngle(Alpha);                    //设置金刚石图案的旋转角
    ptr->Draw(pDC);                          //根据旋转角绘制金刚石图案
}
```

（7）定时器消息响应函数

在 CTestView 类内映射 WM_TIMER 消息，响应系统定时器的消息。

```
void CTestView::OnTimer(UINT_PTR nIDEvent)
{
    // TODO: Add your message handler code here and/or call default
    Alpha ++;                   //角度步长为 1°
    if(Alpha == 360)            //循环播放
        Alpha = 0;
    Invalidate(false);          //使客户区无效，强制执行 OnDraw 函数进行重绘
    CView::OnTimer(nIDEvent);
}
```

本例中首先定义了 CDiamond 类来绘制金刚石图案。在 CTestView 中使用 CDiamond 类的方法是，在 TestView.h 头文件中包含 Diamond.h 头文件。

2.4　三维变换与投影

现实世界是三维的，三维物体的典型代表是立方体与球体。立方体的表面是平面，球面的表面是二次曲面。本书后续研究的自由物体表面是三维曲面。作为研究的出发点，本节先讲解如何建立立方体与球体的三维网格模型，模型建立后，按下键盘上的方向键，可以旋转观察三维物体。

2.4.1　三维坐标系

常用的坐标系有世界坐标系、建模坐标系、观察坐标系、屏幕坐标系、设备坐标系和规格化设备坐标系等。

1．世界坐标系

描述现实世界中场景的固定坐标系称为世界坐标系（World Coordinate System），世界坐标系是实数域坐标系，根据应用的需要可以选择直角坐标系、圆柱坐标系、球坐标系及极坐标系等。图 2.30 所示为三维直角世界坐标系，它分为右手坐标系与左手坐标系两种。z_w 轴的指向按照右手螺旋法则或左手螺旋法则从 x_w 轴转向 y_w 轴确定。右手坐标系是最常用的坐标系。

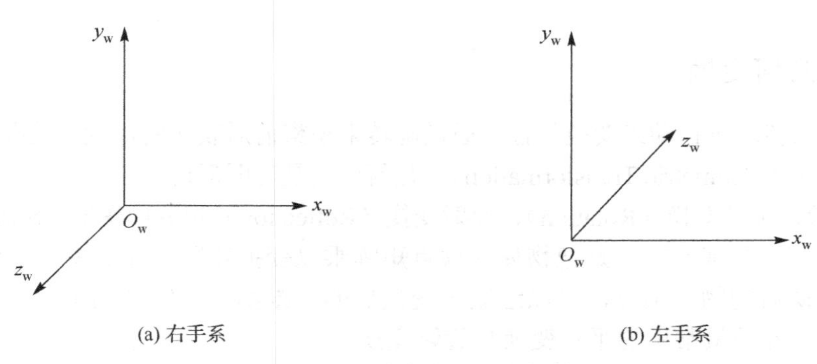

(a) 右手系　　(b) 左手系

图 2.30　三维直角世界坐标系

2．建模坐标系

描述物体几何模型的坐标系称为建模坐标系（Modeling Coordinate System）。建模坐标系也是实数域坐标系。在建模坐标系中完成物体的建模后，把物体放入场景中的过程实际上定义了物体从建模坐标系向世界坐标系的变换。

3．观察坐标系

观察坐标系（Viewing Coordinate System）是在世界坐标系中定义的直角坐标系。三维观察坐标系是左手系，原点位于视点，z 轴垂直于屏幕，正向为视线方向，如图 2.31 所示。三维观察坐标系常用于旋转视点生成物体的连续动画。

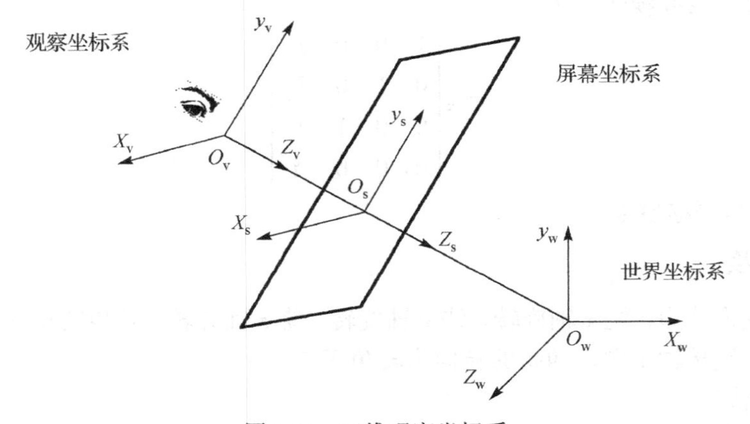

图 2.31　三维观察坐标系

4．屏幕坐标系

屏幕坐标系（Screen Coordinate System）为实数域二维直角坐标系。原点位于窗口客户区中心，x 轴水平向右为正，y 轴垂直向上为正。

5．设备坐标系

显示器等图形输出设备自身都带有一个二维直角坐标系，称为设备坐标系（Device Coordinate System）。设备坐标系是整数域二维坐标系。原点位于屏幕左上角，x 轴水平向右为正向，y 轴垂直向下为正向，基本单位为像素。

2.4.2 三维几何变换

三维物体需要通过移动来变换位置，通过旋转来观察前后表面的形状。这些交互工作称为物体的几何变换（Geometric Transformation）。几何变换是对图形进行平移（Translation）、比例变换（Scaling）、旋转变换（Rotation）、反射变换（Reflection）和剪切变换（Shear）等操作。

三维几何变换的基本方法是把物体的顶点矩阵乘以变换矩阵，得到变换后物体的新顶点矩阵。连接变换后的物体顶点，可以绘制出变换后的三维物体。物体的顶点矩阵采用齐次坐标表示。这里仅介绍最常用的平移变换与旋转变换。

1. 平移变换

平移变换的坐标表示为

$$\begin{cases} x' = x + T_x \\ y' = y + T_y \\ z' = z + T_z \end{cases} \tag{2.1}$$

则有

$$\begin{bmatrix} x' \\ y' \\ z' \\ 1 \end{bmatrix} = \begin{bmatrix} 1 & 0 & 0 & T_x \\ 0 & 1 & 0 & T_y \\ 0 & 0 & 1 & T_z \\ 0 & 0 & 0 & 1 \end{bmatrix} \begin{bmatrix} x \\ x \\ z \\ 1 \end{bmatrix} \tag{2.2}$$

因此，三维平移变换矩阵为

$$\boldsymbol{T} = \begin{bmatrix} 1 & 0 & 0 & T_x \\ 0 & 1 & 0 & T_y \\ 0 & 0 & 1 & T_z \\ 0 & 0 & 0 & 1 \end{bmatrix} \tag{2.3}$$

式中，T_x, T_y, T_z 是平移参数。

2. 旋转变换

三维旋转变换分为：绕 x 轴旋转，绕 y 轴旋转，绕 z 轴旋转。转角的正向满足右手螺旋法则：大拇指指向旋转轴正向，四指的转向为转角正向。

（1）绕 x 轴旋转

绕 x 轴旋转变换的坐标表示为

$$\begin{cases} x' = x \\ y' = y\cos\beta - z\sin\beta \\ z' = y\sin\beta + z\cos\beta \end{cases} \tag{2.4}$$

则有

$$\begin{bmatrix} x' \\ y' \\ z' \\ 1 \end{bmatrix} = \begin{bmatrix} 1 & 0 & 0 & 0 \\ 0 & \cos\beta & -\sin\beta & 0 \\ 0 & \sin\beta & \cos\beta & 0 \\ 0 & 0 & 0 & 1 \end{bmatrix} \begin{bmatrix} x \\ y \\ z \\ 1 \end{bmatrix} \tag{2.5}$$

因此，绕 x 轴的三维旋转变换矩阵为

$$
T=\begin{bmatrix}1 & 0 & 0 & 0\\ 0 & \cos\beta & -\sin\beta & 0\\ 0 & \sin\beta & \cos\beta & 0\\ 0 & 0 & 0 & 1\end{bmatrix} \tag{2.6}
$$

式中，β 为正向旋转角。

（2）绕 y 轴旋转

同理可得，绕 y 轴旋转变换的坐标表示为

$$
\begin{cases}x'=z\sin\beta+x\cos\beta\\ y'=y\\ z'=z\cos\beta-x\sin\beta\end{cases} \tag{2.7}
$$

因此，绕 y 轴的三维旋转变换矩阵为

$$
T=\begin{bmatrix}\cos\beta & 0 & \sin\beta & 0\\ 0 & 1 & 0 & 0\\ -\sin\beta & 0 & \cos\beta & 0\\ 0 & 0 & 0 & 1\end{bmatrix} \tag{2.8}
$$

式中，β 为正向旋转角。

（3）绕 z 轴旋转

同理可得，绕 z 轴旋转变换的坐标表示为

$$
\begin{cases}x'=x\cos\beta-y\sin\beta\\ y'=x\sin\beta+y\cos\beta\\ z'=z\end{cases} \tag{2.9}
$$

因此，绕 z 轴的三维旋转变换矩阵为

$$
T=\begin{bmatrix}\cos\beta & -\sin\beta & 0 & 0\\ \sin\beta & \cos\beta & 0 & 0\\ 0 & 0 & 1 & 0\\ 0 & 0 & 0 & 1\end{bmatrix} \tag{2.10}
$$

式中，β 为正向旋转角。

3．几何变换算法

定义 CTransform3 类，实现物体顶点的平移和旋转变换。

```
#include "P3.h"
class CTransform3
{
public:
    CTransform3(void);
    ~CTransform3(void);
    void SetMatrix(CP3* P, int ptNumber);
    void Identity();                                    //单位矩阵
```

```
	void Translate(double tx, double ty, double tz);          //平移变换矩阵
	void RotateX(double beta);                                //绕 X 轴旋转变换矩阵
	void RotateY(double beta);                                //绕 Y 轴旋转变换矩阵
	void RotateZ(double beta);                                //绕 Z 旋转变换矩阵
	void MultiplyMatrix();                                    //变换矩阵左乘顶点列阵
public:
	double T[4][4];                                           //三维变换矩阵
	CP3* P;                                                   //顶点列阵
	int ptNumber;                                             //顶点个数
};
CTransform3::CTransform3(void)
{
}
CTransform3::~CTransform3(void)
{
}
void CTransform3::SetMatrix(CP3* P, int ptNumber)
{
	this->P = P;
	this->ptNumber = ptNumber;
}
void CTransform3::Identity()
{
	T[0][0]=1.0;T[0][1]=0.0;T[0][2]=0.0;T[0][3]=0.0;
	T[1][0]=0.0;T[1][1]=1.0;T[1][2]=0.0;T[1][3]=0.0;
	T[2][0]=0.0;T[2][1]=0.0;T[2][2]=1.0;T[2][3]=0.0;
	T[3][0]=0.0;T[3][1]=0.0;T[3][2]=0.0;T[3][3]=1.0;
}
void CTransform3::Translate(double tx,double ty,double tz)
{
	Identity();
	T[0][3]=tx;
	T[1][3]=ty;
	T[2][3]=tz;
	MultiplyMatrix();
}
void CTransform3::RotateX(double beta)
{
	Identity();
	double rad=beta*PI/180;
	T[1][1]=cos(rad); T[1][2]=-sin(rad);
	T[2][1]=sin(rad);T[2][2]=cos(rad);
	MultiplyMatrix();
}
void CTransform3::RotateY(double beta)
{
	Identity();
	double rad=beta*PI/180;
```

```
		T[0][0]=cos(rad);T[0][2]=sin(rad);
		T[2][0]=-sin(rad);T[2][2]=cos(rad);
		MultiplyMatrix();
	}
	void CTransform3::RotateZ(double beta)
	{
		Identity();
		double rad=beta*PI/180;
		T[0][0]=cos(rad); T[0][1]=-sin(rad);
		T[1][0]=sin(rad);T[1][1]=cos(rad);
		MultiplyMatrix();
	}
	void CTransform3::MultiplyMatrix()
	{
		CP3* PTemp=new CP3[ptNumber];
		for(int i=0;i<ptNumber;i++)
			PTemp[i]=P[i];
		for(int j=0;j<ptNumber;j++)
		{
			P[j].x=T[0][0]*PTemp[j].x+T[0][1]*PTemp[j].y+T[0][2]*PTemp[j].z+T[0][3]*PTemp[j].w;
			P[j].y=T[1][0]*PTemp[j].x+T[1][1]*PTemp[j].y+T[1][2]*PTemp[j].z+T[1][3]*PTemp[j].w;
			P[j].z=T[2][0]*PTemp[j].x+T[2][1]*PTemp[j].y+T[2][2]*PTemp[j].z+T[2][3]*PTemp[j].w;
			P[j].w=T[3][0]*PTemp[j].x+T[3][1]*PTemp[j].y+T[3][2]*PTemp[j].z+T[3][3]*PTemp[j].w;
		}
		delete []PTemp;
	}
```

CTransform3 类的最后一个成员函数 MultiplyMatrix，将物体变换前的顶点坐标乘以变换矩阵得到变换后的顶点坐标，变换矩阵使用 4×4 的变换矩阵，顶点使用 4 维齐次坐标表示。对物体施加三维几何变换时，物体的总顶点数是动态变化的，比如立方体是 8 个顶点，正二十面体是 12 个顶点。因此，使用动态数组 PTemp 定义物体的顶点矩阵，可以避免静态数组的“大开小用”。虽然动态数组使用方便，但如果不及时正确释放，会造成内存泄漏（Memory Leak）。

（1）一维对象数组的内存分配格式

类名 *指针变量名=new 类名[下标表达式];

（2）一维对象数组的内存释放格式

delete [ ] 指向该数组的指针变量名;

以上两式中的方括号非常重要，二者必须配对使用，若 delete 语句中少了方括号，编译器就会认为该指针是指向对象数组第一个元素的指针，运行时会报错。加了方括号后就转化为指向对象数组的指针，可以回收整个对象数组。delete 运算符后面的方括号中不需要填写数组元素个数，即使填写了，编译器也会忽略。

（3）二维对象数组的内存分配格式

```
类名 **指针变量名=new 类名*[行下标表达式];
for(int i=0;i<行下标表达式;i++)
	指针变量名[i]=new 类名[列下标表达式];
```

创建二维数组指针时，先按行创建，然后在每一行按列创建。

（4）二维对象数组的内存释放格式

```
for(int i=0; i <行下标表达式; i ++)
{
    delete []指针变量名[i];
}
delete []指针变量名;
```

释放二维数组所占的堆内存时，先按列释放，后按行释放，与分配时相反。

2.4.3 三维物体的数据结构

在三维坐标系下，描述一个物体不仅需要顶点表描述其几何信息，而且还需要借助于边表和面表描述其拓扑信息，才能完全确定物体的几何形状。在制作多面体或曲面体的旋转动画时，常将物体的中心假设为回转中心，回转中心一般位于窗口客户区中心。三维物体的几何模型常用顶点表（简称点表）与表面表（简称面表）来描述。

（1）顶点表数据结构

```
class CP3
{
public:
    CP3(void);
    ~CP3(void);
public:
  double x, y, z, w;   //三维顶点齐次坐标，w=1 为规范化齐次坐标
};
```

（2）表面表数据结构

```
class CFacet
{
public:
    CFacet(void);
    ~CFacet(void);
public:
    int pNumber;                    //表面顶点数
    int pIndex[4];                  //表面顶点的索引号
};
```

（3）绘制算法

循环访问物体的每个表面，找到每个表面内的每个顶点，对其做二维投影。使用直线段依次连接每个表面的二维投影点，绘制闭合的多边形网格。

2.4.4 投影变换

投影就是从投影中心发出射线，经过三维物体上的每个点后，与投影面相交所形成的交点集合，因此把三维坐标转变为二维坐标的过程称为投影变换。根据投影中心与投影面之间的距离的不同，投影可分为平行投影和透视投影。投影中心到投影面的距离为有限值时，得

到的投影称为透视投影，若此距离为无穷大，则投影为平行投影。平行投影又可分为正投影和斜投影。投影方向不垂直于投影面的平行投影称为斜投影，投影方向垂直于投影面的平行投影称为正交投影。本书主要介绍正交投影。

所谓正交投影，是指仅使用物体顶点的 x 坐标和 y 坐标进行绘制，几何意义上认为是将物体投影到 xOy 表面内。设空间内一点 $P(x,y,z)$，该点在 xOy 面上的正交投影坐标为 $P'(x',y')$，其中

$$\begin{cases} x' = x \\ y' = y \end{cases} \tag{2.11}$$

与正交投影相比，斜投影具有较好的立体感，常用的投影为斜二测。设空间内一点 $P(x,y,z)$，该点在 xOy 面上的斜二测为 $P'(x',y')$，其中

$$\begin{cases} x' = x - z/(2\sqrt{2}) \\ y' = y - z/(2\sqrt{2}) \end{cases} \tag{2.12}$$

2.5　立方体线框模型

立方体的每个表面都是平面，它共有 8 个顶点、12 条边、6 个表面。假定立方体中心位于三维坐标系原点，立方体的边与坐标轴平行，且每条边的长度为 $2a$，如图 2.32 所示。点表如表 2.7 所示。从图 2.33 可以确定立方体的面表，如表 2.8 所示，表中的顶点索引号按逆时针方向排列。为清晰起见，每个表面的第一个顶点索引号取最小值。例如，立方体的“前面”按照表面外法矢量的右手法则确定顶点索引号，可以有 4 种结果：4567, 5674, 6745 和 7456，最后约定 4567 作为前面的顶点索引号。

表 2.7　立方体顶点表

顶　点	x 坐标	y 坐标	z 坐标
P_0	$x_0=-a$	$y_0=-a$	$z_0=-a$
P_1	$x_1=a$	$y_1=-a$	$z_1=-a$
P_2	$x_2=a$	$y_2=a$	$z_2=-a$
P_3	$x_3=-a$	$y_3=a$	$z_3=-a$
P_4	$x_4=-a$	$y_4=-a$	$z_4=a$
P_5	$x_5=a$	$y_5=-a$	$z_5=a$
P_6	$x_6=a$	$y_6=a$	$z_6=a$
P_7	$x_7=-a$	$y_7=a$	$z_7=a$

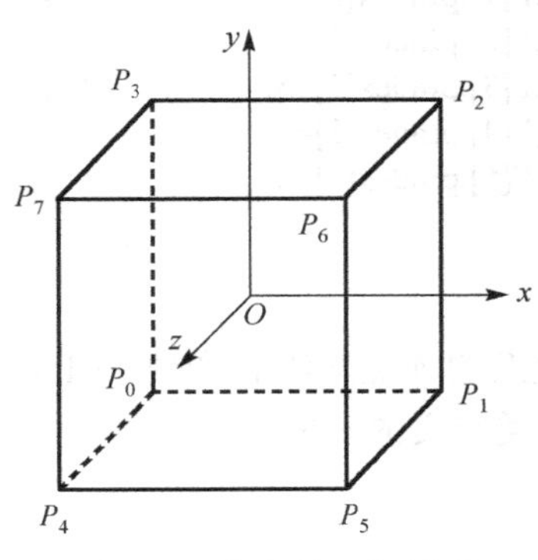

图 2.32　立方体几何模型

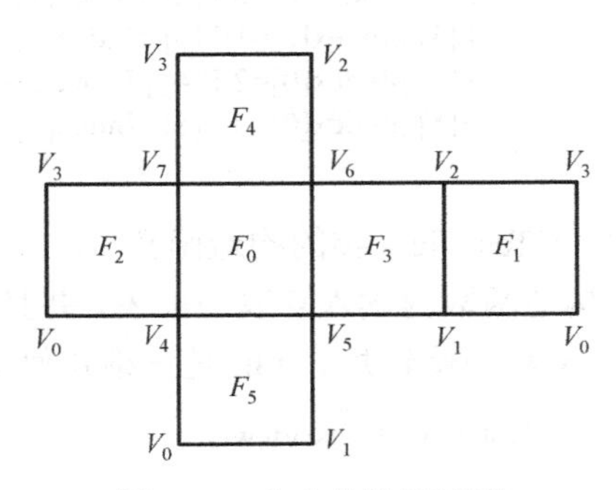

图 2.33　立方体的展开图

表 2.8　立方体面表

面	第一个顶点	第二个顶点	第三个顶点	第四个顶点	说　明
F_0	4	5	6	7	前面
F_1	0	3	2	1	后面
F_2	0	4	7	3	左面
F_3	1	2	6	5	右面
F_4	2	3	7	6	顶面
F_5	0	1	5	4	底面

例 2.9　使用双缓冲机制绘制中心位于窗口客户区中心的立方体线框模型。要求使用键盘上的方向键旋转立方体，观察立方体的三维形状。

1. 建立并初始化立方体的三维几何模型

使用点表和面表建立三维立方体的数据结构，并将立方体从建模坐标系导入 CTestView 所表示的世界坐标系中。

（1）读入立方体的点表

```
void CTestView::ReadPoint(void)
{
	//顶点的三维坐标(x, y, z)，立方体边长为 2a
	double a=160;
	P[0].x=-a;P[0].y=-a;P[0].z=-a;
	P[1].x=+a;P[1].y=-a;P[1].z=-a;
	P[2].x=+a;P[2].y=+a;P[2].z=-a;
	P[3].x=-a;P[3].y=+a;P[3].z=-a;
	P[4].x=-a;P[4].y=-a;P[4].z=+a;
	P[5].x=+a;P[5].y=-a;P[5].z=+a;
	P[6].x=+a;P[6].y=+a;P[6].z=+a;
	P[7].x=-a;P[7].y=+a;P[7].z=+a;
}
```

立方体

（2）读入立方体的面表

```
void CTestView::ReadFacet(void)
{
	//面的顶点数索引号
	F[0].pIndex[0]=4;F[0].pIndex[1]=5;F[0].pIndex[2]=6;F[0].pIndex[3]=7;	//前面
	F[1].pIndex[0]=0;F[1].pIndex[1]=3;F[1].pIndex[2]=2;F[1].pIndex[3]=1;	//后面
	F[2].pIndex[0]=0;F[2].pIndex[1]=4;F[2].pIndex[2]=7;F[2].pIndex[3]=3;	//左面
	F[3].pIndex[0]=1;F[3].pIndex[1]=2;F[3].pIndex[2]=6;F[3].pIndex[3]=5;	//右面
	F[4].pIndex[0]=2;F[4].pIndex[1]=3;F[4].pIndex[2]=7;F[4].pIndex[3]=6;	//顶面
	F[5].pIndex[0]=0;F[5].pIndex[1]=1;F[5].pIndex[2]=5;F[5].pIndex[3]=4;	//底面
}
```

（3）CTestView 类的构造函数

在构造函数内读入点表与面表，并且设置参与几何变换的顶点数组和个数。Alpha 和 Beta 是绕 x、y 轴的旋转角。tran 是三维几何变换 CTransform 类定义的对象。

```
CTestView::CTestView()
{
	// TODO: add construction code here
	Alpha=0;
```

```
        Beta=0;
        ReadPoint();
        ReadFacet();
        tran.SetMatrix(P,8);
    }
```

2. 绘制立方体线框图的正交投影

CTestView 类的 OnDraw 函数调用双缓冲函数 DoubleBuffer。双缓冲函数调用 DrawGraph 函数，向内存中绘制立方体的线框模型。双缓冲函数的定义参见例 2.8。

```
void CTestView::DrawGraph(CDC* pDC)
{
    CPoint ScreenP[4];
    for(int nFacet=0;nFacet<6;nFacet++)                          //面循环
    {
        for(int nPoint=0;nPoint<4;nPoint++)                      //表面的顶点循环
        {
            ScreenP[nPoint].x=P[F[nFacet].pIndex[nPoint]].x;
            ScreenP[nPoint].y=P[F[nFacet].pIndex[nPoint]].y;
        }
        pDC->MoveTo(ScreenP[0].x,ScreenP[0].y);
        pDC->LineTo(ScreenP[1].x,ScreenP[1].y);
        pDC->LineTo(ScreenP[2].x,ScreenP[2].y);
        pDC->LineTo(ScreenP[3].x,ScreenP[3].y);
        pDC->LineTo(ScreenP[0].x,ScreenP[0].y);                  //闭合多边形
    }
```

3. 键盘方向键旋转立方体

由于使用了双缓冲，因此程序支持动画和交互操作。向 CTestView 添加 WM_KEYDOWN 的消息映射函数 OnKeyDown 后，使用三维几何变换实现绕 x 轴和绕 y 轴的旋转。立方体的旋转效果如图 2.34 所示。

```
void CTestView::OnKeyDown(UINT nChar, UINT nRepCnt, UINT nFlags)
{
    // TODO: Add your message handler code here and/or call default
    switch(nChar)
    {
    case VK_UP:
        Alpha=+5;
        tran.RotateX(Alpha);
        break;
    case VK_DOWN:
        Alpha=-5;
        tran.RotateX(Alpha);
        break;
    case VK_LEFT:
        Beta=-5;
```

```
                tran.RotateY(Beta);
                break;
            case VK_RIGHT:
                Beta=5;
                tran.RotateY(Beta);
                break;
            default:
                break;
            }
            Invalidate(false);
            CView::OnKeyDown(nChar, nRepCnt, nFlags);
        }
```

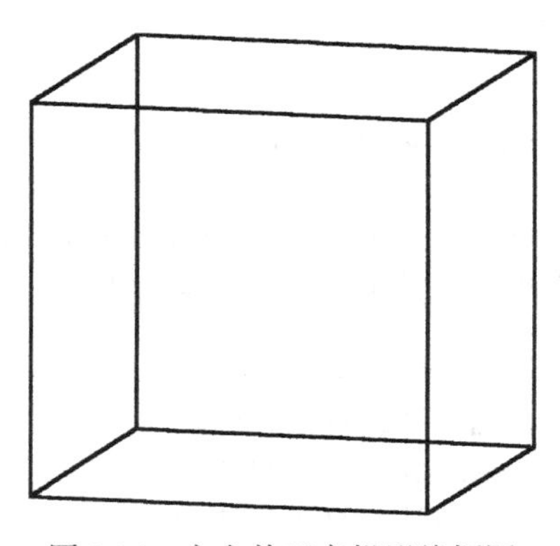

图 2.34　立方体正交投影线框图

2.6　球体网格模型

在计算机上绘制光滑物体时，需要进行网格划分，即将光滑曲面离散为多边形来表示，这些多边形一般为平面四边形或三角形网格。随着网格单元数量的增加，多边形网格可以较好地逼近光滑的曲面。

球心在原点、半径为 r 的球面三维坐标系如图 2.35 所示。球面的参数方程表示为

$$\begin{cases} x = r\sin\alpha\sin\beta \\ y = r\cos\alpha \\ z = r\sin\alpha\cos\beta \end{cases} \qquad (0 \leqslant \alpha \leqslant \pi, 0 \leqslant \beta \leqslant 2\pi) \tag{2.13}$$

球面是一个三维二次曲面，可以使用经纬线划分为若干小面片。北极和南极区域采用三角形面片逼近，其他区域采用四边形面片逼近。假定将球面划分为 $n_1 = 4$ 个纬度区域和 $n_2 = 8$ 个经度区域，则纬度方向的角度增量和经度方向的角度增量均为 $\alpha = \beta = 45°$ ，示例球面的网格模型如图 2.36 所示。

点表用一维数组定义。此时，球面共有$(n_1-1)n_2 + 2 = 26$ 个顶点。顶点索引号为 0～25。北极点序号为 0，然后从 z 轴正向开始，绕 y 轴逆时针方向确定第一条纬度线与各条经度线的交点，图 2.37 所示为北半球顶点编号。图 2.38 所示为南半球顶点编号，南极点序号为 25。北极点坐标为 $P_0(0, r, 0)$，南极点坐标为 $P_{25}(0, -r, 0)$。

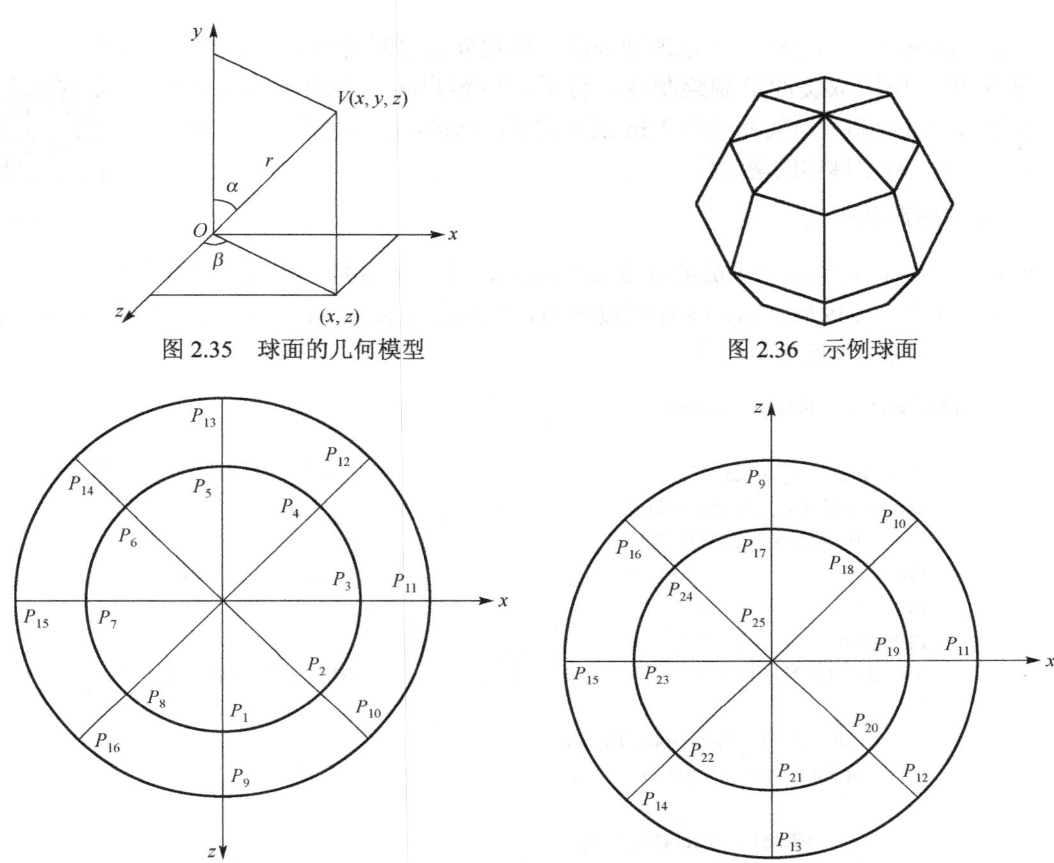

图 2.35 球面的几何模型

图 2.36 示例球面

图 2.37 北半球顶点编号

图 2.38 南半球顶点编号

面表用二维数组定义，按照纬度自北极向南极递增的方向，从 z 轴正向开始按绕 y 轴的逆时针旋转方向循环。首先定义北极圈内的三角形网格 $F_{0,0}$～$F_{0,7}$，接着定义南北极以外球面上的四边形网格 $F_{1,0}$～$F_{1,7}$ 和 $F_{2,0}$～$F_{2,7}$，最后定义南极圈内的三角形网格 $F_{3,0}$～$F_{3,7}$，如图 2.39 和图 2.40 所示。所有网格的顶点排列顺序应以小面的法线指向球面外部的右手法则为准。

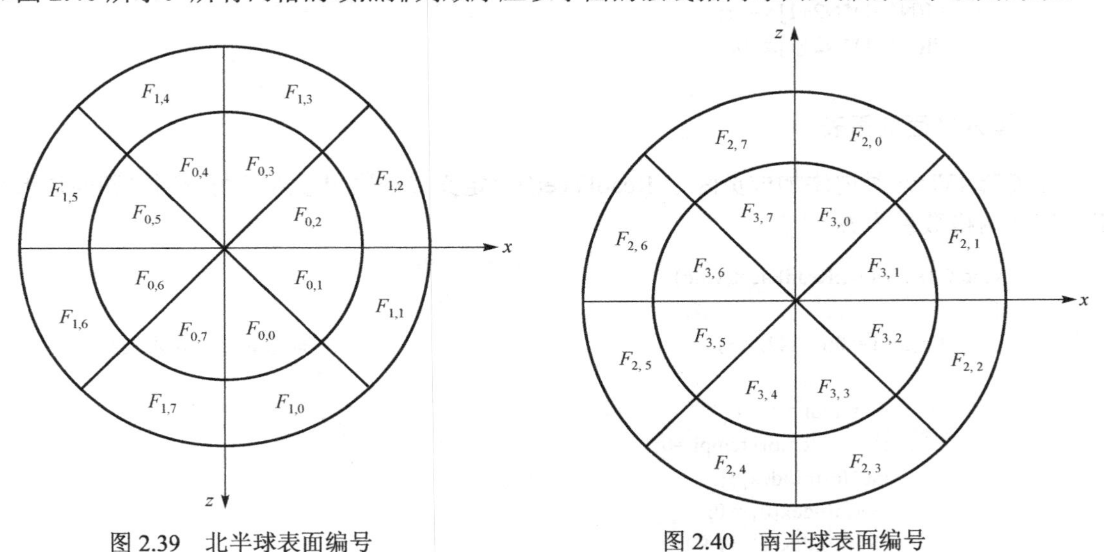

图 2.39 北半球表面编号

图 2.40 南半球表面编号

以上球面网格化的方法称为地理划分法，该划分法绘制的球面会出现南北极点。

例 2.10 使用双缓冲机制绘制球心位于窗口客户区中心的球体线框模型，球体的顶点数和表面数参见图 2.36 所示的示例球体。要求使用键盘上的方向键旋转球体，观察球体的南北极。

球体网格

1．读入球面的点表

在 CTestView 类内添加成员函数 ReadPoint()，读入球面的一维数组网格顶点。设球面被划分为 $N_1=4$ 个纬度区域和 $N_2=8$ 个经度区域，则球面上共有$(N_1-1)N_2+2=26$个顶点，这里的数字“2”指南北极点各为一个。

```
void CTestView::ReadPoint(void)
{
    int sAlpha=45, sBeta=45;                    //纬度方向与经度方向的等分角
    double sAlpha1, sBeta1, r=200;              //r 为球半径
    N1=180/sAlpha, N2=360/sBeta;
    P[0].x=0;                                   //计算北极点坐标
    P[0].y=r;
    P[0].z=0;
    for(int i=0;i<N1-1;i++)                     //按行循环计算球面网格上的点坐标
    {
        sAlpha1 = (i+1)*sAlpha*PI/180 ;
        for(int j = 0;j < N2;j++)
        {
            sBeta1=j*sBeta*PI/180;
            P[i*N2+j+1].x=r*sin(sAlpha1)*sin(sBeta1);
            P[i*N2+j+1].y=r*cos(sAlpha1);
            P[i*N2+j+1].z=r*sin(sAlpha1)*cos(sBeta1);
        }
    }
    P[(N1-1)*N2+1].x=0;                         //计算南极点坐标
    P[(N1-1)*N2+1].y=-r;
    P[(N1-1)*N2+1].z=0;
}
```

2．读入球面的面表

在 CTestView 类内添加成员函数 ReadFacet()，定义二维数组读入三角形网格和四边形网格。球面网格数量为 $N_1 \times N_2$。

```
void CTestView::ReadFacet(void)
{
    for(int i = 0;i < N2;i++)                   //构造北极三角形网格
    {
        int tempi = i + 1;
        if(8 == tempi) tempi =0;
        int NorthIndex[3];
        NorthIndex[0] = 0;
        NorthIndex[1] = i + 1;
```

```
            NorthIndex[2] = tempi +1;
            for(int k = 0;k < 3;k++)
            {
                F[0][i].pIndex[k] = NorthIndex[k];
                F[0][i].pNumber = 3;
            }
        }
        for(int i = 1;i < N1-1;i++)                                    //构造球面四边形网格
        {
            for(int j = 0;j < N2;j++)
            {
                int tempi = i + 1;
                int tempj = j + 1;
                if(N2 == tempj) tempj = 0;
                int BodyIndex[4];
                BodyIndex[0] =(i - 1) * N2 +  j+ 1;
                BodyIndex[1] = (tempi - 1) * N2 + j + 1;
                BodyIndex[2] = (tempi - 1) * N2 + tempj + 1;
                BodyIndex[3] = (i - 1) * N2 + tempj + 1;
                for(int k = 0;k < 4;k++)
                {
                    F[i][j].pIndex[k] = BodyIndex[k];
                    F[i][j].pNumber = 4;
                }
            }
        }
        for(int j = 0;j < N2;j++)                                      //构造南极三角形网格
        {
            int tempj = j +1;
            if(N2 == tempj) tempj  =0;
            int SouthIndex[3];
            SouthIndex[0] = (N1 - 2) * N2 + j + 1;
            SouthIndex[1] = (N1 - 1) * N2 + 1;
            SouthIndex[2] = (N1 - 2) * N2 + tempj + 1;
            for(int k = 0;k < 3;k++)
            {
                F[3][j].pIndex[k] = SouthIndex[k];
                F[3][j].pNumber = 3;
            }
        }
    }
```

3．绘制球面线框模型

在 CTestView 类内添加成员函数 DrawGraph，使用直线连接正交投影后的每个网格顶点，分别绘制三角形网格与四边形网格。

```
    void CTestView::DrawGraph(CDC* pDC)
    {
```

```
        CPoint Point3[3];                                            //南北极顶点数组
        CPoint Point4[4];                                            //球体顶点数组
        for (int i   = 0; i < N1; i++)
        {
            for (int j = 0; j < N2; j++)
            {
                if (3 == F[i][j].pNumber)                            //绘制三角形网格
                {
                    for (int m = 0;m < F[i][j].pNumber;m++)
                    {
                        Point3[m].x = ROUND(P[F[i][j].pIndex[m]].x);     //正交投影
                        Point3[m].y = ROUND(P[F[i][j].pIndex[m]].y);
                    }
                    pDC->MoveTo(Point3[0].x, Point3[0].y);
                    pDC->LineTo(Point3[1].x, Point3[1].y);
                    pDC->LineTo(Point3[2].x, Point3[2].y);
                    pDC->LineTo(Point3[0].x, Point3[0].y);
                }
                else                                                 //绘制四边形网格
                {
                    for (int m = 0; m < F[i][j].pNumber; m++)
                    {
                        Point4[m].x = ROUND(P[F[i][j].pIndex[m]].x);     //正交投影
                        Point4[m].y = ROUND(P[F[i][j].pIndex[m]].y);
                    }
                    pDC->MoveTo(Point4[0].x, Point4[0].y);
                    pDC->LineTo(Point4[1].x, Point4[1].y);
                    pDC->LineTo(Point4[2].x, Point4[2].y);
                    pDC->LineTo(Point4[3].x, Point4[3].y);
                    pDC->LineTo(Point4[0].x, Point4[0].y);
                }
            }
        }
}
```

经度和纬度方向角度增量为45°的球体网格，顶点数为26，表面数为32，正交投影如图2.41(a)所示。将经度和纬度方向的等分角都减少到10°后，顶点数增加到614，表面数增加到648，球体网格正交投影效果如图2.41(b)所示。

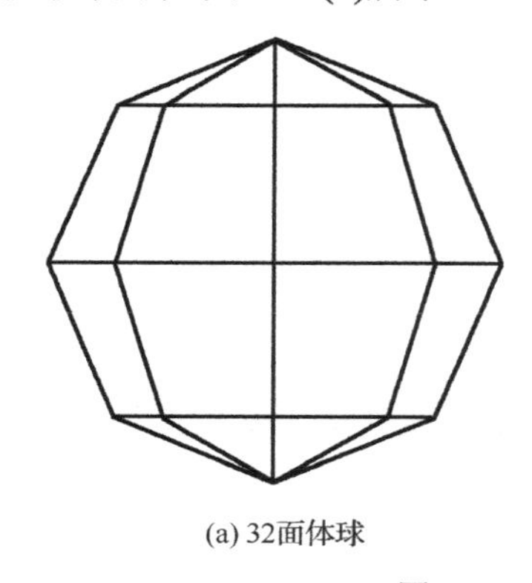

(a) 32面体球

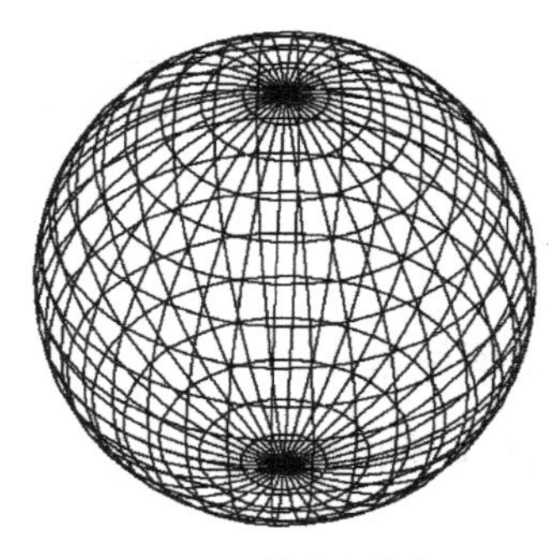

(b) 10°等分角的球

图2.41　球体网格正交投影图

2.7　本 章 小 结

本章详细讲解了 MFC 建立 Test 工程的上机操作步骤，示范了 MFC 中最常用的绘图函数的使用方法。为使用键盘方向键旋转观察三维物体，重点讲解了制作网格模型动画的双缓冲技术。以立方体与球体为例，讲解了三维网格模型动画的绘制过程：基本路径是 OnDraw 函数调用 DoubleBuffer 函数制作三维动画，DoubleBuffer 函数调用 DrawGraph 函数绘制投影后的每帧图形。

2.8　习　　题

1．第一段直线为红色，起点为 $P_0(-200, 0)$，终点为 $P_1(0,100)$；第二段直线为蓝色，起点为 $P_1(0, 100)$，终点为 $P_2(300, 0)$，如图 2.42 所示。这里，点 P_1 是两段直线的连接点，请绘制两段直线并查看连接点处的颜色。

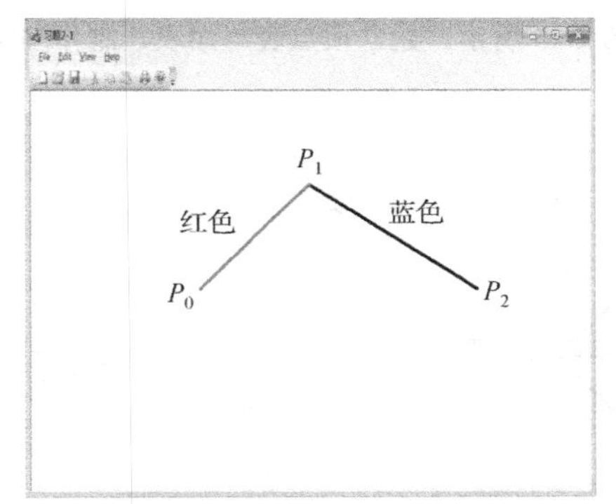

图 2.42　不同颜色的直线段连接

2．请使用直线函数定义正方形类。由小到大绘制图 2.43 所示的一组同心正方形。

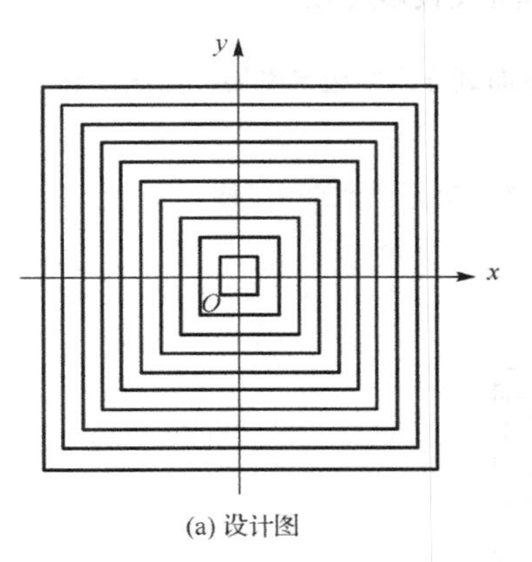

(a) 设计图

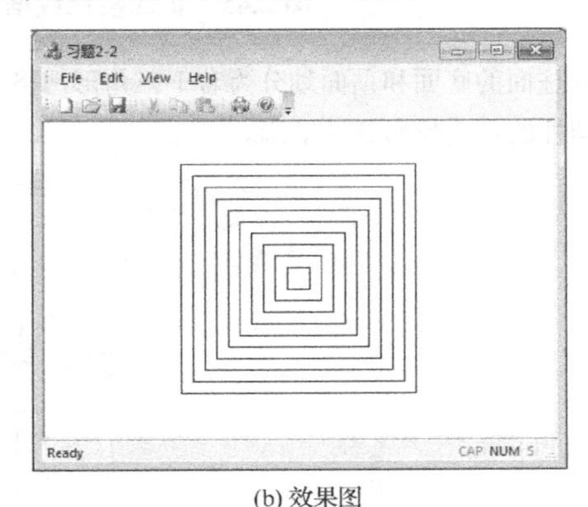

(b) 效果图

图 2.43　绘制同心正方形

3．在窗口客户区内，使用鼠标任选两个顶点分别绘制直线、矩形和椭圆。

4．给定顶点为 A_i 的正五边形［见图 2.44(a)］和顶点为 B_i 的正五角星［见图 2.44(b)］，其中 $i = 0, 1, 2, 3, 4$。使用下式制作正五边形变化到正五角星的内插动画：

$$P_i(t) = (1-t)\cdot A_i + t\cdot B_i \qquad t\in[0,1]$$

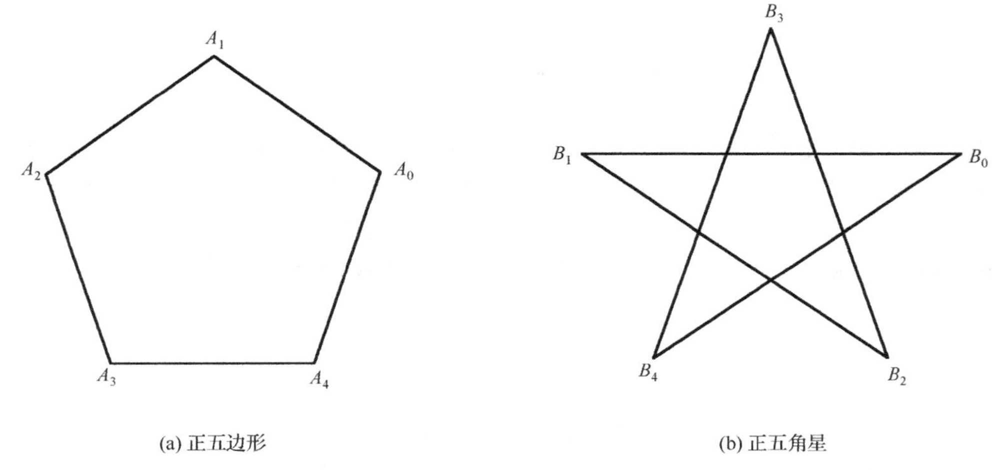

(a) 正五边形　　(b) 正五角星

图 2.44　五边形与五角星

5．正四棱锥的几何模型如图 2.45 所示。建立顶点表与面表，制作围绕正四棱锥体心旋转的正交投影双缓冲动画。

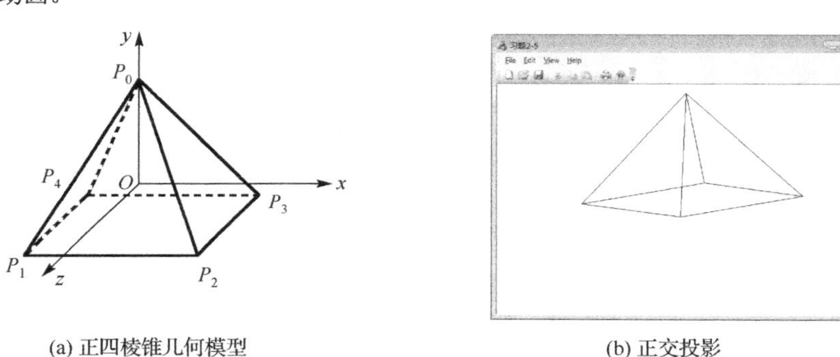

(a) 正四棱锥几何模型　　(b) 正交投影

图 2.45　正四棱锥线框模型正交投影效果图

6．将圆柱面的底面和顶面划分为若干三角形网格，侧面划分为四边形网格，如图 2.46 所示。试编程制作圆柱的正交投影旋转动画。

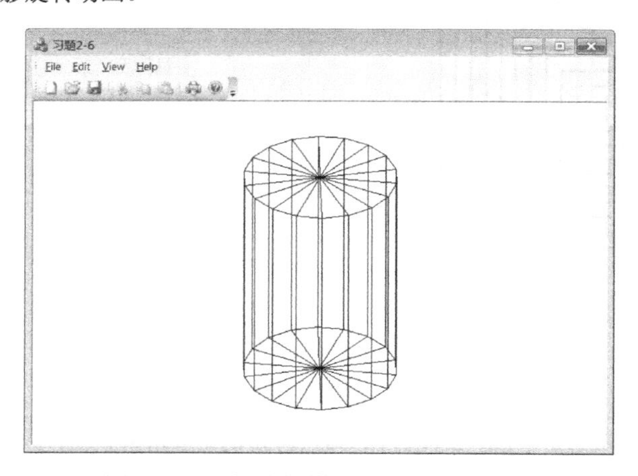

图 2.46　圆柱线框模型正交投影效果图

第3章

三次插值曲线

样条（Spline）函数是由 Schoenberg 于 1946 年提出的。样条是富有弹性的细木条或有机玻璃条，它的作用相当于“万能”曲线板。早期船舶、汽车、飞机放样时用铅压铁压住样条，使其通过一系列型值点，如图 3.1 所示，调整压铁达到设计要求后绘制其曲线，称为样条曲线。这样设计曲线的方法在 20 世纪六七十年代得到了广泛应用。

物理样条的性质：样条是物理连续的，相当于达到 C^0 连续性；样条在压铁两侧斜率相同，相当于达到 C^1 连续性；样条在压铁两侧曲率相同，相当于达到 C^2 连续性。

图 3.1　样条与压铁

三次样条曲线是组合曲线，它在相邻的两型值点之间，使用三次函数进行插值。如果把 n 段三次曲线连接起来，使两相邻曲线在连接点（称为节点）的斜率和曲率相等，就获得 n 段三次函数组合成的曲线，即三次样条曲线（CubicSplineCurve）。三次样条曲线是插值曲线，它通过所有型值点。样条函数的理论和运用是从三次样条函数发展起来的。在计算几何中，应用得最早、研究得最详细的也是三次样条函数，因为三次样条函数在节点处具有 C^2 连续性，而二阶连续性是大多数工程问题所需要的。样条函数也是放样工艺中绘制曲线用的细木条的数学模型的线性近似，符合传统的光顺要求。

3.1　三次样条曲线

3.1.1　三次样条函数的定义

已知 n 个型值点 $P_i(x_i, y_i), i = 1, 2,\cdots, n$ 且 $a = x_1 < x_2 <\cdots< x_n = b$。若 $y = s(x)$ 满足下列条件：

（1）型值点 P_i 在函数 $y = s(x)$ 上。

（2）$s(x)$ 在整个区间 $[a, b]$ 上二阶连续可导。

（3）在每个子区间 $[x_i, x_{i+1}], i = 1, 2,\cdots, n-1$ 上，分段函数 $s_i(x)$ 都是参数 x 的三次多项式。

则称函数 $s(x)$ 是过型值点的三次样条函数，由三次样条函数构成的曲线称为三次样条曲线。插值三次样条函数有两种常用的表达方式：一种是用型值点处的一阶导数表示的 m 关系式，另一种是用型值点处的二阶导数表示的 M 关系式。本节重点介绍 M 关系式。

3.1.2　三次样条函数的表达式

第 i 段的 $s_i(x)$ 表示为

$$s_i(x)=a_i+b_i(x-x_i)+c_i(x-x_i)^2+d_i(x-x_i)^3 \tag{3.1}$$

式中，a_i, b_i, c_i 和 d_i 为待定系数，$i=1,2,\cdots,n-1$。第 i 段曲线的首端通过 $P_i(x_i, y_i)$，末端通过 $P_{i+1}(x_{i+1}, y_{i+1})$，$P_i$ 处的二阶导数为 M_i，如图 3.2 所示。图 3.3 给出了 6 个型值点与分段函数之间的关系。

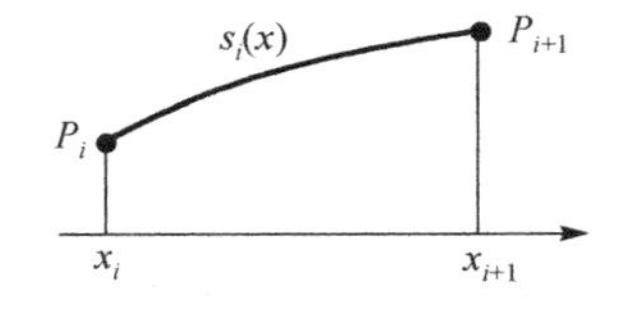

图 3.2　子区间示意图

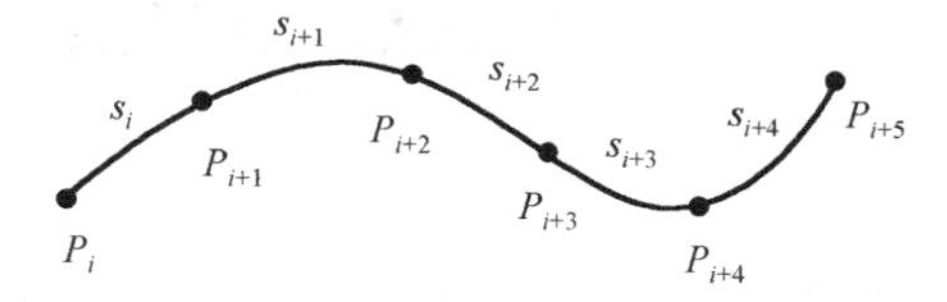

图 3.3　分段函数与型值点之间的关系

由式（3.1）计算得分段函数 $s_i(x)$ 的一阶导数和二阶导数如下：

$$s_i'(x)=b_i+2c_i(x-x_i)+3d_i(x-x_i)^2 \tag{3.2}$$

$$s_i''(x)=2c_i+6d_i(x-x_i) \tag{3.3}$$

由于型值点 P_i 在函数 $s_i(x)$ 上，将 x_i 代入式（3.1）有

$$a_i=y_i \tag{3.4}$$

考虑 P_i 处的二阶导数，有 $s_i''(x_i)=2c_i$。令分段函数 $s_i(x)$ 在型值点 P_i 处的二阶导数为 M_i，有

$$c_i=\frac{M_i}{2} \tag{3.5}$$

函数在 P_{i+1} 点处的二阶导数连续，即

$$s_i''(x_{i+1})=s_{i+1}''(x_{i+1})$$

令 $h_i=x_{i+1}-x_i$，有

$$d_i=\frac{1}{3h_i}(c_{i+1}-c_i)$$

从式（3.5）可知 $c_{i+1}=\frac{M_{i+1}}{2}$，$c_i=\frac{M_i}{2}$，代入上式有

$$d_i=\frac{1}{6h_i}(M_{i+1}-M_i) \tag{3.6}$$

同理，函数在 P_{i+1} 点处的函数值连续，即

$$s_i(x_{i+1})=s_{i+1}(x_{i+1})$$

将已经求得的 a_i, c_i 和 d_i 代入上式，得

$$b_i = \frac{(y_{i+1} - y_i)}{h_i} - h_i\left(\frac{M_i}{3} + \frac{M_{i+1}}{6}\right) \tag{3.7}$$

用型值点处的二阶导数 M_i 表示的三次 B 样条函数为

$$\begin{aligned} s_i(x) = y_i + &\left[\frac{(y_{i+1} - y_i)}{h_i} - h_i\left(\frac{M_i}{3} + \frac{M_{i+1}}{6}\right)\right](x - x_i) + \frac{M_i}{2}(x - x_i)^2 + \\ &\frac{1}{6h_i}(M_{i+1} - M_i)(x - x_i)^3 \end{aligned} \tag{3.8}$$

3.1.3　求解 M_i

利用 $s_i(x)$ 在 P_i 点处的一阶导数连续，求解各型值点处的 M_i。

$$s'_{i-1}(x_i) = s'_i(x_i)$$

将 $b_{i-1} = \frac{(y_i - y_{i-1})}{h_{i-1}} - h_{i-1}\left(\frac{M_{i-1}}{3} + \frac{M_i}{6}\right)$，$c_{i-1} = \frac{M_{i-1}}{2}$，$d_{i-1} = \frac{1}{6h_{i-1}}(M_i - M_{i-1})$ 代入上式，同时令

$$\lambda_i = \frac{h_{i-1}}{h_{i-1} + h_i}, \quad \mu_i = \frac{h_i}{h_{i-1} + h_i}, \quad D_i = \frac{6}{h_{i-1} + h_i}\left(\frac{y_{i+1} - y_i}{h_i} - \frac{y_i - y_{i-1}}{h_{i-1}}\right) \tag{3.9}$$

则有

$$\lambda_i M_{i-1} + 2M_i + \mu_i M_{i+1} = D_i \tag{3.10}$$

此时，$i = 2, \cdots, n-1$；$\lambda_i + \mu_i = 1$。

式（3.10）共有 $n-2$ 个方程，不能唯一求解出 M_i。需要借助于边界条件才能唯一地求解出一组 M_i，进而确定过型值点的三次样条函数。

3.1.4　边界条件

三次样条曲线常用的边界条件包括夹持端、自由端、抛物端三种。

1．夹持端

根据实际情况的需要，限定曲线两端的曲线。已知曲线在始端与终端的一阶导数 y'_1 和 y'_n，从而给出对 M_1 和 M_n 的约束条件。

由于 $s'_1(x_1) = y'_1$，使用式（3.2）计算得

$$2M_1 + M_2 = \frac{6}{h_1}\left(\frac{y_2 - y_1}{h_1} - y'_1\right) \tag{3.11}$$

由于 $s'_{n-1}(x_n) = y'_n$，使用式（3.2）计算得

$$M_{n-1} + 2M_n = \frac{6}{h_{n-1}}\left(y'_n - \frac{y_n - y_{n-1}}{h_{n-1}}\right) \tag{3.12}$$

式（3.9）加上这两个条件，就能唯一确定出一组 $M_i, i = 1, 2, \cdots, n$。

2．自由端

自由端指曲线在始端与终端的二阶导数为零，说明曲线在始端与终端不受外力约束，其切线方向仅受该曲线其他型值点的位置影响而变化。由于已知二阶导数 M_1 与 M_n 的值，与式(3.10)联立可以构成 n 个条件，能唯一确定出一组 $M_i, i=1,2,\cdots,n$。为了使该已知条件与式（3.10）的表达式相同，令

$$\begin{cases} 1M_0+2M_1+0M_2=2M_1 \\ 0M_{n-1}+2M_n+1M_{n+1}=2M_n \end{cases} \tag{3.13}$$

约定 $M_0=M_{n+1}=0$。

3．抛物端

曲线在第一段 $f_1(x)$ 和第 $n-1$ 段 $f_{n-1}(x)$ 为抛物端，即二阶导数是非零常数。令 $y_1''=y_2''$，$y_{n-1}''=y_n''$，有

$$\begin{cases} 3M_0+2M_1-2M_2=0 \\ -2M_{n-1}+2M_n+3M_{n+1}=0 \end{cases} \tag{3.14}$$

约定 $M_0=M_{n+1}=0$。

为了简化表达，将这三种边界条件写成统一表达式：

$$\begin{cases} 2M_1+\mu_1 M_2=D_1 \\ \lambda_n M_{n-1}+2M_n=D_n \end{cases} \tag{3.15}$$

三种边界条件下的系数见表3.1。

表 3.1　三次参数样条边界约束条件

边界条件	μ_1，λ_n	D_1，D_n
夹持端	$\mu_1=1$，$\lambda_n=1$	$D_1=\frac{6}{h_1}\left(\frac{y_2-y_1}{h_1}-y_1'\right), D_n=\frac{6}{h_{n-1}}\left(y_n'-\frac{y_n-y_{n-1}}{h_{n-1}}\right)$
自由端	$\mu_1=0$，$\lambda_n=0$	$D_1=2M_1$，$D_n=2M_n$，其中 $M_1=M_n=0$
抛物端	$\mu_1=-2$，$\lambda_n=-2$	$D_1=0$，$D_n=0$

将这三种边界条件与式（3.10）结合在一起，构成一个完整的线性方程组，可用矩阵表示为

$$\begin{bmatrix} 2 & \mu_1 & & & & \\ \lambda_2 & 2 & \mu_2 & & 0 & \\ & \lambda_3 & 2 & \mu_3 & & \\ & & \cdots & \ddots & \cdots & \\ & 0 & & \lambda_{n-1} & 2 & \mu_{n-1} \\ & & & & \lambda_n & 2 \end{bmatrix} \begin{bmatrix} M_1 \\ M_2 \\ M_3 \\ \vdots \\ M_{n-1} \\ M_n \end{bmatrix} = \begin{bmatrix} D_1 \\ D_2 \\ D_3 \\ \vdots \\ D_{n-1} \\ D_n \end{bmatrix} \tag{3.16}$$

简写为

$$\boldsymbol{AM}=\boldsymbol{D} \tag{3.17}$$

式中，$\boldsymbol{A}$ 是一个三对角阵，使用追赶法可以求解除方程组的唯一解。

3.1.5　追赶法求解三对角阵

1．Crout 分解

对于 n 阶三对角矩阵 $\boldsymbol{A}$，

$$\boldsymbol{A}=\begin{bmatrix} b_1 & c_1 & & & & \\ a_2 & b_2 & c_2 & & 0 & \\ & a_3 & b_3 & c_3 & & \\ & & \cdots & \ddots & \cdots & \\ & 0 & & a_{n-1} & b_{n-1} & c_{n-1} \\ & & & & a_n & b_n \end{bmatrix}$$

存在 Crout 分解

$$\boldsymbol{A}=\boldsymbol{LU} \tag{3.18}$$

式中，

$$\boldsymbol{L}=\begin{bmatrix} l_1 & & & & & \\ m_2 & l_2 & & & 0 & \\ & m_3 & l_3 & & & \\ & & \cdots & \ddots & \cdots & \\ & 0 & & m_{n-1} & l_{n-1} & \\ & & & & m_n & l_n \end{bmatrix}，\boldsymbol{U}=\begin{bmatrix} 1 & u_1 & & & & \\ & 1 & u_2 & & 0 & \\ & & 1 & u_3 & & \\ & & \cdots & \ddots & \cdots & \\ & 0 & & & 1 & u_{n-1} \\ & & & & & 1 \end{bmatrix}$$

比较式（3.18）两端的对应元素，有

$$\begin{cases} l_1=b_1,\ u_1=\dfrac{\mu_1}{l_1} \\ m_i=\lambda_i,\ i=2,3,\cdots,n \\ l_i=2-m_iu_{i-1},\ i=2,3,\cdots,n \\ u_i=\dfrac{u_i}{l_i},\ i=2,3,\cdots,n \end{cases} \tag{3.19}$$

参照式（3.16）有

$$\begin{cases} l_1=2,\ u_1=\dfrac{c_1}{l_1} \\ m_i=a_i,\ i=2,3,\cdots,n \\ l_i=b_i-m_iu_{i-1},\ i=2,3,\cdots,n \\ u_i=\dfrac{\mu_i}{l_i},\ i=2,3,\cdots,n \end{cases} \tag{3.20}$$

2．追赶法求解方程组

对三角矩阵进行 Crout 分解后，下面讨论三对角方程组的解法。

将式（3.18）代入式（3.17），有

$$\boldsymbol{LUM}=\boldsymbol{D}$$

令 $\boldsymbol{UM}=\boldsymbol{K}$，则

$$\boldsymbol{LK}=\boldsymbol{D} \tag{3.21}$$

计算公式为

$$K[1]=\frac{D[1]}{l_1},\quad K[i]=\frac{D[i]-m[i]K[i-1]}{l_1},\quad i=2,\cdots,n \tag{3.22}$$

$$M[n]=K[n],\quad M[i]=K[i]-u[i]M[i+1],\quad i=n-1,n-2,\cdots,1 \tag{3.23}$$

3.1.6 绘制曲线

将式（3.23）的计算结果代入式（3.8），在每个节点范围内，给定 x 的步长 xStep，绘制直线段连接每个等分点。使用三次样条曲线时，要严格保证 $x_1<x_2<\cdots<x_n$，这就决定三次样条曲线不能用于绘制椭圆之类的闭合曲线。

3.1.7 算法

（1）读入 n 个型值点且满足其 x 坐标递增。

（2）根据实际情况确定三次样条曲线的边界条件。

（3）计算曲线的系数，将其表达为型值点二阶导数的函数。

（4）用追赶法求解三弯矩方程。

（5）将求解出的参数代入三次样条函数的表达式中，构造三次样条曲线。

（6）循环访问每个节点。在每个子区间内，按照精度要求，使用直线段连接各段内的若干等分点，即可绘制出三次样条曲线。

三次样条曲线

例 3.1 给定 6 个型值点 $P_1(-340, -200)$, $P_2(-150, 0)$, $P_3(0, -50)$, $P_4(100, -100)$, $P_5(250, -100)$和 $P_6(350, -50)$。假设边界条件为夹持端，$y_1'=10$，$y_n'=10$。试绘制通过这组型值点的三次样条曲线，效果如图 3.4 所示。

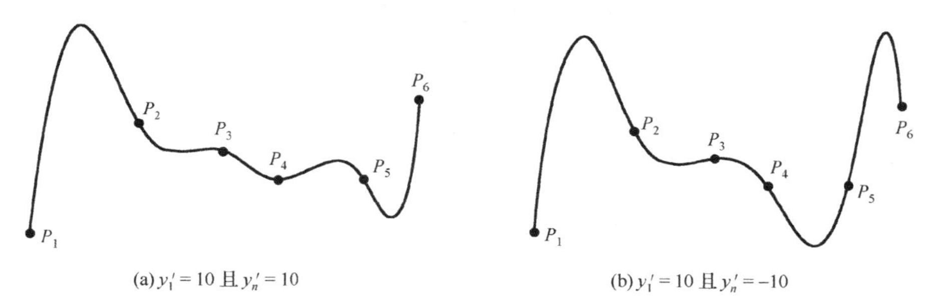

图 3.4 例 3.1 效果图

（1）读入型值点数据

定义 ReadPoint 函数读入型值点，数组元素赋值从 P[1]到 P[6]。对于三次样条曲线，要求 P[1].x < P[2].x <⋯< P[6].x。

```
void CTestView::ReadPoint(void)
{
```

```
        P[1].x = –340,    P[1].y = –200;
        P[2].x = –150,    P[2].y = 0;
        P[3].x = 0,       P[3].y = –50;
        P[4].x = 100,     P[4].y = –100;
        P[5].x = 250,     P[5].y = –100;
        P[6].x = 350,     P[6].y = –50;
    }
```

（2）绘制型值点

定义 DrawDataPoint 函数绘制半径为 5 的小圆代表型值点。

```
    void CTestView::DrawDataPoint(CDC* pDC)
    {
        CBrush NewBrush,*pOldBrush;                             //使用画刷将小圆填充为黑色
        NewBrush.CreateSolidBrush(RGB(0, 0, 0));
        pOldBrush=pDC->SelectObject(&NewBrush);
        for( int i = 1; i < 7; i++)
            pDC->Ellipse(ROUND(P[i].x – 5), ROUND(P[i].y – 5),
                        ROUND(P[i].x + 5), ROUND(P[i].y + 5));
        pDC->SelectObject(pOldBrush);
    }
```

（3）绘制三次样条曲线

定义 DrawCubicSpline 函数，绘制三次样条曲线。

```
    void CTestView::DrawCubicSpline(CDC* pDC)
    {
        int n = 6;
        const int dim = 7;                                      //二维数组维数
        double b1 = 10, bn = –10;                               //给出起点和终点的一阶导数
        double h[dim], lambda[dim], mu[dim], D[dim];            //h、λ、μ、D 数组
        double l[dim], m[dim], u[dim];                          //追赶法参数
        double M[dim], K[dim];                                  //追赶法过渡矩阵
        double a[dim], b[dim], c[dim], d[dim];                  //函数的系数
        for(int i = 1; i < n; i++)                              //计算 hi = xi+1–xi
        h[i] = P[i+1].x – P[i].x;
        for(int i = 2; i < n; i++)
        {
            lambda[i] = h[i–1]/(h[i–1]+h[i]);                   //计算 λi
            mu[i] = h[i]/(h[i–1]+h[i]);                         //计算 μi
            D[i] = 6/(h[i–1]+h[i])*((P[i+1].y – P[i].y)/h[i]–(P[i].y – P[i–1].y)/h[i–1]);  //计算 Di
        }
        D[1]=6*((P[2].y–P[1].y)/h[1]–b1)/h[1];                  //夹持端的 D[1]
        D[n]=6*(bn–(P[n].y–P[n–1].y)/h[n–1])/h[n–1];            //夹持端的 D[n]
        mu[1]=1;                                                //夹持端的 μ[1],
        lambda[n]=1;                                            //夹持端的 λ[n]
        //追赶法求解三弯矩方程
        l[1]=2;
        u[1]=mu[1]/l[1];
```

```
        for(int i=2; i <= n; i++)
        {
            m[i]=lambda[i];
            l[i]=2-m[i]*u[i-1];
            u[i]=mu[i]/l[i];
        }
        K[1] = D[1]/l[1];                                    //解 LK=D
        for(int i = 2; i <= n;i++)
        {
            K[i]=(D[i]-m[i]*K[i-1])/l[i];
        }
        M[n] = K[n];                                         //解 UM=K
        for(int i = n-1; i >= 1;i--)
        {
            M[i]=K[i]-u[i]*M[i+1];
        }
        //计算三次样条函数的系数
        for(int i = 1; i < n; i++)
        {
            a[i] = P[i].y;
            b[i] = (P[i+1].y-P[i].y)/h[i] - h[i]*(M[i]/3+M[i+1]/6);
            c[i] = M[i]/2;
            d[i] = (M[i+1]-M[i])/(6*h[i]);
        }
        pDC->MoveTo(ROUND(P[1].x), ROUND(P[1].y));
        double xStep = 0.5;                                  //x 的步长
        double x, y;                                         //当前点
        for(int i = 1; i < n; i++)                           //循环访问每个节点
        {
            for(x = P[i].x; x < P[i+1].x; x += xStep)        //按照步长 xStep 进行计算
            {
                y=a[i]+b[i]*(x-P[i].x)+c[i]*(x-P[i].x)*(x-P[i].x)+d[i]*(x-P[i].x)*(x-P[i].x)*(x-P[i].x);
                pDC->LineTo(ROUND(x), ROUND(y));             //绘制样条曲线
            }
        }
    }
```

3.2　三次参数样条曲线

三次样条曲线的一个严重缺点是缺乏几何不变性。也就是说，当型值点发生几何变换时，不能保证 $x_1 < x_2 < \cdots < x_n$。为此，提出了以弦长为参数的三次参数样条曲线。

3.2.1　三次参数样条的定义

已知 n 个型值点 $P_i, i = 1, 2, \cdots, n$ 且相邻型值点不重合；若 $\boldsymbol{p}(t)$ 满足下列条件：

（1）型值点 P_i 在函数 $\boldsymbol{p}(t)$ 上。

（2）$\boldsymbol{p}(t)$ 在整个区间 $[P_1, P_n]$ 上二阶连续可导。

（3）在每个子区间 $[P_i, P_{i+1}]$, $i = 1, 2, \cdots, n-1$ 上，分段函数 $\boldsymbol{p}_i(t)$ 都是参数 t 的三次多项式，则称函数 $\boldsymbol{p}(t)$ 是过型值点的三次参数样条函数，由三次参数样条函数构成的曲线称为三次参数样条曲线。这里，参数 t 是相邻型值点之间的弦长，$t \in [0, L_i]$。子区间的弦长 L_i 为

$$L_i = \sqrt{(x_{i+1} - x_i)^2 + (y_{i+1} - y_i)^2} \tag{3.24}$$

其中，$\boldsymbol{P}_i$ 和 $\boldsymbol{p}(t)$ 都是矢量，有

$$\boldsymbol{P}_i = [x_i \quad y_i]，\quad \boldsymbol{p}_i(t) = [x_i(t) \quad y_i(t)]$$

3.2.2 三次参数样条函数的表达式

第 i 段的三次参数样条曲线的表达式为

$$\boldsymbol{p}_i(t) = \boldsymbol{B}_1 + \boldsymbol{B}_2 t + \boldsymbol{B}_3 t^2 + \boldsymbol{B}_4 t^3，\quad t \in [0, L_i] \tag{3.25}$$

对 $\boldsymbol{p}_i(t)$ 两次求导有

$$\boldsymbol{p}_i'(t) = \boldsymbol{B}_2 + 2\boldsymbol{B}_3 t + 3\boldsymbol{B}_4 t^2 \tag{3.26}$$

$$\boldsymbol{p}_i''(t) = 2\boldsymbol{B}_3 + 6\boldsymbol{B}_4 t \tag{3.27}$$

下面，根据已知条件确定各待定系数 $\boldsymbol{B}_1, \boldsymbol{B}_2, \boldsymbol{B}_3, \boldsymbol{B}_4$。当 t 等于 0 时，第 i 段子曲线对应于端点 $\boldsymbol{P}_i$，故

$$\boldsymbol{p}_i(0) = \boldsymbol{P}_i = \boldsymbol{B}_1 \tag{3.28}$$

当 t 等于 L_i 时，第 i 段子曲线对应于端点 $\boldsymbol{P}_{i+1}$，有

$$\boldsymbol{p}_i(L_i) = \boldsymbol{P}_{i+1} = \boldsymbol{B}_1 + \boldsymbol{B}_2 L_i + \boldsymbol{B}_3 L_i^2 + \boldsymbol{B}_4 L_i^3 \tag{3.29}$$

设第 i 段曲线在型值点 $\boldsymbol{P}_i$ 处的二阶导矢量为 $\boldsymbol{M}_i$，有

$$\boldsymbol{p}_i''(0) = \boldsymbol{M}_i = 2\boldsymbol{B}_3 \tag{3.30}$$

设第 i 段曲线在型值点 $\boldsymbol{P}_{i+1}$ 处的二阶导矢量为 $\boldsymbol{M}_{i+1}$，有

$$\boldsymbol{p}_i''(L_i) = \boldsymbol{M}_{i+1} = 2\boldsymbol{B}_3 + 6\boldsymbol{B}_4 L_i \tag{3.31}$$

联立上述四式可解得各系数矢量：

$$\boldsymbol{B}_1 = \boldsymbol{P}_i \tag{3.32}$$

$$\boldsymbol{B}_2 = \frac{1}{L_i}(\boldsymbol{P}_{i+1} - \boldsymbol{P}_i) - L_i\left(\frac{\boldsymbol{M}_i}{3} + \frac{\boldsymbol{M}_{i+1}}{6}\right) \tag{3.33}$$

$$\boldsymbol{B}_3 = \boldsymbol{M}_i / 2 \tag{3.34}$$

$$\boldsymbol{B}_4 = \frac{1}{6L_i}(\boldsymbol{M}_{i+1} - \boldsymbol{M}_i) \tag{3.35}$$

将 $\boldsymbol{B}_1, \boldsymbol{B}_2, \boldsymbol{B}_3, \boldsymbol{B}_4$ 代入式（3.25）得到第 i 段三次参数样条函数为

$$\boldsymbol{p}_i(t)=\boldsymbol{P}_i+\left[\frac{1}{L_i}(\boldsymbol{P}_{i+1}-\boldsymbol{P}_i)-L_i\left(\frac{\boldsymbol{M}_i}{3}+\frac{\boldsymbol{M}_{i+1}}{6}\right)\right]t+\frac{\boldsymbol{M}_i}{2}t^2+\frac{1}{6L_i}(\boldsymbol{M}_{i+1}-\boldsymbol{M}_i)t^3 \tag{3.36}$$

上式与式（3.8）十分类似，只是 L_i 代替了 h_i，t 代替了 x。

3.2.3 边界条件

利用函数 $\boldsymbol{p}(t)$ 的一阶导数连续来求解各型值点处的二阶导数矢量 $\boldsymbol{M}_i$，

$$\boldsymbol{p}'_{i-1}(L_{i-1})=\boldsymbol{p}'_i(0)$$

令 $\lambda_i=\dfrac{L_{i-1}}{L_{i-1}+L_i},\mu_i=\dfrac{L_i}{L_{i-1}+L_i}$，

$$\boldsymbol{D}_i=\frac{6}{L_{i-1}+L_i}\left(\frac{\boldsymbol{P}_{i+1}-\boldsymbol{P}_i}{L_i}-\frac{\boldsymbol{P}_i-\boldsymbol{P}_{i-1}}{L_{i-1}}\right) \tag{3.37}$$

则有

$$\lambda_i\boldsymbol{M}_{i-1}+2\boldsymbol{M}_i+\mu_i\boldsymbol{M}_{i+1}=\boldsymbol{D}_i \tag{3.38}$$

式中，$i=2,\cdots,n-1$，$\lambda_i+\mu_i=1$。

式（3.38）称为三次参数样条函数的“M连续性方程”，反映了力学上的“三弯矩关系”。式（3.31）共内有 n–2 个方程，不能唯一确定 n 个型值点处的 $\boldsymbol{M}_i$，需要使用三次参数样条曲线的边界条件添加两个方程。三次参数样条曲线常用的边界条件有夹持端、自由端和抛物端三种，类似于三次参数样条处理边界条件，见表 3.2。

表 3.2 三次参数样条边界约束条件

边界条件	μ_1，λ_n	$\boldsymbol{D}_1$，$\boldsymbol{D}_n$
夹持端	$\mu_1=1$，$\lambda_n=1$	$\boldsymbol{D}_1=\frac{6}{L_1}\left(\frac{\boldsymbol{P}_2-\boldsymbol{P}_1}{L_1}-\boldsymbol{P}'_1\right),\boldsymbol{D}_n=\frac{6}{L_{n-1}}\left(\boldsymbol{P}'_n-\frac{\boldsymbol{P}_n-\boldsymbol{P}_{n-1}}{L_{n-1}}\right)$
自由端	$\mu_1=0$，$\lambda_n=0$	$\boldsymbol{D}_1=2\boldsymbol{M}_1$，$\boldsymbol{D}_n=2\boldsymbol{M}_n$，其中 $\boldsymbol{M}_1=\boldsymbol{M}_n=0$
抛物端	$\mu_1=-2$，$\lambda_n=-2$	$\boldsymbol{D}_1=0$，$\boldsymbol{D}_n=0$

各型值点处的二阶导矢量 $\boldsymbol{M}_i$ 可以用三对角矩阵表示，使用追赶法可以求出唯一解。矩阵表示如下：

$$\begin{bmatrix} 2 & \mu_1 & & & & \\ \lambda_2 & 2 & \mu_2 & & & \\ & \lambda_3 & 2 & \mu_3 & & \\ & & \cdots & \ddots & \cdots & \\ & & & \lambda_{n-1} & 2 & \mu_{n-1} \\ & & & & \lambda_n & 2 \end{bmatrix}\cdot\begin{bmatrix}\boldsymbol{M}_1\\ \boldsymbol{M}_2\\ \boldsymbol{M}_3\\ \vdots\\ \boldsymbol{M}_{n-1}\\ \boldsymbol{M}_n\end{bmatrix}=\begin{bmatrix}\boldsymbol{D}_1\\ \boldsymbol{D}_2\\ \boldsymbol{D}_3\\ \vdots\\ \boldsymbol{D}_{n-1}\\ \boldsymbol{D}_n\end{bmatrix} \tag{3.39}$$

把三次参数样条曲线的 x, y, z 都视为 t 的三次样条函数，即可求解三个三次样条方程，从而解决三次参数样条曲线的绘制问题。另外，在给出夹持端边界条件时，其切矢量 $\boldsymbol{p}'$ 的关系为

$$\boldsymbol{p}'=[\mathrm{d}x/\mathrm{d}L\quad \mathrm{d}y/\mathrm{d}L\quad \mathrm{d}z/\mathrm{d}L]^{\mathrm{T}}=[\cos\alpha\quad \cos\beta\quad \cos\gamma]^{\mathrm{T}} \tag{3.40}$$

3.2.4 算法

（1）读入 n 个型值点坐标。

（2）根据实际情况，确定三次参数样条曲线的边界条件。

（3）计算曲线的系数，将其表达为型值点二阶导数的函数。

（4）用追赶法分别沿 x 方向与 y 方向求解三弯矩方程。

（5）将求解出的系数代入三次参数样条函数的 x 分量与 y 分量表达式中，构造三次参数样条曲线。

（6）循环访问每个节点。在每个子区间内，参数 t 按照弦长计算增量，根据每组(x, y)坐标，绘制三次参数样条曲线。

三次参数样条曲线

例 3.2 给定 7 个型值点 $P_1(-400, -150)$, $P_2(-100, 0)$, $P_3(-300, 100)$, $P_4(0, 200)$, $P_5(300, 100)$, $P_6(100, 0)$和 $P_7(400, -150)$。假设边界条件为夹持端，$y_1'=1$，$y_n'=1$。试绘制通过这组型值点的三次参数样条曲线，效果如图 3.5 所示。

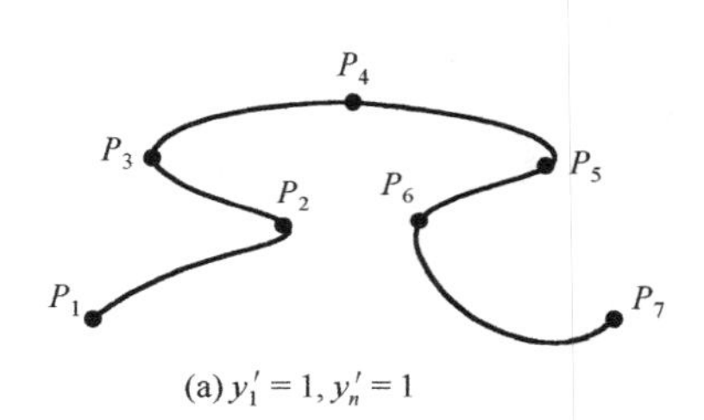

(a) $y_1'=1, y_n'=1$

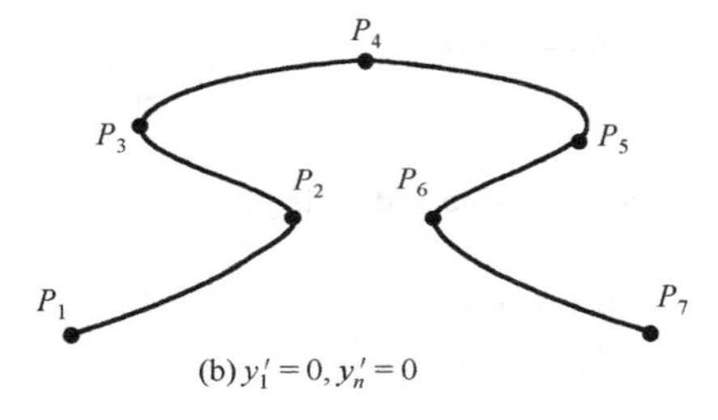

(b) $y_1'=0, y_n'=0$

图 3.5 例 3.2 效果图

（1）读入型值点数据

定义 ReadPoint 函数读入型值点，数组元素赋值从 P[1]到 P[7]。

```
void CTestView::ReadPoint(void)
{
    P[1].x = -400,    P[1].y = -150;
    P[2].x = -100,    P[2].y = 0;
    P[3].x = -300,    P[3].y = 100;
    P[4].x = 0,       P[4].y = 200;
    P[5].x = 300,     P[5].y = 100;
    P[6].x = 100,     P[6].y = 0;
    P[7].x = 400,     P[7].y = -150;
}
```

（2）定义二维点类

为了避免按照 x 方向与 y 方向进行重复运算，重载运算符以实现 CP2 类对象之间的数学运算。

```
class CP2
{
public:
    CP2(void);
    virtual ~CP2(void);
```

```
        CP2(double x, double y);
        friend CP2 operator +(const CP2 &p0, const CP2 &p1);           //运算符重载
        friend CP2 operator –(const CP2 &p0, const CP2 &p1);
        friend CP2 operator –(double scalar, const CP2 &p);
        friend CP2 operator –(const CP2 &p, double scalar);
        friend CP2 operator *(const CP2 &p, double scalar);
        friend CP2 operator *(double scalar, const CP2 &p);
        friend CP2 operator /(const CP2 &p0, CP2 &p1);
        friend CP2 operator /(const CP2 &p, double scalar);
    public:
        double x;//直线段端点 x 坐标
        double y;//直线段端点 y 坐标
    };
    CP2::CP2(void)
    {
    }
    CP2::~CP2(void)
    {
    }
    CP2::CP2(double x, double y)
    {
        this->x = x;
        this->y = y;
    }
    CP2 operator +(const CP2 &p0, const CP2 &p1)                  //对象的和
    {
        CP2 result;
        result.x = p0.x + p1.x;
        result.y = p0.y + p1.y;
        return result;
    }
    CP2 operator -(const CP2 &p0, const CP2 &p1)                  //对象的差
    {
        CP2 result;
        result.x = p0.x – p1.x;
        result.y = p0.y – p1.y;
        return result;
    }
    CP2 operator -(double scalar, const CP2 &p)                   //常量和对象的差
    {
        CP2 result;
        result.x = scalar – p.x;
        result.y = scalar – p.y;
        return result;
    }
    CP2 operator –(const CP2 &p, double scalar)                   //对象和常量的差
    {
```

```
        CP2 result;
        result.x = p.x – scalar;
        result.y = p.y – scalar;
        return result;
    }
    CP2 operator *(const CP2 &p, double scalar)                    //对象和常量的积
    {
        return CP2(p.x * scalar, p.y * scalar);
    }
    CP2 operator *(double scalar, const CP2 &p)                    //常量和对象的积
    {
        return CP2(p.x * scalar, p.y * scalar);
    }
    CP2 operator /(const CP2 &p0, CP2 &p1)                         //对象的商
    {
        if(fabs(p1.x)<1e–6)
            p1.x = 1.0;
        if(fabs(p1.y)<1e–6)
            p1.y = 1.0;
        CP2 result;
        result.x = p0.x / p1.x;
        result.y = p0.y / p1.y;
        return result;
    }
    CP2 operator /(const CP2 &p, double scalar)                    //对象数除
    {
        if(fabs(scalar)<1e–6)
            scalar = 1.0;
        CP2 result;
        result.x = p.x / scalar;
        result.y = p.y / scalar;
        return result;
    }
```

（3）绘制三次参数样条曲线

定义 DrawCubicParameterSpline 函数，绘制三次参数样条曲线。

```
    void CTestView::DrawCubicParameterSpline(CDC* pDC)
    {
        int n = 7;
        const int dim = 8;                                 //二维数组维数
        double b1 = 1, bn = 1;                             //起点和终点的一阶导数
        double L[dim];                                     //参数样条曲线的弦长
        double lambda[dim], mu[dim];                       //λ 和 μ
        double l[dim], m[dim], u[dim];                     //追赶法参数
        CP2 c1, cn;                                        //起点和终点的方向余弦
        CP2  D[dim];                                       //D 数组
        CP2 M[dim], K[dim];                                //追赶法过渡数组
        CP2 B1[dim], B2[dim], B3[dim], B4[dim];            //函数的系数
```

```
CP2 delt[dim];                                      //x 和 y 的增量
for(int i=1; i<n;i++)                               //计算弦长
{
    delt[i]=P[i+1]–P[i];
    L[i]=sqrt(delt[i].x*delt[i].x+delt[i].y*delt[i].y);
}
//边界条件的投影
c1.x = b1*cos(delt[1].x/L[1]);                      //起点
c1.y = b1*cos(delt[1].y/L[1]);
cn.x = bn*cos(delt[n–1].x/L[n–1]);                  //终点
cn.y = bn*cos(delt[n–1].y/L[n–1]);
for(int i = 2; i < n; i++)
{
    lambda[i] = L[i–1]/(L[i–1]+L[i]);               //计算 λ
    mu[i]=L[i]/(L[i–1]+L[i]);                       //计算 μ
    D[i]=6/(L[i–1]+L[i])*((P[i+1]–P[i])/L[i]–(P[i]–P[i–1])/L[i–1]);    //计算 D
}
D[1]=6*((P[2]–P[1])/L[1]–b1)/L[1];                  //夹持端的 D[1]
D[n]=6*(bn–(P[n]–P[n–1])/L[n–1])/L[n–1];            //夹持端的 D[n]
mu[1]=1;                                            //夹持端的 μ[1],
lambda[n]=1;                                        //夹持端的 λ[n]
//追赶法求解三弯矩方程
l[1]=2;
u[1]=mu[1]/l[1];
for(int i=2; i <= n; i++)
{
    m[i]=lambda[i];
    l[i]=2–m[i]*u[i–1];
    u[i]=mu[i]/l[i];
}
K[1] = D[1]/l[1];                                   //解 LK=D
for(int i = 2; i <= n;i++)
{
    K[i]=(D[i]–m[i]*K[i–1])/l[i];
}
M[n] = K[n];                                        //解 UM=K
for(int i = n–1; i >= 1;i—)
{
    M[i]=K[i]–u[i]*M[i+1];
}
//计算三次样条函数的系数
for(int i = 1; i < n; i++)
{
    B1[i]=P[i];
    B2[i]=(P[i+1]–P[i])/L[i]–L[i]*(M[i]/3+M[i+1]/6);
    B3[i]=M[i]/2;
```

```
            B4[i]=(M[i+1]-M[i])/(6*L[i]);
        }
        pDC->MoveTo(ROUND(P[1].x), ROUND(P[1].y));
        double tStep = 0.5;                                    //步长
        CP2 p;
        for(int i = 1; i < n; i++)                             //循环访问每个节点
        {
            for(double t=0; t <= L[i]; t += tStep)
            {
                p =B1[i]+B2[i]*t+B3[i]*t*t+B4[i]*t*t*t;
                pDC->LineTo(ROUND(p.x), ROUND(p.y));           //绘制参数样条曲线
            }
        }
    }
```

3.3　Hermite 插值曲线

3.3.1　Hermite 基矩阵

Hermite 样条的每个曲线段仅依赖于端点的约束，可以局部调整。它是分段三次多项式，由两个端点的坐标和切线来定义。假定型值点 P_i 和 P_{i+1} 之间的曲线段为 $\boldsymbol{p}(t)$，$t\in[0, 1]$，Hermite 样条的边界条件表示为

$$\begin{cases} p(0)=P_i \\ p(1)=P_{i+1} \\ p'(0)=R_i \\ p'(1)=R_{i+1} \end{cases} \tag{3.41}$$

式中，P_i 和 M_i 是型值点 P_i 处的函数值和导数值；P_{i+1} 和 R_{i+1} 是型值点 P_{i+1} 处的函数值和导数值，如图 3.6 所示。

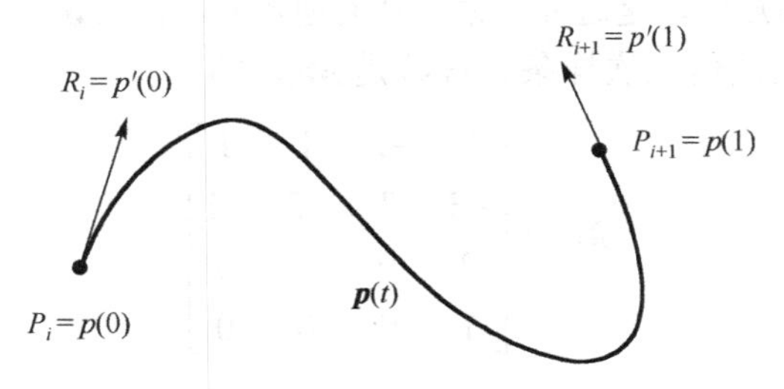

图 3.6　Hermite 边界约束条件

假定 Hermite 样条曲线的方程写成矩阵形式为

$$\boldsymbol{p}(t)=\begin{bmatrix} t^3 & t^2 & t & 1 \end{bmatrix}\cdot\begin{bmatrix} a \\ b \\ c \\ d \end{bmatrix} \tag{3.42}$$

将边界条件 $p(0)=y_i$ 和 $p(1)=y_{i+1}$ 代入式（3.42）得

$$y_i = d，\ y_{i+1} = a+b+c+d$$

式（3.42）的一阶导数为

$$\boldsymbol{p}'(t)=[3t^2 \quad 2t \quad 1 \quad 0]\cdot\begin{bmatrix} a \\ b \\ c \\ d \end{bmatrix} \tag{3.43}$$

将边界条件 $p'(0)=R_i$ 和 $p'(1)=R_{i+1}$ 代入式（3.43）得

$$R_i = c，\ R_{i+1} = 3a+2b+c$$

Hermite 边界条件的矩阵表示为

$$\begin{bmatrix} P_i \\ P_{i+1} \\ R_i \\ R_{i+1} \end{bmatrix}=\begin{bmatrix} 0 & 0 & 0 & 1 \\ 1 & 1 & 1 & 1 \\ 0 & 0 & 1 & 0 \\ 3 & 2 & 1 & 0 \end{bmatrix}\begin{bmatrix} a \\ b \\ c \\ d \end{bmatrix} \tag{3.44}$$

该方程对多项式系数求解，有

$$\begin{aligned}\begin{bmatrix} a \\ b \\ c \\ d \end{bmatrix}&=\begin{bmatrix} 0 & 0 & 0 & 1 \\ 1 & 1 & 1 & 1 \\ 0 & 0 & 1 & 0 \\ 3 & 2 & 1 & 0 \end{bmatrix}^{-1}\begin{bmatrix} P_i \\ P_{i+1} \\ R_i \\ R_{i+1} \end{bmatrix} \\ &=\begin{bmatrix} 2 & -2 & 1 & 1 \\ -3 & 3 & -2 & -1 \\ 0 & 0 & 1 & 0 \\ 1 & 0 & 0 & 0 \end{bmatrix}\begin{bmatrix} P_i \\ P_{i+1} \\ R_i \\ R_{i+1} \end{bmatrix}=\boldsymbol{M}_{\mathrm{h}}\begin{bmatrix} P_i \\ P_{i+1} \\ R_i \\ R_{i+1} \end{bmatrix}\end{aligned} \tag{3.45}$$

式中，$\boldsymbol{M}_{\mathrm{h}}$ 称为 Hermite 基矩阵，是边界约束矩阵的逆矩阵。需要说明的是，Ferguson 于 1963 年用于飞机设计的均匀参数插值三次样条方程就是 $\boldsymbol{M}_{\mathrm{h}}$，即

$$\boldsymbol{M}_{\mathrm{h}}=\begin{bmatrix} 2 & -2 & 1 & 1 \\ -3 & 3 & -2 & -1 \\ 0 & 0 & 1 & 0 \\ 1 & 0 & 0 & 0 \end{bmatrix} \tag{3.46}$$

式（3.42）可以表示为

$$\boldsymbol{p}(t)=\begin{bmatrix} t^3 & t^2 & t & 1 \end{bmatrix}\cdot\boldsymbol{M}_{\mathrm{h}}\begin{bmatrix} P_i \\ P_{i+1} \\ R_i \\ R_{i+1} \end{bmatrix} \tag{3.47}$$

即

$$
\boldsymbol{p}(t)=\begin{bmatrix} t^3 & t^2 & t & 1 \end{bmatrix}\begin{bmatrix} 2 & -2 & 1 & 1 \\ -3 & 3 & -2 & -1 \\ 0 & 0 & 1 & 0 \\ 1 & 0 & 0 & 0 \end{bmatrix}\begin{bmatrix} P_i \\ P_{i+1} \\ R_i \\ R_{i+1} \end{bmatrix} \tag{3.48}
$$

将上式展开写成代数形式为

$$
\begin{aligned} p(t) &= P_i(2t^3-3t^2+1)+P_{i+1}(-2t^3+3t^2)+R_i(t^3-2t^2+t)+R_{i+1}(t^3-t^2) \\ &= P_iH_0(t)+P_{i+1}H_1(t)+R_iH_2(t)+R_{i+1}H_3(t) \end{aligned} \tag{3.49}
$$

式中，

$$
\begin{aligned} &H_0(t)=2t^3-3t^2+1, \quad H_1(t)=-2t^3+3t^2 \\ &H_2(t)=t^3-2t^2+t, \quad H_3(t)=t^3-t^2 \end{aligned} \tag{3.50}
$$

称为 Hermite 样条基函数，它们调和了边界约束值，在整个参数范围内产生曲线的坐标值。基函数仅与参数 t 有关，而与初始条件无关。$t=0$ 时，$H_0(0)=1$，$H_1(0)=0$，$H_2(0)=0$，$H_3(0)=0$；$t=1$ 时，$H_1(1)=1$，$H_0(1)=0$，$H_2(1)=0$，$H_3(1)=1$，如图 3.7 所示。

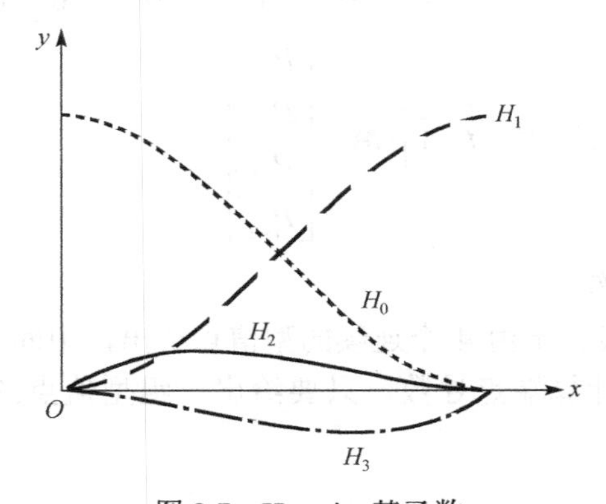

图 3.7　Hermite 基函数

3.3.2　Cardinal 曲线

Hermite 样条曲线比较简单，易于理解，但要求确定每个型值点处的一阶导数作为初始条件，这是很不方便的，有时甚至是难以实现的。更好的做法是不需要输入曲线导数值就能生成样条曲线，换句话说让程序根据点的坐标来自动计算导数。Cardinal 样条是 Hermite 样条的变形，仅由相邻型值点的坐标就可以计算出导数。

设相邻的 4 个型值点分别记为 $P_{i-1}, P_i, P_{i+1}, P_{i+2}$，如图 3.8 所示。Cardinal 样条插值方法规定 P_i, P_{i+1} 两型值点间插值多项式的边界条件为

$$
\begin{cases} p(0)=P_i \\ p(1)=P_{i+1} \\ p'(0)=\dfrac{1}{2}(1-u)(P_{i+1}-P_{i-1}) \\ p'(1)=\dfrac{1}{2}(1-u)(P_{i+2}-P_i) \end{cases} \tag{3.51}
$$

式中，u 为一可调参数，称为张力参数，可以控制 Cardinal 样条曲线型值点间的松紧程度，如图 3.9 所示。

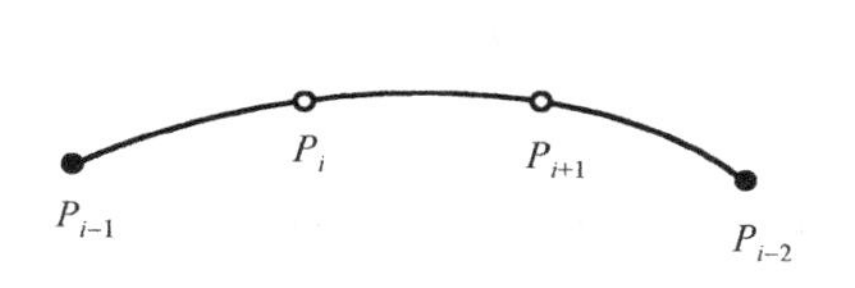

图 3.8 Cardinal 样条的边界约束条件

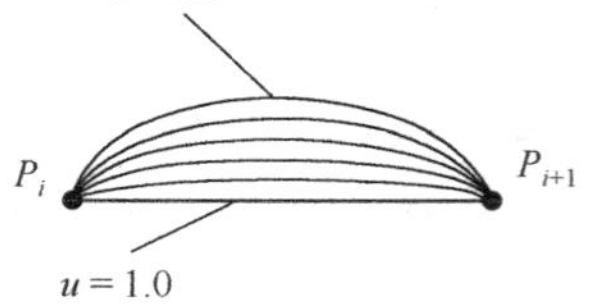

$u=0.0$

P_i P_{i+1}

$u=1.0$

图 3.9 张力参数对曲线的影响

记 $s=(1-u)/2$，用类似 Hermite 曲线样条中的方法，将 Cardinal 边界条件代入参数方程(3.42)，可得到矩阵表达式

$$\begin{aligned}\boldsymbol{p}(t)&=\begin{bmatrix}t^3 & t^2 & t & 1\end{bmatrix}\cdot\begin{bmatrix}-s & 2-s & s-2 & s\\ 2s & s-3 & 3-2s & -s\\ -s & 0 & s & 0\\ 0 & 1 & 0 & 0\end{bmatrix}\cdot\begin{bmatrix}P_{i-1}\\ P_i\\ P_{i+1}\\ P_{i+2}\end{bmatrix}\\ &=\begin{bmatrix}t^3 & t^2 & t & 1\end{bmatrix}\cdot\boldsymbol{M}_{\mathrm{c}}\cdot\begin{bmatrix}P_{i-1}\\ P_i\\ P_{i+1}\\ P_{i+2}\end{bmatrix}\end{aligned}\tag{3.52}$$

式中，$\boldsymbol{M}_{\mathrm{c}}$ 称为 Cardinal 矩阵。

一条 Cardinal 样条曲线完全由 4 个连续的型值点给出，中间两个型值点是曲线段端点，另外两个型值点用来辅助计算端点导数。只要给出一组型值点的坐标值，就可分段绘制出 Cardinal 样条曲线。

3.3.3 Cardinal 算法

（1）读入 n 个型值点坐标 P_i，$i=1,2,\cdots,n$。

（2）在两端各加入一个虚拟点 P_0 和 P_{n+1}。

（3）设置张力参数 u 值，计算 Cardinal 基矩阵 $\boldsymbol{M}_{\mathrm{c}}$。

（4）计算 $\boldsymbol{M}_{\mathrm{c}}$ 矩阵与边界条件矩阵的算法，每 4 个顶点构成一个条件矩阵。

（5）根据型值点的个数，计算每段曲线中插值参数 t 的值，使用直线段连接对应的点 $p(x(t), y(t))$绘制曲线。

例 3.3 给定 12 个型值点 $P_1(-450, -100)$, $P_2(-350, -250)$, $P_3(-250, 200)$, $P_4(-150, 100)$, $P_5(-50, 150)$, $P_6(40, 10)$, $P_7(100, -60)$, $P_8(150, 80)$, $P_9(200, 70)$, $P_{10}(230, -10)$, $P_{11}(300, -200)$和 $P_{12}(400, 150)$。增加两个虚拟点 $P_0(-500, 0)$, $P_{13}(520, 250)$。试绘制通过这组型值点的三次 Cardinal 样条曲线。效果如图 3.10 所示。

（1）读入型值点数据

定义 ReadPoint 函数读入型值点，数组元素赋值从 $P[0]$到 $P[13]$，其中 P_0 和 P_{13} 为虚拟顶点，在图 3.9 中用空心圆圈绘出。

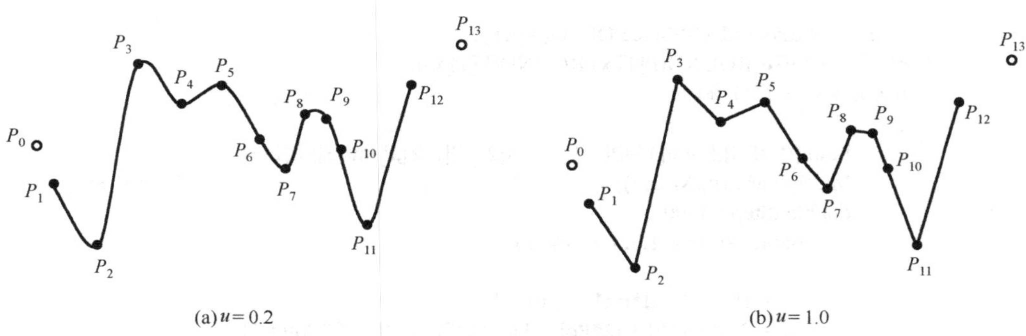

图 3.10　Cardinal 样条曲线

```
void CTestView::ReadPoint(void)
{
    P[0].x = -500,    P[0].y = 0;
    P[1].x = -450,    P[1].y = -100;
    P[2].x = -350,    P[2].y = -250;
    P[3].x = -250,    P[3].y = 200;
    P[4].x = -150,    P[4].y = 100;
    P[5].x =-50,      P[5].y = 150;
    P[6].x = 40,      P[6].y = 10;
    P[7].x = 100,     P[7].y = -60;
    P[8].x = 150,     P[8].y = 80;
    P[9].x = 200,     P[9].y = 70;
    P[10].x = 230,    P[10].y = -10;
    P[11].x = 300,    P[11].y = -200;
    P[12].x = 400,    P[12].y = 150;
    P[13].x = 520,    P[13].y = 250;
}
```

（2）矩阵相乘函数

定义 MultiplyMatrix 函数实现 4×4 的 $\boldsymbol{M}_c$ 矩阵与 1×4 的边界约束矩阵的乘法计算。

```
void CTestView::MultiplyMatrix(double M0[][4], CP2 P0[4], int n)
{
    for(int i=0;i<4;i++)
        Point[i] = M0[i][0]*P0[n] + M0[i][1]*P0[n+1] + M0[i][2]*P0[n+2] + M0[i][3]*P0[n+3];
}
```

（3）绘制 Cardinal 曲线

定义 DrawCardinalCurve 函数绘制 Cardinal 曲线。从 P_0 点开始，每 4 个顶点一组进行计算。

```
void CTestView::DrawCardinalCurve(CDC* pDC)
{
    double M[4][4];
    double u=0.2;
    double s=(1-u)/2;
    CP2 p;
    M[0][0]=-s ,M[0][1]=2-s,M[0][2]= s-2 ,M[0][3]= s;                  //Mc 矩阵
    M[1][0]=2*s,M[1][1]=s-3,M[1][2]=3-2*s,M[1][3]=-s;
    M[2][0]=-s ,M[2][1]= 0 ,M[2][2]= s,M[2][3]= 0;
    M[3][0]= 0 ,M[3][1]= 1 ,M[3][2]= 0,M[3][3]= 0;
    double t3,t2,t1,t0;
    CPen pen(PS_SOLID,2,RGB(0,0,0));
```

```
        CPen* pOldPen=pDC->SelectObject(&pen);
        pDC->MoveTo(ROUND(P[1].x),ROUND(P[1].y));
        for(int i=0; i<11; i++)
        {
            Point[0]=P[i],Point[1]=P[i+1],Point[2]=P[i+2],Point[3]=P[i+3];
            MultiplyMatrix(M, P, i);                                    //矩阵相乘
            double tStep = 0.001;
            for(double t=0.0; t<1.0; t += tStep)
            {
                t3 = t*t*t; t2 = t*t; t1 = t; t0 = 1;
                p = t3*Point[0] + t2*Point[1] + t1*Point[2] + t0*Point[3];
                pDC->LineTo(ROUND(p.x),ROUND(p.y));
            }
        }
        pDC->SelectObject(pOldPen);
}
```

3.4 本章小结

本章讲解了三次样条曲线、三次参数样条曲线、Hermite 样条曲线和 Cardinal 曲线。这些曲线属于插值曲线，曲线通过每个型值点光滑连接。三次样条曲线的约束条件是型值点的 x 坐标必须递增，不能保证几何不变性。以弦长为参数的三次参数样条曲线是一种常见的插值曲线，需要确定边界条件并使用追赶法求解。Hermite 样条曲线仅使用端点的坐标值与导数值就可以确定曲线。为了绕开端点导数值的计算，使用端点前后的两个点构造了 Cardinal 曲线。Cardinal 曲线由于灵活方便而被广泛使用，缺点是需要设置两个虚拟型值点。

3.5 习题

1．已知函数 $y = f(x)$ 的 3 个型值点为 $P_0(0, 1), P_1(2, 2), P_2(2, 2), P_3(3, 1)$，求端点条件为 $M_0 = 1$，$M_3 = 0$ 的三次样条曲线分段表达式。

2．已知 17 个型值点：$P_1(-360, 0)$，$P_2(315, 71)$，$P_3(-270, 100)$，$P_4(-225, 71)$，$P_5(-180, 0)$，$P_6(-135, 71)$，$P_7(-90, 100)$，$P_8(-45, 71)$，$P_9(0, 0)$，$P_{10}(45, -71)$，$P_{11}(90, -100)$，$P_{12}(135, -71)$，$P_{13}(180, 0)$，$P_{14}(225, 71)$，$P_{15}(270, 100)$，$P_{16}(315, 71)$，$P_{17}(360, 0)$，如图 3.11 所示。边界条件：自由端。使用 Visual C++编程，绘制通过给定型值点的三次参数样条曲线，以模拟正弦曲线。

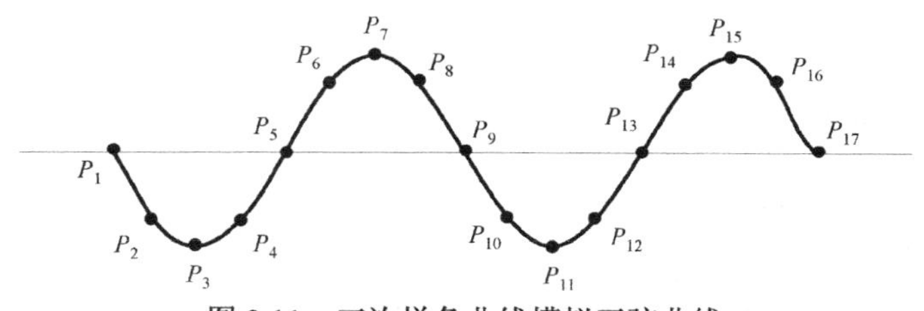

图 3.11　三次样条曲线模拟正弦曲线

3．已知 13 个型值点位于椭圆上，每隔 30° 计算一个型值点，如果使用直线段连接，效果如图 3.12(a)所示。假定边界条件为抛物端。使用 Visual C++编程绘制通过给定型值点的三次参数样条曲线，以模拟椭圆，如图 3.12(b)所示。

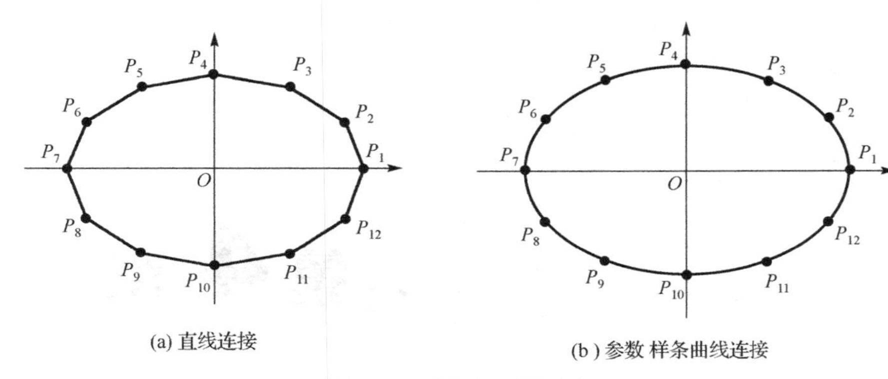

(a) 直线连接　　(b) 参数样条曲线连接

图 3.12　连接椭圆等分点

4．图 3.13(a)为青岛 2014 年 9 月 29 日的潮汐表，请用 Cardinal 曲线连接型值点，效果如图 3.13(b)所示。

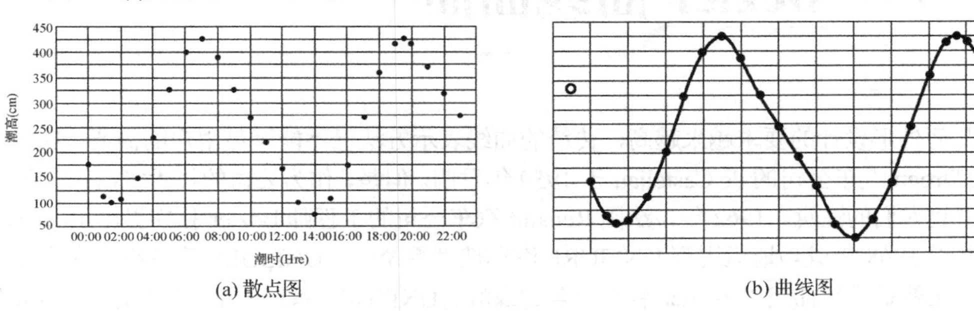

(a) 散点图　　(b) 曲线图

图 3.13　青岛某日潮汐表

5．如图 3.14 所示，给定 4 个型值点，按照步长 0.2 循环绘制不同张力参数 u 的 6 段 Cardinal 曲线。曲线的型值点在窗口客户区内用半径为 5 像素的小圆圈表示。要求使用鼠标交互移动 4 个控制点，观察 Cardinal 曲线的变化情况。

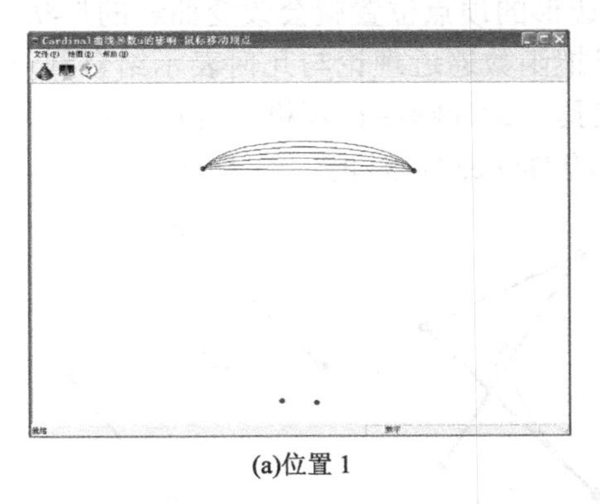

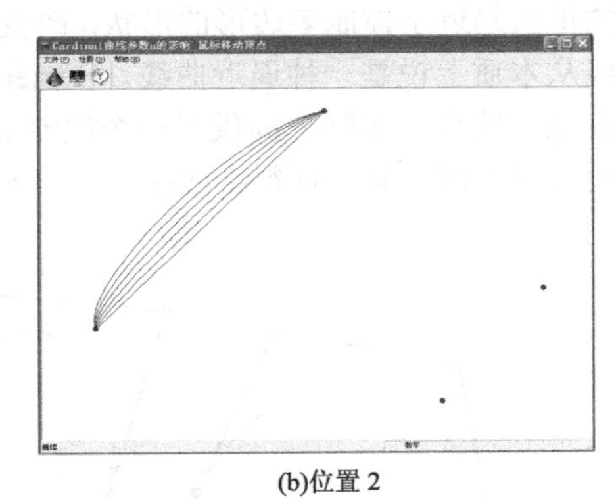

(a)位置 1　　(b)位置 2

图 3.14　调整型值点位置交互观察曲线形状

第4章

Bezier 曲线曲面

由于几何外形设计的要求越来越高，传统的曲线表示方法已不能满足用户的需要。Bezier 曲线由法国 Citroen 汽车公司的 de Casteljau 于 1959 年发明。但是，作为公司的技术机密，直到 1975 年之后才引起人们的注意。1962 年，法国 Renault 汽车公司的工程师 Bezier 独立提出了 Bezier 曲线曲面，并于 1968 年成功地运用到 UNISURF 汽车造型系统中。UNISURF 系统很快在出版物上公开发表，这就是这种曲线以 Bezier 名字命名的缘故。UNISURF 系统于 1975 年正式投入使用。截至 1999 年，大约 1500 名 Renault 公司的员工使用了 UNISURF 进行汽车的设计与生产。

Bezier 的想法从一开始就面向几何而非代数。Bezier 曲线由控制多边形唯一定义，Bezier 曲线只有第一个顶点和最后一个顶点落在控制多边形上，且多边形的第一条边和最后一条边表示了曲线在起点和终点的切矢量方向，其他顶点则用于定义曲线的导数、阶次和形状，曲线的形状趋近于控制多边形的形状，改变控制多边形的顶点位置就会改变曲线的形状。Bezier 曲线从本质上说是一种逼近曲线。Bezier 曲线已把函数逼近理论与几何表示结合到一种简单而直观的地步，实际上提供了一个绘制曲线的工具。设计师在计算机上使用这种工具，就像使用常规作图工具一样得心应手。一些不同形状的 Bezier 曲线如图 4.1 所示。

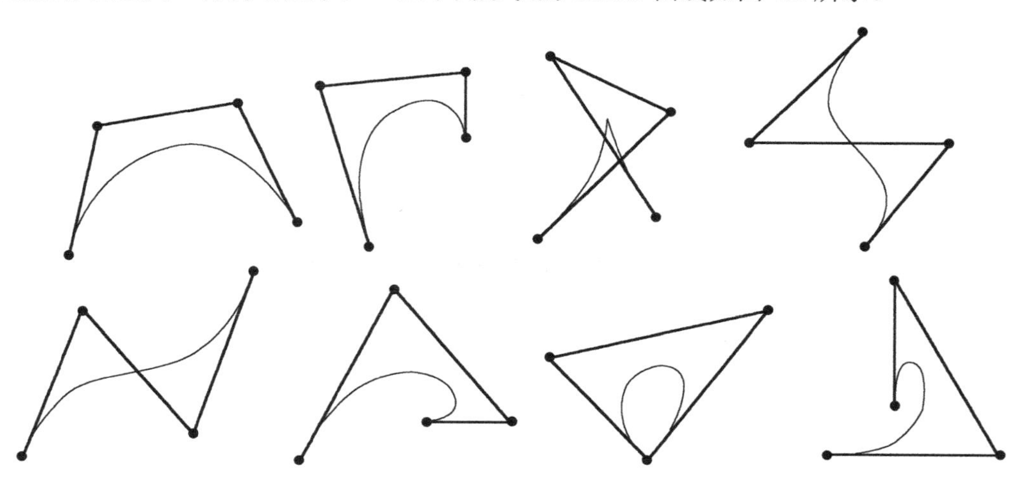

图 4.1　不同形状的 Bezier 曲线

4.1 Bezier 曲线的定义与性质

4.1.1 Bezier 曲线的定义

给定 $n+1$ 个控制点 $P_i, i=0,1,2,\cdots,n$，则 n 次 Bezier 曲线定义为

$$p(t)=\sum_{i=0}^{n} P_i B_{i,n}(t) \quad , \quad t\in[0,1] \tag{4.1}$$

式中，$B_{i,n}(t)$ 是 Bernstein 多项式（Bernstein Polynomial），称为 Bernstein 基函数（Bernstein Basis Function），其表达式为

$$B_{i,n}(t)=\frac{n!}{i!(n-i)!}t^i(1-t)^{n-i}=C_n^i t^i(1-t)^{n-i}, \quad i=0,1,2,\cdots,n \tag{4.2}$$

式中 $0^0=1$，$0!=1$。

从式（4.1）可以看出，Bezier 曲线是控制多边形的控制点关于 Bernstein 基函数的加权和。Bezier 曲线的次数为 n，需要 $n+1$ 个控制点来定义。实际应用中，二次 Bezier 曲线缺乏应有的灵活性，三次 Bezier 曲线在工程领域得到了广泛应用。高次 Bezier 曲线一般很少使用。

1．一次 Bezier 曲线（Linear Curve）

当 $n=1$ 时，Bezier 曲线有 2 个控制点 P_0 和 P_1，Bezier 曲线是一次多项式，

$$p(t)=\sum_{i=0}^{1} P_i B_{i,1}(t) = (1-t)P_0+tP_1, \quad t\in[0,1]$$

写成矩阵形式为

$$\boldsymbol{p}(t)=\begin{bmatrix} t & 1\end{bmatrix}\cdot\begin{bmatrix} -1 & 1 \\ 1 & 0\end{bmatrix}\cdot\begin{bmatrix} P_0 \\ P_1\end{bmatrix}, \quad t\in[0,1] \tag{4.3}$$

式中，Bernstein 基函数为 $B_{0,1}(t)=1-t$，$B_{1,1}(t)=t$。

可以看出，一次 Bezier 曲线是连接起点 P_0 和终点 P_1 的一段直线。

2．二次 Bezier 曲线（Quadratic Curve）

当 $n=2$ 时，Bezier 曲线有三个控制点 P_0, P_1 和 P_2，Bezier 曲线是二次多项式，

$$\begin{aligned} p(t)&=\sum_{i=0}^{2} P_i B_{i,2}(t) = (1-t)^2 P_0+2t(1-t)P_1+t^2P_2 \\ &=(t^2-2t+1)P_0+(-2t^2+2t)P_1+t^2\cdot P_2, \quad t\in[0,1] \end{aligned} \tag{4.4}$$

写成矩阵形式为

$$\boldsymbol{p}(t)=\begin{bmatrix} t^2 & t & 1\end{bmatrix}\cdot\begin{bmatrix} 1 & -2 & 1 \\ -2 & 2 & 0 \\ 1 & 0 & 0\end{bmatrix}\cdot\begin{bmatrix} P_0 \\ P_1 \\ P_2\end{bmatrix}, \quad t\in[0,1] \tag{4.5}$$

式中，Bernstein 基函数为 $B_{0,2}(t)=t^2-2t+1=(1-t)^2$，$B_{1,2}(t)=-2t^2+2t=2t(1-t)$，$B_{2,2}(t)=t^2$。

可以证明，二次 Bezier 曲线是一段起点在 P_0、终点在 P_2 的抛物线，如图 4.2 所示。

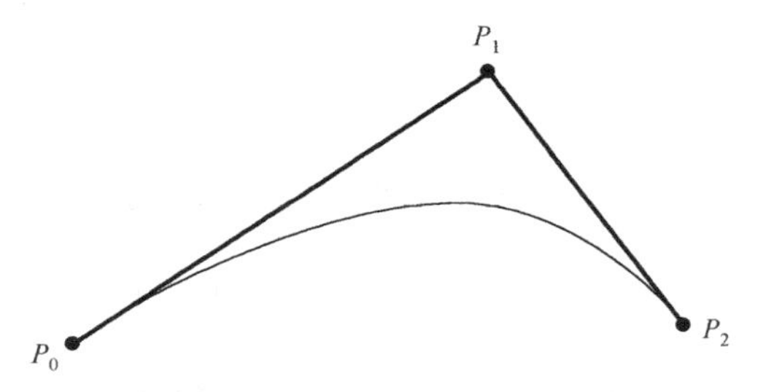

图 4.2　二次 Bezier 曲线

3. 三次 Bezier 曲线（Cubic Curve）

当 $n=3$ 时，Bezier 曲线有四个控制点 P_0, P_1, P_2 和 P_3，Bezier 曲线是三次多项式，

$$\begin{aligned}p(t)&=\sum_{i=0}^{3}P_iB_{i,3}(t)=(1-t)^3P_0+3t(1-t)^2P_1+3t^2(1-t)\,P_2+t^3P_3\\&=(-t^3+3t^2-3t+1)P_0+(3t^3-6t^2+3t)P_1+(-3t^3+3t^2)\,P_2+t^3P_3,\\&\quad t\in[0,1]\end{aligned}\tag{4.6}$$

写成矩阵形式为

$$\boldsymbol{p}(t)=\begin{bmatrix}t^3 & t^2 & t & 1\end{bmatrix}\cdot\begin{bmatrix}-1 & 3 & -3 & 1\\ 3 & -6 & 3 & 0\\ -3 & 3 & 0 & 0\\ 1 & 0 & 0 & 0\end{bmatrix}\cdot\begin{bmatrix}P_0\\ P_1\\ P_2\\ P_3\end{bmatrix}，\ t\in[0,1]\tag{4.7}$$

式中，Bernstein 基函数为 $B_{0,3}(t)=-t^3+3t^2-3t+1=(1-t)^3$，$B_{1,3}(t)=3t^3-6t^2+3t=3t(1-t)^2$，$B_{2,3}(t)=-3t^3+3t^2=3t^2(1-t)$，$B_{3,3}(t)=t^3$，如图 4.3 所示。这四段曲线都是三次多项式，在整个区间[0, 1]上都不为 0，说明不能使用控制多边形对曲线的形状进行局部调整，如果改变某一控制点位置，整段曲线都将受到影响。一般将函数值不为 0 的区间称为曲线的支撑区间。可以证明，三次 Bezier 曲线是自由曲线，如图 4.4 所示。

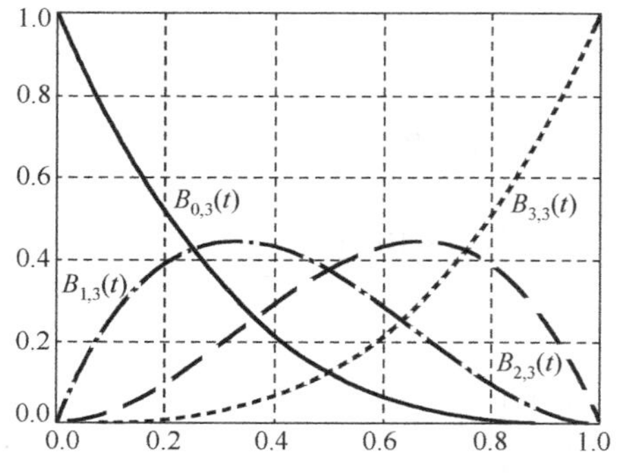

图 4.3　三次 Bezier 曲线的 4 个基函数曲线

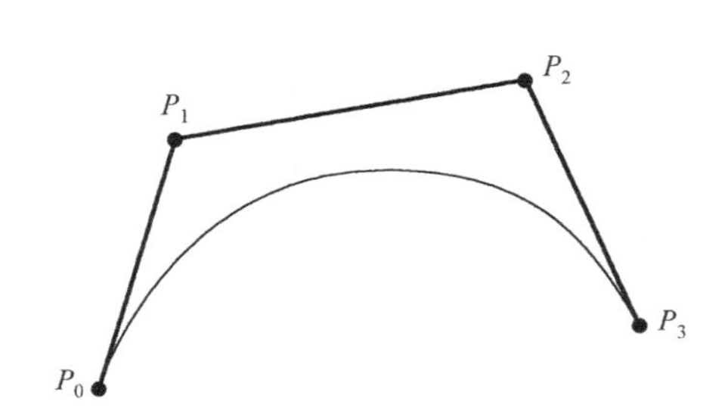

图 4.4　三次 Bezier 曲线

4.1.2 Bernstein基函数的性质

1. 非负性

$$B_{i,n}(t)>0，\ t\in[0,1]且\ i=0,1,2,\cdots,n) \tag{4.8}$$

2. 端点性质

$$B_{i,n}(0)=\begin{cases}1,i=0\\0,i\neq 0\end{cases},\quad B_{i,n}(1)=\begin{cases}1,i=n\\0,i\neq n\end{cases} \tag{4.9}$$

3. 权性

由二项式定理可以得到

$$\sum_{i=0}^{n}B_{i,n}(t)=\sum_{i=0}^{n}C_n^i t^i(1-t)^{n-i}=\left[t+(1-t)\right]^n\equiv 1 \tag{4.10}$$

4. 对称性

将$B_{n-i,n}(1-t)$展开并利用组合数的性质$C_n^i=C_n^{n-i}$有

$$\begin{aligned}B_{n-i,n}(1-t)&=C_n^{n-i}(1-t)^{n-i}(1-(1-t))^{n-(n-i)}\\&=C_n^i t^i(1-t)^{n-i}=B_{i,n}(t)\end{aligned} \tag{4.11}$$

5. 导函数

$$\begin{aligned}B'_{i,n}(t)&=\frac{n!}{i!(n-i)!}[it^{i-1}(1-t)^{n-i}-(n-i)t^i(1-t)^{n-i-1}]\\&=\frac{n(n-1)!}{(i-1)!((n-1)-(i-1))!}t^{i-1}(1-t)^{(n-1)-(i-1)}-\frac{n(n-1)!}{i!((n-1)-i)!}t^i(1-t)^{(n-1)-i}\\&=n(B_{i-1,n-1}(t)-B_{i,n-1}(t)),\quad i=0,1,2,\cdots,n\end{aligned} \tag{4.12}$$

4.1.3 Bezier曲线的性质

一段n次Bezier曲线被表示为$n+1$个控制点的加权和，权即是Bernstein基函数，因此Bernstein基函数的性质决定了Bezier曲线的性质。

1. 端点性质

在闭区间[0, 1]内，由Bernstein基函数的端点性质可以推得，当$t=0$时，$p(0)=P_0$；当$t=1$时，$p(1)=P_n$。说明Bezier曲线的起点和终点分别位于控制多边形的起点P_0和终点P_n上。

2. 一阶导数

由式（4.12）有

$$\begin{aligned}p'(t)=n\sum_{i=0}^{n}P_i(B_{i-1,n-1}(t)-B_{i,n-1}(t))&=n(P_0B_{-1,n-1}(t)-P_0B_{0,n-1}(t)+\\&P_1B_{0,n-1}(t)-P_1B_{1,n-1}(t)+\cdots+P_nB_{n-1,n-1}(t)-P_nB_{n,n-1}(t))\end{aligned}$$

由于$B_{-1,n-1}(t)$和$B_{n,n-1}(t)$没有定义，所以取值为0，有

$$p'(t) = n(-P_0 B_{0,n-1}(t) + P_1 B_{0,n-1}(t) - P_1 B_{1,n-1}(t) + \cdots + P_n B_{n-1,n-1}(t))$$
$$= n\sum_{i=1}^{n-1}(P_i - P_{i-1})B_{i-1,n-1}(t)$$

由 Bernstein 基函数的端点性质知道：在起点处，$t=0$ 时，只有 $B_{0,n-1}(0)=1$；在终点处，$t=1$ 时，只有 $B_{n-1,n-1}(1)=1$，其余的 Bernstein 基函数都为 0。从而有

$$p'(0) = n(P_1 - P_0) \ , \quad p'(1) = n(P_n - P_{n-1}) \tag{4.13}$$

这说明，Bezier 曲线的起点和终点的切线方向位于控制多边形的起始边和终止边的切线方向上，三次 Bezier 曲线的一阶导数如图 4.5 所示。

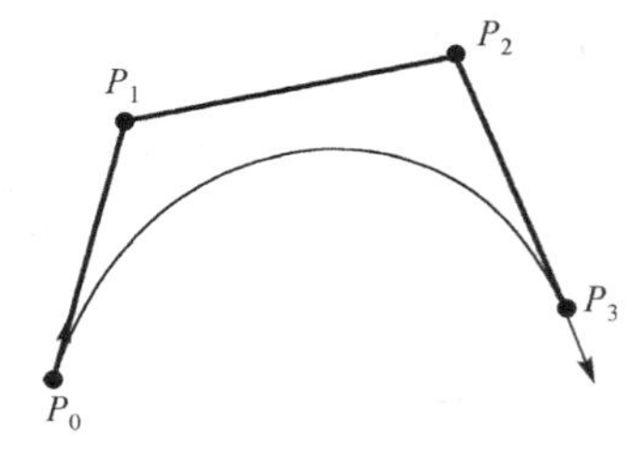

图 4.5　一阶导数

3．二阶导数

类似地，可以计算出 Bezier 曲线在控制点的二阶导数：

$$p''(t) = n(n-1)\sum_{i=2}^{n}(P_i - 2P_{i-1} + P_{i-2})B_{i-2,n-2}(t)$$

当 $t=0$ 时，

$$p''(0) = n(n-1)(P_2 - 2P_1 + P_0) = n(n-1)((P_2 - P_1) - (P_1 - P_0))$$

当 $t=1$ 时，

$$p''(1) = n(n-1)(P_n - 2P_{n-1} + P_{n-2})$$
$$= n(n-1)((P_n - P_{n-1}) - (P_{n-1} - P_{n-2}))$$

这说明，Bezier 曲线在起点和终点的二阶导数分别取决于最开始的 3 个控制点和最后的 3 个控制点。事实上，r 阶导数只与 $r+1$ 个相邻控制点有关，与其余控制点无关。

4．对称性

由控制点 $P_i^* = P_{n-i}, i = 0,1,2,\cdots,n$ 构造出的新 Bezier 曲线与原 Bezier 曲线形状相同，但走向相反：

$$p^*(t) = \sum_{i=0}^{n} P_i^* B_{i,n}(t) = \sum_{i=0}^{n} P_{n-i} B_{i,n}(t) = \sum_{i=0}^{n} P_{n-i} B_{n-i,n}(1-t)$$
$$= \sum_{i=0}^{n} P_i B_{i,n}(1-t) = p(1-t), \quad t \in [0,1] \tag{4.14}$$

这个性质说明 Bezier 曲线在控制多边形的起点和终点具有相同的性质，如图 4.6 所示。

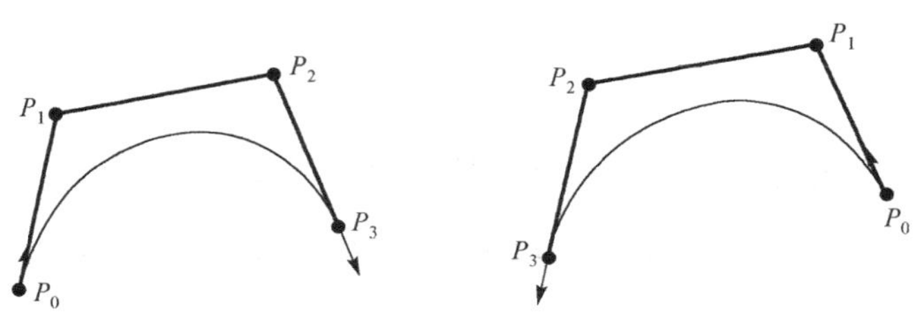

图 4.6　Bezier 曲线的对称性

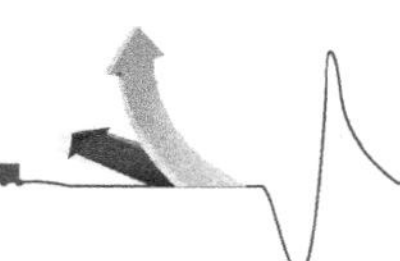

5．凸包性质

由 Bernstein 基函数的正性和权性可知，在闭区间[0, 1]内，$B_{i,n}(t) \geqslant 0$，而且$\sum_{i=0}^{n} B_{i,n}(t) \equiv 1$。这说明 Bezier 曲线位于控制多边形构成的凸包之内，而且永远不会超出凸包的范围，如图 4.7 所示。

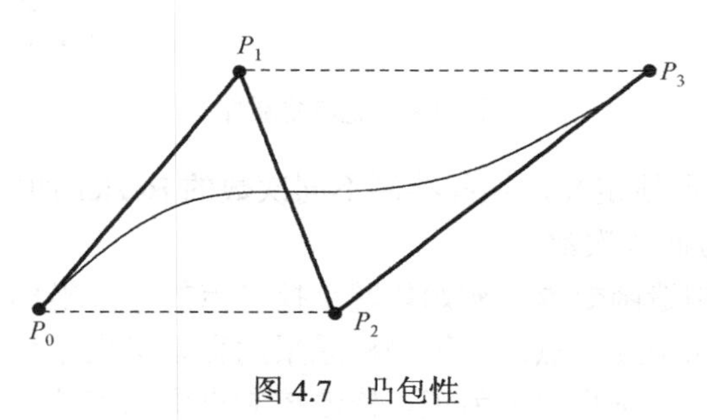

图 4.7　凸包性

6．几何不变性

Bezier 曲线的位置和形状与控制多边形的顶点 $P_i, i = 0,1, 2,\cdots, n$ 位置有关，而不依赖于坐标系的选择。

7．仿射不变性

对 Bezier 曲线所做的任意仿射变换（包括平移、比例、旋转、反射、错切等变换），相当于先对控制点做变换，再根据变换后的控制点绘制 Bezier 曲线。对于仿射变换 A，有

$$A[p(t)] = \sum_{i=0}^{n} A[P_i]B_{i,n}(t) \tag{4.15}$$

假设对 Bezier 曲线做平移、比例、旋转等仿射变换，有两种实现方案：方案一是先对曲线进行细分（如取参数 t 的步长为$\Delta t = 0.1$，可以实现均匀细分：$t = 0.0, 0.1, 0.2,\cdots,1.0$），然后对细分点进行仿射变换；方案二是先对曲线的控制点进行仿射变换，然后再对变换后的控制点所定义的曲线进行细分。两者的结果相同，但考虑到较少的控制点数量，推荐使用后者。

8．变差缩减性

如果控制多边形是一个平面图形，则平面内的任意直线与 Bezier 曲线的交点个数不多于该直线与控制多边形的交点个数，这称为变差缩减性，如图 4.8 所示。这个性质意味着如果控制多边形没有摆动，那么曲线也不会摆动，也就是说 Bezier 曲线比控制多边形的折线更加光滑。

根据以上性质知道，Bezier 曲线是逼近曲线，在控制多边形的第一个顶点和最后一个顶点处进行插值，其形状直接受其余控制点的影响。

（1）曲线过控制多边形的起点和终点。

（2）曲线起点处的一阶导数通过第一个控制点和第二个控制点之间的矢量来定义；曲线终点处的一阶导数通过最后一个控制点和倒数第二个控制点之间的矢量来定义。

（3）曲线在起点的二阶导数依赖于开始的 3 个控制点；曲线在终点的二阶导数依赖于最后的 3 个控制点。

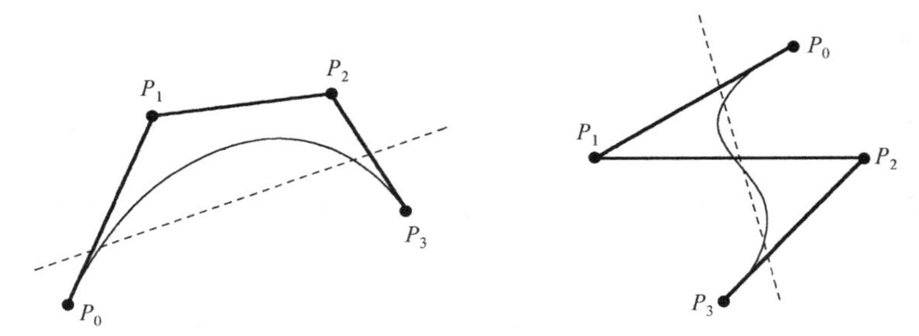

图 4.8　变差缩减性

例 4.1　基于 Bezier 曲线定义，编程绘制不同次数的 Bezier 曲线。

（1）初始化控制点与曲线次数

在 CTestView 类的构造函数内，初始化四个控制点的二维坐标和曲线次数，本例中假设曲线次数为 3 次，需要四个控制点。二维坐标系采用自定义坐标系，原点位于窗口客户区中心，x 轴水平向右为正，y 轴垂直向上为正。修改控制点坐标和控制点数，可以绘制其他次数的 Bezier 曲线。

Bezier 曲线定义算法

```
CTestView::CTestView()
{
    // TODO: add construction code here
    n=3;                                              //曲线次数
    P[0].x = -400,P[0].y = -200;                      //控制点 P0
    P[1].x = -200,P[1].y = 100;                       //控制点 P1
    P[2].x = 200, P[2].y = 200;                       //控制点 P2
    P[3].x = 300, P[3].y = -200;                      //控制点 P3
}
```

（2）绘制 Bezier 曲线函数

在 CTestView 类内添加成员函数 DrawBezier，绘制 Bezier 曲线。

```
void CTestView::DrawBezier(CDC* pDC)
{
    pDC->MoveTo(ROUND(P[0].x), ROUND(P[0].y));
    double tStep=0.01;                                    //参数步长
    for (double t=0.0; t<=1.0; t+=tStep)
    {
        double x=0.0, y=0.0;                              //曲线上的当前点
        for(int i = 0;i < n+1;i++)
        {
            x+=P[i].x*Cni(n,i)*pow(t,i)*pow(1-t,n-i);     //x 方向
            y+=P[i].y*Cni(n,i)*pow(t,i)*pow(1-t,n-i);     //y 方向
        }
        pDC->LineTo(ROUND(x), ROUND(y));
    }
}
```

（3）计算 Bernstein 基函数的组合数 C_n^i

添加成员函数 Cni，计算组合数 C_n^i。

```
double CTestView::Cni(const int &n, const int &i)
{
    return double(Factorial(n))/(Factorial(i)*Factorial(n-i));
}
```

（4）计算阶乘函数

添加成员函数 Factorial ，计算阶乘。

```
int CTestView:: Factorial (int n)
{
    int factorial;
    if(n==0 || n==1)
        factorial=1;
    else
        factorial=n*Factorial (n-1);
    return factorial;
}
```

（5）绘制控制多边形

添加成员函数 DrawControlPolygon，绘制控制多边形。

```
void CTestView::DrawControlPolygon(CDC* pDC)
{
    for(int i=0;i<n+1;i++)
    {
        if(0==i)
        {
            pDC->MoveTo(ROUND(P[i].x),ROUND(P[i].y));
            pDC->Ellipse(ROUND(P[i].x)-5,ROUND(P[i].y)-5,
                ROUND(P[i].x)+5, ROUND(P[i].y)+5);              //控制点为空心圆
        }
        else
        {
            pDC->LineTo(ROUND(P[i].x),ROUND(P[i].y));
            pDC->Ellipse(ROUND(P[i].x)-5, ROUND(P[i].y)-5,
                ROUND(P[i].x)+5, ROUND(P[i].y)+5);              //控制点为空心圆
        }
    }
}
```

本例使用 Bezier 曲线方程绘制了任意阶次的 Bezier 曲线，需要计算每个控制点与相应 Bernstein 基函数积的累加和，而 Bernstein 基函数的计算又需要调用阶乘函数。Bezier 曲线方程是关于 t 的参数方程，曲线上点的 x 和 y 坐标需要表示成 t 的函数。使用直线连接曲线上的各分割点形成曲线。程序中，ROUND 为浮点数四舍五入为整数的带参数的宏定义，pow 为 math.h 库中的幂函数。

4.2　Bezier 曲线的几何作图法

使用式（4.1）可以直接编程绘制 n 次 Bezier 曲线，但使用 de Casteljau 提出的递推算法则简单得多，而且几何意义十分明显，可以直接进行几何作图。

4.2.1 de Casteljau 递推公式

给定空间 $n+1$ 个控制点 $P_i, i=0, 1, 2,\cdots, n$ 及参数 t，de Casteljau 递推算法表述为

$$P_i^r(t)=\begin{cases}P_i & r=0\\ P_i^r(t)=(1-t)P_i^{r-1}(t)+tP_{i+1}^{r-1}(t), & r=1,2,\cdots,n;i=0,1,\cdots,n-r\end{cases} \tag{4.16}$$

式中 $P_i^0=P_i$，$P_i^r(t)$ 是 Bezier 曲线上参数为 t 的点。这里 r 不是幂，而是递推次数。每进行一级递推，控制点就少一个。

当 $n=3$ 时，有

$$\begin{cases}r=1,i=0,1,2\\ r=2,i=0,1\\ r=3,i=0\end{cases}$$

三次 Bezier 曲线递推如下：

$$\begin{cases}P_0^1(t)=(1-t)P_0^0(t)+tP_1^0(t)\\ P_1^1(t)=(1-t)P_1^0(t)+tP_2^0(t)\\ P_2^1(t)=(1-t)P_2^0(t)+tP_3^0(t)\end{cases} \tag{4.17}$$

$$\begin{cases}P_0^2(t)=(1-t)P_0^1(t)+tP_1^1(t)\\ P_1^2(t)=(1-t)P_1^1(t)+tP_2^1(t)\end{cases} \tag{4.18}$$

$$P_0^3(t)=(1-t)P_0^2(t)+tP_1^2(t) \tag{4.19}$$

de Casteljau 已经证明，当 $r=n$ 时，P_0^n 表示 Bezier 曲线上的点。根据式（4.19）可以绘制 3 次 Bezier 曲线。可以看出，由 4 个控制点定义的三次 Bezier 曲线，可被定义为由前后 3 个控制点决定的两段二次 Bezier 曲线（抛物线）的线性组合，而一段二次 Bezier 曲线又是两段一次 Bezier 曲线（直线）的线性组合，如图 4.9 所示。

4.2.2 de Casteljau 几何作图法

de Casteljau 递推算法的基础是在线段 P_0P_1 上选择一个点 $P(t)$，使得 $P(t)$点划分 P_0P_1 为 t:(1−t)两段。给定点 P_0, P_1 的坐标及 t 的值，点 $P(t)$的坐标为

$$P(t)=(1-t)P_0+tP_1,\quad t\in[0,1] \tag{4.20}$$

$P(t)$可视为两个顶点 P_0 和 P_1 的线性插值结果。顶点的权值正比于反向一侧的直线段长度值。也就是说，P_0 和 P_1 的权值分别为 $1-t$ 和 t，如图 4.10 所示。

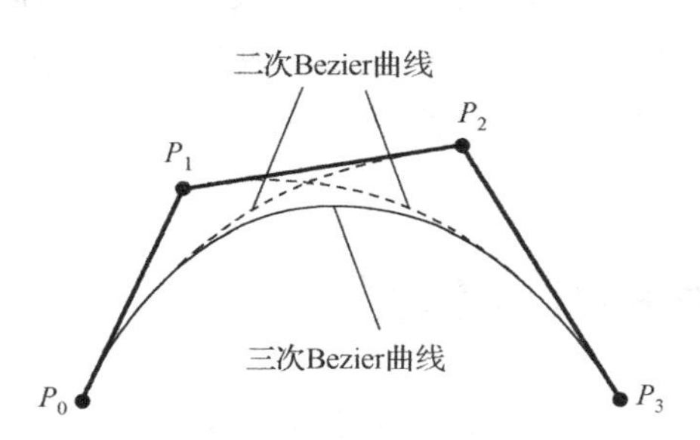

图 4.9　高次 Bezier 曲线是低次 Bezier 曲线的线性组合

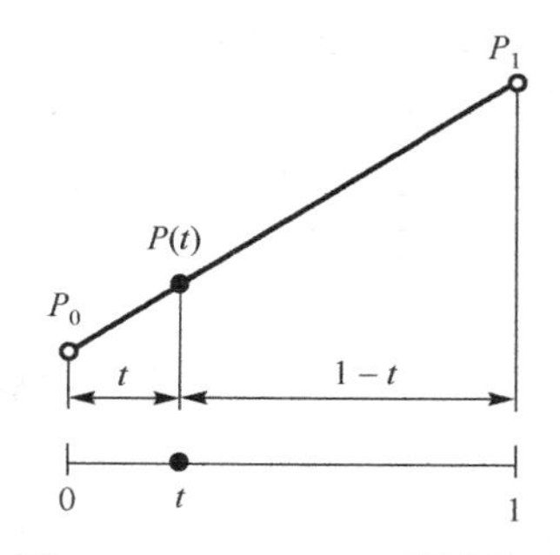

图 4.10　de Casteljau 算法基础

例如 $P(t)=\frac{1}{3}P_0+\frac{2}{3}P_1$，表明 $P(t)$位于 P_0P_1之间，且距离 P_0点 t 为 2/3 处。

依次对原始控制多边形的每条边执行同样的定比分割，所得的分点就是第一级递推生成的中间顶点 $P_i^1, i=0,1,\cdots,n-1$，对由这些中间顶点构成的控制多边形再执行同样的定比分割，得到第二级递推生成的中间顶点 $P_i^2, i=0,1,\cdots,n-2$，重复进行下去，直到 $r = n$，得到一个中间顶点 P_0^n，该点的轨迹即为 Bezier 曲线上的点 $P(t)$。

下面以 $n=3$ 的三次 Bezier 曲线为例，讲解 de Casteljau 算法的几何作图分法。取 $t=0$，$t=1/3$，$t=2/3$，$t=1.0$，P_0^3 点的运动轨迹为 Bezier 曲线。当 $t=0$ 时，P_0^3 点与 P_0 点重合，当 $t=1$ 时，P_0^3 点与 P_3 点重合，图 4.11 绘制的是 $t=1/3$ 的点，图 4.12 绘制的是 $t=2/3$ 的点。当 t 在[0, 1]区间内连续变化时，如果取参数 t 的步长增量为 0.1，那么绘制出所有的 P_0^3 点，如图 4.13 所示。Beizer 曲线常见的绘制方法是用直线段连接离散点，得到曲线的近似表示，如图 4.14 所示。de Casteljau 算法递推出的 P_i^r 呈直角三角形，当 $n=3$ 时，如图 4.15 所示。

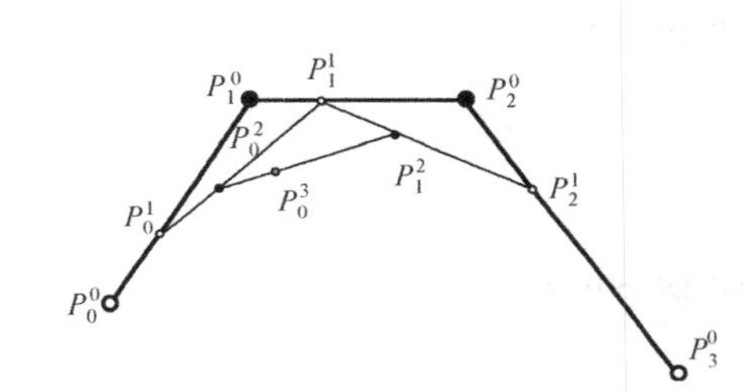

图 4.11 绘制 $t=1/3$ 的点

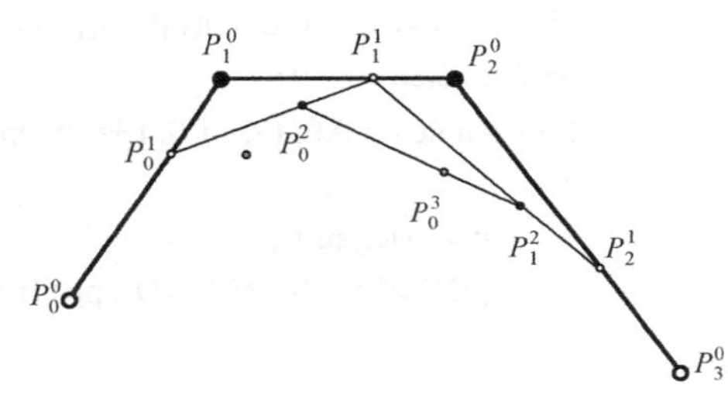

图 4.12 绘制 $t=2/3$ 的点

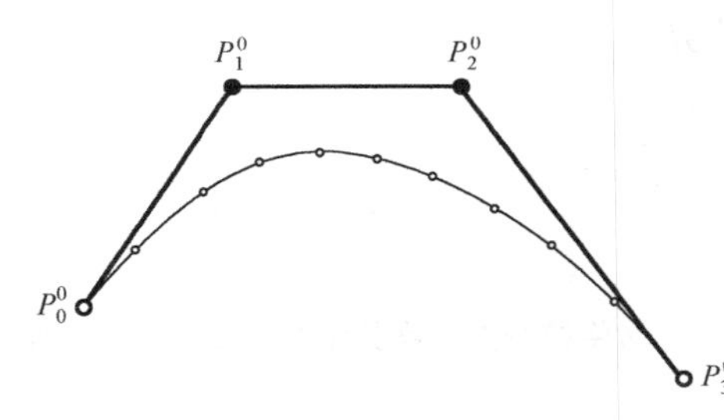

图 4.13 点的运动轨迹

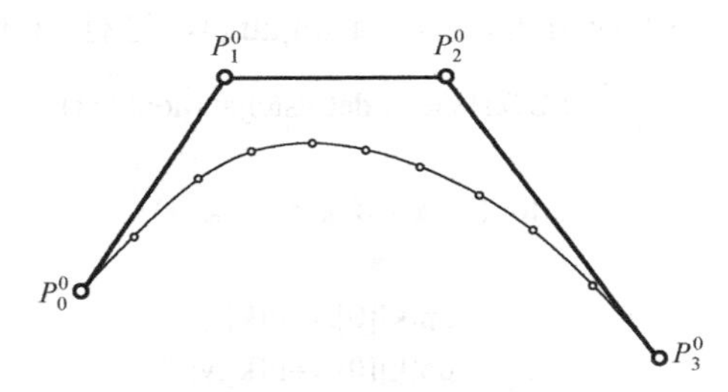

图 4.14 用直线段连接的曲线近似表示

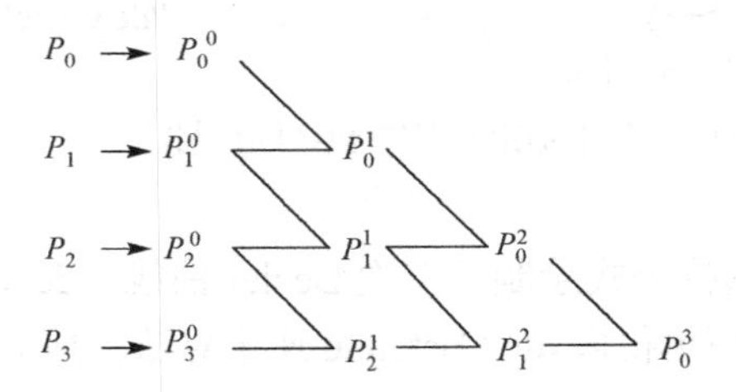

图 4.15 de Casteljau 递推三角形

例 4.2 基于 de Casteljau 递推算法绘制 Bezier 曲线。

（1）构造函数

在构造函数内定义曲线次数 n 为 3，表示绘制的是三次 Bezier 曲线。给定四个控制多边形顶点。

de Casteljau 递推算法

```
CTestView::CTestView()
{
	// TODO: add construction code here
	n = 3;                                          //曲线次数
	P[0].x = -400, P[0].y = -200;                   //控制点
	P[1].x = -200, P[1].y = 100;
	P[2].x = 200, P[2].y = 200;
	P[3].x = 300, P[3].y = -200;
}
```

（2）绘制 Bezier 曲线函数

在 CTestView 类内添加成员函数 DrawBezier，调用 de Casteljau 递推公式绘制 Bezier 曲线。二维数组 pp[4][4]为递推数组，pp[0][3]为 Bezier 曲线上的当前点。

```
void CTestView::DrawBezier (CDC* pDC)
{
	pDC->MoveTo(ROUND(P[0].x), ROUND(P[0].y));
	double tStep = 0.01;                            //参数步长
	for (double t = 0.0; t <= 1.0; t += tStep)
	{
		deCasteljau(t);
		pDC->LineTo(ROUND(pp[0][n].x), ROUND(pp[0][n].y));
	}
}
```

（3）Casteljau 递推函数

添加成员函数 de Casteljau ()，进行 pp 的递推计算。

```
void CTestView::deCasteljau(double t)
{
	for (int k = 0; k <= n; k++)
	{
		pp[k][0].x=P[k].x;                      //将控制点一维数组赋给二维递推数组
		pp[k][0].y=P[k].y;
	}
	for (int r=1; r<=n; r++)                        //de Casteljau 递推公式，使用二维数组
		for(int i=0; i<=n-r;i++)
			pp[i][r]=(1-t)*pp[i][r-1]+t*pp[i+1][r-1];
}
```

本例使用 de Casteljau 递推公式绘制了三次 Bezier 曲线。de Casteljau 递推算法要比使用定义直接绘制 Bezier 曲线算法简单得多。de Casteljau 递推算法已成为绘制 Bezier 曲线的标准算法。

4.3　Bezier 曲线的拼接

Bezier 曲线的次数随着控制多边形顶点数量的增加而增加。使用高次 Bezier 曲线计算起来代价很高，且容易有数值舍入误差。工程中常用的是三次 Bezier 曲线。为了描述复杂物体的轮廓曲线，经常需要将多段 Bezier 曲线拼接起来，并在结合处满足一定的连续性条件。

假设两段三次 Bezier 曲线分别为 $p(t)$ 和 $q(t)$，其控制多边形的顶点分别为 P_0, P_1, P_2, P_3 和 Q_0, Q_1, Q_2, Q_3，如图 4.16 所示。

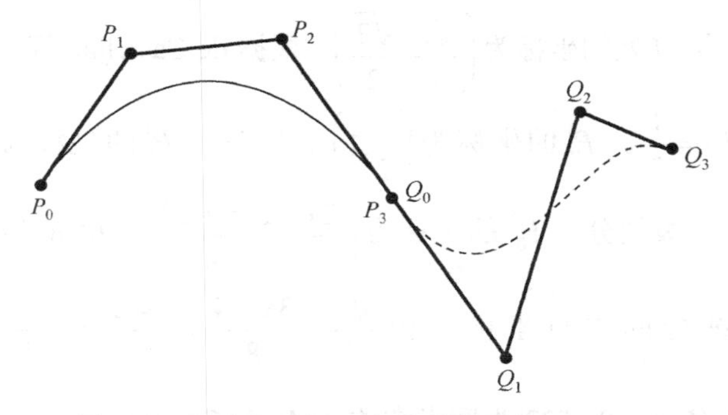

图 4.16 两段三次 Bezier 曲线的拼接（$\alpha = 1$）

两段三次 Bezier 曲线达到 G^0 连续性的条件是：$P_3 = Q_0$。达到 G^1 连续性的条件是：P_2, P_3（Q_0）和 Q_1 三点共线，且 P_2 和 Q_1 位于拼接点 P_3（Q_0）的两侧。由式（4.13）有

$$p'(1) = 3(P_3 - P_2) \quad , \quad q'(0) = 3(Q_1 - Q_0)$$

达到 G^1 连续性，有

$$p'(1) = \alpha q'(0)$$

即

$$(P_3 - P_2) = \alpha(Q_1 - Q_0) \tag{4.21}$$

式中，α为比例因子。

由于 $P_3 = Q_0$，有

$$Q_0 = \frac{P_2 + \alpha Q_1}{1 + \alpha} \tag{4.22}$$

达到 G^1 连续性条件的要求：$P_3(Q_0)$位于 P_2Q_1 连线上 P_2 和 Q_1 两点间的某处。特别地，若取$\alpha = 1$，有 $Q_0 = (P_2 + Q_1)/2$，即 $P_3(Q_0)$是 P_2Q_1 连线的中点。α对 $P_3(Q_0)$位置的影响如图 4.17 所示。工程应用中，常通过控制点的“三点共线”来实现多段三次 Bezier 曲线光滑拼接。对于三次 Bezier 曲线，一般不要求满足 G^2 连续性。因为每段三次 Bezier 曲线仅有 4 个控制点，若要二阶连续，则只能留下一个控制点调整曲线的形状。

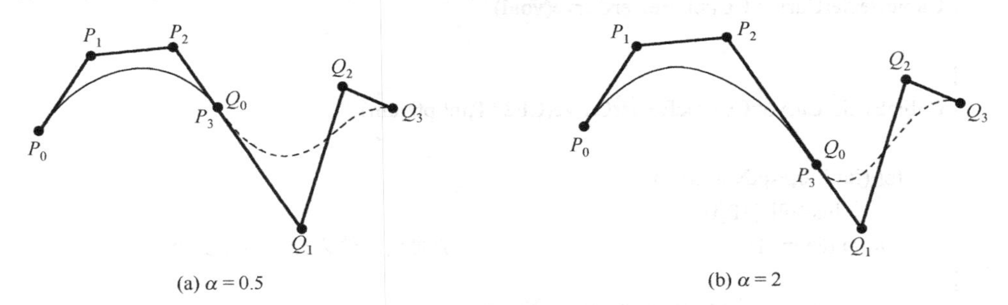

(a) $\alpha = 0.5$ (b) $\alpha = 2$

图 4.17 α对曲线拼接位置的影响

例 4.3 使用一段三次 Bezier 曲线可以逼近 1/4 单位圆，如图 4.18 所示。试定义三次 Bezier 曲线类 CCubicBezierCurve，根据读入的 4 个控制点绘制一段三次曲线及其控制多边形。请调用 CCubicBezierCurve，绘制四段 Bezier 曲线拼接的整圆。

逼近整圆

（1）设计思想

图4.18中，假定P_0^0的坐标为(0, 1)，P_1^0的坐标为(x, 1)，P_2^0的坐标为(1, y)，P_3^0的坐标为(1, 0)。对于单位圆，半圆的中点M处的坐标为$\left(\frac{\sqrt{2}}{2},\frac{\sqrt{2}}{2}\right)$。根据de Casteljau细分算法，由于$P_0^1$是$P_0^0$点和$P_1^0$的中点，所以取$t=\frac{1}{2}$。$P_0^1$的坐标为$\left(\frac{x}{2},1\right)$。同理，$P_2^1$的坐标为$\left(1,\frac{y}{2}\right)$，$P_1^1$的坐标为$\left(\frac{x+1}{2},\frac{y+1}{2}\right)$。进行下一级细分，$P_0^2$的坐标为$\left(\frac{2x+1}{4},\frac{y+3}{4}\right)$，$P_1^2$的坐标为$\left(\frac{x+3}{4},\frac{2y+1}{4}\right)$。$M$为$P_0^2$和$P_1^2$再次细分的中点坐标，由$\frac{\sqrt{2}}{2}=\frac{3x+4}{8}$，$\frac{\sqrt{2}}{2}=\frac{3y+4}{8}$得$x=y=\frac{4\sqrt{2}-4}{3}=\frac{4(\sqrt{2}-1)}{3}\approx 0.5523$。命名$m=0.5523$为魔术常数（Magic Constant）。

（2）基于Bezier函数定义三次Bezier曲线类

读入4个控制点，绘制三次Beizier曲线。

```
#include "P2.h"
class CCubicBezierCurve
{
public:
	CCubicBezierCurve(void);
	CCubicBezierCurve(CP2* P,int ptNum);           //带参构造函数
	~CCubicBezierCurve(void);
	void Draw(CDC* pDC);                           //绘制三次 Bezier 曲线
	void DrawControlPolygon(CDC* pDC)              //绘制控制多边形
private:
	double Cni(const int &n, const int &i);        //Bernstein 第一项组合
	int Factorial(int n);                          //阶乘函数
private:
	CP2 P[4];                                      //控制点数组
	int num;                                       //曲线次数
};
CCubicBezierCurve::CCubicBezierCurve(void)
{
}
CCubicBezierCurve::CCubicBezierCurve(CP2* P,int ptNum)
{
	for (int i=0;i<ptNum;i++)
		this->P[i]=P[i];
	num=ptNum-1;                                   //曲线次数为控制点个数减 1
}
CCubicBezierCurve::~CCubicBezierCurve(void)
{
}
void CCubicBezierCurve::Draw(CDC* pDC)
{
	CPen NewPen, *pOldPen;
```

```
        NewPen.CreatePen(PS_SOLID,1,RGB(0,0,255));            //曲线颜色为蓝色
        pOldPen=pDC->SelectObject(&NewPen);
        pDC->MoveTo(ROUND(P[0].x), ROUND(P[0].y));
        double tStep=0.01;                                    //参数 t 的步长
        for (double t=0.0; t<=1.0; t+=tStep)
        {
            CP2 p(0.0,0.0);
            for (int i=0; i<=num;i++)
                p+=P[i]*Cni(num, i)*pow(t, i)*pow(1-t,num-i);
            pDC->LineTo(ROUND(p.x),ROUND(p.y));
        }
        pDC->SelectObject(pOldPen);
        NewPen.DeleteObject();
    }
    double CCubicBezierCurve::Cni(const int &n, const int &i)      //Bernstein 第一项组合
    {
        return double(Factorial(n))/(Factorial(i)*Factorial(n-i));
    }
    int CCubicBezierCurve::Factorial(int n)                       //阶乘函数
    {
        int factorial;
        if (n==0||n==1)
            factorial=1;
        else
            factorial=n*Factorial(n-1);
        return factorial;
    }
    void CCubicBezierCurve::DrawControlPolygon(CDC* pDC)
    {
        CBrush NewBrush, *pOldBrush;
        pOldBrush=(CBrush*)pDC->SelectStockObject(BLACK_BRUSH);    //选择黑色库画刷
        for(int i=0;i<=num;i++)
        {
            if(0 == i)
            {
                pDC->MoveTo(ROUND(P[i].x), ROUND(P[i].y));
                pDC->Ellipse(ROUND(P[i].x)-5,ROUND(P[i].y)-5,
                             ROUND(P[i].x)+5,ROUND(P[i].y)+5);
            }
            else
            {
                pDC->LineTo(ROUND(P[i].x), ROUND(P[i].y));
                pDC->Ellipse(ROUND(P[i].x)-5,ROUND(P[i].y)-5,
                             ROUND(P[i].x)+5,ROUND(P[i].y)+5);
            }
        }
        pDC->SelectObject(pOldBrush);
    }
```

（3）定义 4 个象限的控制点坐标

在 CTestView 类内定义 ReadPoint 函数，读入 12 个控制点坐标。

```
void CTestView::ReadPoint()
{
    const double m = 0.5523;                                   //魔术常数
    double r = 200;
    P[0].x = r, P[0].y = 0.0;
    P[1].x = r, P[1].y = m * r;
    P[2].x = m * r, P[2].y = r;
    P[3].x = 0, P[3].y = r;
    P[4].x = –m * r, P[4].y = r;
    P[5].x = –r, P[5].y = m * r;
    P[6].x = –r, P[6].y = 0;
    P[7].x = –r, P[7].y = –m * r;
    P[8].x = –m * r, P[8].y = –r;
    P[9].x = 0, P[9].y = –r;
    P[10].x = m * r, P[10].y = –r;
    P[11].x = r, P[11].y = –m * r;
}
```

（4）4 段 Bezier 曲线绘制圆

在 CTestView 类的 OnDraw 函数内，分 4 次调用 Bezier 曲线类绘制 4 段三次 Bezier 曲线拼接的圆。

```
void CTestView::OnDraw(CDC* pDC)
{
    CTestDoc* pDoc = GetDocument();
    ASSERT_VALID(pDoc);
    // TODO: add draw code for native data here
    CRect rect;                                                //定义客户区矩形
    GetClientRect(&rect);                                      //获得客户区的大小
    pDC->SetMapMode(MM_ANISOTROPIC);                           //pDC 自定义坐标系
    pDC->SetWindowExt(rect.Width(), rect.Height());            //设置窗口范围
    pDC->SetViewportExt(rect.Width(), -rect.Height());         //x 轴水平向右，y 轴垂直向上
    pDC->SetViewportOrg(rect.Width() / 2,rect.Height() / 2);   //客户区中心为原点
    ReadPoint();
    p1[0] = P[0], p1[1] = P[1], p1[2] = P[2], p1[3] = P[3];    //第一象限的 Bezier 曲线控制点
    p2[0] = P[3], p2[1] = P[4], p2[2] = P[5], p2[3] = P[6];    //第二象限的 Bezier 曲线控制点
    p3[0] = P[6], p3[1] = P[7], p3[2] = P[8], p3[3] = P[9];    //第三象限的 Bezier 曲线控制点
    p4[0] = P[9], p4[1] = P[10], p4[2] = P[11], p4[3] = P[0];  //第四象限的 Bezier 曲线控制点
    CCubicBezierCurve Bezier1(p1,4);                           //读入第一象限的 4 个控制点
    Bezier1.Draw(pDC);                                         //绘制第一段 Bezier 曲线
    Bezier1.DrawCtrlPolygon(pDC);                              //绘制第一段曲线的控制多边形
    CCubicBezierCurve Bezier2(p2,4);                           //读入第二象限的 4 个控制点
    Bezier2.Draw(pDC);                                         //绘制第二段 Bezier 曲线
    Bezier2.DrawCtrlPolygon(pDC);                              //绘制第二段曲线的控制多边形
    CCubicBezierCurve Bezier3(p3,4);                           //读入第三象限的 4 个控制点
    Bezier3.Draw(pDC);                                         //绘制第三段 Bezier 曲线
```

```
        Bezier3.DrawCtrlPolygon(pDC);                    //绘制第三段曲线的控制多边形
        CCubicBezierCurve Bezier4(p4,4);                 //读入第四象限的 4 个控制点
        Bezier4.Draw(pDC);                               //绘制第四段 Bezier 曲线
        Bezier4.DrawCtrlPolygon(pDC);                    //绘制第四段曲线的控制多边形
    }
```

本例基于 Bezier 曲线定义设计了 CCubicBezierCurve 类，也可以基于 de Casteljau 递推算法设计该类。最简单的方法是使用三次 Bezier 曲线的基函数对 4 个控制点加权的公式（4.6）设计该类，请读者自己编程实现。本例拼接 4 段三次 Beizier 曲线逼近整圆，共需要 12 个控制点，拼接效果如图 4.19 所示。

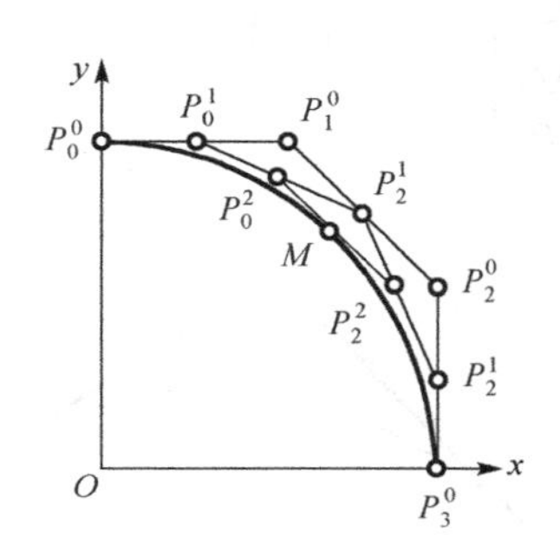

图 4.18　三次 Bezier 曲线逼近 1/4 单位圆

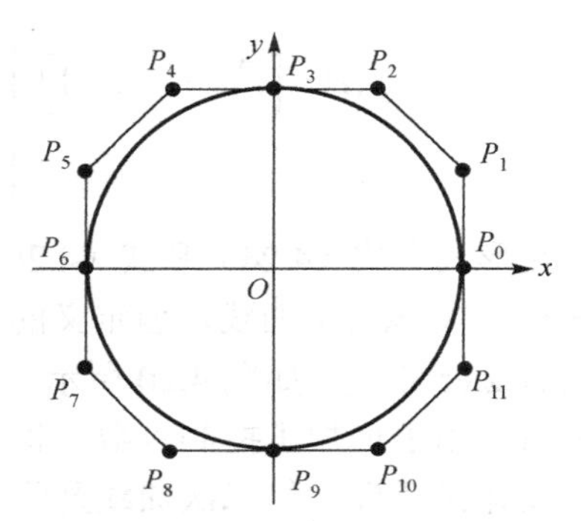

图 4.19　4 段三次 Bezier 曲线拼接圆

4.4　Bezier 曲线的升阶与降阶

4.4.1　Bezier 曲线的升阶

应用 Bezier 方法设计曲线时，可以不断调整控制多边形顶点的位置来修改曲线的形状，直至得到满意的结果。但当曲线幂次较低时，修改曲线的功能就很有限。为提高曲线设计的灵活性，且保持曲线形状不变的情况下，增加控制点的数量，亦即提高曲线的幂次，称为升阶。

Bezier 本人于 1972 年提出的升阶算法，能同时增加 l 个控制顶点，即升 l 阶，将 n 次 Bezier 曲线升阶为 $n+l$ 次曲线，但其算法较为复杂。另一种为基于 Bernstein 基函数的升阶算法，表示为

$$\begin{cases} P_i^{[n+1]} = \alpha_i P_{i-1}^n + (1-\alpha_i)P_i^n \\ \alpha_i = \dfrac{i}{n+1} \end{cases}, \quad i = 0,1,\cdots,n+1 \tag{4.23}$$

式中，n 为曲线在升阶前的幂次。$n+1$ 为升一阶后的幂次。

现以二次 Bezier 曲线升阶为三次 Bezier 曲线为例加以说明。二次 Bezier 曲线的表达式为

$$\boldsymbol{p}(t) = \begin{bmatrix} t^2 & t & 1 \end{bmatrix} \cdot \begin{bmatrix} 1 & -2 & 1 \\ -2 & 2 & 0 \\ 1 & 0 & 0 \end{bmatrix} \cdot \begin{bmatrix} P_0 \\ P_1 \\ P_2 \end{bmatrix}, \quad t \in [0,1] \tag{4.24}$$

按式（4.23）升阶后，新的顶点为

$$\begin{cases} Q_0 = P_0 \\ Q_1 = \dfrac{1}{3}P_0 + \dfrac{2}{3}P_1 \\ Q_2 = \dfrac{2}{3}P_1 + \dfrac{1}{3}P_2 \\ Q_3 = P_2 \end{cases} \tag{4.25}$$

从式（4.25）可以看出，Q_1 点位于 P_0P_1 直线上，且距离 P_0 点 2/3 处。Q_2 点位于 P_1P_2 直线上，且距离 P_2 点 2/3 处。式（4.25）可以用三次 Bezier 曲线表示为

$$\boldsymbol{p}(t) = \begin{bmatrix} t^3 & t^2 & t & 1 \end{bmatrix} \cdot \begin{bmatrix} -1 & 3 & -3 & 1 \\ 3 & -6 & 3 & 0 \\ -3 & 3 & 0 & 0 \\ 1 & 0 & 0 & 0 \end{bmatrix} \cdot \begin{bmatrix} P_0 \\ Q_1 \\ Q_2 \\ P_2 \end{bmatrix}, \quad t \in [0,1] \tag{4.26}$$

虽然在形式上式（4.24）和式（4.26）分别表示二次和三次 Bezier 曲线，但定义的都是同一段二次 Bezier 曲线，如图 4.20 所示

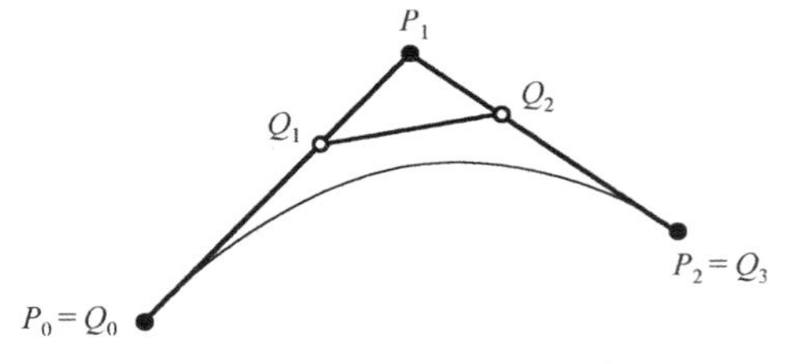

图 4.20　Bezier 曲线的升阶

升阶后，由于增加了控制点数，也就提高了曲线的设计灵活性，如二次曲线升阶为三次后，可以调整控制点 Q_1 来改变曲线的形状，而保持曲线在末端（$P_2 = Q_3$）处的切矢不变。

4.4.2　Bezier 曲线的降阶

与升阶相对的是降阶，即将 n 次 Bezier 曲线表示为 n–1 次曲线。Farin、Watkins 和 Worsey 等人曾对 Bezier 曲线的降阶做了研究。一般来说，不可能用低次曲线精确地表示高次曲线。例如，不可能用二次曲线表示带拐点的三次曲线。因此，Bezier 曲线降阶算法的应用不如升阶算法广泛。

4.5　Bezier 曲面

4.5.1　张量积曲面

先定义曲线，再线动成面，这是最常用的一种曲面生成方式。一般地，给出如下定义：设在一参数 u 分割：$u_0 < u_1 < \cdots < u_m$ 上定义了一组以 u 为变量的基 $\varphi_i(u), i = 0, 1, \cdots, m$；在另一参数 v 分割：$v_0 < v_1 < \cdots < v_n$ 上定义了一组以 v 为变量的基 $\psi_j(v), j = 0, 1, \cdots, n$。在两组基中各取一个基函数的乘积，共有$(m+1)\times(n+1)$个 $\varphi_i(u)\psi_j(v), i = 0, 1, \cdots, m, j = 0, 1, \cdots, n$，它们都是含有双变量 u 和 v 的，把它们作为一组基，分别加权于相应的系数矢量 $\boldsymbol{a}_{ij}, i = 0, 1, \cdots, m, j = 0, 1, \cdots, n$，则在 uv 平面的矩形区域 $u_0 < u < u_m$，$v_0 < v < v_n$ 上定义了一个曲面

$$\boldsymbol{p}(u,v) = \begin{bmatrix} \phi_0(u) & \phi_1(u) & \cdots & \phi_m(u) \end{bmatrix} \begin{vmatrix} a_{00} & a_{01} & \cdots & a_{0n} \\ a_{10} & a_{11} & \cdots & a_{1n} \\ \vdots & \vdots & \ddots & \vdots \\ a_{m0} & a_{m1} & \cdots & a_{mn} \end{vmatrix} \begin{bmatrix} \psi_0(v) \\ \psi_1(v) \\ \vdots \\ \psi_n(v) \end{bmatrix} \tag{4.27}$$

或

$$p(u,v)=\sum_{i=0}^{m}\sum_{j=0}^{n}a_{ij}\phi_i(u)\psi_j(v) \tag{4.28}$$

采用这种方式定义的曲面称为张量积（Tesion Product）曲面。张量积曲面的主要优点是，可将曲面问题转化为较简单的曲线问题来处理，这给编程实现带来了很大的方便。

4.5.2 Bezier 曲面的定义

Bezier 曲面由 Bezier 曲线拓广而来，它以两组正交的 Bezier 曲线控制点构造空间网格来生成曲面。$m×n$ 次张量积形式的 Bezier 曲面的定义如下：

$$p(u,v)=\sum_{i=0}^{m}\sum_{j=0}^{n}P_{ij}B_{i,m}(u)B_{j,n}(v)\quad ,\quad (u,v)\in[0,1]\times[0,1] \tag{4.29}$$

式中，P_{ij}, $i = 0, 1,\cdots, m, j = 0, 1,\cdots, n$ 是$(m + 1)×(n+1)$个控制点。$B_{i,m}(u)$ 和 $B_{j,n}(v)$ 是 Bernstein 基函数。依次用线段连接点列 P_{ij}, $i = 0, 1,\cdots, m, j = 0, 1,\cdots, n$ 中相邻两点所形成的空间网格称为控制网格。当 $m = 3$，$n = 3$ 时，由 4×4 = 16 个控制点构成控制网格，如图 4.21 所示，其相应的曲面称为双三次 Bezier 曲面片（Bicubic Bezier Patch）。

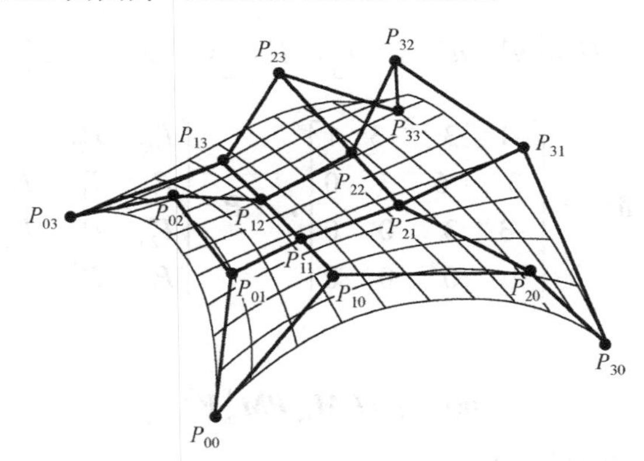

图 4.21 双三次 Bezier 曲面片及其控制网格

4.5.3 双三次 Bezier 曲面的定义

双三次 Bezier 曲面定义如下：

$$p(u,v)=\sum_{i=0}^{3}\sum_{j=0}^{3}P_{ij}B_{i,3}(u)B_{j,3}(v)\quad ,\quad (u,v)\in[0,1]\times[0,1] \tag{4.30}$$

展开上式，有

$$p(u,v)=\begin{bmatrix}B_{0,3}(u) & B_{1,3}(u) & B_{2,3}(u) & B_{3,3}(u)\end{bmatrix}\cdot\begin{bmatrix}P_{00} & P_{01} & P_{02} & P_{03}\\ P_{10} & P_{11} & P_{12} & P_{13}\\ P_{20} & P_{21} & P_{22} & P_{23}\\ P_{30} & P_{31} & P_{32} & P_{33}\end{bmatrix}\cdot\begin{bmatrix}B_{0,3}(v)\\ B_{1,3}(v)\\ B_{2,3}(v)\\ B_{3,3}(v)\end{bmatrix} \tag{4.31}$$

式中，$B_{0,3}(u), B_{1,3}(u), B_{2,3}(u), B_{3,3}(u), B_{0,3}(v), B_{1,3}(v), B_{2,3}(v), B_{3,3}(v)$是三次 Bernstein 基函数：

$$\begin{cases} B_{0,3}(u) = -u^3 + 3u^2 - 3u + 1 \\ B_{1,3}(u) = 3u^3 - 6u^2 + 3u \\ B_{2,3}(u) = -3u^3 + 3u^2 \\ B_{3,3}(u) = u^3 \end{cases}, \quad \begin{cases} B_{0,3}(v) = -v^3 + 3v^2 - 3v + 1 \\ B_{1,3}(v) = 3v^3 - 6v^2 + 3v \\ B_{2,3}(v) = -3v^3 + 3v^2 \\ B_{3,3}(v) = v^3 \end{cases} \tag{4.32}$$

将式（4.32）代入式（4.31）得到

$$\boldsymbol{p}(u,v) = \begin{bmatrix} u^3 & u^2 & u & 1 \end{bmatrix} \cdot \begin{bmatrix} -1 & 3 & -3 & 1 \\ 3 & -6 & 3 & 0 \\ -3 & 3 & 0 & 0 \\ 1 & 0 & 0 & 0 \end{bmatrix} \cdot \begin{bmatrix} P_{00} & P_{01} & P_{02} & P_{03} \\ P_{10} & P_{11} & P_{12} & P_{13} \\ P_{20} & P_{21} & P_{22} & P_{23} \\ P_{30} & P_{31} & P_{32} & P_{33} \end{bmatrix} \cdot \begin{bmatrix} -1 & 3 & -3 & 1 \\ 3 & -6 & 3 & 0 \\ -3 & 3 & 0 & 0 \\ 1 & 0 & 0 & 0 \end{bmatrix} \cdot \begin{bmatrix} v^3 \\ v^2 \\ v \\ 1 \end{bmatrix} \tag{4.33}$$

令

$$\boldsymbol{U} = \begin{bmatrix} u^3 & u^2 & u & 1 \end{bmatrix}, \quad \boldsymbol{V} = \begin{bmatrix} v^3 & v^2 & v & 1 \end{bmatrix},$$

$$\boldsymbol{M}_{\text{be}} = \begin{bmatrix} -1 & 3 & -3 & 1 \\ 3 & -6 & 3 & 0 \\ -3 & 3 & 0 & 0 \\ 1 & 0 & 0 & 0 \end{bmatrix}, \quad \boldsymbol{P} = \begin{bmatrix} P_{00} & P_{01} & P_{02} & P_{03} \\ P_{10} & P_{11} & P_{12} & P_{13} \\ P_{20} & P_{21} & P_{22} & P_{23} \\ P_{30} & P_{31} & P_{32} & P_{33} \end{bmatrix}$$

则有

$$\boldsymbol{p}(u,v) = \boldsymbol{U}\boldsymbol{M}_{\text{be}}\boldsymbol{P}\boldsymbol{M}_{\text{be}}^{\text{T}}\boldsymbol{V}^{\text{T}} \tag{4.34}$$

式中，$\boldsymbol{M}_{\text{be}}$为对称矩阵，即$\boldsymbol{M}_{\text{be}}^{\text{T}} = \boldsymbol{M}_{\text{be}}$。

生成曲面时，可以通过先固定 u，变化 v 得到一簇 Bezier 曲线；然后固定 v，变化 u 得到另一簇 Bezier 曲线，两簇曲线交织生成双三次 Bezier 曲面。

例 4.4 定义双三次 Bezier 曲面片类 CBicubicBezierPatch，根据读入的 16 个控制点绘制双三次曲面片及其控制网格。假定投影方式为斜二测。

双三次 Bezier 曲面片

（1）定义双三次 Bezier 曲面片类

```
#include "P3.h"
class CBicubicBezierPatch
{
public:
        CBicubicBezierPatch(void);
        ~CBicubicBezierPatch(void);
        void ReadControlPoint(CP3 P[4][4]);                //读入 16 个控制点
        void DrawCurvedPatch(CDC* pDC);                    //绘制双三次 Bezier 曲面片
        void DrawControlGrid(CDC* pDC);                    //绘制控制网格
```

```
private:
	void LeftMultiplyMatrix(double M[][4],CP3 P[][4]);		//左乘顶点矩阵
	void RightMultiplyMatrix(CP3 P[][4],double M[][4]);		//右乘顶点矩阵
	void TransposeMatrix(double M[][4]);					//转置矩阵
	CP2 ObliqueProjection(CP3 Point3);					//斜二测投影
public:
	CP3 P[4][4];									//三维控制点
}
CBicubicBezierPatch::CBicubicBezierPatch(void)
{
}
CBicubicBezierPatch::~CBicubicBezierPatch(void)
{
}
void CBicubicBezierPatch::ReadControlPoint(CP3 P[4][4])
{
	for (int i=0;i<4;i++)
		for(int j=0;j< 4;j++)
			this->P[i][j]=P[i][j];
}
void CBicubicBezierPatch::DrawCurvedPatch(CDC* pDC)
{
	double M[4][4];								//系数矩阵 Mbe
	M[0][0] = -1;M[0][1] = 3; M[0][2] = -3;M[0][3] = 1;
	M[1][0] = 3; M[1][1] = -6;M[1][2] = 3; M[1][3] = 0;
	M[2][0] = -3;M[2][1] = 3; M[2][2] = 0; M[2][3] = 0;
	M[3][0] = 1; M[3][1] = 0; M[3][2] = 0; M[3][3] = 0;
	CP3 P3[4][4];								//曲线计算用控制点数组
	for(int i=0;i<4;i++)
		for(int j=0;j<4;j++)
			P3[i][j]=P[i][j];
	LeftMultiplyMatrix(M,P3);						//数字矩阵左乘三维点矩阵
	TransposeMatrix(M);							//计算转置矩阵
	RightMultiplyMatrix(P3,M);						//数字矩阵右乘三维点矩阵
	double Step =0.1;								//步长
	double u0,u1,u2,u3,v0,v1,v2,v3;					//u，v 参数的幂
	for(double u=0;u<=1;u+=Step)
		for(double v=0;v<=1;v+=Step)
		{
			u3=u*u*u;u2=u*u;u1=u;u0=1;
			v3=v*v*v;v2=v*v;v1=v;v0=1;
			CP3 pt=(u3*P3[0][0]+u2*P3[1][0]+u1*P3[2][0]+u0*P3[3][0])*v3
				+(u3*P3[0][1]+u2*P3[1][1]+u1*P3[2][1]+u0*P3[3][1])*v2
				+(u3*P3[0][2]+u2*P3[1][2]+u1*P3[2][2]+u0*P3[3][2])*v1
				+(u3*P3[0][3]+u2*P3[1][3]+u1*P3[2][3]+u0*P3[3][3])*v0;
			CP2 Point2=ObliqueProjection(pt);		//斜二测投影
			if(v==0)
```

```
					pDC->MoveTo(ROUND(Point2.x),ROUND(Point2.y));
				else
					pDC->LineTo(ROUND(Point2.x),ROUND(Point2.y));
			}
		for(double v=0;v<=1;v+=Step)
			for(double u=0;u<=1;u+=Step)
			{
				u3=u*u*u;u2=u*u;u1=u;u0=1;
				v3=v*v*v;v2=v*v;v1=v;v0=1;
				CP3 pt=(u3*P3[0][0]+u2*P3[1][0]+u1*P3[2][0]+u0*P3[3][0])*v3
					+(u3*P3[0][1]+u2*P3[1][1]+u1*P3[2][1]+u0*P3[3][1])*v2
					+(u3*P3[0][2]+u2*P3[1][2]+u1*P3[2][2]+u0*P3[3][2])*v1
					+(u3*P3[0][3]+u2*P3[1][3]+u1*P3[2][3]+u0*P3[3][3])*v0;
				CP2 Point2=ObliqueProjection(pt);				//斜二测投影
				if(0==u)
					pDC->MoveTo(ROUND(Point2.x),ROUND(Point2.y));
				else
					pDC->LineTo(ROUND(Point2.x),ROUND(Point2.y));
			}
}
void CBicubicBezierPatch::LeftMultiplyMatrix(double M[][4],CP3 P[][4])
{
	CP3 T[4][4];							//临时矩阵
	for(int i=0;i<4;i++)
		for(int j=0;j<4;j++)
			T[i][j]=M[i][0]*P[0][j]+M[i][1]*P[1][j]+M[i][2]
				*P[2][j]+M[i][3]*P[3][j];
	for(int i=0;i<4;i++)
		for(int j=0;j<4;j++)
			P[i][j]=T[i][j];
}
void CBicubicBezierPatch::RightMultiplyMatrix(CP3 P[][4],double M[][4])
{
	CP3 T[4][4];							//临时矩阵
	for(int i=0;i<4;i++)
		for(int j=0;j<4;j++)
			T[i][j]=P[i][0]*M[0][j]+P[i][1]*M[1][j]+P[i][2]
				*M[2][j]+P[i][3]*M[3][j];
	for(int i=0;i<4;i++)
		for(int j=0;j<4;j++)
			P[i][j]=T[i][j];
}
void CBicubicBezierPatch::TransposeMatrix(double M[][4])
{
	double T[4][4];							//临时矩阵
	for(int i=0;i<4;i++)
		for(int j=0;j<4;j++)
```

```
				T[j][i]=M[i][j];
		for(int i=0;i<4;i++)
			for(int j=0;j<4;j++)
				M[i][j]=T[i][j];
}
CP2 CBicubicBezierPatch::ObliqueProjection(CP3 Point3)
{
		CP2 Point2;
		Point2.x=Point3.x-Point3.z*sqrt(2.0)/2.0;
		Point2.y=Point3.y-Point3.z*sqrt(2.0)/2.0;
		return Point2;
}
void CBicubicBezierPatch::DrawControlGrid(CDC* pDC)
{
		CP2 P2[4][4];                           //二维控制点
		for(int i=0;i<4;i++)
			for(int j=0;j<4;j++)
				P2[i][j]=ObliqueProjection(P[i][j]);
		CPen NewPen,*pOldPen;
		NewPen.CreatePen(PS_SOLID,3,RGB(0,0,0));
		pOldPen=pDC->SelectObject(&NewPen);
		for(int i=0;i<4;i++)
		{
			pDC->MoveTo(ROUND(P2[i][0].x),ROUND(P2[i][0].y));
			for(int j=1;j<4;j++)
				pDC->LineTo(ROUND(P2[i][j].x),ROUND(P2[i][j].y));
		}
		for(int j=0;j<4;j++)
		{
			pDC->MoveTo(ROUND(P2[0][j].x),ROUND(P2[0][j].y));
			for(int i=1;i<4;i++)
				pDC->LineTo(ROUND(P2[i][j].x),ROUND(P2[i][j].y));
		}
		pDC->SelectObject(pOldPen);
		NewPen.DeleteObject();
}
```

（2）读入 16 个控制点

在 CTestView 类内定义 ReadPoint 函数，读入 16 个控制点 P。二维数组 P[16][16]是用 CP3 类定义的三维点。

```
void CTestView::ReadPoint(void)
{
	P[0][0].x=20;     P[0][0].y=0;     P[0][0].z=200;
	P[0][1].x=0;      P[0][1].y=100;   P[0][1].z=150;
	P[0][2].x=-130;   P[0][2].y=100;   P[0][2].z=50;
	P[0][3].x=-250;   P[0][3].y=50;    P[0][3].z=0;
```

```
        P[1][0].x=100;   P[1][0].y=100;   P[1][0].z=150;
        P[1][1].x= 30;   P[1][1].y=100;   P[1][1].z=100;
        P[1][2].x=-40;   P[1][2].y=100;   P[1][2].z=50;
        P[1][3].x=-110;  P[1][3].y=100;   P[1][3].z=0;
        P[2][0].x=280;   P[2][0].y=90;    P[2][0].z=140;
        P[2][1].x=110;   P[2][1].y=120;   P[2][1].z=80;
        P[2][2].x=0;     P[2][2].y=130;   P[2][2].z=30;
        P[2][3].x=-100;  P[2][3].y=150;   P[2][3].z=-50;
        P[3][0].x=350;   P[3][0].y=30;    P[3][0].z=150;
        P[3][1].x=200;   P[3][1].y=150;   P[3][1].z=50;
        P[3][2].x=50;    P[3][2].y=200;   P[3][2].z=0;
        P[3][3].x=0;     P[3][3].y=100;   P[3][3].z =-70;
}
```

（3）调用 CBicubicBezierPatch 类绘制双三次曲面片

CBicubicBezierPatch 类的成员函数 DrawCurvedPatch 负责绘制曲面片。成员函数 DrawControlGrid 负责绘制控制网格。

```
void CTestView::DrawGraph(CDC* pDC)
{
    CBicubicBezierPatch patch;                //定义双三次 Bezier 曲面类对象 patch
    patch.ReadControlPoint(P);
    patch.DrawCurvedPatch(pDC);
    patch.DrawControlGrid(pDC);
}
```

改变控制网格顶点位置，调用 BicubicBezierPatch 类绘制的几种不同形状的双三次 Bezier 曲面片如图 4.22 所示。

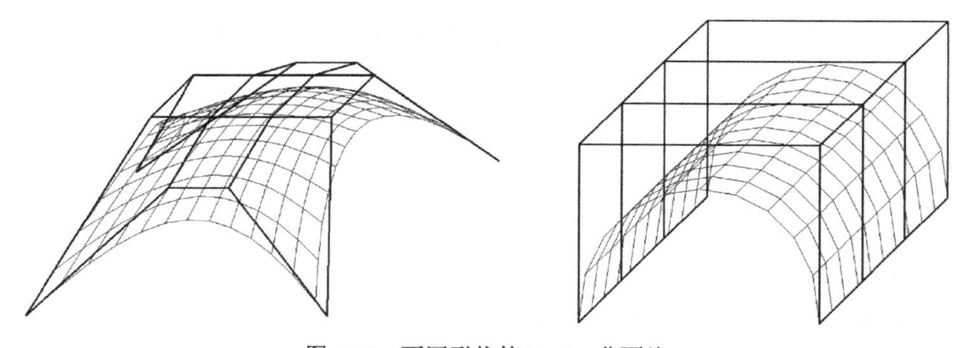

图 4.22　不同形状的 Bezier 曲面片

4.5.4　双三次 Bezier 曲面片的拼接

与 Bezier 曲线拼接类似，两个双三次 Bezier 曲面片也可以拼接在一起。Beizer 曲面片分别表述如下：

$$\boldsymbol{p}(u,v)=\boldsymbol{U}\boldsymbol{M}_{\text{be}}\boldsymbol{P}\boldsymbol{M}_{\text{be}}^{\text{T}}\boldsymbol{V}^{\text{T}}$$

$$\boldsymbol{q}(u,v)=\boldsymbol{U}\boldsymbol{M}_{\text{be}}\boldsymbol{Q}\boldsymbol{M}_{\text{be}}^{\text{T}}\boldsymbol{V}^{\text{T}}$$

图 4.23 所示为两片 Bezier 曲面的控制网格。达到 G^0 连续性的条件是 $P_{3,i}=Q_{0,i}$，$i=0, 1, 2, 3$。达到 G^1 连续性的条件是 $P_{3,i}-P_{2,i}=\alpha(Q_{1,i}-Q_{0,i})$，$i=0, 1, 2, 3$。式中，$\alpha$ 为比例因子。

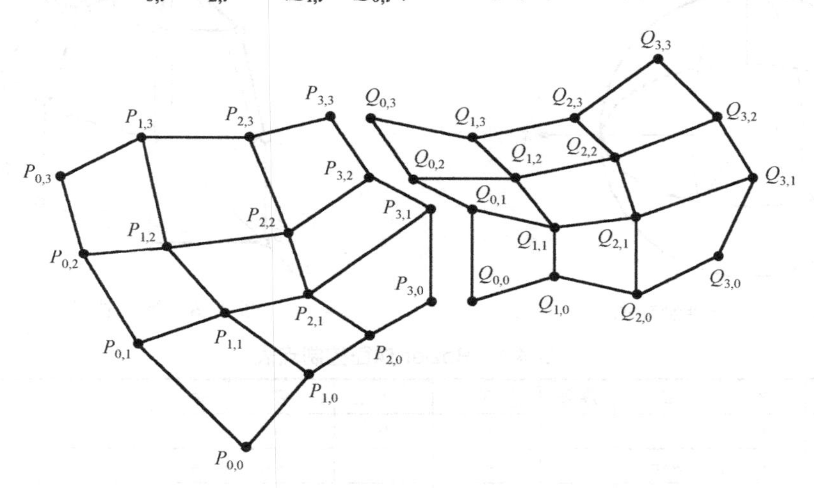

图 4.23　Bezier 曲面片的拼接

一般情况下，在连接处保持一阶导数连续较为困难，要求两个控制网格中位于交点处的两条边必须共线，但设计中很难做到这一点。图 4.24 所示为满足 G^1 连续性条件的两个 Bezier 曲面片的控制网格。

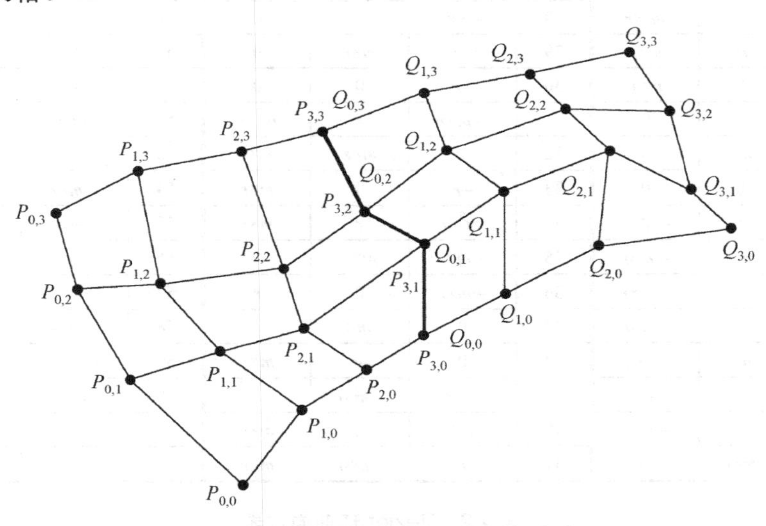

图 4.24　在连接处保持切线方向连续

例 4.5　图 4.25 所示的三维坐标轴将球面分为 8 个卦限，每个卦限的球面用一个 Bezier 曲面片逼近。试修改 CBicubicBezierPatch 类的投影方式为正交投影，并基于双三次 Bezier 曲面片逼近三维球面，制作球面的三维模型，同时绘制球面的控制网格。

（1）原理分析

第一卦限的双三次曲面片如图 4.26 所示，每片双三次 Bezier 曲面控制网格上端有 4 个重点。球面共有 62 个控制点，见表 4.1。拼接 8 个双三次 Bezier 曲面片可以绘制一个完整的球面，曲面片见表 4.2。

Bezier 球

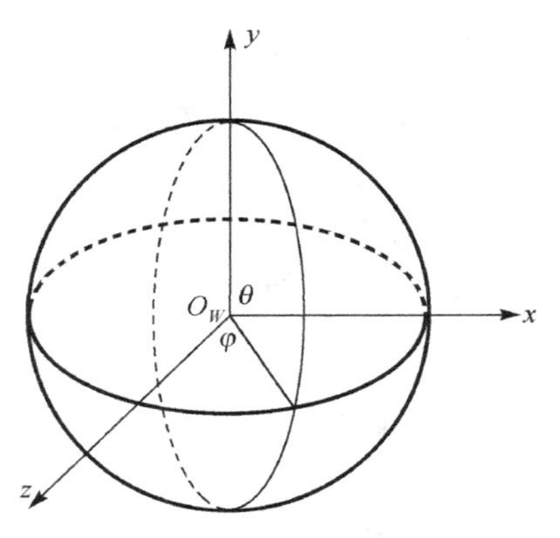

图 4.25　三维坐标系

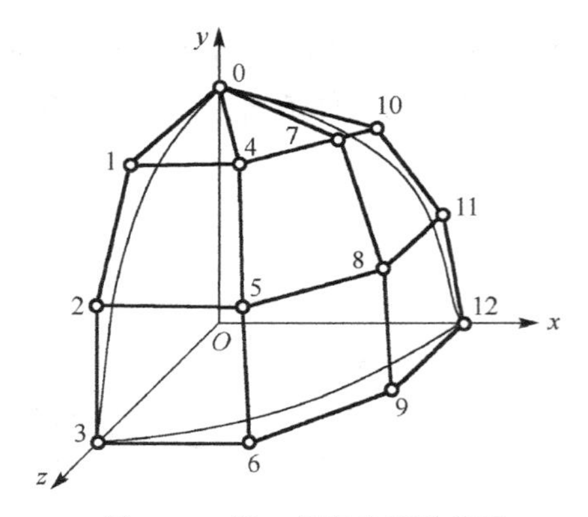

图 4.26　第一卦限曲面片编号

表 4.1　Bezier 球面控制点表

序号	X	Y	Z	序号	X	Y	Z	序号	X	Y	Z
0	0	r	0	21	0	0	$-r$	42	$m\times r$	$-r$	$m^2\times r$
1	0	r	$m\times r$	22	$-m^2\times r$	r	$-m\times r$	43	r	$-m\times r$	0
2	0	$m\times r$	r	23	$-m\times r$	$m\times r$	$-r$	44	$m\times r$	$-r$	0
3	0	0	r	24	$-m\times r$	0	$-r$	45	r	$-m\times r$	$-m\times r$
4	$m^2\times r$	r	$m\times r$	25	$-m\times r$	r	$-m^2\times r$	46	$m\times r$	$-r$	$-m^2\times r$
5	$m\times r$	$m\times r$	r	26	$-r$	$m\times r$	$-m\times r$	47	$m\times r$	$-m\times r$	$-r$
6	$m\times r$	0	r	27	$-r$	0	$-m\times r$	48	$m^2\times r$	$-r$	$-m\times r$
7	$m\times r$	r	$m^2\times r$	28	$-m\times r$	r	0	49	0	$-m\times r$	$-r$
8	r	$m\times r$	$m\times r$	29	$-r$	$m\times r$	0	50	0	$-r$	$-m\times r$
9	r	0	$m\times r$	30	$-r$	0	0	51	$-m\times r$	$-m\times r$	$-r$
10	$m\times r$	r	0	31	$-m\times r$	r	$m^2\times r$	52	$-m^2\times r$	$-r$	$-m\times r$
11	r	$m\times r$	0	32	$-r$	$m\times r$	$m\times r$	53	$-r$	$-m\times r$	$-m\times r$
12	r	0	0	33	$-r$	0	$m\times r$	54	$-m\times r$	$-r$	$-m^2\times r$
13	$m\times r$	r	$-m^2\times r$	34	$-m^2\times r$	r	$m\times r$	55	$-r$	$-m\times r$	0
14	r	$m\times r$	$-m\times r$	35	$-m\times r$	$m\times r$	r	56	$-m\times r$	$-r$	0
15	r	0	$-m\times r$	36	$-m\times r$	0	r	57	$-r$	$-m\times r$	$m\times r$
16	$m^2\times r$	r	$-m\times r$	37	0	$-m\times r$	r	58	$-m\times r$	$-r$	$m^2\times r$
17	$m\times r$	$m\times r$	$-r$	38	0	$-r$	$m\times r$	59	$-m\times r$	$-m\times r$	r
18	$m\times r$	0	$-r$	39	$m\times r$	$-m\times r$	r	60	$-m^2\times r$	$-r$	$m\times r$
19	0	r	$-m\times r$	40	$m^2\times r$	$-r$	$m\times r$	61	0	$-r$	0
20	0	$m\times r$	$-r$	41	r	$-m\times r$	$m\times r$				

表 4.2　Bezier 球曲面片表

球面曲面片编号	曲面片上的控制点索引号															
0	0	1	2	3	0	4	5	6	0	7	8	9	0	10	11	12
1	0	10	11	12	0	13	14	15	0	16	17	18	0	19	20	21
2	0	19	20	21	0	22	23	24	0	25	26	27	0	28	29	30
3	0	28	29	30	0	31	32	33	0	34	35	36	0	1	2	3
4	3	37	38	61	6	39	40	61	9	41	42	61	12	43	44	61
5	12	43	44	61	15	45	46	61	18	47	48	61	21	49	50	61
6	21	49	50	61	24	51	52	61	27	53	54	61	30	55	56	61
7	30	55	56	61	33	57	58	61	36	59	60	61	3	37	38	61

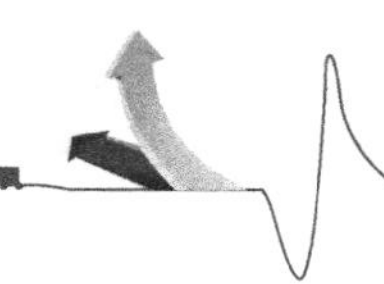

（2）算法设计

① 读入球面的全部 62 个控制点信息。

② 读入球面的全部 8 个面片信息。

③ 每 16 个控制点调用一次 CBicubicBezierPatcch 类，使用正交投影绘制一个双三次 Bezier 曲面片及其控制多边形。

④ 总共调用 8 次双三次 Bezier 曲面片，拼接为一个球体网格模型。

（3）代码实现

① 修改 CBicubicBezierPatch 类

将 CBicubicBezierPatch 类的投影方式由斜二测投影修改为正交投影，函数名为 OrthogonalProjection。

```
CP2 CBicubicBezierPatch::OrthogonalProjection(CP3 Point3)
{
    CP2 Point2;
    Point2.x=Point3.x;
    Point2.y=Point3.y;
    return Point2;
}
```

② 读入球面控制点表

在 CTestView 类内，定义 ReadVertex 函数，读入球面上全部 62 个控制点表。

```
void CTestView::ReadVertex(void)
{
    double r=200;                                         //球的半径
    const double m=0.5523;                                //魔术常数
    //第一卦限的控制点
    P[0].x = 0.0,      P[0].y = r,        P[0].z = 0.0;
    P[1].x = 0.0,      P[1].y = r,        P[1].z = m*r;
    P[2].x = 0.0,      P[2].y = m*r,      P[2].z = r;
    P[3].x = 0.0,      P[3].y = 0.0,      P[3].z = r;
    P[4].x = m*m*r,    P[4].y = r,        P[4].z = m*r;
    P[5].x = m*r,      P[5].y = m*r,      P[5].z = r;
    P[6].x = m*r,      P[6].y = 0.0,      P[6].z = r;
    P[7].x = m*r,      P[7].y = r,        P[7].z = m*m*r;
    P[8].x = r,        P[8].y = m*r,      P[8].z = m*r;
    P[9].x = r,        P[9].y = 0.0,      P[9].z = m*r;
    P[10].x = m*r,     P[10].y = r,       P[10].z = 0.0;
    P[11].x = r,       P[11].y = m*r,     P[11].z = 0.0;
    P[12].x = r,       P[12].y = 0.0,     P[12].z = 0.0;
    //第二卦限的控制点
    P[13].x = m*r,     P[13].y = r,       P[13].z = -m*m*r;
    P[14].x = r,       P[14].y = m*r,     P[14].z = -m*r;
    P[15].x = r,       P[15].y = 0.0,     P[15].z = -m*r;
    P[16].x = m*m*r,P[16].y = r,          P[16].z = -m*r;
    P[17].x = m*r,     P[17].y = m*r,     P[17].z = -r;
    P[18].x = m*r,     P[18].y = 0.0,     P[18].z = -r;
```

```
P[19].x = 0.0,      P[19].y = r,        P[19].z = -m*r;
P[20].x = 0.0,      P[20].y = m*r,      P[20].z = -r;
P[21].x = 0.0,      P[21].y = 0.0,      P[21].z = -r;
//第三卦限的控制点
P[22].x = -m*m*r, P[22].y = r,          P[22].z = -m*r;
P[23].x = -m*r,   P[23].y = m*r,        P[23].z = -r;
P[24].x = -m*r,   P[24].y = 0.0,        P[24].z = -r;
P[25].x = -m*r,   P[25].y = r,          P[25].z = -m*m*r;
P[26].x = -r,     P[26].y = m*r,        P[26].z = -m*r;
P[27].x = -r,     P[27].y = 0.0,        P[27].z = -m*r;
P[28].x = -m*r,   P[28].y = r,          P[28].z = 0.0;
P[29].x = -r,     P[29].y = m*r,        P[29].z = 0.0;
P[30].x = -r,     P[30].y = 0.0,        P[30].z = 0.0;
//第四卦限的控制点
P[31].x = -m*r,   P[31].y = r,          P[31].z = m*m*r;
P[32].x = -r,     P[32].y = m*r,        P[32].z = m*r;
P[33].x = -r,     P[33].y = 0.0,        P[33].z = m*r;
P[34].x = -m*m*r,P[34].y = r,           P[34].z = m*r;
P[35].x = -m*r,   P[35].y = m*r,        P[35].z = r;
P[36].x = -m*r,   P[36].y = 0.0,        P[36].z = r;
//第五卦限的控制点
P[37].x = 0.0,    P[37].y = -m*r,       P[37].z = r;
P[38].x = 0.0,    P[38].y = -r,         P[38].z = m*r;
P[39].x = m*r,    P[39].y =-m*r,        P[39].z = r;
P[40].x = m*m*r,  P[40].y = -r,         P[40].z = m*r;
P[41].x = r,      P[41].y = -m*r,       P[41].z = m*r;
P[42].x = m*r,    P[42].y = -r,         P[42].z = m*m*r;
P[43].x = r,      P[43].y = -m*r,       P[43].z = 0.0;
P[44].x = m*r,    P[44].y = -r,         P[44].z = 0.0;
//第六卦限的控制点
P[45].x = r,      P[45].y = -m*r,       P[45].z = -m*r;
P[46].x = m*r,    P[46].y = -r,         P[46].z = -m*m*r;
P[47].x = m*r,    P[47].y = -m*r,       P[47].z = -r;
P[48].x = m*m*r,  P[48].y = -r,         P[48].z = -m*r;
P[49].x = 0.0,    P[49].y = -m*r,       P[49].z = -r;
P[50].x = 0.0,    P[50].y = -r,         P[50].z = -m*r;
//第七卦限的控制点
P[51].x = -m*r,   P[51].y =-m*r,        P[51].z = -r;
P[52].x = -m*m*r,P[52].y = -r,          P[52].z = -m*r;
P[53].x = -r,     P[53].y =-m*r,        P[53].z = -m*r;
P[54].x = -m*r,   P[54].y = -r,         P[54].z = -m*m*r;
P[55].x = -r,     P[55].y = -m*r,       P[55].z = -0.0;
P[56].x = -m*r,   P[56].y = -r,         P[56].z = -0.0;
//第八卦限的控制点
P[57].x = -r,     P[57].y =-m*r,        P[57].z = m*r;
P[58].x = -m*r,   P[58].y = -r,         P[58].z = m*m*r;
P[59].x = -m*r,   P[59].y = -m*r,       P[59].z = r;
```

```
    P[60].x = –m*m*r,P[60].y = –r,       P[60].z = m*r;
    P[61].x = 0.0,    P[61].y = –r,       P[61].z = 0;
}
```

③ 读入球面曲面片表

在 CTestView 类内定义 ReadPatch 函数，读入球面上 8 个双三次曲面片，以及曲面片上的控制点索引号。

```
void CTestView::ReadPatch(void)
{
    //第一卦限的曲面片
    S[0].pNumber= 16;                                      //曲面片上控制点总数
    S[0].pIndex[0][0]=0;S[0].pIndex[0][1] = 1; S[0].pIndex[0][2] = 2; S[0].pIndex[0][3] = 3;
    S[0].pIndex[1][0]=0;S[0].pIndex[1][1] = 4; S[0].pIndex[1][2] = 5; S[0].pIndex[1][3] = 6;
    S[0].pIndex[2][0]=0;S[0].pIndex[2][1] = 7; S[0].pIndex[2][2] = 8; S[0].pIndex[2][3] = 9;
    S[0].pIndex[3][0]=0;S[0].pIndex[3][1] = 10;S[0].pIndex[3][2] = 11; S[0].pIndex[3][3] = 12;
    //第二卦限的曲面片
    S[1].pNumber = 16;
    S[1].pIndex[0][0] = 0;S[1].pIndex[0][1] = 10;S[1].pIndex[0][2] = 11; S[1].pIndex[0][3] = 12;
    S[1].pIndex[1][0] = 0;S[1].pIndex[1][1] = 13;S[1].pIndex[1][2] = 14; S[1].pIndex[1][3] = 15;
    S[1].pIndex[2][0] = 0;S[1].pIndex[2][1] = 16;S[1].pIndex[2][2] = 17; S[1].pIndex[2][3] = 18;
    S[1].pIndex[3][0] = 0;S[1].pIndex[3][1] = 19;S[1].pIndex[3][2] = 20; S[1].pIndex[3][3] = 21;
    //第三卦限的曲面片
    S[2].pNumber = 16;
    S[2].pIndex[0][0] = 0;S[2].pIndex[0][1] = 19;S[2].pIndex[0][2] = 20; S[2].pIndex[0][3] = 21;
    S[2].pIndex[1][0] = 0;S[2].pIndex[1][1] = 22;S[2].pIndex[1][2] = 23; S[2].pIndex[1][3] = 24;
    S[2].pIndex[2][0] = 0;S[2].pIndex[2][1] = 25;S[2].pIndex[2][2] = 26; S[2].pIndex[2][3] = 27;
    S[2].pIndex[3][0] = 0;S[2].pIndex[3][1] =28; S[2].pIndex[3][2] = 29; S[2].pIndex[3][3] = 30;
    //第四卦限的曲面片
    S[3].pNumber = 16;
    S[3].pIndex[0][0] = 0;S[3].pIndex[0][1] = 28;S[3].pIndex[0][2] = 29; S[3].pIndex[0][3] = 30;
    S[3].pIndex[1][0] = 0;S[3].pIndex[1][1] = 31;S[3].pIndex[1][2] = 32; S[3].pIndex[1][3] = 33;
    S[3].pIndex[2][0] = 0;S[3].pIndex[2][1] = 34;S[3].pIndex[2][2] = 35; S[3].pIndex[2][3] = 36;
    S[3].pIndex[3][0] = 0;S[3].pIndex[3][1] = 1; S[3].pIndex[3][2] = 2; S[3].pIndex[3][3] = 3;
    //第五卦限的曲面片
    S[4].pNumber = 16;
    S[4].pIndex[0][0] = 3; S[4].pIndex[0][1] = 37;S[4].pIndex[0][2] = 38; S[4].pIndex[0][3] = 61;
    S[4].pIndex[1][0] = 6; S[4].pIndex[1][1] = 39;S[4].pIndex[1][2] = 40; S[4].pIndex[1][3] = 61;
    S[4].pIndex[2][0] = 9; S[4].pIndex[2][1] = 41;S[4].pIndex[2][2] = 42; S[4].pIndex[2][3] = 61;
    S[4].pIndex[3][0] = 12;S[4].pIndex[3][1] = 43;S[4].pIndex[3][2] = 44; S[4].pIndex[3][3] = 61;
    //第六卦限的曲面片
    S[5].pNumber = 16;
    S[5].pIndex[0][0] = 12;S[5].pIndex[0][1] = 43;S[5].pIndex[0][2] = 44; S[5].pIndex[0][3] = 61;
    S[5].pIndex[1][0] = 15;S[5].pIndex[1][1] = 45;S[5].pIndex[1][2] = 46; S[5].pIndex[1][3] = 61;
    S[5].pIndex[2][0] = 18;S[5].pIndex[2][1] = 47;S[5].pIndex[2][2] = 48; S[5].pIndex[2][3] = 61;
    S[5].pIndex[3][0] = 21;S[5].pIndex[3][1] = 49;S[5].pIndex[3][2] = 50; S[5].pIndex[3][3] = 61;
    //第七卦限的曲面片
    S[6].pNumber = 16;
```

```
        S[6].pIndex[0][0] = 21;S[6].pIndex[0][1] = 49;S[6].pIndex[0][2] = 50; S[6].pIndex[0][3] = 61;
        S[6].pIndex[1][0] = 24;S[6].pIndex[1][1] = 51;S[6].pIndex[1][2] = 52; S[6].pIndex[1][3] = 61;
        S[6].pIndex[2][0] = 27;S[6].pIndex[2][1] = 53;S[6].pIndex[2][2] = 54; S[6].pIndex[2][3] = 61;
        S[6].pIndex[3][0] = 30;S[6].pIndex[3][1] = 55;S[6].pIndex[3][2] = 56; S[6].pIndex[3][3] = 61;
        //第八卦限的曲面片
        S[7].pNumber = 16;
        S[7].pIndex[0][0] =30;S[7].pIndex[0][1] = 55;S[7].pIndex[0][2] = 56; S[7].pIndex[0][3] = 61;
        S[7].pIndex[1][0] =33;S[7].pIndex[1][1] = 57;S[7].pIndex[1][2] = 58; S[7].pIndex[1][3] = 61;
        S[7].pIndex[2][0] =36;S[7].pIndex[2][1] = 59;S[7].pIndex[2][2] = 60; S[7].pIndex[2][3] = 61;
        S[7].pIndex[3][0] = 3;S[7].pIndex[3][1] = 37;S[7].pIndex[3][2] = 38; S[7].pIndex[3][3] = 61;
}
```

④ 绘制球面网格模型及控制网格

循环访问 8 个曲面片，依次取出每个曲面片上的控制点。调用双三次曲面类 CBicubicBezierPatch 绘制曲面片网格及控制点网格。球体效果如图 4.27 所示。

```
void CTestView::DrawGraph(CDC* pDC)
{
    for (int nPatch=0; nPatch<8; nPatch++)
    {
        for (int i=0; i<4; i++)
            for (int j=0; j<4; j++)
                P3[i][j]=P[S[nPatch].pIndex[i][j]];
        pat[nPatch].ReadControlPoint(P3);
    }
    for(int i=0;i<8;i++)
    {
        patch[i].DrawCurvedPatch(pDC);            //绘制曲面片
        patch[i].DrawControlGrid(pDC);            //绘制曲面片控制网格
    }
}
```

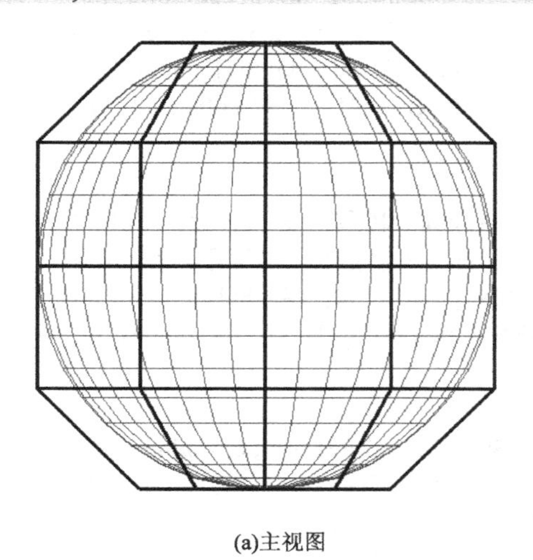

(a)主视图

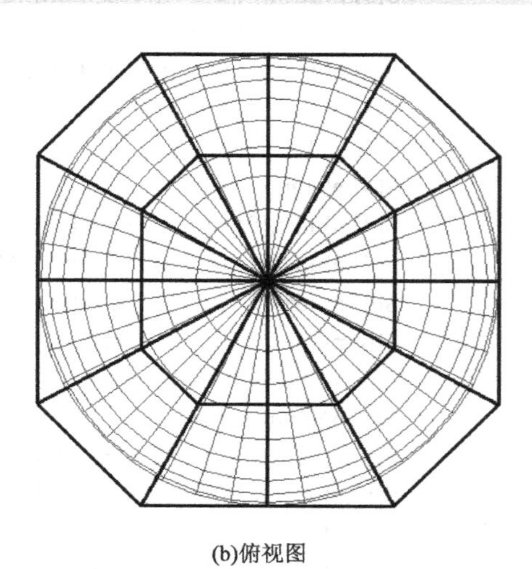

(b)俯视图

图 4.27　使用 8 片双三次 Bezier 曲面拼接的球体网格模型

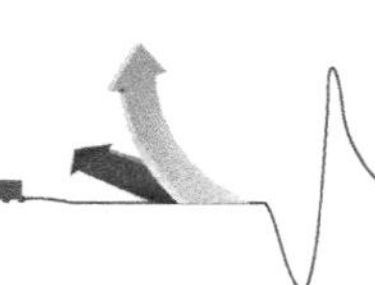

4.6　双三次 Bezier 曲面片绘制犹他茶壶

犹他茶壶（Utah teapot）是 1975 年由美国犹他大学（University of Utah）的 Martin Newell 发明，故也称为 Newell teapot。犹他茶壶是计算机界广泛采用的标准参考对象。在 OpenGL 中提供了专门绘制茶壶函数：glutWireTeapot 函数可以绘制茶壶的线框模型，glutSolidTeapot 函数可以绘制茶壶的实体模型。3DS 中也提供了茶壶的几何模型。这些建模工具提供的茶壶作为一个整体模型可以直接使用，但无法对其进行修改，比如只绘制壶嘴是无法完成的。

20 世纪 70 年代，犹他大学开发了一批渲染算法，而这些算法所能显示的几何模型却十分匮乏。厌倦了描述立方体、球体等规则物体后，人们开始关注不规则物体。1971 年，图形学之父 Ivan E.Sutherland 对甲壳虫（Volkswagen Beetle）汽车进行了数字化，如图 4.28 所示。1975 年，Martin Newell 对放在办公桌上的茶壶进行了数字化，使用网格纸绘制了茶壶的草图，并估算了三次 Bezier 曲线的控制点。Newell 绘制的茶壶原型，现在保存在美国 California 州的计算机历史博物馆（ Computer History Museum）内，如图 4.29 所示。茶壶分为壶边（Rim）、壶体（Body）、壶柄（Handle）、壶嘴（Spout）、壶盖（Lid）和壶底（Bottom）六部分，如图 4.30 所示。需要说明的是，Newell 给出的原始茶壶模型并未设计壶底。

1987 年 1 月，Frank Crow 在 IEEE 杂志 *Computer Graphics & Application* 上发表了 *Displays on Display* 一文，公布了茶壶几何模型数据。犹他茶壶由 32 个双三次 Bezier 曲面片组成，控制点总数为 306 个。犹他茶壶的控制点表与曲面片表见表 4.3 和表 4.4。

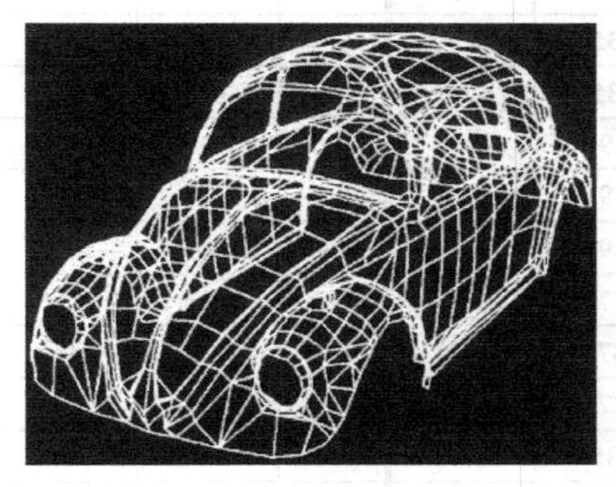

(a)线框模型

(b)表面模型

图 4.28　甲壳虫汽车数字化模型

图 4.29　犹他茶壶原型

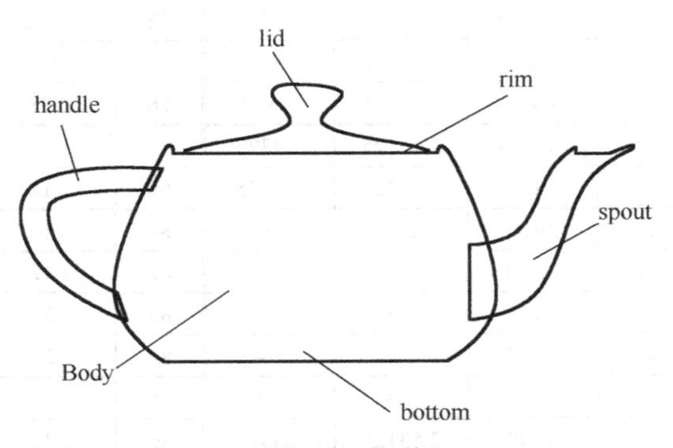

图 4.30　茶壶部件说明

表 4.3　犹他茶壶控制点表

序号	X	Y	Z	序号	X	Y	Z	序号	X	Y	Z
0	1.4	2.4	0	44	0.805	2.53126	1.4375	88	1.5	0.225	0
1	1.4	2.4	–0.784	45	1.4375	2.53125	0.805	89	1.5	0.225	–0.84
2	0.784	2.4	–1.4	46	0.84	2.4	1.5	90	0.84	0.225	–1.5
3	0	2.4	–1.4	47	1.5	2.4	0.84	91	0	0.225	–1.5
4	1.3376	2.53125	0	48	1.75	1.875	0	92	1.5	0.15	0
5	1.3376	2.53125	–0.749	49	1.75	1.875	–0.98	93	1.5	0.15	–0.84
6	0.749	2.53125	–1.3375	50	0.98	1.875	–1.75	94	0.84	0.15	–1.5
7	0	2.53125	–1.3375	51	0	1.875	–1.75	95	0	0.15	–1.5
8	1.4375	2.53125	0	52	2	1.35	0	96	–1.12	0.45	–2
9	1.4375	2.53125	–0.805	53	2	1.35	–1.12	97	–2	0.45	–1.12
10	0.805	2.53125	–1.4375	54	1.12	1.35	–2	98	–2	0.45	0
11	0	2.53125	–1.4375	55	0	1.35	–2	99	–0.84	0.225	–1.5
12	1.5	2.4	0	56	2	0.9	0	100	–1.5	0.225	–0.84
13	1.5	2.4	–0.84	57	2	0.9	–1.12	101	–1.5	0.225	0
14	0.84	2.4	–1.5	58	1.12	0.9	–2	102	–0.84	0.15	–1.5
15	0	2.4	–1.5	59	0	0.9	–2	103	–1.5	0.15	–0.84
16	–0.784	2.4	–1.4	60	–0.98	1.875	–1.75	104	–1.5	0.15	0
17	–1.4	2.4	–0.784	61	–1.75	1.875	–0.98	105	–2	0.45	1.12
18	–1.4	2.4	0	62	–1.75	1.875	0	106	–1.12	0.45	2
19	-0.749	2.53125	–1.3375	63	–1.12	1.35	–2	107	0	0.45	2
20	–1.3376	2.53125	–0.749	64	–2	1.35	–1.12	108	–1.5	0.225	0.84
21	–1.3375	2.53125	0	65	–2	1.35	0	109	–0.84	0.225	1.5
22	–0.805	2.53125	–1.4375	66	–1.12	0.9	–2	110	0	0.225	1.5
23	–1.4375	2.53125	–0.805	67	–2	0.9	–1.12	111	–1.5	0.15	0.84
24	–1.4375	2.53125	0	68	–2	0.9	0	112	–0.84	0.15	1.5
25	–0.84	2.4	–1.5	69	–1.75	1.875	0.98	113	0	0.15	1.5
26	–1.5	2.4	–0.84	70	–0.98	1.875	1.75	114	1.12	0.45	2
27	–1.5	2.4	0	71	0	1.875	1.75	115	2	0.45	1.12
28	–1.4	2.4	0.784	72	–2	1.35	1.12	116	0.84	0.225	1.5
29	–0.784	2.4	1.4	73	–1.12	1.35	2	117	1.5	0.225	0.84
30	0	2.4	1.4	74	0	1.35	2	118	0.84	0.15	1.5
31	–1.3375	2.53125	0.749	75	–2	0.9	1.12	119	1.5	0.15	0.84
32	–0.749	2.53125	1.3375	76	–1.12	0.9	2	120	–1.6	2.025	0
33	0	2.53125	1.3375	77	0	0.9	2	121	–1.6	2.025	–0.3
34	–1.4375	2.53125	0.805	78	0.98	1.875	1.75	122	–1.5	2.25	–0.3
35	–0.805	2.53125	1.4375	79	1.75	1.875	0.98	123	–1.5	2.25	0
36	0	2.53125	1.4375	80	1.12	1.35	2	124	–2.3	2.025	0
37	–1.5	2.4	0.84	81	2	1.35	1.12	125	–2.3	2.025	–0.3
38	–0.84	2.4	1.5	82	1.12	0.9	2	126	–2.5	2.25	–0.3
39	0	2.4	1.5	83	2	0.9	1.12	127	–2.5	2.25	0
40	0.784	2.4	1.4	84	2	0.45	0	128	–2.7	2.025	0
41	1.4	2.4	0.784	85	2	0.45	–1.12	129	–2.7	2.025	–0.3
42	0.749	2.53125	1.3375	86	1.12	0.45	–2	130	–3	2.25	–0.3
43	1.3375	2.53126	0.749	87	0	0.45	–2	131	–3	2.25	0

续表

序号	X	Y	Z	序号	X	Y	Z	序号	X	Y	Z
132	−2.7	1.8	0	176	3.3	2.4	0	220	0.2	2.7	−0.112
133	−2.7	1.8	−0.3	177	1.7	0.6	0.66	221	−0.2	2.7	0
134	−3	1.8	−0.3	178	1.7	1.425	0.66	222	0	3.15	0.002
135	−3	1.8	0	179	3.1	0.825	0.66	223	−0.8	3.15	0.45
136	−1.5	2.25	0.3	180	2.6	1.425	0.66	224	−0.45	3.15	0.8
137	−1.6	2.025	0.3	181	2.4	2.025	0.25	225	0	3.15	0.8
138	−2.5	2.25	0.3	182	2.3	2.1	0.25	226	−0.2	2.7	0.112
139	−2.3	2.025	0.3	183	3.3	2.4	0.25	227	−0.112	2.7	0.2
140	−3	2.25	0.3	184	2.7	2.4	0.25	228	0	2.7	0.2
141	−2.7	2.025	0.3	185	2.8	2.475	0	229	0.45	3.15	0.8
142	−3	1.8	0.3	186	2.8	2.475	−0.25	230	0.8	3.15	0.45
143	−2.7	1.8	0.3	187	3.525	2.49375	−0.25	231	0.112	2.7	0.2
144	−2.7	1.575	0	188	3.525	2.49375	0	232	0.2	2.7	0.112
145	−2.7	1.575	−0.3	189	2.9	2.475	0	233	0.4	2.55	0
146	−3	1.35	−0.3	190	2.9	2.475	−0.15	234	0.4	2.55	−0.224
147	−3	1.35	0	191	3.45	2.5125	−0.15	235	0.224	2.55	−0.4
148	−2.5	1.125	0	192	3.45	2.5125	0	236	0	2.55	−0.4
149	−2.5	1.125	−0.3	193	2.8	2.4	0	237	1.3	2.55	0
150	−2.65	0.9375	−0.3	194	2.8	2.4	−0.15	238	1.3	2.55	−0.728
151	−2.65	0.9375	0	195	3.2	2.4	−0.15	239	0.728	2.55	−1.3
152	−2	0.9	−0.3	196	3.2	2.4	0	240	0	2.55	−1.3
153	−1.9	0.6	−0.3	197	3.525	2.49375	0.25	241	1.3	2.4	0
154	−1.9	0.6	0	198	2.8	2.475	0.25	242	1.3	2.4	−0.728
155	−3	1.35	0.3	199	3.45	2.5125	0.15	243	0.728	2.4	−1.3
156	−2.7	1.575	0.3	200	2.9	2.475	0.15	244	0	2.4	−1.3
157	−2.65	0.9375	0.3	201	3.2	2.4	0.15	245	−0.224	2.55	−0.4
158	−2.5	1.125	0.3	202	2.8	2.4	0.15	246	−0.4	2.55	−0.224
159	−1.9	0.6	0.3	203	0	3.15	0	247	−0.4	2.55	0
160	−2	0.9	0.3	204	0	3.15	−0.002	248	−0.728	2.55	−1.3
161	1.7	1.425	0	205	0.002	3.15	0	249	−1.3	2.55	−0.728
162	1.7	1.425	−0.66	206	0.8	3.15	0	250	−1.3	2.55	0
163	1.7	0.6	−0.66	207	0.8	3.15	−0.45	251	−0.728	2.4	−1.3
164	1.7	0.6	0	208	0.45	3.15	−0.8	252	−1.3	2.4	−0.728
165	2.6	1.425	0	209	0	3.15	−0.8	253	−1.3	2.4	0
166	2.6	1.425	−0.66	210	0	2.85	0	254	−0.4	2.55	0.224
167	3.1	0.825	−0.66	211	0.2	2.7	0	255	−0.224	2.55	0.4
168	3.1	0.825	0	212	0.2	2.7	−0.112	256	0	2.55	0.4
169	2.3	2.1	0	213	0.112	2.7	−0.2	257	−1.3	2.55	0.728
170	2.3	2.1	−0.25	214	0	2.7	−0.2	258	−0.728	2.55	1.3
171	2.4	2.025	−0.25	215	−0.002	3.15	0	259	0	2.55	1.3
172	2.4	2.025	0	216	−0.45	3.15	−0.8	260	−1.3	2.4	0.728
173	2.7	2.4	0	217	−0.8	3.15	−0.45	261	−0.728	2.4	1.3
174	2.7	2.4	−0.25	218	−0.8	3.15	0	262	0	2.4	1.3
175	3.3	2.4	−0.25	219	−0.112	2.7	−0.2	263	0.224	2.55	0.4

续表

序号	X	Y	Z	序号	X	Y	Z	序号	X	Y	Z
264	0.4	2.55	0.224	278	1.425	0	0	292	–0.84	0.15	–1.5
265	0.728	2.55	1.3	279	1.425	0	0.798	293	0	0.15	–1.5
266	1.3	2.55	0.728	280	0.798	0	1.425	294	–1.5	0.075	–0.84
267	0.728	2.4	1.3	281	0	0	1.425	295	–0.84	0.075	–1.5
268	1.3	2.4	0.728	282	–0.84	0.15	1.5	296	0	0.075	–1.5
269	0	0	0	283	–1.5	0.15	0.84	297	–1.425	0	–0.798
270	1.5	0.15	0	284	–1.5	0.15	0	298	–0.798	0	–1.425
271	1.5	0.15	0.84	285	–0.84	0.075	1.5	399	0	0	–1.425
272	0.84	0.15	1.5	286	–1.5	0.075	0.84	300	0.84	0.15	–1.5
273	0	0.15	1.5	287	–1.5	0.075	0	301	1.5	0.15	–0.84
274	1.5	0.075	0	288	–0.798	0	1.425	302	0.84	0.075	–1.5
275	1.5	0.075	0.84	289	–1.425	0	0.798	303	1.5	0.075	–0.84
276	0.84	0.075	1.5	290	–1.425	0	0	304	0.798	0	–1.425
277	0	0.075	1.5	291	–1.5	0.15	–0.84	305	1.425	0	–0.798

表 4.4　犹他茶壶曲面片表

壶边																	
	0	1	2	3	4	5	6	7	8	9	10	11	12	13	14	15	16
	1	4	17	18	19	8	20	21	22	12	23	24	25	16	26	27	28
	2	19	29	30	31	22	32	33	34	25	35	36	37	28	38	39	40
	3	31	41	42	1	34	43	44	5	37	45	46	9	40	47	48	13
壶体																	
	4	13	14	15	16	49	50	51	52	53	54	55	56	57	58	59	60
	5	16	26	27	28	52	61	62	63	56	64	65	66	60	67	68	69
	6	28	38	39	40	63	70	71	72	66	73	74	75	69	76	77	78
	7	40	47	48	13	72	79	80	49	75	81	82	53	78	83	84	57
	8	57	58	59	60	85	86	87	88	89	90	91	92	93	94	95	96
	9	60	67	68	69	88	97	98	99	92	100	101	102	96	103	104	105
	10	69	76	77	78	99	106	107	108	102	109	110	111	105	112	113	114
	11	78	83	84	57	108	115	116	85	111	117	118	89	114	119	120	93
壶柄																	
	12	121	122	123	124	125	126	127	128	129	130	131	132	133	134	135	136
	13	124	137	138	121	128	139	140	125	132	141	142	129	136	143	144	133
	14	133	134	135	136	145	146	147	148	149	150	151	152	69	153	154	155
	15	136	143	144	133	148	156	157	145	152	158	159	149	155	160	161	69
壶嘴																	
	16	162	163	164	165	166	167	168	169	170	171	172	173	174	175	176	177
	17	165	178	179	162	169	180	181	166	173	182	183	170	177	184	185	174
	18	174	175	176	177	186	187	188	189	190	191	192	193	194	195	196	197
	19	177	184	185	174	189	198	199	186	193	200	201	190	197	202	203	194
壶盖																	
	20	204	204	204	204	207	208	209	210	211	211	211	211	212	213	214	215
	21	204	204	204	204	210	217	218	219	211	211	211	211	215	220	221	222
	22	204	204	204	204	219	224	225	226	211	211	211	211	222	227	228	229

续表

壶盖																	
	23	204	204	204	204	226	230	231	207	211	211	211	211	229	232	233	212
	24	212	213	214	215	234	235	236	237	238	239	240	241	242	243	244	245
	25	215	220	221	222	237	246	247	248	241	249	250	251	245	252	253	254
	26	222	227	228	229	248	255	256	257	251	258	259	260	254	261	262	263
	27	229	232	233	212	257	264	265	234	260	266	267	238	263	268	269	242
壶底																	
	28	270	270	270	270	279	280	281	282	275	276	277	278	271	272	273	274
	29	270	270	270	270	282	289	290	291	278	286	287	288	274	283	284	285
	30	270	270	270	270	291	298	299	300	288	295	296	297	285	292	293	294
	31	270	270	270	270	300	305	306	279	297	303	304	275	294	301	302	271

4.6.1 犹他茶壶整体轮廓线

1987 年 9 月，James E Blinn 在 *Computer Graphics & Application* 上发表了 *What, Teapots Again?*一文，进一步详细研究了茶壶的各个部件。犹他茶壶的整体轮廓线如图 4.31 所示，图中直线为控制网格。

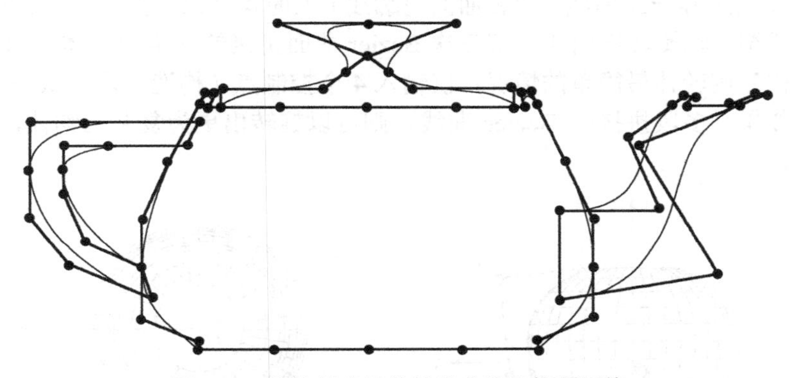

图 4.31 犹他茶壶整体轮廓曲线及控制网格

4.6.2 三维旋转体的生成原理

茶壶曲面分为旋转体与非旋转体。壶边、壶体、壶盖、壶底为旋转体，但壶柄、壶嘴为非旋转体。本节先研究旋转体算法。

在 xOz 坐标系内，基于四段三次 Bezier 曲线可以构造圆。同理，在三维坐标系 $Oxyz$ 内，绕 y 轴拼接 4 片双三次 Bezier 曲面，就可构成一个简单的旋转体。

1. 开发三次 Bezier 曲线的控制点测量工具

选择一个旋转体，如罐子、花瓶等，拍摄正投影照片。将其导入窗口客户区中心。建立自定义坐标系，原点位于客户区中心，x 轴水平向右为正，y 轴垂直向上为正。在客户区输出 4 个控制点的三次 Bezier 曲线测量工具（以下简称测量工具），控制多边形用蓝色线条绘制，三次 Bezier 曲线用红色曲线绘制。按下鼠标左键可以移动测量工具的任一控制点，调整控制点位置使得红色曲线与物体照片的某一轮廓线重合。移动鼠标到测量工具的控制点上，会自动显示该点的二维坐标值，从而可以获得模拟该段曲线的 4 个控制点坐标，如图 4.32 所示。

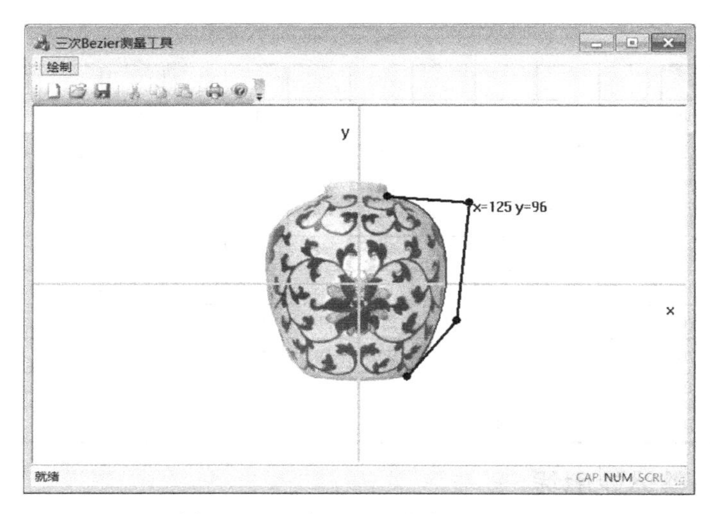

图 4.32　三次 Bezier 曲线测量工具

2．定义旋转体类

估算出一段三次 Bezier 曲线（代表曲面轮廓线）上的 4 个二维控制点 P_0, P_1, P_2, P_3 后，就可以将该轮廓线绕 y 轴旋转出由 4 片双三次 Bezier 曲面拼接的三维旋转体，如图 4.33 所示。这里讲解的是构建旋转体最简单的情况：仅输入 4 个控制点（构造一段三次曲线），然后将其旋转为曲面。如果是多段拼接的 Bezier 曲线，则可以旋转出更为复杂的物体，只是多次调用旋转体类而已。

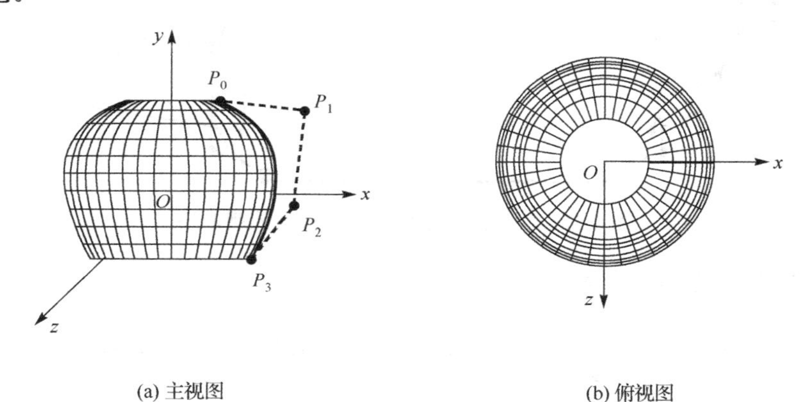

(a) 主视图　　(b) 俯视图

图 4.33　将一段二维三次 Bezier 曲线旋转为一个曲面体

例 4.6　将一段位于 xOy 面内的三次 Bezier 曲线旋转为曲面体。已知 4 个控制点为 $P_0(50, 100)$, $P_1(150, 70)$, $P_2(120, -30)$, $P_3(90, -80)$。请给出旋转面的 64 个控制点表并编程实现。

旋转面一圈需要 4 个双三次曲面片，每个面片有 16 个控制点，共计 64 个控制点。定义旋转体类 CRevolution 如下。

```
#include"BicubicBezierPatch.h"
class CRevolution                                    //旋转体类
{
public:
    CRevolution(void);
```

```
        virtual ~CRevolution(void);
        void ReadCubicBezierControlPoint(CP3* ctrP);        //读入 4 个二维控制点
        void ReadVertex(void);                              //读入旋转体控制多边形顶点
        void ReadPatch(void);                               //读入旋转体双三次曲面片
        void DrawRevolutionSurface(CDC* pDC);               //绘制旋转体曲面
public:
        CP3 V[64];                                          //旋转曲面总顶点数
private:
        CP3 P[4];                                           //来自曲线的 4 个三维控制点
        CPatchS[4];                                         //旋转体曲面总面数，一圈 4 个面
        CP3 P3[4][4];                                       //单个双三次曲面片的三维控制点
       CBicubicBezierPatch surf;                            //声明双三次 Bezier 曲面片对象
};
CRevolution::CRevolution(void)
{
}
CRevolution::~CRevolution(void)
{
}
void CRevolution::ReadCubicBezierControlPoint(CP3* ctrP)
                                                            //三次 Bezier 曲线 4 个控制点初始化
{
        for (int i = 0; i < 4; i++)
                P[i] = ctrP[i];
                                                            //读入旋转体的数据结构
        ReadVertex();
        ReadPatch();
}
void CRevolution::ReadVertex(void)                          //读入旋转体的所有控制点
{
        const double m = 0.5523;                            //魔术常数
        //第一块曲面片
        V[0].x = P[0].x, V[0].y = P[0].y, V[0].z = P[0].z;
        V[1].x = P[1].x, V[1].y = P[1].y, V[1].z = P[1].z;
        V[2].x = P[2].x, V[2].y = P[2].y, V[2].z = P[2].z;
        V[3].x = P[3].x, V[3].y = P[3].y, V[3].z = P[3].z;
        V[4].x = V[0].x, V[4].y = V[0].y, V[4].z = V[0].x*m;
        V[5].x = V[1].x, V[5].y = V[1].y, V[5].z = V[1].x*m;
        V[6].x = V[2].x, V[6].y = V[2].y, V[6].z = V[2].x*m;
        V[7].x = V[3].x, V[7].y = V[3].y, V[7].z = V[3].x*m;
        V[8].x = V[0].x*m, V[8].y = V[0].y, V[8].z = V[0].x;
        V[9].x = V[1].x*m, V[9].y = V[1].y, V[9].z = V[1].x;
        V[10].x =V[2].x*m, V[10].y = V[2].y, V[10].z = V[2].x;
        V[11].x =V[3].x*m, V[11].y = V[3].y, V[11].z = V[3].x;
        V[12].x = V[0].z, V[12].y = V[0].y, V[12].z = V[0].x;
        V[13].x = V[1].z, V[13].y = V[1].y, V[13].z = V[1].x;
        V[14].x = V[2].z, V[14].y = V[2].y, V[14].z = V[2].x;
```

```
V[15].x = V[3].z,    V[15].y = V[3].y, V[15].z = V[3].x;
//第二块曲面片
V[16].x = V[0].z, V[16].y = V[0].y, V[16].z = V[0].x;
V[17].x = V[1].z, V[17].y = V[1].y, V[17].z = V[1].x;
V[18].x = V[2].z, V[18].y = V[2].y, V[18].z = V[2].x;
V[19].x = V[3].z, V[19].y = V[3].y, V[19].z = V[3].x;
V[20].x =−V[0].x*m, V[20].y = V[0].y, V[20].z = V[0].x;
V[21].x =−V[1].x*m, V[21].y = V[1].y, V[21].z = V[1].x;
V[22].x =−V[2].x*m, V[22].y = V[2].y, V[22].z = V[2].x;
V[23].x =−V[3].x*m, V[23].y = V[3].y, V[23].z = V[3].x;
V[24].x =−V[0].x, V[24].y = V[0].y, V[24].z = V[0].x*m;
V[25].x =−V[1].x, V[25].y = V[1].y, V[25].z = V[1].x*m;
V[26].x =−V[2].x, V[26].y = V[2].y, V[26].z = V[2].x*m;
V[27].x =−V[3].x, V[27].y = V[3].y, V[27].z = V[3].x*m;
V[28].x =−V[0].x, V[28].y = V[0].y, V[28].z = V[0].z;
V[29].x =−V[1].x, V[29].y = V[1].y, V[29].z = V[1].z;
V[30].x =−V[2].x, V[30].y = V[2].y, V[30].z = V[2].z;
V[31].x =−V[3].x, V[31].y = V[3].y, V[31].z = V[3].z;
//第三块曲面片
V[32].x = −V[0].x, V[32].y = V[0].y, V[32].z = V[0].z;
V[33].x = −V[1].x, V[33].y = V[1].y, V[33].z = V[1].z;
V[34].x = −V[2].x, V[34].y = V[2].y, V[34].z = V[2].z;
V[35].x = −V[3].x, V[35].y = V[3].y, V[35].z = V[3].z;
V[36].x = −V[0].x, V[36].y = V[0].y, V[36].z = −V[0].x*m;
V[37].x = −V[1].x, V[37].y = V[1].y, V[37].z = −V[1].x*m;
V[38].x = −V[2].x, V[38].y = V[2].y, V[38].z = −V[2].x*m;
V[39].x = −V[3].x, V[39].y = V[3].y, V[39].z = −V[3].x*m;
V[40].x = −V[0].x*m, V[40].y = V[0].y, V[40].z = −V[0].x;
V[41].x = −V[1].x*m, V[41].y = V[1].y, V[41].z = −V[1].x;
V[42].x = −V[2].x*m, V[42].y = V[2].y, V[42].z = −V[2].x;
V[43].x = −V[3].x*m, V[43].y = V[3].y, V[43].z = −V[3].x;
V[44].x = V[0].z, V[44].y = V[0].y, V[44].z = −V[0].x;
V[45].x = V[1].z, V[45].y = V[1].y, V[45].z = −V[1].x;
V[46].x = V[2].z, V[46].y = V[2].y, V[46].z = −V[2].x;
V[47].x = V[3].z, V[47].y = V[3].y, V[47].z = −V[3].x;
//第四块曲面片
V[48].x = V[0].z, V[48].y = V[0].y, V[48].z = −V[0].x;
V[49].x = V[1].z, V[49].y = V[1].y, V[49].z = −V[1].x;
V[50].x = V[2].z, V[50].y = V[2].y, V[50].z = −V[2].x;
V[51].x = V[3].z, V[51].y = V[3].y, V[51].z = −V[3].x;
V[52].x = V[0].x*m, V[52].y = V[0].y, V[52].z = −V[0].x;
V[53].x = V[1].x*m, V[53].y = V[1].y, V[53].z = −V[1].x;
V[54].x = V[2].x*m, V[54].y = V[2].y, V[54].z = −V[2].x;
V[55].x = V[3].x*m, V[55].y = V[3].y, V[55].z = −V[3].x;
V[56].x = V[0].x, V[56].y = V[0].y, V[56].z = −V[0].x*m;
V[57].x = V[1].x, V[57].y = V[1].y, V[57].z = −V[1].x*m;
V[58].x = V[2].x, V[58].y = V[2].y, V[58].z = −V[2].x*m;
```

```
        V[59].x = V[3].x, V[59].y = V[3].y, V[59].z = -V[3].x*m;
        V[60].x = V[0].x, V[60].y = V[0].y, V[60].z = V[0].z;
        V[61].x = V[1].x, V[61].y = V[1].y, V[61].z = V[1].z;
        V[62].x = V[2].x, V[62].y = V[2].y, V[62].z = V[2].z;
        V[63].x = V[3].x, V[63].y = V[3].y, V[63].z = V[3].z;
    }
    void CRevolution::ReadPatch(void)                               //曲面片表
    {
        //第一卦限曲面片
        S[0].pNumber = 16;
        S[0].pIndex[0][0] = 0; S[0].pIndex[0][1] = 4; S[0].pIndex[0][2] = 8; S[0].pIndex[0][3] = 12;
        S[0].pIndex[1][0] = 1; S[0].pIndex[1][1] = 5; S[0].pIndex[1][2] = 9; S[0].pIndex[1][3] = 13;
        S[0].pIndex[2][0] = 2; S[0].pIndex[2][1] = 6; S[0].pIndex[2][2] = 10; S[0].pIndex[2][3] = 14;
        S[0].pIndex[3][0] = 3; S[0].pIndex[3][1] = 7; S[0].pIndex[3][2] = 11; S[0].pIndex[3][3] = 15;
        //第二卦限曲面片
        S[1].pNumber = 16;
        S[1].pIndex[0][0] = 16; S[1].pIndex[0][1] = 20; S[1].pIndex[0][2] = 24; S[1].pIndex[0][3] = 28;
        S[1].pIndex[1][0] = 17; S[1].pIndex[1][1] = 21; S[1].pIndex[1][2] = 25; S[1].pIndex[1][3] = 29;
        S[1].pIndex[2][0] = 18; S[1].pIndex[2][1] = 22; S[1].pIndex[2][2] = 26; S[1].pIndex[2][3] = 30;
        S[1].pIndex[3][0] = 19; S[1].pIndex[3][1] = 23; S[1].pIndex[3][2] = 27; S[1].pIndex[3][3] = 31;
        //第三卦限曲面片
        S[2].pNumber = 16;
        S[2].pIndex[0][0] = 32; S[2].pIndex[0][1] = 36; S[2].pIndex[0][2] = 40; S[2].pIndex[0][3] = 44;
        S[2].pIndex[1][0] = 33; S[2].pIndex[1][1] = 37; S[2].pIndex[1][2] = 41; S[2].pIndex[1][3] = 45;
        S[2].pIndex[2][0] = 34; S[2].pIndex[2][1] = 38; S[2].pIndex[2][2] = 42; S[2].pIndex[2][3] = 46;
        S[2].pIndex[3][0] = 35; S[2].pIndex[3][1] = 39; S[2].pIndex[3][2] = 43; S[2].pIndex[3][3] = 47;
        //第四卦限曲面片
        S[3].pNumber = 16;
        S[3].pIndex[0][0] = 48; S[3].pIndex[0][1] = 52; S[3].pIndex[0][2] = 56; S[3].pIndex[0][3] = 60;
        S[3].pIndex[1][0] = 49; S[3].pIndex[1][1] = 53; S[3].pIndex[1][2] = 57; S[3].pIndex[1][3] = 61;
        S[3].pIndex[2][0] = 50; S[3].pIndex[2][1] = 54; S[3].pIndex[2][2] = 58; S[3].pIndex[2][3] = 62;
        S[3].pIndex[3][0] = 51; S[3].pIndex[3][1] = 55; S[3].pIndex[3][2] = 59; S[3].pIndex[3][3] = 63;
    }
    void CRevolution::DrawRevolutionSurface(CDC* pDC)           //绘制旋转体曲面
    {
        for (int nPatch=0;nPatch<4;nPatch++)
        {
            for (int i=0;i<4;i++)
                for (int j=0;j<4;j++)
                    P3[i][j] = V[S[nPatch].pIndex[i][j]];
            surf.ReadControlPoint(P3);
            surf.DrawCurvedPatch(pDC);
            surf.DrawControlGrid(pDC);
        }
    }
```

定义 CRevolution 类的成员函数 ReadCubicBezierControlPoint 负责读入 4 个三维控制点，这 4 个控制点位于物体在 xOy 面内的廓线上，因此其 z 坐标为 0，其实就是二维控制点。三维

控制点数组名为 P。每个旋转体由 4 片双三次 Bezier 曲面构成。每片曲面有 16 个点控制点，旋转体共有 64 个控制点。旋转体控制点数组名为 V。曲面片数组名为 S。P3 为每个曲面上的 16 个控制点数组名。ReadVertex 函数根据读入的物体轮廓线上的 4 个三维控制点 P_0, P_1, P_2 和 P_3，构造旋转体上的 64 个控制点 $V_0, V_1,\cdots, V_{63}$。

4.6.3 绘制壶体

1. 壶体轮廓线

这里的壶体包括 Rim 和 Body。其右侧轮廓线（Outline）由三段 Bezier 曲线组成，包括一段 Rim 轮廓线与两段 Body 轮廓线。轮廓线的 10 个控制点见表 4.5。其中 P_0, P_1, P_2, P_3 为第 1 段控制点，用于绘制壶边轮廓线；P_3, P_4, P_5, P_6 为第 2 段控制点，用于绘制壶体上部轮廓线；P_6, P_7, P_8, P_9 为第 3 段控制点，用于绘制壶体下部轮廓线。控制点 P_2, P_3, P_4 共线，控制点 P_5, P_6, P_7 也共线，确保了三段 Bezier 曲线拼接后光滑连接。图 4.34 为壶体侧面轮廓线的拼接效果图。

表 4.5　壶体轮廓线的控制点

序　号	x	y
0	1.4	2.25
1	1.3375	2.38125
2	1.4375	2.38125
3	1.5	2.25
4	1.75	1.725
5	2.0	1.2
6	2.0	0.75
7	2.0	0.3
8	1.5	0.075
9	1.5	0.0

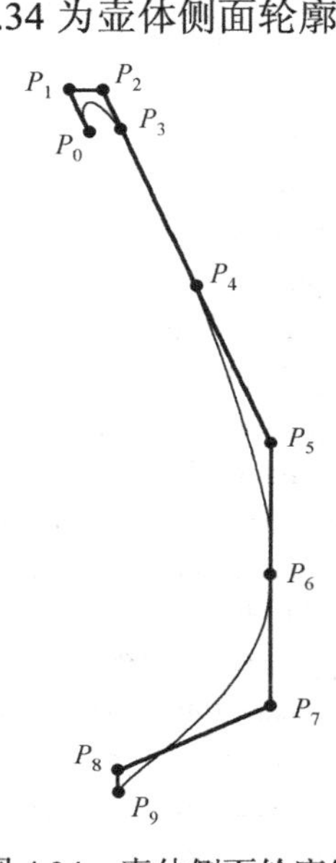

图 4.34　壶体侧面轮廓线

2. 算法

读入表 4.5，分三次调用旋转体类 CRevolution 绘制壶体曲面。图 4.35(a)和图 4.35(b)为壶体的主视图和俯视图。

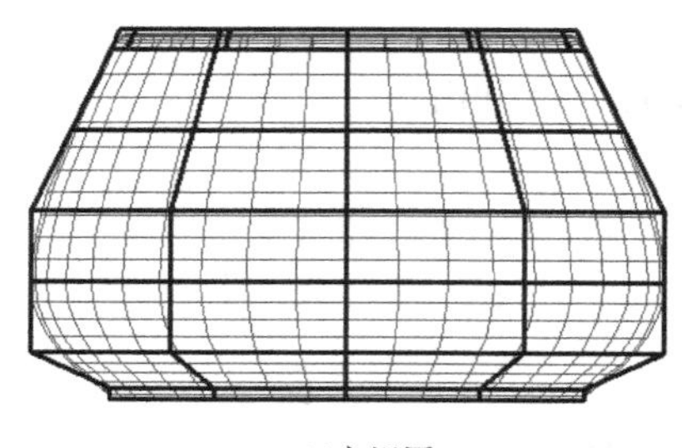

(a)主视图

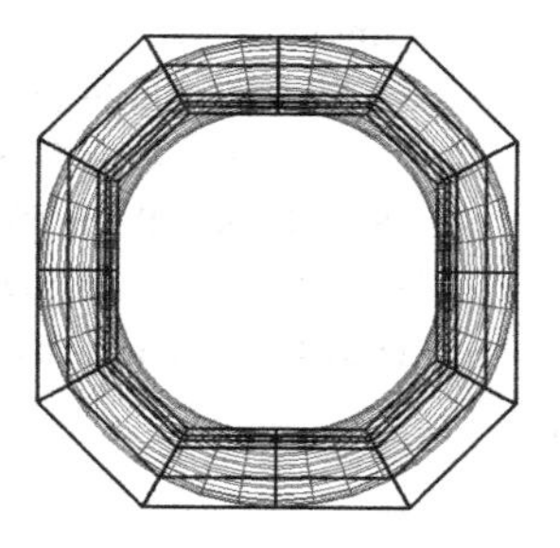

(b)俯视图

图 4.35　壶体三维曲面的正交投影图

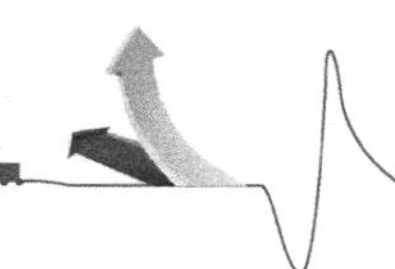

4.6.4 绘制壶盖

1. 壶盖轮廓线

与壶体类似，壶盖也是旋转曲面，轮廓线的控制点见表 4.6。壶盖轮廓线由两段三次 Bezier 曲线构成。其中 P_0, P_1, P_2, P_3 为第 1 段控制点，P_3, P_4, P_5, P_6 为第 2 段控制点。控制点 P_2, P_3, P_4 共线，确保了两段 Bezier 曲线拼接后光滑连接。图 4.36 为壶盖轮廓线的拼接效果图。

表 4.6 壶盖轮廓线的控制点

序 号	*x*	*y*
0	0.0	3.0
1	0.8	3.0
2	0.0	2.70
3	0.2	2.55
4	0.4	2.40
5	1.3	2.40
6	1.3	2.25

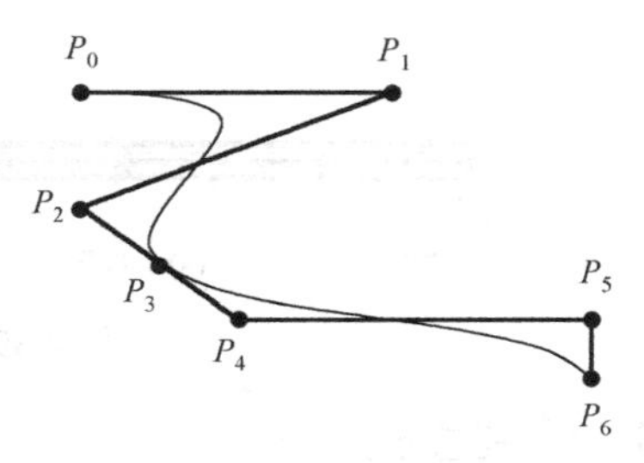

图 4.36 壶盖轮廓线

2. 算法

读入表 4.6，连续两次调用旋转体类 CRevolution 绘制壶盖曲面。图 4.37(a)和图 4.37(b)为壶盖的主视图和俯视图。

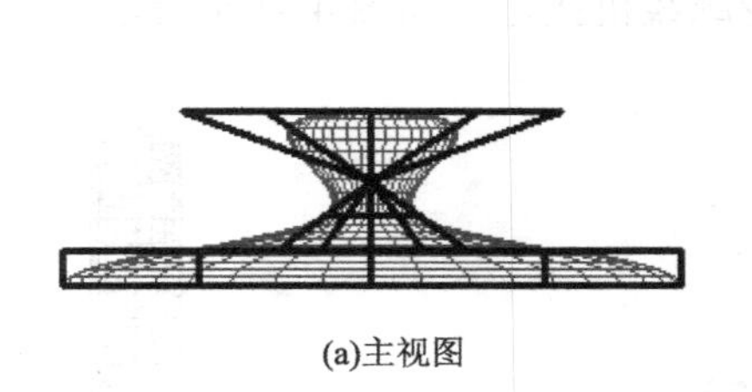

(a)主视图

(b)俯视图

图 4.37 壶盖三维曲面的正交投影图

4.6.5 绘制壶底

1. 壶底轮廓线

与壶体类似，壶底也是旋转曲面，轮廓线的控制点见表 4.7。壶底轮廓线由一段三次 Bezier 曲线构成，如图 4.38 所示。

表 4.7 壶底轮廓线的控制点

序 号	*x*	*y*
0	0.0	−1.50
1	1.425	−1.50
2	1.50	−1.425
3	1.50	−1.35

图 4.38 壶底轮廓线

2．算法

读入表 4.7，调用一次旋转体类 CRevolution 绘制壶底曲面。完整壶底如图 4.39 所示。

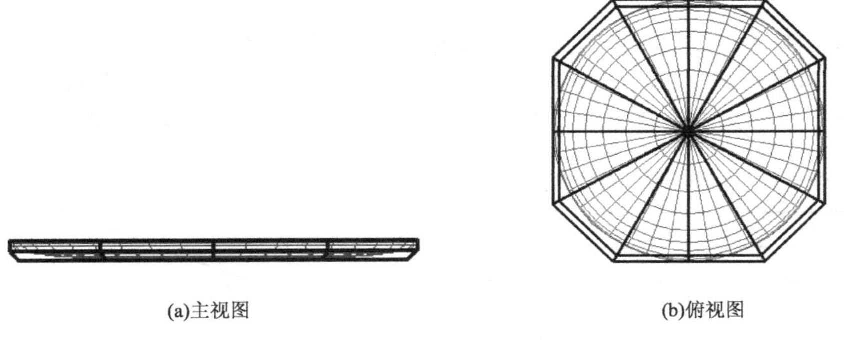

图 4.39　壶底三维曲面的正交投影图

4.6.6　绘制壶柄

1．壶柄轮廓线

壶柄由 4 片双三次 Bezier 曲面组成。壶柄的数据见表 4.8。壶柄关于 xOy 面对称，只需要表示右半部分即可，左半部分可以使用对称变换得到。在右半部分所在平面内，壶柄由上下两部分曲面构成，如图 4.40 所示。壶柄内圈轮廓线由两段三次 Bezier 曲线构成。其中 P_0, P_1, P_2, P_3 为上半部分控制点，P_3, P_4, P_5, P_6 为下半部分控制点。控制点 P_2, P_3, P_4 共线；外圈轮廓线也由两段三次 Bezier 曲线构成。其中 P_7, P_8, P_9, P_{10} 为上半部分控制点，$P_{10}, P_{11}, P_{12}, P_{13}$ 为下半部分控制点。控制点 P_9, P_{10}, P_{11} 共线。壶柄轮廓线拼接过程如图 4.41(a)所示。

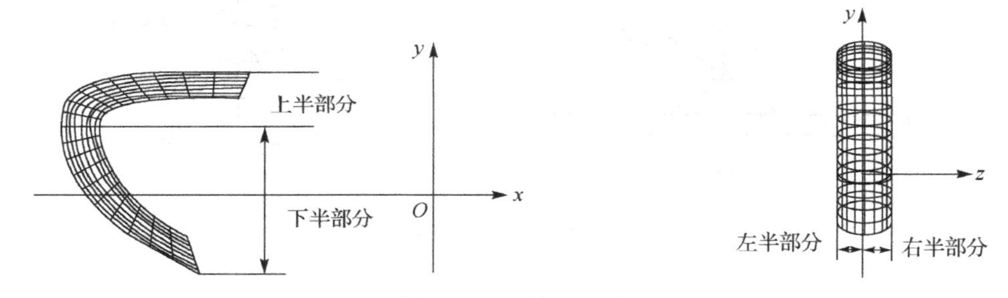

图 4.40　壶柄说明图

表 4.8　壶柄轮廓线的控制点

内　圈			外　圈		
序　号	X	Y	序　号	X	Y
0	−1.6	1.875	7	−1.5	2.1
1	−2.3	1.875	8	−2.5	2.1
2	−2.7	1.875	9	−3.0	2.1
3	−2.7	1.65	10	−3.0	1.65
4	−2.7	1.425	11	−3.0	1.2
5	−2.5	0.975	12	−2.65	0.7875
6	−2.0	0.75	13	−1.9	0.45

2．算法

读入表 4.8，分 4 次调用双三次 Bezier 曲面类 CBicubicBezierPatch 绘制壶柄曲面。上半部分表面由 P_0, P_1, P_2, P_3 和 P_7, P_8, P_9, P_{10} 决定，下半部分表面由 P_3, P_4, P_5, P_6 和 $P_{10}, P_{11}, P_{12}, P_{13}$ 决定。完整壶柄如图 4.41(b)所示。

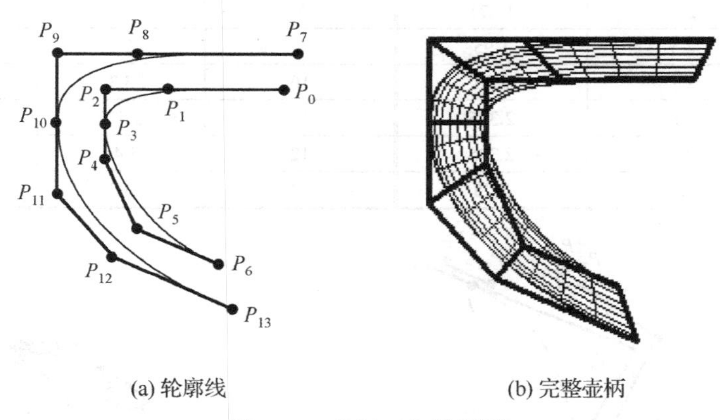

(a) 轮廓线　　(b) 完整壶柄

图 4.41　壶柄正交投影图

4.6.7　绘制壶嘴

1．壶嘴轮廓线

与壶柄类似，壶嘴也由 4 片双三次 Bezier 曲面组成。壶嘴主体的左半部分面片、壶嘴主体的右半部分面片、壶嘴边缘的左半部分面片、壶嘴边缘的右半部分面片，如图 4.42 所示。壶嘴的数据见表 4.9。壶嘴轮廓线如图 4.43(a)所示。壶嘴外侧轮廓线由两段三次 Bezier 曲线构成，P_0, P_1, P_2, P_3 为主体部分控制点，P_3, P_4, P_5, P_6 为边缘部分控制点。控制点 P_2, P_3, P_4 共线；内侧轮廓线也由两段三次 Bezier 曲线构成，其中 P_7, P_8, P_9, P_{10} 为主体部分控制点，$P_{10}, P_{11}, P_{12}, P_{13}$ 为边缘部分控制点。控制点 P_9, P_{10}, P_{11} 共线。

2．算法

读入表 4.9，分 4 次调用双三次 Bezier 曲面类 CBicubicBezierPath 绘制壶嘴曲面。主体部分表面由 P_0, P_1, P_2, P_3 和 P_7, P_8, P_9, P_{10} 决定，边缘部分表面由 P_3, P_4, P_5, P_6 和 $P_{10}, P_{11}, P_{12}, P_{13}$ 决定。完整壶嘴如图 4.43(b)所示。

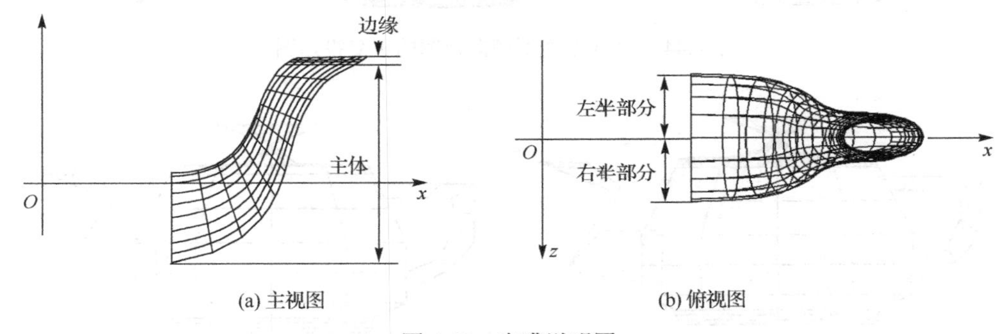

(a) 主视图　　(b) 俯视图

图 4.42　壶嘴说明图

表 4.9　壶嘴轮廓线的控制点

外　圈			内　圈		
序　号	X	Y	序号	X	Y
0	1.7	1.275	7	1.7	0.45
1	2.6	1.275	8	3.1	0.675
2	2.3	1.95	9	2.4	1.875
3	2.7	2.25	10	3.3	2.25
4	2.8	2.325	11	3.525	2.34375
5	2.9	2.325	12	3.45	2.3625
6	2.8	2.25	13	3.2	2.25

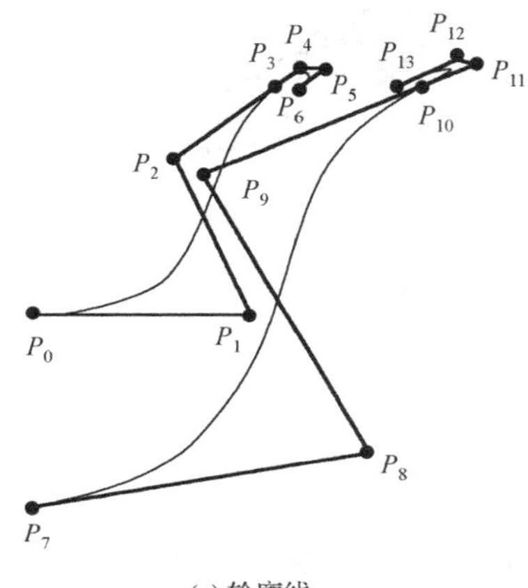

(a) 轮廓线

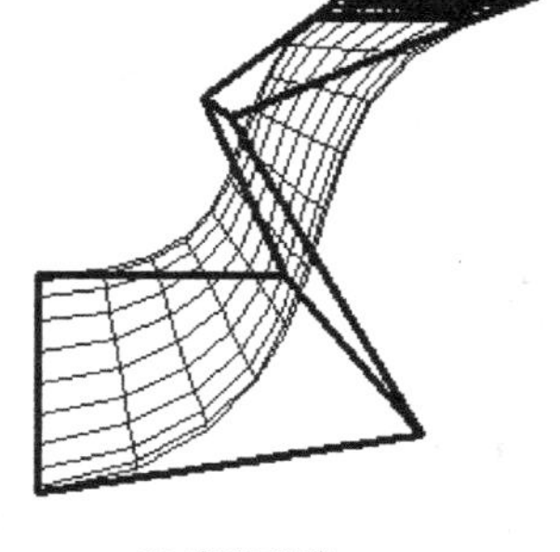

(b) 完整壶嘴

图 4.43　壶嘴正交投影图

Utah 茶壶线框模型就是通过拼接 32 个双三次 Bezier 曲面完成的，如图 4.44 所示。图 4.45 给出了 Utah 茶壶的控制网格。由于 Utah 茶壶是编程实现的，当然可以绘制无壶盖的茶壶和无壶嘴的茶壶，这在 OpenGL 中使用 Teaport 命令是无法实现的，如图 4.46 所示。

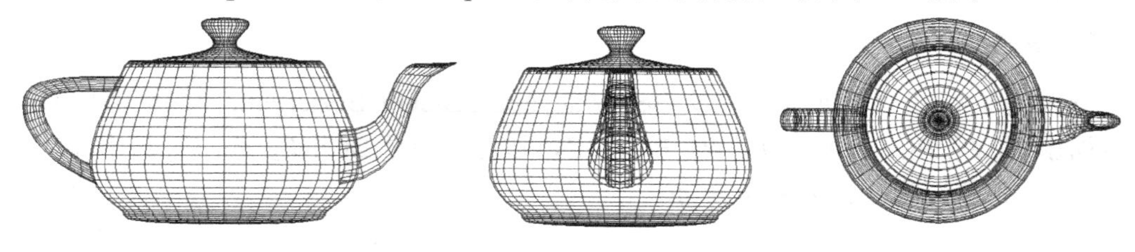

图 4.44　Utah 茶壶不同向视图的正交投影图

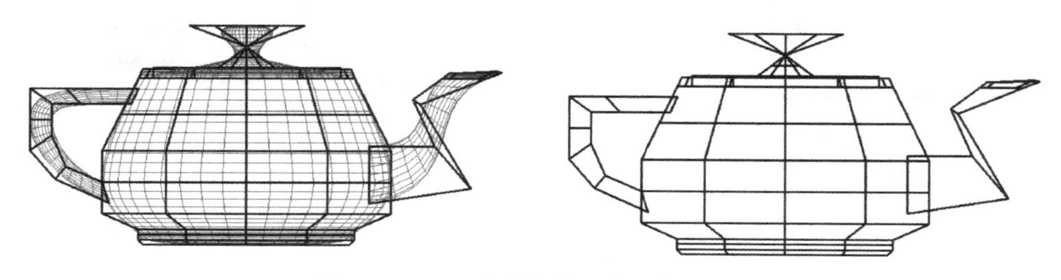

图 4.45　Utah 茶壶控制网格正交投影图

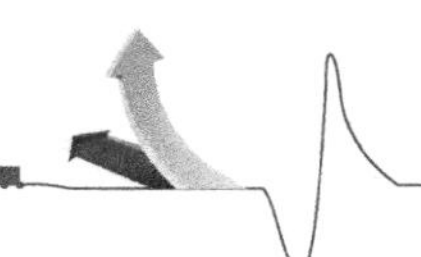

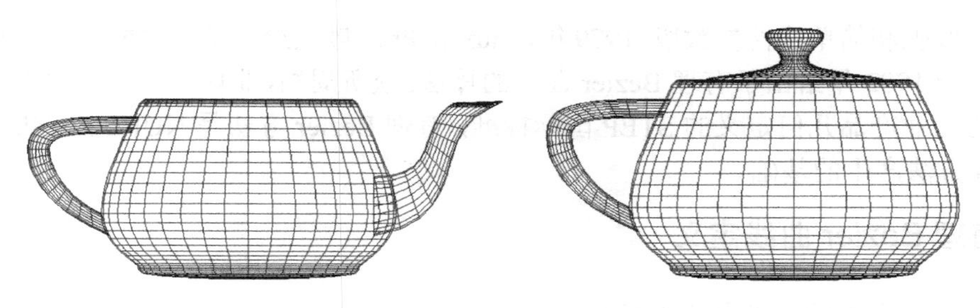

图 4.46 自定义部件绘制的 Utah 茶壶效果图

4.7 有理 Bezier 曲线

有理 Bezier 方法（Rational Bezier Method）早在 B 样条方法出现之前就已引起人们的注意，这来自于工程精确表示二次曲线曲面的实际需要。机械零件外形一般由多段圆弧、椭圆弧、抛物线弧等二次曲线弧与直线段连接而成。机械零件中的圆柱面、圆锥面、圆环面比比皆是。这些形状在设计上都由图纸准确无误地给出，在制造上往往又有较高的精度要求。前面介绍的 Bezier 方法却不能精确表示除抛物面外的二次曲面，而只能给出其近似表示。例如，例 4.5 绘制的 Bezier 拼接球只是球体表面的一个近似。为了用 Bezier 曲线精确表示某一半径的圆，需要用到五次 Bezier 曲线。显然，专门为自由曲线曲面设计的 Bezier 方法根本不能适应表示初等曲线曲面的设计要求。为了精确表示曲线弧和二次曲面，就不得不用隐函数表示法。这样不仅会重新带来隐式表示法存在的问题，而且还会导致一个几何设计系统中并存两种不同的数学解决方法。

由经典数学可知，包括圆在内的所有二次曲线，都可以用有理函数（两个多项式相除）来表示。事实上，二次曲线可以用如下形式的有理函数来表示：

$$x(t)=\frac{X(t)}{\omega(t)}\quad,\quad \mathrm{y}(t)=\frac{Y(t)}{\omega(t)}$$

式中，$X(t)$, $Y(t)$和 $\omega(t)$ 为多项式。

例如，圆心在原点的单位圆可以表示为

$$x(t)=\frac{1-t^2}{1+t^2}\quad,\quad y(t)=\frac{2t}{1+t^2}$$

容易验证，对于所有的 t，$(x(t), y(t))$位于圆心在原点的单位圆上：

$$x(t^2)+y(t^2)=\left(\frac{1-t^2}{1+t^2}\right)^2+\left(\frac{2t}{1+t^2}\right)^2=\frac{1-2t^2+t^4+4t^2}{(1+t^2)^2}=\frac{(1-t^2)^2}{(1-t^2)^2}=1$$

前面介绍的 Bezier 方法采用了参数整数多项式，而有理 Bezier 方法采用分子分母分别为参数多项式的分式表示法。有理 Bezier 方法首先在二次曲线弧的有理二次 Bezier 表示和有理二次 Bezier 曲线性质的研究上取得突破，进而扩展到有理二次以至 n 次 Bezier 曲线，并推广到有理 Bezier 曲面。相对而言，前面介绍的 Bezier 方法称为非有理 Bezier 方法。

首先将有理参数曲线曲面引入形状设计的是波音公司的 Rowin 和麻省理工学院的 Coons。后来英国飞机公司的 Ball 在 CONSURF 飞机造型系统中构造了两类特殊的有理参数三次曲线：

广义二次曲线弧和简单线性参数段。1979年，Faux和Pratt最先给出了二次曲线弧的有理Bezier表示。Farin于1983年给出了有理Bezier曲线的算法。众所周知，非均匀有理B样条即NURBS方法已成为工业产品几何定义的STEP国际标准，有理Bezier方法是NURBS方法的特例，也是NURBS方法产生的基础。

4.7.1 有理Bezier曲线定义

有理Bezier曲线的有理分式表示为

$$p(t)=\frac{\sum_{i=0}^{n}B_{i,n}(t)\omega_i P_i}{\sum_{i=0}^{n}B_{i,n}\omega_i(t)}\quad,\quad t\in[0,1] \tag{4.35}$$

式中，$B_{i,n}(t)$，$i=0,1,\cdots,n$ 为Bernstein基函数；P_i，$i=0,1,\cdots,n$ 为控制多边形顶点；ω_i，$i=0,1,\cdots,n$ 为与控制多边形顶点对应的权因子（weight）。

式（4.35）中，如果所有权因子等于1，根据Bernstein基函数的权性，方程中分母就等于1，则转化为非有理 n 次Bezier曲线。如果某些权因子是负的，将可能发生奇异情况，这在工程实践中是不希望出现的。为此，所有权因子取为非负值。在这种情况下，有理Bezier曲线就保留了非有理Bezier曲线的所有性质：端点插值、对称性、凸包性质、变差减小性质、仿射不变性等。

4.7.2 有理一次Bezier曲线

有理一次Bezier曲线的有理分式表示为

$$p(t)=\frac{\sum_{i=0}^{1}B_{i,1}(t)\omega_i P_i}{\sum_{i=0}^{1}\omega_i B_{i,1}(t)}=\frac{(1-t)\omega_0 P_0+t\omega_1 P_1}{(1-t)\omega_0+t\omega_1}\quad,\quad t\in[0,1] \tag{4.36}$$

式中，一次Bernstein基函数为

$$B_{0,1}(t)=1-t\ ,\quad B_{1,1}(t)=t$$

从式（4.36）较难看出表示的是一条怎样形状的曲线。如做有理线性参数变换

$$u=\frac{\omega_1 t}{\omega_0(1-t)+\omega_1 t}\ ,\ u\in[0,1] \tag{4.37}$$

则式（4.36）可改写为

$$p(u)=(1-u)P_0+uP_1\ ,\quad u\in[0,1] \tag{4.38}$$

式（4.38）表示一条非有理一次Bezier曲线。它是连接首末顶点 P_0 和 P_1 的直线段。如果 ω_0 和 ω_1 之一为0，相应顶点将不起作用，有理一次Bezier曲线退化到另一顶点。注意，只要 ω_0 和 ω_1 均非0，那么有理一次Bezier曲线总是首末顶点相连的直线，与 ω_0 和 ω_1 的取值无关。这表明 ω_0 和 ω_1 都不是独立变量。实际应用中，常令有理 n 次Bezier曲线的首末权因子等于1，即 $\omega_0=\omega_n=1$，称为标准型有理Bezier曲线。有理一次Bezier曲线实际上就是非有理一次Bezier曲线。若用于定义直线段，采用非有理一次Bezier曲线就可，不必引入有理一次Bezier曲线。

4.7.3 有理二次 Bezier 曲线

1. 有理二次 Bezier 曲线的表示

有理 Bezier 曲线中，以二次曲线应用最广，如飞机机身的截面曲线。有理二次 Bezier 曲线的有理分式表示为

$$p(t)=\frac{\sum_{i=0}^{2}B_{i,2}(t)\omega_i P_i}{\sum_{i=0}^{2}B_{i,2}(t)\omega_i}$$

$$p(t)=\frac{(1-t)^2\omega_0 P_0+2t(1-t)\omega_1 P_1+t^2\omega_2 P_2}{(1-t)^2\omega_0+2t(1-t)\omega_1+t^2\omega_2},\quad t\in[0,1] \tag{4.39}$$

式中，P_0,P_1,P_2 为控制多边形顶点，相应的权因子为 $\omega_0,\omega_1,\omega_2$，其中 ω_0 和 ω_2 称为首末权因子，ω_1 称为内权因子。

有理二次 Bezier 曲线的矩阵表示为

$$\boldsymbol{p}(t)=\frac{\begin{bmatrix}t^2 & t & 1\end{bmatrix}\cdot\begin{bmatrix}1 & -2 & 1\\ -2 & 2 & 0\\ 1 & 0 & 0\end{bmatrix}\cdot\begin{bmatrix}\omega_0 P_0\\ \omega_1 P_1\\ \omega_2 P_2\end{bmatrix}}{\begin{bmatrix}t^2 & t & 1\end{bmatrix}\cdot\begin{bmatrix}1 & -2 & 1\\ -2 & 2 & 0\\ 1 & 0 & 0\end{bmatrix}\cdot\begin{bmatrix}\omega_0\\ \omega_1\\ \omega_2\end{bmatrix}},\quad t\in[0,1] \tag{4.40}$$

有理二次 Bezier 曲线 $\boldsymbol{p}(t)$ 首、末端的点矢和切矢分别为

$$\begin{cases}p(0)=P_0\\ p(1)=P_2\end{cases} \tag{4.41}$$

$$\begin{cases}p'(0)=\dfrac{2\omega_1}{\omega_0}(P_1-P_0)\\ p'(1)=\dfrac{2\omega_1}{\omega_2}(P_2-P_1)\end{cases} \tag{4.42}$$

式（4.41）和式（4.42）的几何意义为：曲线通过首、末端点并与控制多边形的两条边相切。

2. 有理二次 Bezier 曲线的类型

可以这样来构造圆锥截线弧：指定首末端点 P_0 和 P_2，从这两点出发的切线交于 P_1 点，如图 4.47 所示。考察曲线上离弦线 P_0P_2 最大距离的点 P_s。该点处的切线 AB 必平行于弦线 P_0P_2，且 P_s 点位于弦线中点 P_m 到内顶点 P_1 的连线上。P_s 称为圆锥曲线的肩点（Shoulder Point）。

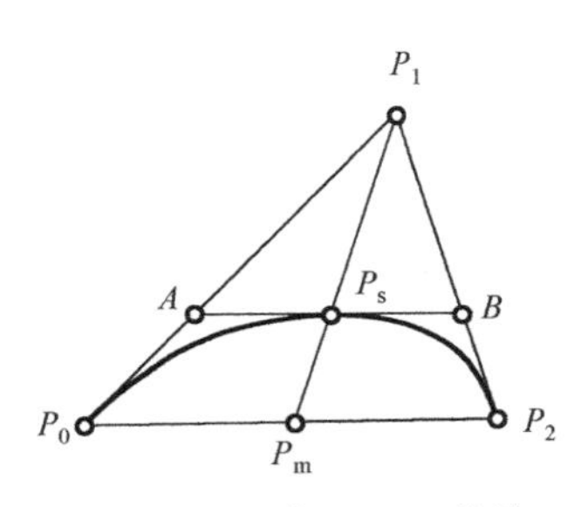

图 4.47 二次 Bezier 曲线

比值 $\rho = \dfrac{P_sP_m}{P_1P_m}$ 称为圆锥曲线的形状因子。1980 年，Forrest 给出了 ω_1 的明确几何意义。对于标准型，P_s 点以比例 $\omega_1:1$ 将中线分为两部分，有

$$\rho = \frac{P_sP_m}{P_1P_m} = \frac{\omega_1}{1+\omega_1}$$

工程上，常用 ρ 值来判别曲线的类型：

$$\rho\begin{cases} <\dfrac{1}{2} & \text{椭圆} \\ =\dfrac{1}{2} & \text{抛物线} \\ >\dfrac{1}{2} & \text{双曲线} \end{cases} \tag{4.43}$$

3. 用有理二次 Bezier 曲线表示圆弧

工程应用中，人们最关心的是如何表示一段圆弧。有理二次 Bezier 曲线转换为圆弧的条件为

$$\begin{cases} P_0P_1 = P_1P_2 \\ \omega_0 = \omega_2 = 1 \\ \omega_1 = \cos\dfrac{\theta}{2} \end{cases} \tag{4.44}$$

式中，θ 为圆弧所对的圆心角，$\dfrac{\theta}{2}$ 则为 P_0P_1 和 P_0P_2 的夹角，如图 4.48 所示。

这时有形状因子

$$\rho = \frac{\omega_1}{1+\omega_1} = \frac{\cos\dfrac{\theta}{2}}{1+\cos\dfrac{\theta}{2}} \tag{4.45}$$

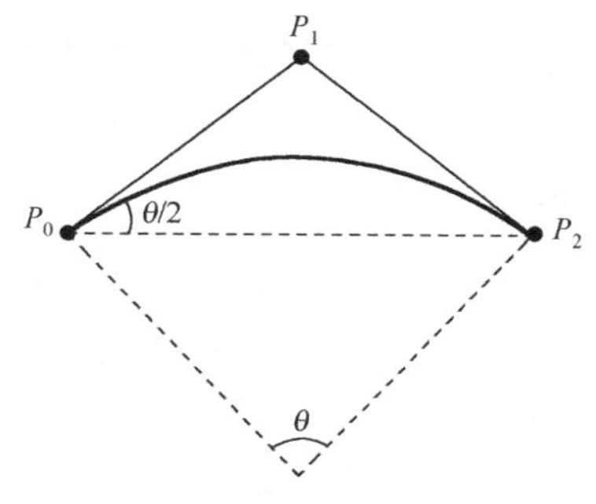

图 4.48　二次有理 Bezier 表示圆弧

例 4.7 给定三个控制点，绘制二次有理 Bezier 曲线与非有理 Bezier 曲线。有理 Bezier 曲线用实线绘制，非有理 Bezier 曲线用虚线绘制。取 $\omega_0 = \omega_2 = 1$，试调整参数 ω_1，观察形状因子 ρ 对曲线形状的影响。

（1）在 CTestView 类的构造函数内初始化三个控制点坐标。

```
CTestView::CTestView()
{
    // TODO: add construction code here
    P[0].x = -200;   P[0].y = -100;
    P[1].x = 0;      P[1].y = 100;
    P[2].x = 200;    P[2].y = -100;
}
```

（2）在 CTestView 类内定义成员函数 RationalQuadraticBezier，绘制有理二次 Bezier 曲线。取 $\omega_0 = \omega_2 = 1$，调整参数 $\omega_1 = 2.0, 1.0, 0.0, 0.5, -0.5$，分别进行绘制。

```
CTestView::RationalQuadraticBezier(CDC* pDC)
{
        CPen NewPen,*pOldPen;
        NewPen.CreatePen(PS_SOLID,1,RGB(0,0,255));
        pOldPen=pDC->SelectObject(&NewPen);
        double Bern02,Bern12,Bern22;              //Bernstein 基函数
        double tStep=0.01;                        //t 步长
        pDC->MoveTo(ROUND(P[0].x),ROUND(P[0].y));
        for(double t=0.0;t<=1.0;t+=tStep)
        {
            CP2 pt                                //曲线上的当前点
            Bern02 = (1-t)*(1-t);                 //计算二次有理的 Bern02
            Bern12 = 2*t*(1-t);                   //计算二次有理的 Bern12
            Bern22 = t*t;                         //计算二次有理的 Bern22
            double w[3];                          //三个权因子
            w[0]=w[2]=1,w[1]=2.0;                 //权因子赋值
            double denominator = Bern02*w[0]+Bern12*w[1]+Bern22*w[2];
                                                  //有理 Bezier 分母
            pt.x=(P[0].x*Bern02*w[0]+P[1].x*Bern12*w[1]+P[2].x*Bern22*w[2])/denominator ;
            pt.y=(P[0].y*Bern02*w[0]+P[1].y*Bern12*w[1]+P[2].y*Bern22*w[2])/denominator ;
            pDC->LineTo(ROUND(pt.x),ROUND(pt.y));
        }
        pDC->SelectObject(pOldPen);
}
```

图 4.49 给出了 ρ 对曲线形状的控制。当取 $\omega_1 = 1$ 时，$\rho = 1/2$，有理 Bezier 曲线就是非有理 Bezier 曲线，实线和虚线重合，如图 4.49(b)所示。当 $\omega_1 = -0.5$ 时，$\rho = -1$，有理 Bezier 曲线位于控制多边形凸包之外，如图 4.49(e)所示。这是一种奇异情况。

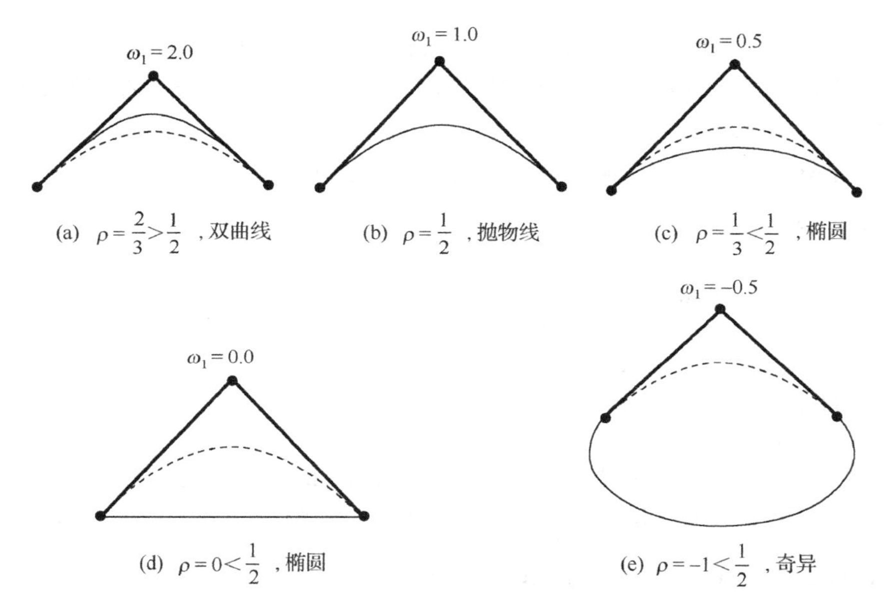

图 4.49　权因子的影响

4.7.4　有理 Bezier 曲线的升阶和降阶

Farin 和 Peigl 都对有理 Bezier 曲线和曲面的升阶与降阶做了研究。设控制多边形顶点及其对应的权因子分别为 P_i 和 ω_i，$i = 0, 1, \cdots, n$，升阶后控制多边形的顶点及其对应的权因子分别为 $P_i^{[1]}$ 和 $\omega_i^{[1]}$，$i = 0, 1, \cdots, n+1$，则升阶前后，控制多边形顶点及其权因子的关系为

$$\begin{cases} \omega_i^{[1]} = \alpha_i \omega_{i-1} + (1-\alpha)\omega_i \\ P_i^{[1]} = \dfrac{\alpha_i \omega_{i-1} P_{i-1} + (1-\alpha)\omega_i P_i}{\omega_i^{[1]}} \qquad i = 0, 1, \cdots, n+1 \\ \alpha = \dfrac{i}{n+1} \end{cases} \tag{4.46}$$

一般地，一条有理 n 次 Bezier 曲线不能用 n–1 次曲线精确表示，因而降阶算法较少应用。

例 4.8　使用四段有理二次 Bezier 曲线可以精确表示圆，如图 4.50 所示。试将有理二次 Bezier 升级为有理三次 Bezier 表示，如图 4.51 所示。

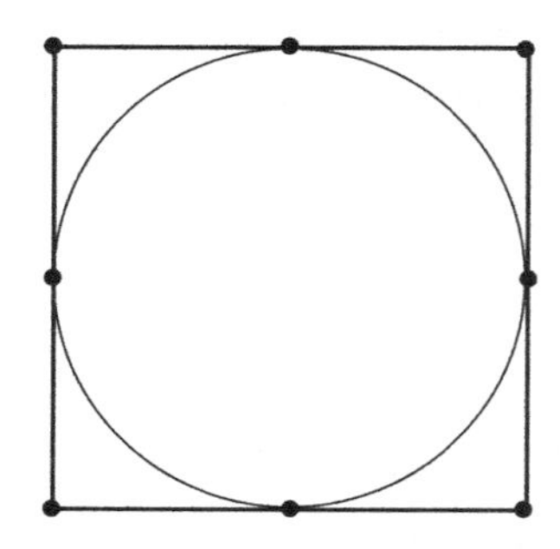

图 4.50　有理二次 Bezier 曲线圆

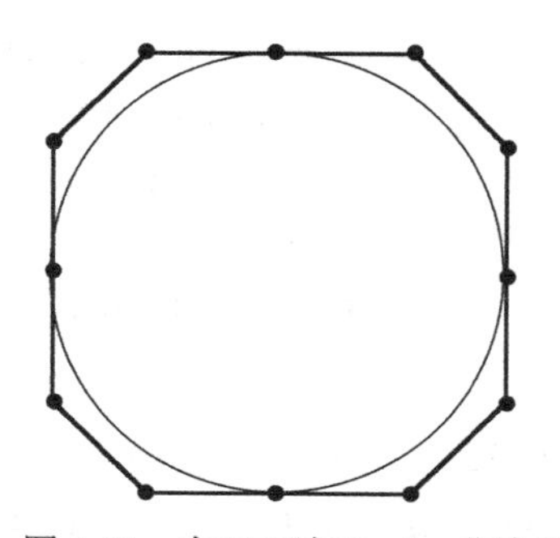

图 4.51　有理三次 Bezier 曲线圆

（1）构造函数

在 CTestView 类的构造函数内初始化控制点坐标。四段有理二次 Bezier 曲线可以构成圆，考虑重复点的情况下，需要 12 个控制点，每个象限三个点，分别用数组 P0[3]、P1[3]、P2[3] 和 P3[3]标识。

```
CTestView::CTestView()
{
        // TODO: add construction code here
        n = 2;                                          //有理 Bezier 曲线的次数
        int r = 200;                                    //圆的半径
        P0[0].x = r;        P0[0].y = 0;                //第一象限的三个控制点
        P0[1].x = r;        P0[1].y = r;
        P0[2].x = 0;        P0[2].y = r;
        P1[0].x = 0;        P1[0].y = r;                //第二象限的三个控制点
        P1[1].x = -r;       P1[1].y = r;
        P1[2].x = -r;       P1[2].y = 0;
        P2[0].x = -r;       P2[0].y = 0;                //第三象限的三个控制点
        P2[1].x = -r;       P2[1].y = -r;
        P2[2].x = 0;        P2[2].y = -r;
        P3[0].x = 0;        P3[0].y = -r;               //第四象限的三个控制点
        P3[1].x = r;        P3[1].y = -r;
        P3[2].x = r;        P3[2].y = 0;
}
```

（2）升级函数

在 CTestView 类内定义 DegreeElevationCurve 函数来对有理二次 Bezier 曲线进行升级。对每一段有理二次 Bezier 曲线，重新计算 4 个新权因子 W 和 4 个新控制点 V。有理二次 Bezier 曲线升级为有理三次 Bezier 曲线后，不考虑点的重复，共有 16 个新控制点。

```
void CTestView::DegreeElevationCurve(CP2* P,CDC* pDC)
{
    double w[3];                                    //有理二次的权因子
    w[0]=w[2]=1,w[1]=sqrt(2.0)/2;                   //w1=cos(π/4)
    double W[4];                                    //升阶之后的四个权因子
    CP2 V[4];                                       //升阶之后的控制点
    for(int i=0;i<=n+1;i++)                         //升阶公式
    {
        double Alpha=i/double(n+1);
        W[i]=Alpha*w[i-1]+(1-Alpha)*w[i];
        V[i]=(Alpha*w[i-1]*P[i-1]+(1-Alpha)*w[i]*P[i])/W[i];
    }
    CPen NewPen,*pOldPen;
    NewPen.CreatePen(PS_SOLID,1,RGB(0,0,255));
    pOldPen=pDC->SelectObject(&NewPen);
    double Bern03,Bern13,Bern23,Bern33;
    double tStep=0.01;
    pDC->MoveTo(ROUND(V[0].x),ROUND(V[0].y));
    for(double t=0.0;t<=1.0;t+=tStep)
    {
        CP2 pt(0.0,0.0);                            //曲线上的当前点
```

```
            Bern03=(1-t)*(1-t)*(1-t);                 //计算有理三次的 Bern03
            Bern13=3*t*(1-t)*(1-t);                   //计算有理三次的 Bern13
            Bern23=3*t*t*(1-t);                       //计算有理三次的 Bern23
            Bern33=t*t*t;                             //计算有理三次的 Bern33
            double denominator=Bern03*W[0]+Bern13*W[1]+Bern23*W[2]+Bern33*W[3];
            pt+=(V[0]*Bern03*W[0]+V[1]*Bern13*W[1]+V[2]*Bern23*W[2]+V[3]*Bern33*W[3])/
                    denominator;
            pDC->LineTo(ROUND(pt.x),ROUND(pt.y));
        }
        pDC->SelectObject(pOldPen);
    }
```

4.7.5 有理 Bezier 曲面

将有理 Bezier 曲线定义推广到曲面，得到有理 Bezier 的曲面方程：

$$\boldsymbol{p}(u,v)=\frac{\sum_{i=0}^{m}\sum_{j=0}^{n}B_{i,m}(u)B_{j,n}(v)\omega_{ij}P_{ij}}{\sum_{i=0}^{m}\sum_{j=0}^{n}B_{i,m}(u)B_{j,n}(v)\omega_{ij}},\quad (u,v)\in[0,1]\times[0,1] \tag{4.47}$$

式中，m, n 分别为曲面 u, v 方向的幂次；$B_{i,m}(u)$, $i=0, 1,\cdots, m$ 为 u 向 Bernstein 基函数；$B_{j,n}(v)$, $j=0, 1,\cdots, n$ 为 v 向 Bernstein 基函数；P_{ij}, $i=0, 1,\cdots, m, j=0, 1,\cdots, n$ 为控制多边形网格顶点；ω_{ij}, $i=0, 1,\cdots, m$，$j=0, 1,\cdots, n$ 为控制多边形网格顶点对应的权因子。

四角顶点处使用正权因子，即 $\omega_{00}, \omega_{m0}, \omega_{0n}, \omega_{mn} > 0$，使有理 Bezier 曲面保留了非有理 Bezier 曲面的所有性质：端点插值、对称性、凸包性质、变差减小性质、仿射不变性等。特别地，若所有权因子等于 1 或所有权因子都相等，则定义的曲面就是非有理 Bezier 曲面。

1. 双一次有理 Bezier 曲面

双一次有理 Bezier 曲面是最简单的有理 Bezier 曲面，如图 4.52 所示。4 个控制顶点不变，生成的曲面形状总与非有理双一次 Bezier 曲面即双线性曲面的形状相同，差别仅在于曲面上点与定义域内点的映射关系不同。图 4.52(a)为非有理 Bezier 曲面，定义域内均匀分布的点映射到曲面上后，仍是均匀分布的。图 4.52(b)为有理 Bezier 曲面，左上和右下两个顶点的权因子为 4，其余顶点的权因子为 1。图 4.52(c)为有理 Bezier 曲面，左侧两顶点的权因子为 4，其余顶点的权因子为 1。对于有理曲面而言，定义域内均匀分布的点映射到曲面上后，是不均匀分布的。曲面上的点总是被吸引，往权因子大的那个顶点靠近，而偏离权因子小的那个顶点。权因子大小差异越大，这种作用越明显，因此凸显出了权因子对曲面参数化的影响。

对于双一次有理 Bezier 曲面以及有一个参数方向是一次的直纹面（Ruled Surface），权因子的大小还不至于影响曲面的形状；但对双二次及以上的有理 Bezier 曲面，权因子则不仅影响曲面上点与定义域内点的映射关系，而且会对曲面形状带来影响。相对于非有理 Bezier 曲面只能通过调整控制顶点来改变曲面形状，有理 Bezier 曲面既可以通过调整控制顶点也可以通过调整权因子或同时调整二者来改变曲线的形状。图 4.53 给出了调整权因子来改变曲面形状的例子。

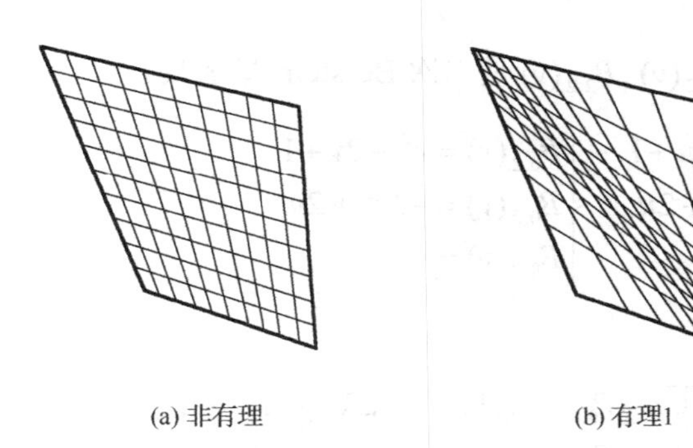

(a) 非有理　(b) 有理1　(c) 有理2

图 4.52 双一次有理 Bezier 曲面

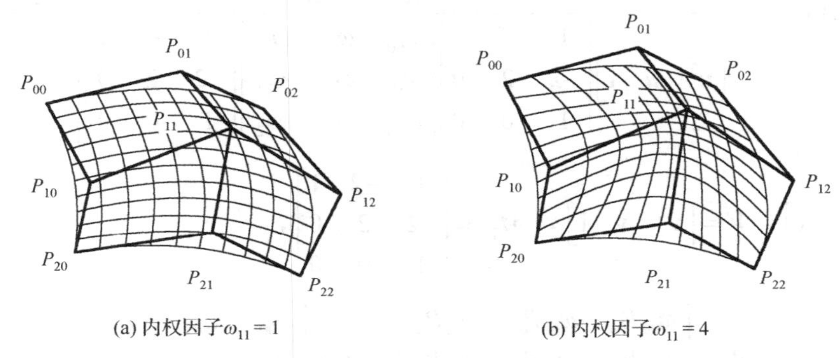

(a) 内权因子 $\omega_{11}=1$　(b) 内权因子 $\omega_{11}=4$

图 4.53 改变权因子对曲面的影响

2．有理双二次 Bezier 曲面

在有理 Bezier 曲面中，最常用的是有理双二次 Bezier 曲面，它的所有参数曲线都是二次曲线弧。有理双二次 Bezier 曲面包括所有二次曲面，即可以精确描述所有的二次曲面。但这并非它的全部。Faux 与 Pratt 介绍说，“事实上，有理双二次形式包括了所有的 Steiner 曲面，而该曲面又包含了所有二次曲面。”

有理双二次曲面的定义为

$$p(u,v)=\frac{\sum_{i=0}^{2}\sum_{j=0}^{2}B_{i,2}(u)B_{j,2}(v)\omega_{ij}P_{ij}}{\sum_{i=0}^{2}\sum_{j=0}^{2}B_{i,2}(u)B_{j,2}(v)\omega_{ij}},\quad (u,v)\in[0,1]\times[0,1] \tag{4.48}$$

展开有

$$\boldsymbol{p}(u,v)=\frac{\begin{bmatrix}B_{0,2}(u) & B_{1,2}(u) & B_{2,2}(u)\end{bmatrix}\begin{bmatrix}\omega_{00}P_{00} & \omega_{01}P_{01} & \omega_{02}P_{02}\\ \omega_{10}P_{10} & \omega_{11}P_{11} & \omega_{12}P_{12}\\ \omega_{20}P_{20} & \omega_{21}P_{21} & \omega_{22}P_{22}\end{bmatrix}\begin{bmatrix}B_{0,2}(v)\\ B_{1,2}(v)\\ B_{2,2}(v)\end{bmatrix}}{\begin{bmatrix}B_{0,2}(u) & B_{1,2}(u) & B_{2,2}(u)\end{bmatrix}\begin{bmatrix}\omega_{00} & \omega_{01} & \omega_{02}\\ \omega_{10} & \omega_{11} & \omega_{12}\\ \omega_{20} & \omega_{21} & \omega_{22}\end{bmatrix}\begin{bmatrix}B_{0,2}(v)\\ B_{1,2}(v)\\ B_{2,2}(v)\end{bmatrix}} \tag{4.49}$$

式中，$B_{0,2}(u),B_{1,2}(u),B_{2,2}(u),B_{0,2}(v),B_{1,2}(v),B_{2,2}(v)$ 是二次 Berstein 基函数。

$$\begin{cases} B_{0,2}(u)=u^2-2u+1 \\ B_{0,2}(u)=-2u^2+2u \\ B_{0,2}(u)=u^2 \end{cases},\quad \begin{cases} B_{0,2}(v)=v^2-2v+1 \\ B_{0,2}(v)=-2v^2+2v \\ B_{0,2}(v)=v^2 \end{cases} \tag{4.50}$$

将式（4.50）代入式（4.49），有

$$\boldsymbol{p}(u,v)=\frac{\begin{bmatrix} u^2 & u & 1 \end{bmatrix}\begin{bmatrix} 1 & -2 & 1 \\ -2 & 2 & 0 \\ 1 & 0 & 0 \end{bmatrix}\begin{bmatrix} \omega_{00}P_{00} & \omega_{01}P_{01} & \omega_{02}P_{02} \\ \omega_{10}P_{10} & \omega_{11}P_{11} & \omega_{12}P_{12} \\ \omega_{20}P_{20} & \omega_{21}P_{21} & \omega_{22}P_{22} \end{bmatrix}\begin{bmatrix} 1 & -2 & 1 \\ -2 & 2 & 0 \\ 1 & 0 & 0 \end{bmatrix}\begin{bmatrix} v^2 \\ v \\ 1 \end{bmatrix}}{\begin{bmatrix} u^2 & u & 1 \end{bmatrix}\begin{bmatrix} 1 & -2 & 1 \\ -2 & 2 & 0 \\ 1 & 0 & 0 \end{bmatrix}\begin{bmatrix} \omega_{00} & \omega_{01} & \omega_{02} \\ \omega_{10} & \omega_{11} & \omega_{12} \\ \omega_{20} & \omega_{21} & \omega_{22} \end{bmatrix}\begin{bmatrix} 1 & -2 & 1 \\ -2 & 2 & 0 \\ 1 & 0 & 0 \end{bmatrix}\begin{bmatrix} v^2 \\ v \\ 1 \end{bmatrix}} \tag{4.51}$$

令 $\boldsymbol{U}=\begin{bmatrix} u^2 & u & 1 \end{bmatrix}$，$\boldsymbol{V}=\begin{bmatrix} v^2 & v & 1 \end{bmatrix}$，$\boldsymbol{M}_{\text{be}}=\begin{bmatrix} 1 & -2 & 1 \\ -2 & 2 & 0 \\ 1 & 0 & 0 \end{bmatrix}$，

$$\boldsymbol{P}_{\omega}=\begin{bmatrix} \omega_{00}P_{00} & \omega_{01}P_{01} & \omega_{02}P_{02} \\ \omega_{10}P_{10} & \omega_{11}P_{11} & \omega_{12}P_{12} \\ \omega_{20}P_{20} & \omega_{21}P_{21} & \omega_{22}P_{22} \end{bmatrix},\quad \boldsymbol{\omega}=\begin{bmatrix} \omega_{00} & \omega_{01} & \omega_{02} \\ \omega_{10} & \omega_{11} & \omega_{12} \\ \omega_{20} & \omega_{2121} & \omega_{22} \end{bmatrix}$$

则有

$$\boldsymbol{p}(u,v)=\frac{\boldsymbol{U}\boldsymbol{M}_{\text{be}}\boldsymbol{P}_{\omega}\boldsymbol{M}_{\text{be}}^{\text{T}}\boldsymbol{V}^{\text{T}}}{\boldsymbol{U}\boldsymbol{M}_{\text{be}}\boldsymbol{\omega}\boldsymbol{M}_{\text{be}}^{\text{T}}\boldsymbol{V}^{\text{T}}} \tag{4.52}$$

描述一个有理双二次 Bezier 曲面，需要用到 9 个控制顶点和 9 个权因子，通常将四角顶点 $P_{00},P_{20},P_{02},P_{22}$ 的权因子取为 1，即 $\omega_{00}=\omega_{20}=\omega_{02}=\omega_{22}=1$。加上较容易确定的 4 个边界内顶点 $P_{01},P_{10},P_{21},P_{12}$ 及其权因子 $\omega_{01}=\omega_{10}=\omega_{21}=\omega_{12}=\sqrt{2}/2$，就定义了四条边界。只剩下较难确定的一个内顶点 P_{11} 及其权因子 ω_{11}。

例4.9 一个球心位于原点的在第一卦限内的1/8单位球面片，可以使用有理双二次Bezier曲面片表示，如图 4.54 所示。试确定内顶点 P_{11} 对应的权因子 ω_{11}，并基于斜二测投影，绘制第一卦限的有理双二次 Bezier 曲面片。

（1）确定控制点及权因子

第一卦限球面片只有三条圆心角为 π/2 圆弧的边界。为此，必须使有理双二次 Bezier 曲面的四条边界中的一条退化为一点。假设 $u=0$ 边界退化为一点，即有控制点 $P_{00}=P_{01}=P_{02}=(0, 1, 0)$。曲面的另外两个角点为 $P_{20}=(0, 0, 1)$和 $P_{22}=(1, 0, 0)$，另外三个边界内顶点为 $P_{10}=(0, 1, 1)$，$P_{21}=(1, 0, 1)$，$P_{12}=(1, 1, 0)$。四角顶点的权因子为 $\omega_{00}=\omega_{20}=\omega_{02}=\omega_{22}=1$。四边界内顶点的权因子为 $\omega_{01}=\omega_{10}=\omega_{21}=\omega_{12}=\sqrt{2}/2$。关键问题在于怎样确定内顶点 P_{11} 及权因子 ω_{11}。顶点 P_{12} 可视为顶点 P_{10} 围绕 y 轴旋转 π/2 得到，生成该 π/2 圆弧的内顶点即 $P_{11}=(1, 1, 1)$。因两端点已经有权因子 $\omega_{10}=\omega_{12}=\sqrt{2}/2$，必须使内顶点的权因子为 $\omega_{11}=(\sqrt{2}/2)^2=1/2$。这样，由上述 9 个控制顶点及 9 个权因子所定义的有理双二次 Bezier 曲面，就精确地表示了第一卦限的 1/8 球面片。

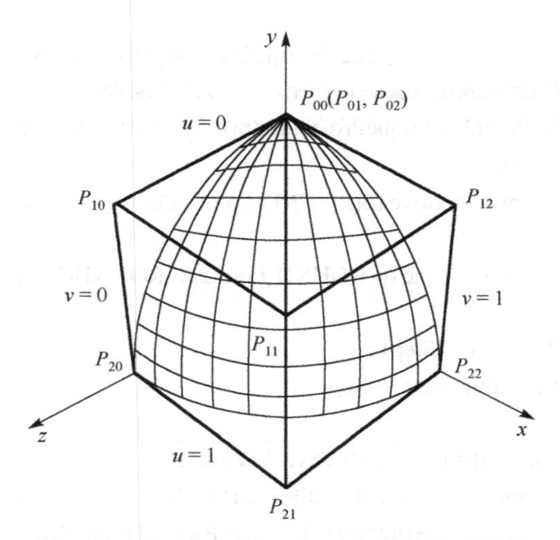

图 4.54　有理双二次 Bezier 表示卦限球面片

（2）算法设计

设计有理双二次 Bezier 曲面片类 CRationalBiquadraticBezierPatch，读入 9 个控制点及其权因子。使用斜二测投影绘制第一卦限的曲面片及其控制网格。有理双二次 Bezier 曲面片类的绘图成员函数定义如下：

```
void CRationalBiquadraticBezierPatch::DrawCurvedPatch(CDC* pDC)
{
    double M[3][3];                                    //双二次曲面的系数矩阵 Mbe
    M[0][0] = 1;M[0][1] = -2;M[0][2] = 1;
    M[1][0] = -2;M[1][1] = 2;M[1][2] = 0;
    M[2][0] = 1;M[2][1] = 0;M[2][2] = 0;
    CP3 Pw[3][3];                                      //计算曲线使用的控制点
    for(int i=0;i<3;i++)
        for(int j=0;j<3;j++)
            Pw[i][j]=P[i][j]*W[i][j];
    LeftMultiplyMatrix(M,Pw);                          //数字矩阵左乘三维点矩阵
    TransposeMatrix(M);                                //计算转置矩阵
    RightMultiplyMatrix(Pw,M);                         //数字矩阵右乘三维点矩阵
    LeftMultiplyMatrix(M,W);                           //数字矩阵左乘权因子矩阵
    RightMultiplyMatrix(W,M);                          //数字矩阵右乘权因子矩阵
    double Step =0.1;                                  //步长
    double u0,u1,u2,v0,v1,v2;                          //u，v 参数的幂
    for(double u=0;u<=1;u+=Step)
        for(double v=0;v<=1;v+=Step)
        {
            u2=u*u;u1=u;u0=1;v2=v*v;v1=v;v0=1;
            CP3 numerator=(u2*Pw[0][0]+u1*Pw[1][0]+u0*Pw[2][0])*v2
                          +(u2*Pw[0][1]+u1*Pw[1][1]+u0*Pw[2][1])*v1
                          +(u2*Pw[0][2]+u1*Pw[1][2]+u0*Pw[2][2])*v0;
            double denominator=(u2*W[0][0]+u1*W[1][0]+u0*W[2][0])*v2
                          +(u2*W[0][1]+u1*W[1][1]+u0*W[2][1])*v1
```

```
                        +(u2*W[0][2]+u1*W[1][2]+u0*W[2][2])*v0;
            CP3 pt=numerator/denominator;        //有理 Bezier 表达为分子分母的商
            CP2 Point2=ObliqueProjection(pt);      //斜二测投影
            if(v==0)
                pDC->MoveTo(ROUND(Point2.x),ROUND(Point2.y));
            else
                pDC->LineTo(ROUND(Point2.x),ROUND(Point2.y));
        }
    for(double v=0;v<=1;v+=Step)
        for(double u=0;u<=1;u+=Step)
        {
            u2=u*u;u1=u;u0=1;v2=v*v;v1=v;v0=1;
            CP3 numerator=(u2*Pw[0][0]+u1*Pw[1][0]+u0*Pw[2][0])*v2
                      +(u2*Pw[0][1]+u1*Pw[1][1]+u0*Pw[2][1])*v1
                      +(u2*Pw[0][2]+u1*Pw[1][2]+u0*Pw[2][2])*v0;
            double denominator=(u2*W[0][0]+u1*W[1][0]+u0*W[2][0])*v2
                        +(u2*W[0][1]+u1*W[1][1]+u0*W[2][1])*v1
                        +(u2*W[0][2]+u1*W[1][2]+u0*W[2][2])*v0;
            CP3 pt=numerator/denominator;
            CP2 Point2=ObliqueProjection(pt);
            if(0==u)
                pDC->MoveTo(ROUND(Point2.x),ROUND(Point2.y));
            else
                pDC->LineTo(ROUND(Point2.x),ROUND(Point2.y));
        }
}
```

程序中，W 数组为 3×3 的二维数组，代表权因子数组。Pw 表示式（4.52）中的 $\boldsymbol{P}_{\omega}$。分子 numerator 代表 $\boldsymbol{U}\boldsymbol{M}_{\text{be}}\boldsymbol{P}_{\omega}\boldsymbol{M}_{\text{be}}^{\text{T}}\boldsymbol{V}^{\text{T}}$，分母 denominator 代表 $\boldsymbol{U}\boldsymbol{M}_{\text{be}}\boldsymbol{\omega}\boldsymbol{M}_{\text{be}}^{\text{T}}\boldsymbol{V}^{\text{T}}$。请读者在此基础上给出完整 CRationalBiquatricBezierPatch 类的定义。

3. 有理 2×1 次 Bezier 曲面

有理 2×1 次 Bezier 曲面可精确表示圆柱面、圆锥面、椭圆柱面、椭圆锥面等形状，如图 4.55 所示。

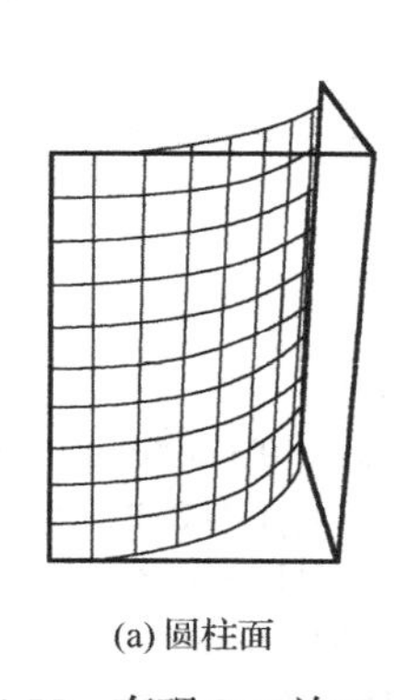

(a) 圆柱面

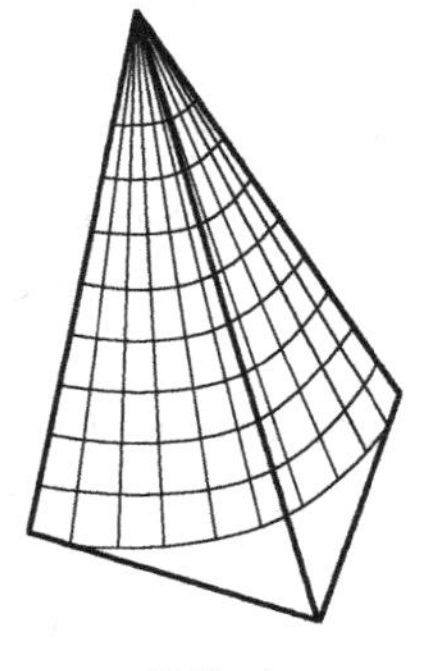

(b) 圆锥面

图 4.55 有理 2×1 次 Bezier 曲面片精确表示圆柱面与圆锥面

（1）公式推导

有理 2×1 次曲面的定义为

$$p(u,v)=\frac{\sum_{i=0}^{2}\sum_{j=0}^{1}B_{i,2}(u)B_{j,1}(v)\omega_{ij}P_{ij}}{\sum_{i=0}^{2}\sum_{j=0}^{1}B_{i,2}(u)B_{j,1}(v)\omega_{ij}},\ (u,v)\in[0,1]\times[0,1] \tag{4.53}$$

展开有

$$\boldsymbol{p}(u,v)=\frac{\begin{bmatrix}B_{0,2}(u) & B_{1,2}(u) & B_{2,2}(u)\end{bmatrix}\begin{bmatrix}\omega_{00}P_{00} & \omega_{10}P_{10}\\ \omega_{01}P_{01} & \omega_{11}P_{11}\\ \omega_{02}P_{02} & \omega_{12}P_{12}\end{bmatrix}\begin{bmatrix}B_{0,1}(v)\\ B_{1,1}(v)\end{bmatrix}}{\begin{bmatrix}B_{0,2}(u) & B_{1,2}(u) & B_{2,2}(u)\end{bmatrix}\begin{bmatrix}\omega_{00} & \omega_{10}\\ \omega_{01} & \omega_{11}\\ \omega_{02} & \omega_{12}\end{bmatrix}\begin{bmatrix}B_{0,1}(v)\\ B_{1,1}(v)\end{bmatrix}} \tag{4.54}$$

式中，$B_{0,2}(u), B_{1,2}(u), B_{2,2}(u), B_{0,1}(v), B_{1,1}(v)$ 是二次和一次 Berstein 基函数。

$$\begin{cases}B_{0,2}(u)=u^2-2u+1\\ B_{0,2}(u)=-2u^2+2u\\ B_{0,2}(u)=u^2\end{cases},\quad \begin{cases}B_{0,1}(v)=-v+1\\ \\ B_{1,1}(v)=v\end{cases} \tag{4.55}$$

将式（4.55）代入式（4.54），有

$$\boldsymbol{p}(u,v)=\frac{\begin{bmatrix}u^2 & u & 1\end{bmatrix}\begin{bmatrix}1 & -2 & 1\\ -2 & 2 & 0\\ 1 & 0 & 0\end{bmatrix}\begin{bmatrix}\omega_{00}P_{00} & \omega_{10}P_{10}\\ \omega_{01}P_{01} & \omega_{11}P_{11}\\ \omega_{02}P_{02} & \omega_{12}P_{12}\end{bmatrix}\begin{bmatrix}-1 & 1\\ 1 & 0\end{bmatrix}\begin{bmatrix}v\\ 1\end{bmatrix}}{\begin{bmatrix}u^2 & u & 1\end{bmatrix}\begin{bmatrix}1 & -2 & 1\\ -2 & 2 & 0\\ 1 & 0 & 0\end{bmatrix}\begin{bmatrix}\omega_{00} & \omega_{10}\\ \omega_{01} & \omega_{11}\\ \omega_{02} & \omega_{12}\end{bmatrix}\begin{bmatrix}-1 & 1\\ 1 & 0\end{bmatrix}\begin{bmatrix}v\\ 1\end{bmatrix}}$$

令 $\boldsymbol{U}=\begin{bmatrix}u^2 & u & 1\end{bmatrix}$，$\boldsymbol{V}=\begin{bmatrix}v & 1\end{bmatrix}$，$\boldsymbol{M}_{\text{left}}=\begin{bmatrix}1 & -2 & 1\\ -2 & 2 & 0\\ 1 & 0 & 0\end{bmatrix}$，$\boldsymbol{M}_{\text{right}}=\begin{bmatrix}-1 & 1\\ 1 & 0\end{bmatrix}$，

$$\boldsymbol{P}_{\omega}=\begin{bmatrix}\omega_{00}P_{00} & \omega_{10}P_{10}\\ \omega_{01}P_{01} & \omega_{11}P_{11}\\ \omega_{02}P_{02} & \omega_{12}P_{12}\end{bmatrix},\quad \boldsymbol{\omega}=\begin{bmatrix}\omega_{00} & \omega_{10}\\ \omega_{01} & \omega_{11}\\ \omega_{02} & \omega_{12}\end{bmatrix}$$

则有

$$\boldsymbol{p}(u,v)=\frac{\boldsymbol{U}\boldsymbol{M}_{\text{left}}\boldsymbol{P}_{\omega}\boldsymbol{M}_{\text{right}}\boldsymbol{V}^{\mathrm{T}}}{\boldsymbol{U}\boldsymbol{M}_{\text{left}}\boldsymbol{\omega}\boldsymbol{M}_{\text{right}}\boldsymbol{V}^{\mathrm{T}}} \tag{4.56}$$

（2）算法设计

设计有理 2×1 次 Bezier 曲面类 CRationalBezierPatch，读入 6 个控制点及其权因子。使用正交投影绘制第一象限的曲面片及其控制网格。有理 2×1 次 Bezier 曲面片类的绘图成员函数定义如下：

```
void CRationalBezierPatch::DrawCurvedPatch(CDC* pDC)
{
	double LM[3][3];                                          //左系数矩阵 Mleft
	LM[0][0] = 1; LM[0][1] = –2; LM[0][2] = 1;
	LM[1][0] = –2; LM[1][1] = 2; LM[1][2] = 0;
	LM[2][0] = 1; LM[2][1] = 0; LM[2][2] = 0;
	double RM[2][2];                                          //右系数矩阵 Mright
	RM[0][0] = –1; RM[0][1] = 1;
	RM[1][0] = 1; RM[1][1] = 0;
	for(int i=0;i<3;i++)
		for(int j=0;j<2;j++)
			Pw[i][j]=P[i][j]*W[i][j];                         //Pw 为带权因子的顶点矩阵
	LeftMultiplyMatrix(LM, Pw);                               //左矩阵乘三维点矩阵
	RightMultiplyMatrix(Pw, RM);                              //三维点矩阵乘右矩阵
	LeftMultiplyMatrix(LM, W);                                //左矩阵乘权因子矩阵
	RightMultiplyMatrix(W, RM);                               //权因子矩阵乘右矩阵
	CPen NewPen,*pOldPen;
	NewPen.CreatePen(PS_SOLID,1,RGB(0,0,255));
	pOldPen=pDC->SelectObject(&NewPen);
	double Step = 0.1;                                        //步长
	double u0,u1,u2,v0,v1;                                    //u，v 参数的幂
	for(double u=0;u<=1;u+=Step)
	{
		for(double v=0;v<=1;v+=Step)
		{
			u2=u*u;u1=u;u0=1;v1=v;v0=1;
			CP3 numerator=(u2*Pw[0][0] + u1*Pw[1][0] + u0*Pw[2][0])*v1
					+(u2*Pw[0][1] + u1*Pw[1][1] + u0*Pw[2][1])*v0;
			double denominator=(u2*W[0][0] + u1*W[1][0] + u0*W[2][0])*v1
					+(u2*W[0][1] + u1*W[1][1] + u0*W[2][1])*v0;
			CP3 pt=numerator/denominator;
			CP2 Point2=OrthogonalProjection(pt);
			//正交投影
			if(v==0)
				pDC->MoveTo(ROUND(Point2.x),ROUND(Point2.y));
			else
				pDC->LineTo(ROUND(Point2.x),ROUND(Point2.y));
		}
	}
	for(double v=0;v<=1;v+=Step)
	{
		for(double u=0;u<=1;u+=Step)
		{
			u2=u*u;u1=u;u0=1;v1=v;v0=1;
			CP3 numerator=(u2*Pw[0][0]+u1*Pw[1][0]+u0*Pw[2][0])*v1
```

```
                    +(u2*Pw[0][1]+u1*Pw[1][1]+u0*Pw[2][1])*v0;
            double denominator=(u2*W[0][0]+u1*W[1][0]+u0*W[2][0])*v1
                                +(u2*W[0][1]+u1*W[1][1]+u0*W[2][1])*v0;
            CP3 pt=numerator/denominator;
            CP2 Point2=OrthogonalProjection(pt);          //正交投影
            if(0==u)
                pDC->MoveTo(ROUND(Point2.x),ROUND(Point2.y));
            else
                pDC->LineTo(ROUND(Point2.x),ROUND(Point2.y));
        }
    }
    pDC->SelectObject(pOldPen);
}
```

使用 4 片有理 2×1 次 Bezier 曲面绘制圆柱侧面和圆锥侧面，效果如图 4.56 所示。

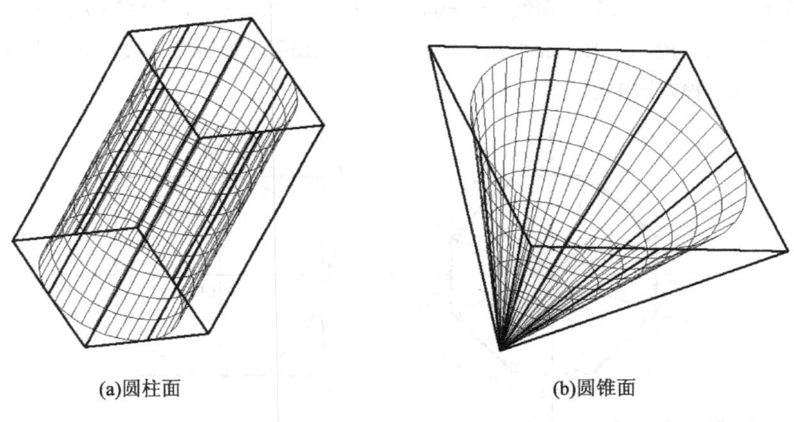

(a)圆柱面　　(b)圆锥面

图 4.56　使用 4 片有理 2×1 次 Bezier 曲面精确表示圆柱面与圆锥面

4.8　本 章 小 结

Bezier 方法以逼近理论为基础，是曲线曲面造型技术的一个里程碑。应用 Bezier 方法，可以方便地逼近物体的轮廓曲线或由设计师勾勒的草图，真正起到计算机辅助几何设计的作用。几何连续的组合 Bezier 曲线曲面在形状定义与设计方面具有很大的灵活性，Bezier 方法在 CAD/CAM 领域发挥了重要的作用。在理论方面，本章重点讲解了三次 Bezier 曲线的定义算法、de Casteljau 递推算法、双三次 Bezier 曲面片的绘制算法。在实践方面，以犹他茶壶为例，讲解了壶体、壶盖、壶嘴、壶柄、壶底的定义方法（完整 Utah 茶壶源程序参见课程设计项目 1）。最后，简单介绍了可以准确描述二次曲线曲面的有理 Bezier 方法，为进一步学习 NURBS 储备了知识。

4.9　习　　题

1．设有控制点 $P_0(0, 0)$，$P_1(48, 96)$，$P_2(120, 120)$，$P_3(216, 80)$的三次 Bezier 曲线 $P(t)$，试计算 $P(0.3)$的 x 和 y 坐标。

2．基于二次 Bezier 曲线的基函数，使用 MFC 编程绘制 3 个控制点及其生成的二次曲线。

3．基于三次 Bezier 曲线的基函数，使用 MFC 编程绘制 4 个控制点及其生成的三次曲线。

4．编程绘制 $t\in[0, 1]$的三次 Bezier 样条的基函数曲线，如图 4.57 所示。

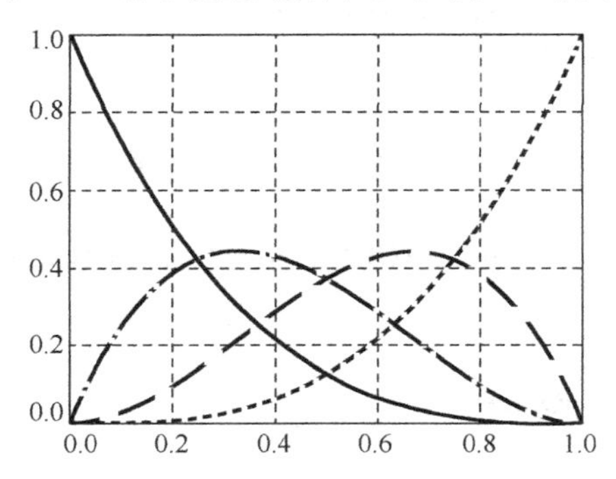

图 4.57　三次 Bezier 的基函数曲线

5．基于二次 Bezier 曲线构成复合曲线（Composite Curve）绘制圆，有两种解决方案，如图 4.58 所示。图 4.58(a)所示为八段二次 Bezier 曲线构成圆。图 4.58(b)所示为四段二次 Bezier 曲线构成圆。试编程实现，并比较哪种方法更逼近圆。

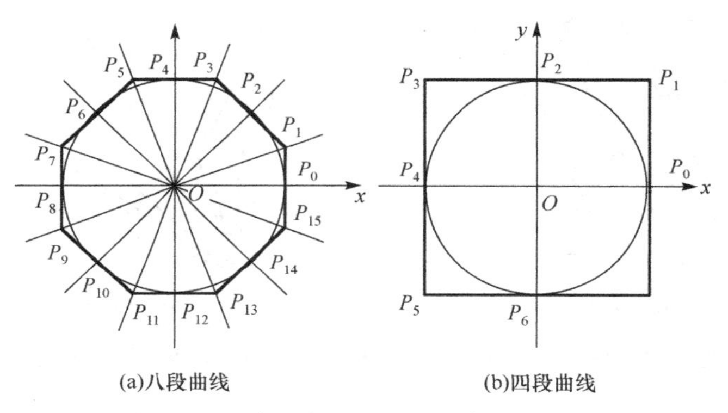

图 4.58　二次非有理 Bezier 曲线绘制圆

6．三次 Bezier 曲线可以逼近 1/4 单位圆弧，如图 4.59 所示。4 个控制点的坐标分别为 $P_0(0, 1)$, $P_1(m, 1)$, $P_2(1, m)$, $P_3(1, 0)$。代入三次 Bezier 曲线公式有 $p(t) = (1-t)^3 P_0 + 3(1-t)^2 tP_1 + 3(1-t)t^2 P_2 + t^3 P_3$，请将 $t = 0.5$ 代入计算 m 值。

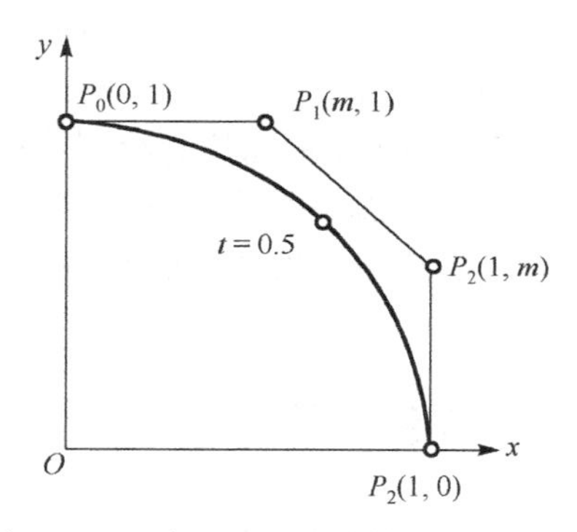

图 4.59　三次 Bezier 曲线模拟 1/4 单位圆

7．给定如图 4.60 所示的 16 个控制点，调用 CBicubicBezierPatch 类绘制双三次 Bezier 曲面片。

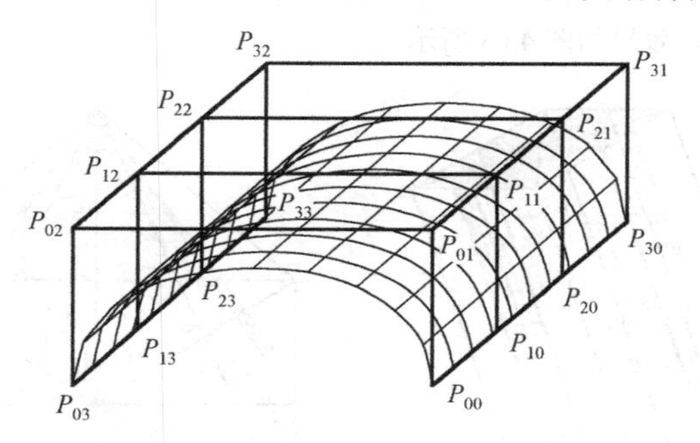

图 4.60　一种双三次 Bezier 曲面片

8．已知控制点 $P_0(115, 244)$, $P_1(60, 161)$, $P_2(60, 79)$, $P_3(115, 37)$, $P_4(170, -4)$, $P_5(170, -170)$, $P_6(60, -250)$定义两段三次 Bezier 曲线，如图 4.61(a)所示。试将该曲线绕 y 轴旋转为曲面体，如图 4.61(b)所示。

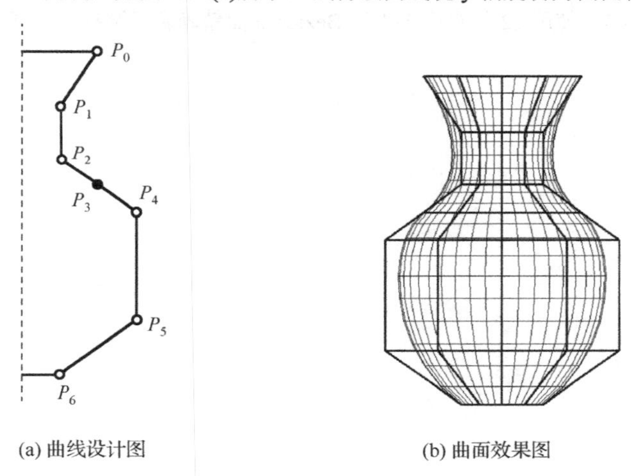

(a) 曲线设计图　　(b) 曲面效果图

图 4.61　曲线旋转为曲面

9．设计有理双二次 Bezier 曲面片类。读入 8 个曲面片建立球体网格模型，使用键盘上的方向键旋转该球体，如图 4.62 所示。

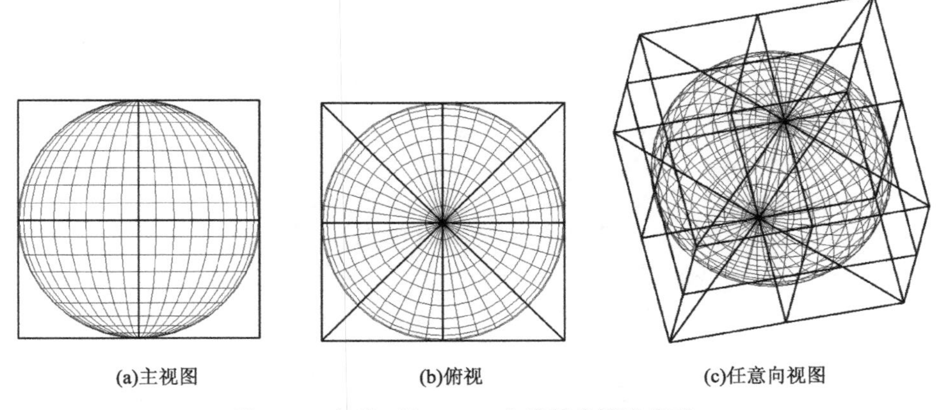

(a)主视图　　(b)俯视　　(c)任意向视图

图 4.62　有理二次 Bezier 曲线精确描述球面

10．设计有理 2×1 次 Bezier 曲面片类。读入 12 个曲面片建立包含底面的圆柱与圆锥模型，使用键盘上的方向键进行旋转，效果如图 4.63 所示。

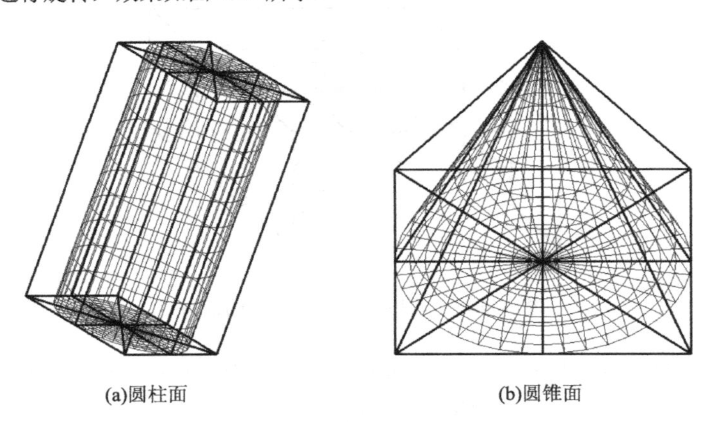

(a)圆柱面　　(b)圆锥面

图 4.63　使用 12 片有理 2×1 次 Bezier 曲面精确表示圆柱面与圆锥面

第5章

B样条曲线曲面

Bezier 方法虽然有许多优点，但也存在不足之处：其一，确定了控制多边形的顶点个数，也就确定了曲线的次数；其二，控制多边形与曲线的逼近程度较差，次数越高，逼近程度越差；其三，曲线不能局部修改，调整某一控制点将影响到整条曲线，原因是 Bernstein 基函数在整个[0, 1]区间内有支撑，所以曲线在区间内任何一点的值都将受到全部顶点的影响，调整任何控制点的位置，将会引起整条曲线的改变；其四，Bezier 曲线的拼接比较复杂。B 样条方法在保留 Bezier 方法的优点的同时，克服了其由于整体表示所带来的不具有局部性质的缺点，解决了描述复杂形状时带来的连接问题。

关于 B 样条的理论早在 1946 年就已由 Schoenberg 提出，但论文直到 1967 年才发表。1972 年，de Boor 与 Cox 分别独立地给出了关于 B 样条计算的标准算法，但作为计算几何中的一个形状数学描述的基本方法，是由 Gordon 和 Riesenfeld 于 1974 年在研究 Bezier 方法的基础上引入的，它用 B 样条基函数取代了 Bernstein 基函数，并构造了 B 样条曲线。B 样条方法具有表示与设计自由曲线曲面的强大功能，是最流行的形状数学描述方法之一。B 样条方法目前已成为关于工业产品几何定义国际标准的有理 B 样条方法的基础。

5.1 B 样条基函数的递推定义及其性质

为了保留 Bezier 方法的优点，仍采用控制顶点定义曲线。为了能描述复杂形状并具有局部性质，改用特殊的基函数即 B 样条基函数代替 Bernstein 基函数。Schoenberg 指出，B 样条具有局部支撑性质。B 样条基函数是多项式样条空间中具有最小支撑的一组基函数，故也被称为基本样条（Basis Spline），简称 B 样条（B-Spline）。

5.1.1 B 样条的递推定义

B 样条有多种等价定义。一种是 Clark 定义，它从几何概念出发，形象直观，易于为初学者所接受；另一种是截尾幂函数的差商定义，这是 B 样条方法的理论基础；使用最普遍、计算机中实现最有效的定义是 de Boor-Cox 递推定义。de Boor-Cox 递推公式如下：

$$\begin{cases} F_{i,0}(t)=\begin{cases}1, & t_i \leqslant t < t_{i+1} \\ 0, & 其他\end{cases} \\ F_{i,k}(t)=\dfrac{t-t_i}{t_{i+k}-t_i}F_{i,k-1}(t)+\dfrac{t_{i+k+1}-t}{t_{i+k+1}-t_{i+1}}F_{i+1,k-1}(t) \\ 约定\dfrac{0}{0}=0 \end{cases} \tag{5.1}$$

式中，$F_{i,k}(t)$的双下标中，i表示序号，k表示次数。显然，要确定第i个k次B样条$F_{i,k}(t)$，需要用到t_i，$t_{i+1},\cdots$，t_{i+k+1}共$k+2$个节点（knot）。$[t_i,t_{i+k+1}]$称为$F_{i,k}(t)$的支撑区间。$F_{i,k}(t)$的第一个下标等于其支撑区间左端节点的下标，即表示该B样条在参数t轴上的位置。

按照控制点与基函数一一对应的规律，若有$n+1$个控制点，则有$n+1$个基函数。因此，$F_{i,k}(t)$中i的取值范围为0, 1, ⋯, n。我们称$F_{i,k}(t)$值不为零的区间为支撑区间。$F_{i,k}(t)$的支撑区间所含节点的并集为$\boldsymbol{T}=[t_0,t_1,\cdots,t_{n+k+1}]$。$\boldsymbol{T}$称为定义这一组B样条基函数的节点矢量。

1．零次B样条

当$k=0$时，由式（5.1）可以直接给出零次B样条：

$$F_{i,0}(t)=\begin{cases}1, & t_i \leqslant t < t_{i+1} \\ 0, & 其他\end{cases} \tag{5.2}$$

可以看出，零次B样条基函数$F_{i,0}(t)$在其定义区间上的形状为一水平直线段，它只在一个区间$[t_i,t_{i+1}]$上不为零，在其他子区间均为零。$F_{i,0}(t)$称为平台函数，如图5.1所示。

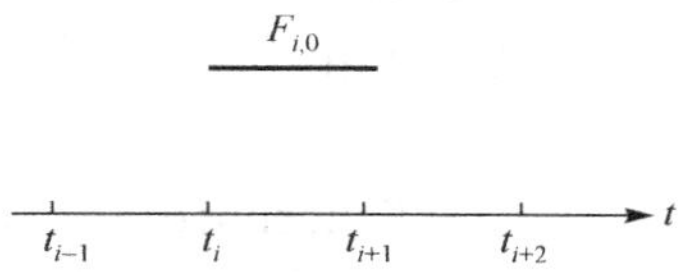

图5.1　零次B样条$F_{i,0}(t)$

2．一次B样条

由式（5.2）的$F_{i,0}(t)$，移位得到

$$F_{i+1,0}(t)=\begin{cases}1, & t_{i+1} \leqslant t < t_{i+2} \\ 0, & 其他\end{cases}$$

当$k=1$时，一次B样条基函数$F_{i,1}(t)$是由两个零次B样条基函数$F_{i,0}(t)$和$F_{i+1,0}(t)$递推得到的。前者是后者的线性组合，即

$$F_{i,1}(t)=\frac{t-t_i}{t_{i+1}-t_i}F_{i,0}(t)+\frac{t_{i+2}-t}{t_{i+2}-t_{i+1}}F_{i+1,0}(t)$$

式中，

$$\begin{cases} F_{i,0}(t)=\begin{cases}1, & t_i \leqslant t < t_{i+1} \\ 0, & 其他\end{cases} \\ F_{i+1,0}(t)=\begin{cases}1, & t_{i+1} \leqslant t < t_{i+2} \\ 0, & 其他\end{cases} \end{cases}$$

类似开关一样，即 1 表示接通，0 表示断开，于是得到

$$F_{i,1}(t)=\begin{cases}\dfrac{t-t_i}{t_{i+1}-t_i}, & t_i \leqslant t < t_{i+1}\\ \dfrac{t_{i+2}-t}{t_{i+2}-t_{i+1}}, & t_{i+1} \leqslant t < t_{i+2}\\ 0, & 其他\end{cases} \tag{5.3}$$

$F_{i,1}(t)$ 只在两个子区间 $[t_i,t_{i+1}]$ 和 $[t_{i+1},t_{i+2}]$ 上非零，且各段均为参数 t 的一次多项式。$F_{i,1}(t)$ 的形状如山形，故又称为山形函数，如图 5.2 所示。

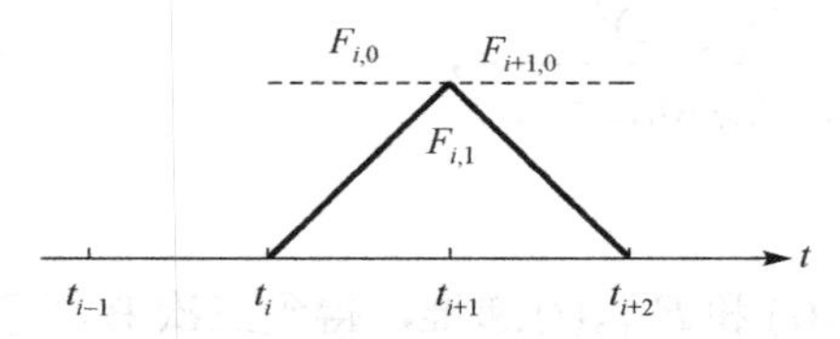

图 5.2　两个零次 B 样条递推生成一次 B 样条 $F_{i,1}(t)$

3．二次 B 样条

由式（5.3）的 $F_{i,1}(t)$，移位得到

$$F_{i+1,1}(t)=\begin{cases}\dfrac{t-t_{i+1}}{t_{i+2}-t_{i+1}}, & t_{i+1} \leqslant t < t_{i+2}\\ \dfrac{t_{i+3}-t}{t_{i+3}-t_{i+2}}, & t_{i+2} \leqslant t < t_{i+3}\\ 0, & 其他\end{cases} \tag{5.4}$$

由两个一次 B 样条基函数 $F_{i,1}(t)$ 和 $F_{i+1,1}(t)$ 递推，得到二次 B 样条基函数 $F_{i,2}(t)$ 如下：

$$F_{i,2}(t)=\begin{cases}\dfrac{t-t_i}{t_{i+2}-t_i}\cdot\dfrac{t-t_i}{t_{i+1}-t_i}, & t_i \leqslant t < t_{i+1}\\ \dfrac{t-t_i}{t_{i+2}-t_i}\cdot\dfrac{t_{i+2}-t}{t_{i+2}-t_{i+1}}+\dfrac{t_{i+3}-t}{t_{i+3}-t_{i+1}}\cdot\dfrac{t-t_{i+1}}{t_{i+2}-t_{i+1}}, & t_{i+1} \leqslant t < t_{i+2}\\ \dfrac{(t_{i+3}-t)^2}{(t_{i+3}-t_{i+1})(t_{i+3}-t_{i+2})}, & t_{i+2} \leqslant t < t_{i+3}\\ 0, & 其他\end{cases} \tag{5.5}$$

图 5.3 中，$F_{i,2}(t)$ 只在三个子区间 $[t_i,t_{i+1}]$, $[t_{i+1},t_{i+2}]$, $[t_{i+2},t_{i+3}]$ 上非零，其他区间全为零。

4．三次 B 样条

由式（5.5）的 $F_{i,2}(t)$，向后平移一个子区间得到

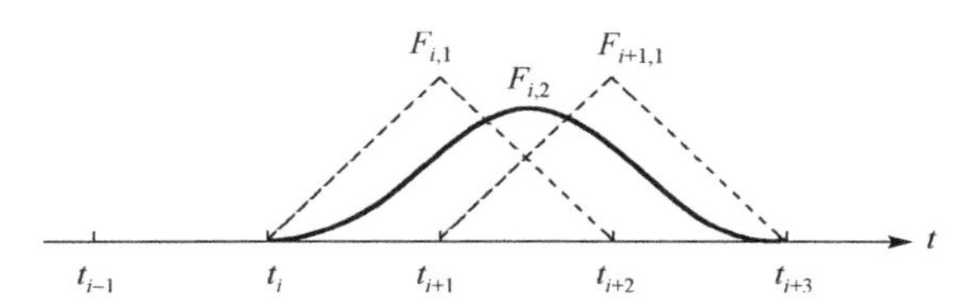

图 5.3　两个一次 B 样条递推生成二次 B 样条 $F_{i,2}(t)$

$$F_{i+1,2}(t)=\begin{cases}\dfrac{t-t_{i+1}}{t_{i+3}-t_{i+1}}\cdot\dfrac{t-t_{i+1}}{t_{i+2}-t_{i+1}}, & t_{i+1}\leqslant t<t_{i+2}\\ \dfrac{t-t_{i+1}}{t_{i+3}-t_{i+1}}\cdot\dfrac{t_{i+3}-t}{t_{i+3}-t_{i+2}}+\dfrac{t_{i+4}-t}{t_{i+4}-t_{i+2}}\cdot\dfrac{t-t_{i+2}}{t_{i+3}-t_{i+2}}, & t_{i+2}\leqslant t<t_{i+3}\\ \dfrac{(t_{i+4}-t)^2}{(t_{i+4}-t_{i+2})(t_{i+4}-t_{i+3})}, & t_{i+3}\leqslant t<t_{i+4}\\ 0, & 其他\end{cases}\tag{5.6}$$

由两个二次 B 样条基函数 $F_{i,2}(t)$ 和 $F_{i+1,2}(t)$ 递推，得到三次 B 样条基函数 $F_{i,3}(t)$ 如下：

$$F_{i,3}(t)=\begin{cases}\dfrac{(t-t_i)^3}{(t_{i+2}-t_i)(t_{i+1}-t_i)(t_{i+3}-t_i)}, & t_i\leqslant t<t_{i+1}\\ \dfrac{(t-t_i)^2(t_{i+2}-t)}{(t_{i+2}-t_i)(t_{i+3}-t_i)(t_{i+2}-t_{i+1})}+\\ \dfrac{(t_{i+3}-t)(t-t_{i+1})(t-t_i)}{(t_{i+3}-t_{i+1})(t_{i+3}-t_i)(t_{i+2}-t_{i+1})}+\\ \dfrac{(t-t_{i+1})^2(t_{i+4}-t)}{(t_{i+3}-t_{i+1})(t_{i+2}-t_{i+1})(t_{i+4}-t_{i+1})}, & t_{i+1}\leqslant t<t_{i+2}\\ \dfrac{(t_{i+3}-t)^2(t-t_i)}{(t_{i+3}-t_{i+1})(t_{i+3}-t_{i+2})(t_{i+3}-t_i)}+\\ \dfrac{(t-t_{i+1})(t_{i+3}-t)(t_{i+4}-t)}{(t_{i+3}-t_{i+1})(t_{i+3}-t_{i+2})(t_{i+4}-t_{i+1})}+\\ \dfrac{(t_{i+4}-t)^2(t-t_{i+2})}{(t_{i+4}-t_{i+2})(t_{i+3}-t_{i+2})(t_{i+4}-t_{i+1})}, & t_{i+2}\leqslant t<t_{i+3}\\ \dfrac{(t_{i+4}-t)^3}{(t_{i+4}-t_{i+2})(t_{i+4}-t_{i+3})(t_{i+4}-t_{i+1})}, & t_{i+3}\leqslant t<t_{i+4}\\ 0, & 其他\end{cases}\tag{5.7}$$

三次 B 样条如图 5.4 所示。$F_{i,3}(t)$ 只在 4 个子区间 $[t_i,t_{i+1}]$, $[t_{i+1},t_{i+2}]$, $[t_{i+2},t_{i+3}]$, $[t_{i+3},t_{i+4}]$ 上非零。

由 de Boor-Cox 递推定义可知，从零次 B 样条基函数，可得到任意次数的 B 样条基函数。这种递推方法既适合于等距节点，也适合于非等距节点。

递推公式（5.1）表明，k 次 B 样条基函数 $F_{i,k}(t)$ 可以由两个 k–1 次 B 样条基函数 $F_{i,k-1}(t)$ 和

$F_{i+1,k-1}(t)$ 的线性组合递推得到。从几何上分析，$F_{i,k}(t)$ 的凸线性组合的系数分别为 $\dfrac{t-t_i}{t_{i+k}-t_i}$ 和 $\dfrac{t_{i+k+1}-t}{t_{i+k+1}-t_{i+1}}$，两个系数的分母（denominator）恰好是两个 k–1 次 B 样条的支撑区间的长度，分子（numerator）恰好是参数 t 把第 i 个 k 次 B 样条 $F_{i,k}(t)$ 的支撑区间 $[t_i,t_{i+k+1}]$ 划分为两部分的长度。在重节点的情况下，递推公式右端的两个凸线性组合系数可能出现分子分母都为零的情况，这时按约定该系数取为零。

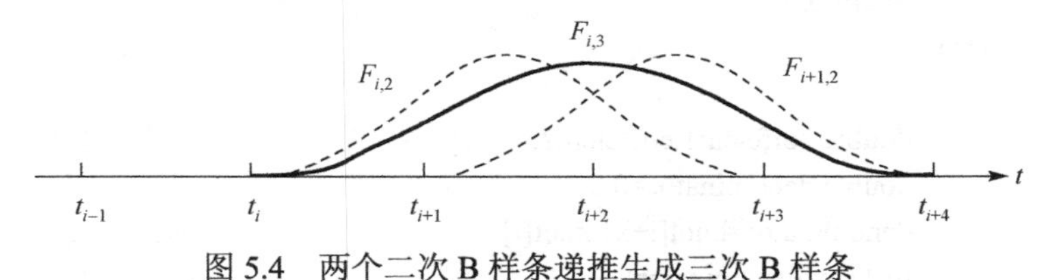

图 5.4 两个二次 B 样条递推生成三次 B 样条

5.1.2 B 样条基函数的性质

1．递推性：由上述定义表明。

2．规范性：

$$\sum_{i=0}^{n} F_{i,k}(t) = 1,\ t \in [t_i, t_{n+1}]$$

3．局部支撑性质：

$$F_{i,k}(t)\begin{cases} \geqslant 0,\ t_i \leqslant t \leqslant t_{i+k+1} \\ = 0, \text{其他} \end{cases}$$

4．连续性：$F_{i,k}(t)$ 在 r 重节点处至少为 $k-r$ 次参数连续。

5.1.3 B 样条基函数算法

例 5.1 根据参数 t 值和次数 k 与节点矢量双精度数组 knot，计算第 i 个 k 次的 B 样条基函数 $F_{i,k}(t)$。

从程序设计角度考虑，基函数的系数表达为分式。假设 $\text{cofficient} = \dfrac{\text{numerator}}{\text{denominator}}$，则式（5.1）中，$F_{i,k}(t)$ 公式中的 $F_{i,k-1}(t)$ 系数的分子为 $\text{numerator}_1 = t - t_i$，分母为 $\text{denominator}_1 = t_{i+k} - t_i$。$F_{i+1,k-1}(t)$ 系数的分子为 $\text{numerator}_2 = t_{i+k+1} - t$，分母为 $\text{denominator}_2 = t_{i+k+1} - t_{i+1}$。

$F_{i,k}(t)$ 是一个递推定义，可以使用递归函数实现。输入参数为 t, i, k。i 为第 i 个 k 次B样条的支撑区间左端节点的下标。输出参数value为 $F_{i,k}(t)$ 的返回值。

```
double CTestView::BasisFunctionValue(double t, int i, int k)
{
	double value1,value2,value;
	if(k==0)
	{
```

```
        if(t>=knot[i] && t<knot[i+1])
            return 1.0;
        else
            return 0.0;
    }
    if (k>0)
    {
        if(t<knot[i]||t>knot[i+k+1])
            return 0.0;
        else
        {
            double coffcient1,coffcient2;                          //凸组合系数 1，凸组合系数 2
            double denominator=0.0;
            denominator=knot[i+k]-knot[i];                        //递推公式第一项分母
            if(0.0==denominator)                                  //约定 0/0
                coffcient1=0.0;
            else
                coffcient1=(t-knot[i])/denominator;               // F_{i,k-1}(t)
            denominator=knot[i+k+1]-knot[i+1];                    //递推公式第二项分母
            if(0.0==denominator)                                  //约定 0/0
                coffcient2=0.0;
            else
                coffcient2=(knot[i+k+1]-t)/denominator;           // F_{i+1,k-1}(t)
            value1=coffcient1*BasisFunctionValue(t,i,k-1);        //递推公式第一项的值
            value2=coffcient2*BasisFunctionValue(t,i+1,k-1);      //递推公式第二项的值
            value=value1+value2;                                  // F_{i,k}(t)
        }
    }
    return value;
}
```

其中，节点矢量 $\boldsymbol{T}$ 在程序中用双精度数组 kont[n+k+2]表示。需要说明的是，本段代码只是给出如何基于式（5.1）递推计算 $F_{i,k}(t)$。如果要基于 $F_{i,k}(t)$ 绘制出曲线图形，则需要增加控制点与节点矢量 $\boldsymbol{T}$ 的定义。

5.2　B 样条曲线定义

B 样条曲线的数学定义为

$$p(t)=\sum_{\mathrm{i}=0}^{n}P_iF_{i,k}(t) \tag{5.8}$$

式中，$P_i, i=0,1,\cdots,n$ 为 $n+1$ 个控制顶点，又称 de Boor 点，由控制顶点顺序连成的折线称为 B 样条控制多边形，简称为控制多边形。B 样条曲线方程中 $n+1$ 个控制点 $P_i, i=0,1,\cdots,n$ 要用到 $n+1$ 个 k 次 B 样条基函数 $F_{i,k}(t), i=0,1,\cdots,n$，节点矢量为 $\boldsymbol{T}=[t_0,t_1,\cdots,t_{n+k+1}]$。$F_{i,k}(t)$，$i=0,1,\cdots,n$ 称为 k 次规范 B 样条基函数，其中的每一个称为规范 B 样条，它是由一个称为节

点矢量的非递减的参数 t 的序列 $\boldsymbol{T}$: $t_0 \leqslant t_1 \leqslant \cdots \leqslant t_{n+k+1}$ 所决定的 k 次分段多项式，即 k 次多项式样条。这种将 $n+1$ 个控制顶点 P_i 与定义在节点矢量 $\boldsymbol{T}$ 上的 $n+1$ 个 k 次基函数 $F_{i,k}(t)$ 线性组合，得到的曲线称为 k 次 B 样条曲线。

5.2.1 局部性质

称区间 $[t_i, t_{i+k+1}]$ 为第 i 个 k 次 B 样条的 $F_{i,k}(t)$ 的支撑区间。左端节点 t_i 的下标 i 与该 B 样条的次数 k 无关，但右端节点 t_{i+k+1} 的下标与次数 k 有关，也即支撑区间包含的节点区间数（含零长度区间）与次数 k 有关。从图 5.1 至图 5.4 可以看出，零次 B 样条的支撑区间包含一个节点区间，一次 B 样条的支撑区间包含两个节点区间，二次 B 样条的支撑区间包含三个节点区间……k 次 B 样条的支撑区间包含 $k+1$ 个节点区间。于是，在参数 t 轴上任一点 $t \in [t_i, t_{i+1}]$ 处，至多有 $k+1$ 个非零的 k 次 B 样条 $F_{j,k}(t)$, $j = i-k, i-k+1, \cdots, i$，其他 k 次 B 样条在该处均为零。

例如，对于二次 B 样条（$k=2$），在 $t \in [t_i, t_{i+1}]$ 处，只有 $F_{i-2,2}(t)$，$F_{i-1,2}(t)$ 与 $F_{i,2}(t)$ 非零，如图 5.5 所示。

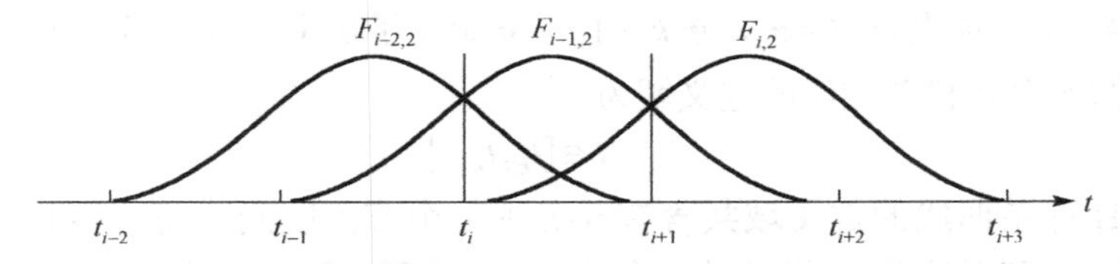

图 5.5 在区间 $t \in [t_i, t_{i+1}]$ 至多只有 3 个非零的二次 B 样条

对于三次 B 样条（$k=3$），在 $t \in [t_i, t_{i+1}]$ 处，只有 $F_{i-3,3}(t)$，$F_{i-2,3}(t)$，$F_{i-1,3}(t)$ 与 $F_{i,3}(t)$ 非零，如图 5.6 所示。

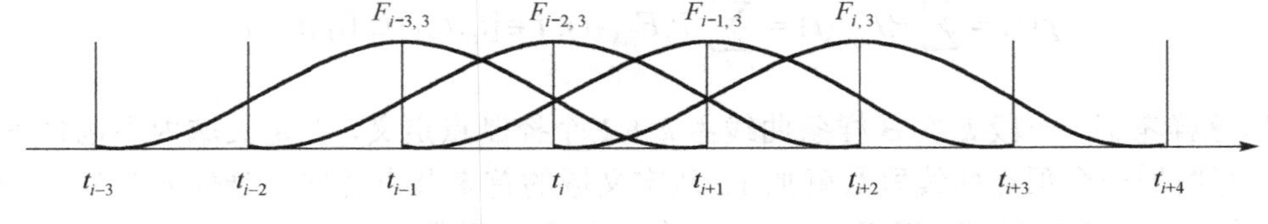

图 5.6 在区间 $t \in [t_i, t_{i+1}]$ 至多只有 4 个非零的三次 B 样条

考察 B 样条曲线方程（5.8）定义在非零节点区间 $t \in [t_i, t_{i+1}]$ 上的那一段，略去其中基函数取零值的那些项，可以表示为

$$p(t) = \sum_{j=i-k}^{i} P_j F_{j,k}(t),\ t \in [t_i, t_{i+1}] \tag{5.9}$$

式(5.9)表明了 B 样条曲线的局部性质，即 k 次 B 样条曲线上的一点至多与 $k+1$ 个顶点 $P_j, j = i-k, i-k+1, \cdots, i$ 有关，而与其他顶点无关。而我们知道，Bezier 曲线上除两端点外的所有点都与控制多边形的全部顶点有关。这意味着，$P_{i-k}, P_{i-k+1}, \cdots$，$P_i$ 与相应的 B 样条基函数决定一段 k 次 B 样条曲线。于是，往下标减少方向错过一个顶点，$P_{i-k-1}, P_{i-k}, \cdots$，$P_{i-1}$ 定义上一段曲线；往下标增加方向错过一个顶点，$P_{i-k+1}, P_{i-k+2}, \cdots$，$P_{i+1}$ 定义下一段曲线。

移动 k 次 B 样条曲线的一个顶点 P_i，会影响到哪些顶点呢？我们知道，与 P_i 点相联系的 $F_{i,k}(t)$ 的支撑区间为 $[t_i, t_{i+k+1}]$。在曲线定义域之内，定义在这 $k+1$ 个支撑区间上的 B 样条曲线都与 P_i 相关，因此都会受到影响。关于 B 样条曲线局部性质的完整表述为：k 次 B 样条曲线上一点至多与 $k+1$ 个控制点有关，与其他控制点无关；移动该曲线上的第 i 个控制点，至多影响到第 i 个 k 次 B 样条的支撑区间 $[t_i, t_{i+k+1}]$ 上那部分曲线的形状，对曲线的其余部分不发生影响。这里用到的第一个“至多”是考虑到其中某个或若干基函数可能为零的情况，第二个“至多”是考虑到该区间中可能有些节点区间落在曲线的定义域之外。

5.2.2 定义域及分段表示

究竟如何选取节点矢量的取值范围并确定 B 样条曲线的定义域呢？给定 $n+1$ 个控制点 $P_i, i=0, 1, \cdots, n$，相应地要求 $n+1$ 个 B 样条基函数 $F_{i,k}(t)$，用以定义一条 k 次 B 样条曲线。这 $n+1$ 个 k 次 B 样条由节点矢量 $\boldsymbol{T}=[t_0, t_1, \cdots, t_{n+k+1}]$ 所决定。然而，并非这些节点矢量所包含的 $n+k+1$ 个区间都在该曲线的定义域，其中两端的各 k 个节点区间，不能作为 B 样条曲线的定义区间。这是因为 $n+1$ 个控制点中最前的 $k+1$ 个顶点 $P_i, i=0, 1, \cdots, k$ 定义了 B 样条曲线的首段，其定义区间为 $t \in [t_k, t_{k+1}]$；往后移一个顶点 $P_i, i=1, 2, \cdots, k+1$ 定义了第二段，其定义区间为 $t \in [t_{k+1}, t_{k+2}]$；以此类推，最后 $k+1$ 个顶点 $P_i, i=n-k, n-k+1, \cdots, n$ 定义了最末一段，其定义区间为 $t \in [t_n, t_{n+1}]$。因此，高于零次的 k 次 B 样条曲线的定义域为

$$t \in [t_k, t_{n+1}]$$

显然，k 次 B 样条曲线的定义域共含有 $n-k+1$ 个节点区间（包含零长度的节点区间），若其中不含重节点，则对应的 B 样条曲线包含 $n-k+1$ 段。可见，定义域两侧各 k 个节点区间上的那些 B 样条因为规范性不成立，因此不能构成基函数组。通常可首先确定这 $n-k+2$ 个节点，其首末节点所限定的参数区间就是 B 样条曲线的定义域。将 k 次 B 样条曲线方程（5.8）改写成分段表示为

$$p(t)=\sum_{i=0}^{n} P_i F_{i,k}(t)=\sum_{j=i-k}^{k} P_j F_{j,k}(t),\ t \in [t_i, t_{i+1}] \subset [t_k, t_{n+1}] \tag{5.10}$$

可以这样考虑，一段 k 次 B 样条曲线由 $k+1$ 个控制点定义，在定义域内不包含重节点的情况下，每增加一个顶点曲线段数就加 1。从定义域的首末节点各向外延伸 k 个节点，这 $n+k+2$ 个节点构成节点矢量 $\boldsymbol{T}$，用于定义 $n+1$ 个 B 样条基函数。注意，$n-k+2$ 个节点构成的节点矢量包括 $n-k+1$ 个节点区间。为了计算方便，节点矢量的起始节点下标取得与控制多边形顶点下标相同，即从零开始。为此在式（5.10）中，取 $i=k, k+1, \cdots, n$。

例 5.2 已知 5 个顶点定义一条二次 B 样条曲线，试确定节点矢量、定义域，并计算能绘制几段曲线。

因为 $n=4$，$k=2$，则 $n+k+1=7$，有节点矢量

$$\boldsymbol{T}=\left[t_0, t_1, \cdots, t_{n+k+1}\right]=\left[t_0, t_1, t_2, t_3, t_4, t_5, t_6, t_7\right]$$

二次均匀 B 样条曲线

前 3 个顶点 P_0, P_1, P_2 定义了三次 B 样条曲线的首段，定义区间为 $t \in [t_2, t_3]$。后移一个顶点 P_1, P_2, P_3 定义了曲线的第二段，定义区间为 $t \in [t_3, t_4]$。最后 3 个顶点 P_2, P_3, P_4 定义了曲线的末段，定义区间为 $t \in [t_4, t_5]$。因此，二次 B 样条曲线的定义域为 $t \in [t_2, t_5]$，共包含 3 个节点区间，如图 5.7 所示。曲线的定义域也可直接计算：

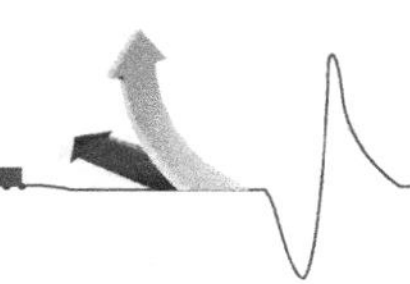

$$t \in [t_k, t_{n+1}] = [t_2, t_5]$$

如果定义域$[t_2, t_5]$内不包含重点，则 5 个顶点可绘制$n-k+1=3$段二次 B 样条曲线，如图 5.8 所示。

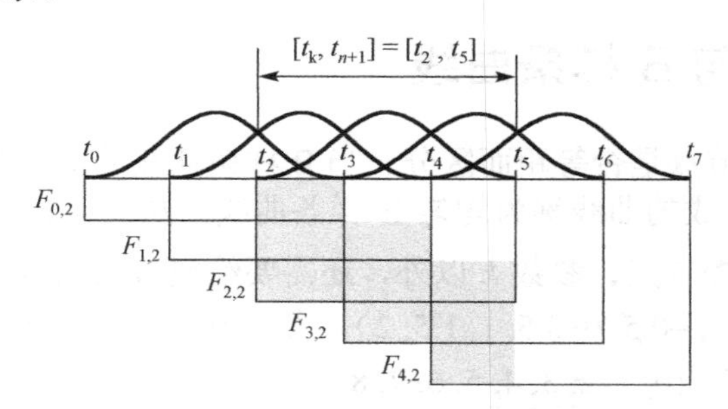

图 5.7　5 个控制点的二次 B 样条定义域

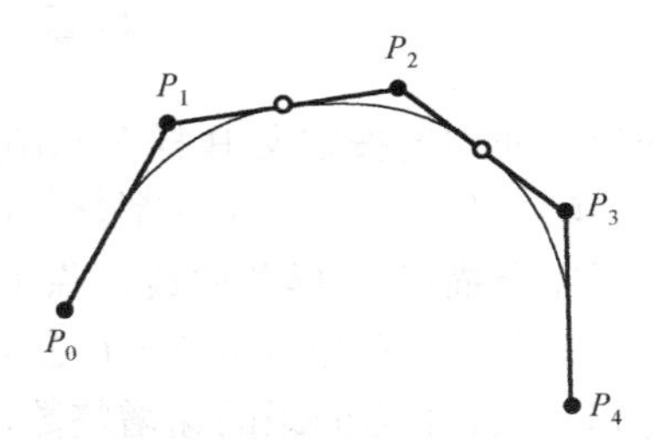

图 5.8　5 个控制点的二次 B 样条曲线

5.2.3　B 样条曲线的分类

节点矢量是决定 B 样条曲线性质的最重要的属性。节点矢量确定了，曲线的基函数也就确定了。国际标准化组织（ISO）制定的 STEP 国际标准中，按照节点矢量中节点的分布情况的不同，将 B 样条曲线划分为四种类型：均匀 B 样条曲线、准均匀 B 样条曲线、分段 Bezier 曲线和非均匀 B 样条曲线。

1．均匀 B 样条曲线（Uniform B-Spline Curve）

B 样条曲线的节点矢量沿参数轴均匀或等距分布，所有节点区间长度$t_{i+1}-t_i=$常数>0，$i=0, 1,\cdots, n+k$。例如，$\boldsymbol{T}=(t_0,t_1,\cdots,t_7)=(0, 1, 2, 3, 4, 5, 6, 7)$，这样的节点矢量定义了均匀 B 样条基。

2．准均匀 B 样条曲线（Quasi-uniform B-Spline Curve）

B 样条曲线的节点矢量中，两端节点具有重复度 $k+1$，即$t_0=t_1=\cdots=t_k$，$t_{n+1}=t_{n+2}=\cdots=t_{n+k+1}$，所有内节点均匀分布。定义域$t\in[t_k,t_{n+1}]$内节点矢量长度与均匀 B 样条曲线定义域内节点分布相同，差别仅在于两端节点。例如，$\boldsymbol{T}=(t_0,t_1,\cdots,t_7)=(0, 0, 0, 1, 2, 3, 3, 3)$，这样的节点矢量定义了准均匀 B 样条基。

3．分段 Bezier 曲线（Piecewise Bezier Curve）

B 样条曲线的节点矢量中，两端节点重复度为 $k+1$，所有内节点重复度为 k，控制点的个数需满足一个限制条件：控制点数减 1 必须等于次数的正整数倍，即 $n/k=$ 正整数。例如，$\boldsymbol{T}=(t_0,t_1,\cdots,t_{11})=(0, 0, 0, 1, 1, 2, 2, 3, 3, 4, 4, 4)$，这样的节点矢量定义了分段 Bernstein 基。

4．非均匀 B 样条曲线（Non-uniform B-Spline Curve）

任意分布的节点矢量$\boldsymbol{T}=[t_0,t_1,\cdots,t_{n+k+1}]$，只要满足节点矢量非递减、两端节点重复度$\leqslant k+1$、内节点重复度$\leqslant k$、节点个数为$n+k+2$，就都可以选取。例如，$\boldsymbol{T}=(t_0,t_1,\cdots,t_{10})=(0, 0, 1, 2, 2, 4, 5, 8, 11, 15)$，这样的节点矢量定义了非均匀 B 样条基。前三种类型可作为这种类型的特例。对于开曲线，通常为使其具有同次 Bezier 曲线的端点几何性质，两端节点取重复度$k+1$。

以上四种类型曲线的节点矢量，对应地称为均匀、准均匀、分段 Bezier 与非均匀类型节点矢量。为了便于统一处理，常将各类B样条曲线的定义域取成规范参数域$t \in [t_k, t_{n+1}] = [0,1]$。下面阐述各类型的B样条曲线。以均匀B样条曲线作为引入，重点讲解非均匀B样条曲线。

5.3 均匀B样条曲线

均匀与非均匀按定义B样条基函数的节点是否等距而区分。当B样条曲线的节点沿参数轴均匀等距分布，即$t_{i+1} - t_i =$常数时，所生成的曲线称为均匀B样条曲线。从式（5.8）可以看到，要完全描述B样条曲线，除了给定控制点、参数k以外，还需要给定节点矢量。均匀B样条的节点矢量可以取为$\boldsymbol{T} = (-2, -1.5, -1, -0.5, 0, 0.5, 1, 1.5, 2)$。大多数情况下，节点矢量取0为起始点、1为间距的递增整数，如$\boldsymbol{T} = (0, 1, 2, 3, 4, 5, 6, 7, 8)$，亦即$t_i = i$。

均匀B样条的基函数呈周期性。由节点矢量决定的均匀B样条基函数在定义域内各个节点区间上都具有相同的形状。每个后续基函数仅是前面基函数在新位置上的重复：

$$F_{i,k}(t) = F_{i+1,k}(t + \Delta t) = F_{i+2,k}(t + 2\Delta t) \tag{5.11}$$

式中，Δt是相邻节点值的间距。等价地，也可写为

$$F_{i,k}(t) = F_{0,k}(t - i\Delta t) \tag{5.12}$$

均匀B样条基函数在每个节点区间$[t_i, t_{i+1}]$上具有不同的表达式，需要将其规范化到$t \in [0, 1]$，这可使用min-max归一化方法（Min-Max Normalization）进行处理。均匀B样条曲线定义简单，特别是二次、三次B样条曲线在工程中应用广泛。下面说明均匀B样条基函数的计算方法。

5.3.1 二次均匀B样条曲线

1. 二次均匀B样条基函数的计算

假定有4个控制点，则$n = 3$，$k = 2$，对应4个基函数$F_{0,2}(t), F_{1,2}(t), F_{2,2}(t)$和$F_{3,2}(t)$。由于$n + k + 1 = 6$，故节点矢量$\boldsymbol{T} = [t_0, t_1, \cdots, t_{n+k+1}] = (t_0, t_1, t_2, t_3, t_4, t_5, t_6) = (0,1,2,3,4,5,6)$。根据de Boor-Cox递推定义，可得到基于该节点矢量的B样条基函数的计算公式为

$$\begin{cases} F_{i,0}(t) = \begin{cases} 1, & i \leqslant t < i+1 \\ 0, & 其他 \end{cases} \\ F_{i,k}(t) = \dfrac{t-i}{k} F_{i,k-1}(t) + \dfrac{(i+k+1)-t}{k} F_{i+1,k-1}(t) \end{cases} \tag{5.13}$$

（1）计算$F_{0,2}(t)$

由式（5.13）和式（5.12）可以计算$F_{0,k}(t), k = 0, 1, 2$的基函数为

$$F_{0,0}(t) = \begin{cases} 1 & 0 \leqslant t < 1 \\ 0 & 其他 \end{cases}$$

$$\begin{aligned} F_{0,1}(t) &= tF_{0,0}(t) + (2-t)F_{1,0}(t) = tF_{0,0}(t) + (2-t)F_{0,0}(t-1) \\ &= \begin{cases} t, & 0 \leqslant t < 1 \\ (2-t), & 1 \leqslant t < 2 \end{cases} \end{aligned}$$

$$F_{0,2}(t)=\frac{t}{2}F_{0,1}(t)+\frac{3-t}{2}F_{1,1}(t)=\frac{t}{2}F_{0,1}(t)+\frac{3-t}{2}F_{0,1}(t-1)$$

$$=\begin{cases}\frac{1}{2}t^2, & 0\leqslant t<1\\ \frac{1}{2}t(2-t)+\frac{1}{2}(3-t)(t-1), & 1\leqslant t<2\\ \frac{1}{2}(3-t)^2, & 2\leqslant t<3\end{cases}$$

（2）计算 $F_{1,2}(t)$，$F_{2,2}(t)$ 和 $F_{3,2}(t)$

根据式（5.12），分别用 t–1，t–2，t–3 代替 $F_{0,2}(t)$ 中的 t，得到基函数 $F_{1,2}(t)$，$F_{2,2}(t)$ 和 $F_{3,2}(t)$：

$$F_{1,2}(t)=\begin{cases}\frac{1}{2}(t-1)^2, & 1\leqslant t<2\\ \frac{1}{2}(t-1)(3-t)+\frac{1}{2}(4-t)(t-2), & 2\leqslant t<3\\ \frac{1}{2}(4-t)^2, & 3\leqslant t<4\end{cases}$$

$$F_{2,2}(t)=\begin{cases}\frac{1}{2}(t-2)^2, & 2\leqslant t<3\\ \frac{1}{2}(t-2)(4-t)+\frac{1}{2}(5-t)(t-3), & 3\leqslant t<4\\ \frac{1}{2}(5-t)^2, & 4\leqslant t<5\end{cases}$$

$$F_{3,2}(t)=\begin{cases}\frac{1}{2}(t-3)^2, & 3\leqslant t<4\\ \frac{1}{2}(t-3)(5-t)+\frac{1}{2}(6-t)(t-4), & 4\leqslant t<5\\ \frac{1}{2}(6-t)^2, & 5\leqslant t\leqslant 6\end{cases}$$

基于该节点矢量定义的四段二次均匀 B 样条基函数如图 5.9 所示。可以看出，每个基函数 $F_{i,k}(t)$ 均定义在 $t\in[t_i,t_{i+k+1}]$ 的区间上，由此决定了 B 样条曲线的局部控制特性：比如第一个控制点 P_0 仅与基函数 $F_{0,2}(t)$ 作乘法，因此改变 P_0 点只影响到曲线 $t=0$ 到 $t=3$ 处的形状；还可以看到，2 以下和 4 以上的节点区间不是所有的基函数都出现，而在 $t_k=2$ 到 $t_{n+1}=4$ 的区间上出现了所有的基函数，这说明均匀二次 B 样条曲线的定义域为 $t\in[t_k,t_{n+1}]=[t_2,t_4]=[2,4]$。

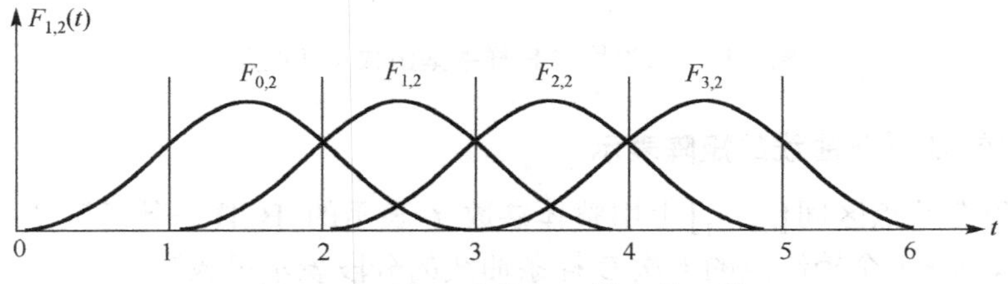

图 5.9 四段二次均匀 B 样条基函数

2．二次均匀 B 样条基函数的矩阵表示

一段均匀二次 B 样条曲线至少需要 3 个控制点，则 $k=2$，$n=2$，节点矢量 $\boldsymbol{T}=[t_0,t_1,\cdots,t_{n+k+1}]=(t_0,t_1,t_2,t_3,t_4,t_5)=(0,1,2,3,4,5)$，该均匀 B 样条基函数的图形如图 5.10 所示。

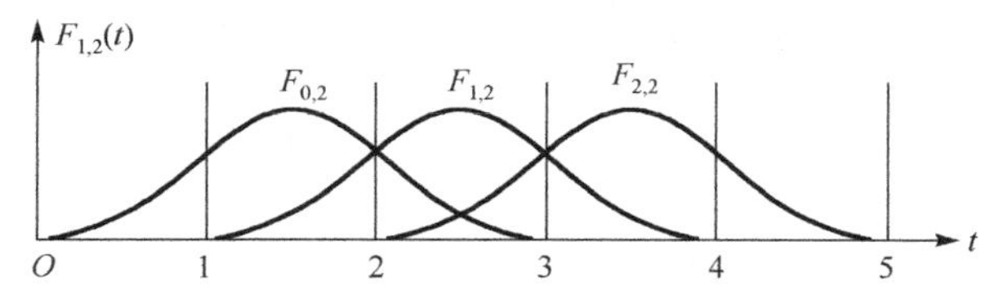

图 5.10　二次均匀 B 样条基函数（$n=2$，$k=2$）

从图中可以看出，均匀二次 B 样条曲线的定义域为 $t\in[t_k,t_{n+1}]=[2,3]$，该区间的重叠基函数为

$$\begin{cases}F_{0,2}(t)=\dfrac{1}{2}(3-t)^2\\F_{1,2}(t)=\dfrac{1}{2}(t-1)(3-t)+\dfrac{1}{2}(4-t)(t-2), & t\in[2,3]\\F_{2,2}(t)=\dfrac{1}{2}(t-2)^2\end{cases}\tag{5.14}$$

将式（5.14）的三个基函数的参数区间 $t\in[2,3]$ 规范到 $t\in[0,1]$ 区间上，如图 5.11 所示。使用 min-max 归一化方法进行处理，min = 2，max = 3，$t_{\text{new}}=\dfrac{t_{\text{old}}-\min}{\max-\min}=t_{\text{old}}-2$。显然，$t_{\text{new}}\in[0,1]$。将 $t_{\text{old}}=t_{\text{new}}+2$ 代入式（5.14），则得到基函数为

$$\begin{cases}F_{0,2}(t)=\dfrac{1}{2}(1-t)^2=\dfrac{1}{2}(t^2-2t+1)\\F_{1,2}(t)=\dfrac{1}{2}(-2t^2+2t+1) & ,\quad t\in[0,1]\\F_{2,2}(t)=\dfrac{1}{2}t^2\end{cases}\tag{5.15}$$

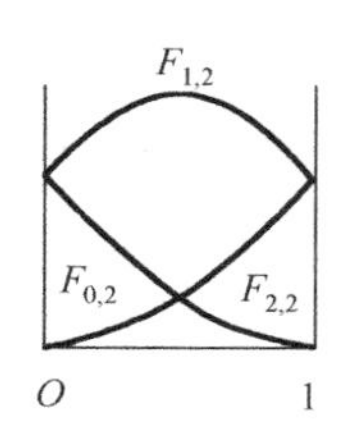

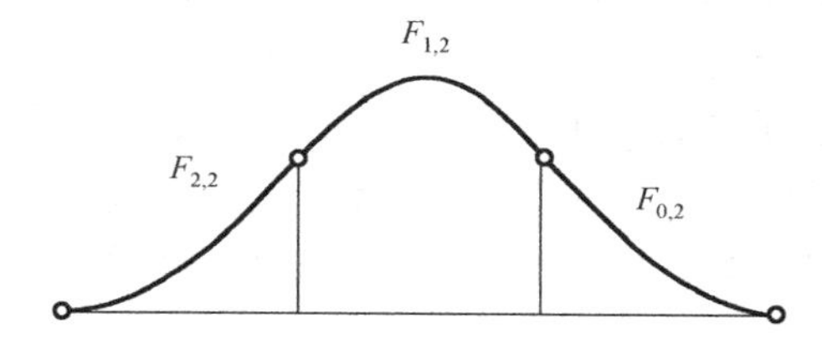

图 5.11　二次均匀 B 样条基函数及其展开图

3．二次均匀 B 样条曲线的矩阵表示

将定义在每个节点区间 $[t_i,t_{i+1}]$ 上用整体参数 t 表示的 B 样条基函数变换成用局部参数 $t\in[0,1]$ 表示后，$n+1$ 个控制点的 k 次 B 样条曲线的分段表示可改写为

$$p(t)=\sum_{j=i-k}^{i}P_jF_{j,k}(t),\qquad t\in[0,1];\ i=k,k+1,\cdots,n \tag{5.16}$$

改写为矩阵形式为

$$\boldsymbol{p}(t)=\left[t^k\ t^{k-1}\cdots 1\right]\boldsymbol{M}_k\begin{bmatrix}P_{i-k}\\P_{i-k+1}\\\vdots\\P_i\end{bmatrix},t\in\left[0,1\right];\ i=k,k+1,\cdots,n \tag{5.17}$$

$n+1$ 个控制点的均匀二次 B 样条曲线矩阵表达式为

$$\boldsymbol{p}(t)=\frac{1}{2}\left[\ t^2\ t\ 1\ \right]\begin{bmatrix}1&-2&1\\-2&2&0\\1&1&0\end{bmatrix}\begin{bmatrix}P_{i-2}\\P_{i-1}\\P_i\end{bmatrix}\quad t\in\left[0,1\right];i=2,3,\cdots,n \tag{5.18}$$

4．二次均匀 B 样条曲线的几何性质

由 3 个控制点 P_0,P_1 和 P_2 生成一段二次均匀 B 样条曲线，由式（5.18）可得一阶导数为

$$\boldsymbol{p}'(t)=[t\quad 1]\cdot\begin{bmatrix}1&-2&1\\-1&1&0\end{bmatrix}\cdot\begin{bmatrix}P_0\\P_1\\P_2\end{bmatrix},\ t\in\left[0,1\right] \tag{5.19}$$

将 $t=0,t=1$ 和 $t=1/2$ 分别代入式（5.18）和式（5.19），可得

$$\begin{cases}p(0)=\dfrac{1}{2}(P_0+P_1)\\[2mm] p(1)=\dfrac{1}{2}(P_1+P_2)\end{cases}$$

$$\begin{cases}p'(0)=(P_1-P_0)\\ p'(1)=(P_2-P_1)\end{cases}$$

$$\begin{cases}p\left(\dfrac{1}{2}\right)=\dfrac{1}{8}P_0+\dfrac{3}{4}P_1+\dfrac{1}{8}P_2=\dfrac{1}{2}\left\{\dfrac{1}{2}[p(0)+p(1)]+P_1\right\}\\[2mm] p'\left(\dfrac{1}{2}\right)=\dfrac{1}{2}(P_2-P_0)=p(1)-p(0)\end{cases}$$

从图 5.12 可以看出，二次均匀 B 样条曲线的起点 $p(0)$ 位于 P_0 和 P_1 边的中点处，且其切矢量沿 P_0 和 P_1 边的走向；终点 $p(1)$ 位于 P_1 和 P_2 边的中点处，且其切矢量沿 P_1 和 P_2 边的走向；从图中还可看出，$p\left(\frac{1}{2}\right)$ 正是 $p(0),P_1,p(1)$ 三点所构成三角形的中线 $P_1\ P_m$ 的中点，而且 $p\left(\frac{1}{2}\right)$ 处的切线平行于两个端点的连线 $p(0)p(1)$。这样，三个顶点 P_0,P_1,P_2 确定了一段二次均匀 B 样条曲线，该段曲线是一段抛物线。均匀 B 样条曲线不经过控制点，曲线起点只与前两个控制点有关，终点只与后两个控制点有关。由图可以看出，$n+1$ 个顶点定义的二次均匀 B 样条曲线，实际上

是 $n-k+1$ 段抛物线的连接，由于在连接点处具有相同的切线方向，所以二次均匀 B 样条曲线达到一阶连续性。

在图 5.13 中，控制点 P_0, P_1, P_2 确定第 1 段二次均匀 B 样条曲线（i=1），P_1, P_2, P_3 确定第 2 段曲线。第 2 段曲线的起点切矢量 $\overrightarrow{P_1P_2}$ 沿 P_1P_2 边的走向，和第 1 段曲线的终点切矢量相等，两段曲线实现自然连接，但二次均匀 B 样条曲线只能达到 C^1 连续性。

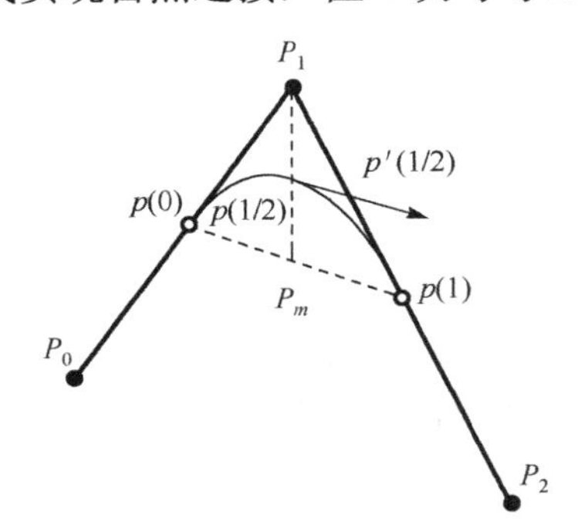

图 5.12　二次均匀 B 样条曲线的几何意义

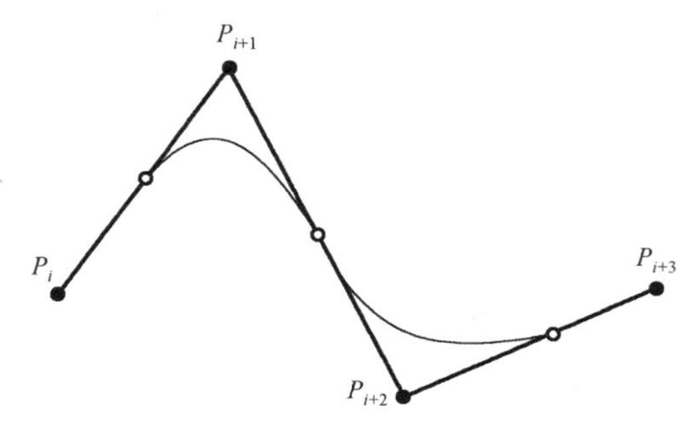

图 5.13　二次均匀 B 样条曲线的连续性

5. 二次均匀 B 样条曲线的算法

例 5.2　已知 $n=5, k=2$，控制点 $P_0=(-460,-49), P_1=(-355,204), P_2=(-63,241), P_3=(66,-117), P_4=(264,-101), P_5=(400,208)$，节点矢量取均匀类型。试基于 de Boor-Cox 公式绘制二次均匀 B 样条曲线，如图 5.14 所示。

（1）构造函数

在 CTestView 类的构造函数内，初始化均匀 B 样条的节点矢量 knot 数组，以及控制点坐标等参数。

```
CTestView::CTestView()
{
    // TODO: add construction code here
    //二次均匀 B 样条的节点矢量
    knot[0]= –0.5, knot[1] = –0.25, knot[2] = 0.0, knot[3] = 0.25, knot[4] = 0.5, knot[5] = 0.75;
     knot[6]= 1.0, knot[7] = 1.25, knot[8] = 1.5;
    n = 5, k = 2;                                        //n 为控制点个数减 1，k 为曲线次数
    //控制点坐标
    P[0].x = –460, P[0].y = –49; P[1].x = –355, P[1].y = 204; P[2].x = –63, P[2].y = 241;
    P[3].x = 66, P[3].y = –117; P[4].x = 264, P[4].y = –101; P[5].x = 400,P[5].y = 208;
}
```

（2）绘制曲线函数

在 CTestView 类的成员函数 DrawBSplineCurve 内，基于 de Boor-Cox 递推公式绘制曲线。

```
void CTestView::DrawBSplineCurve(CDC* pDC)
{
    CPen NewPen, *pOldPen;
    NewPen.CreatePen(PS_SOLID, 2, RGB(0, 0, 255));          //曲线颜色
    pOldPen = pDC->SelectObject(&NewPen);
    double tStep = 0.01;
```

```
    for(double t = 0.0; t<=1.0; t+=tStep)
    {
        CP2 p(0,0);
        for(int i=0;i<=n;i++)
        {
            double BValue=BasisFunctionValue(t,i,k);        //将计算的基函数赋给 BValue
            p+=P[i]*BValue;                                 //B 样条曲线递推定义
        }
        if(t==0.0)
            pDC->MoveTo(ROUND(p.x),ROUND(p.y));
        else
            pDC->LineTo(ROUND(p.x),ROUND(p.y));
    }
    pDC->SelectObject(pOldPen);
    NewPen.DeleteObject();
}
```

（3）绘制曲线控制多边形

在 CTestView 类的成员函数 DrawControlPolygon 内，使用直线段绘制控制多边形，同时绘制代表控制多边形顶点位置的实心小圆。

```
void CTestView::DrawControlPolygon(CDC* pDC)
{
    CPen NewPen,*pOldPen;
    NewPen.CreatePen(PS_SOLID,3,RGB(0,0,0));                   //画笔画线
    pOldPen=pDC->SelectObject(&NewPen);
    CBrush NewBrush,*pOldBrush;
    NewBrush.CreateSolidBrush(RGB(0,0,0));
    pOldBrush=pDC->SelectObject(&NewBrush);                    //画刷填充控制点
    for(int i=0;i<=n;i++)
    {
        if(0==i)
        {
            pDC->MoveTo(ROUND(P[i].x),ROUND(P[i].y));
            pDC->Ellipse(ROUND(P[i].x)-5,ROUND(P[i].y)-5,
                         ROUND(P[i].x)+5,ROUND(P[i].y)+5);
        }
        else
        {
            pDC->LineTo(ROUND(P[i].x),ROUND(P[i].y));
            pDC->Ellipse(ROUND(P[i].x)-5,ROUND(P[i].y)-5,
                         ROUND(P[i].x)+5,ROUND(P[i].y)+5);
        }
    }
    pDC->SelectObject(pOldBrush);
    pDC->SelectObject(pOldPen);
}
```

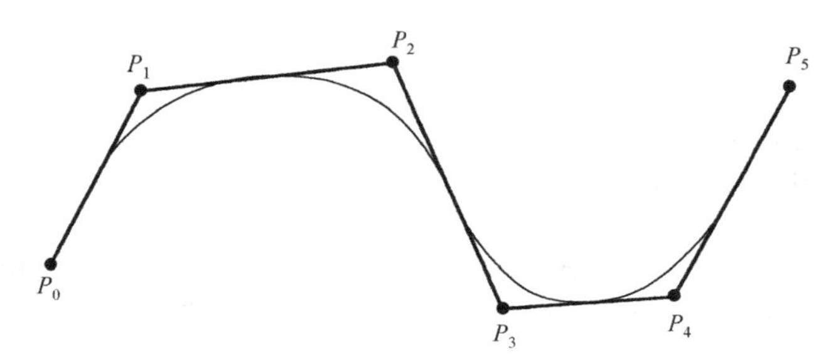

图 5.14　二次均匀 B 样条曲线效果图

5.3.2　三次均匀 B 样条曲线

1．三次 B 样条基函数的计算

三次均匀 B 样条曲线也是得到普遍应用的样条曲线之一。用 4 个控制点来定义一段三次均匀 B 样条曲线，则参数 $n=3$，$k=3$，$n+k+1=7$，取节点矢量为 $\boldsymbol{T}=(0, 1, 2, 3, 4, 5, 6, 7)$。将节点矢量代入式（5.13）和式（5.12），可以计算 $F_{0,3}(t)$ 的基函数如下：

$$F_{0,3}(t)=\frac{t}{3}F_{0,2}(t)+\frac{4-t}{3}F_{1,2}(t)=\frac{t}{3}F_{0,2}(t)+\frac{4-t}{3}F_{0,2}(t-1)$$

$$=\begin{cases}\frac{1}{6}t^3, & 0\leqslant t<1\\ \frac{1}{6}t^2(2-t)+\frac{1}{6}t(t-1)(3-t)+\frac{1}{6}(4-t)(t-1)^2, & 1\leqslant t<2\\ \frac{1}{6}t(3-t)^2+\frac{1}{6}(4-t)(t-1)(3-t)+\frac{1}{6}(4-t)^2(t-2), & 2\leqslant t<3\\ \frac{1}{6}(4-t)^3, & 3\leqslant t<4\end{cases}$$

根据式（5.12），分别用 $t-1, t-2, t-3$ 替代 $F_{0,3}(t)$ 中的 t，得到 $F_{1,3}(t), F_{2,3}(t)$ 和 $F_{3,3}(t)$：

$$F_{1,3}(t)=\begin{cases}\frac{1}{6}(t-1)^3, & 1\leqslant t<2\\ \frac{1}{6}(t-1)^2(3-t)+\frac{1}{6}(t-1)(t-2)(4-t)+\frac{1}{6}(5-t)(t-2)^2, & 2\leqslant t<3\\ \frac{1}{6}(t-1)(4-t)^2+\frac{1}{6}(5-t)(t-2)(4-t)+\frac{1}{6}(5-t)^2(t-3), & 3\leqslant t<4\\ \frac{1}{6}(5-t)^3, & 4\leqslant t<5\end{cases}$$

$$F_{2,3}(t)=\begin{cases}\frac{1}{6}(t-2)^3, & 2\leqslant t<3\\ \frac{1}{6}(t-2)^2(4-t)+\frac{1}{6}(t-2)(t-3)(5-t)+\frac{1}{6}(6-t)(t-3)^2, & 3\leqslant t<4\\ \frac{1}{6}(t-2)(5-t)^2+\frac{1}{6}(6-t)(t-3)(5-t)+\frac{1}{6}(6-t)^2(t-4), & 4\leqslant t<5\\ \frac{1}{6}(6-t)^3, & 5\leqslant t<6\end{cases}$$

$$F_{3,3}(t)=\begin{cases}\frac{1}{6}(t-3)^3, & 3\leqslant t<4\\ \frac{1}{6}(t-3)^2(5-t)+\frac{1}{6}(t-3)(t-4)(6-t)+\frac{1}{6}(7-t)(t-4)^2, & 4\leqslant t<5\\ \frac{1}{6}(t-3)(6-t)^2+\frac{1}{6}(7-t)(t-4)(6-t)+\frac{1}{6}(7-t)^2(t-5), & 5\leqslant t<6\\ \frac{1}{6}(7-t)^3, & 6\leqslant t\leqslant 7\end{cases}$$

2. 三次均匀 B 样条基函数的矩阵表示

类似地，从图 5.15 可以看出，这四个基函数在$t\in[3,4]$区间上重叠，因此一段均匀三次 B 样条的定义域为$t_k=3$到$t_{n+1}=4$。

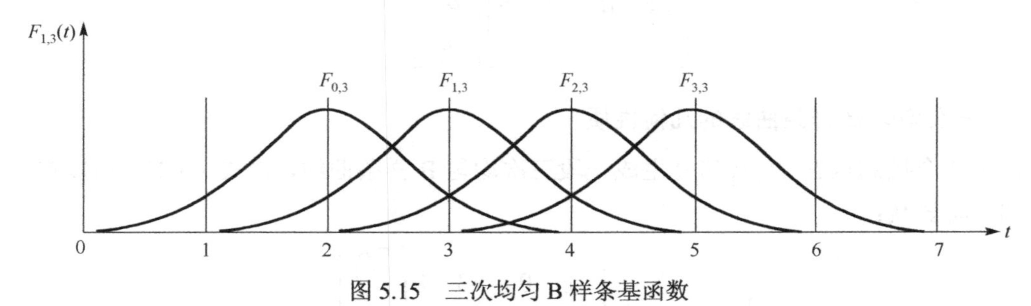

图 5.15 三次均匀 B 样条基函数

在$t\in[3,4]$区间重叠的四个基函数为

$$\begin{cases}F_{0,3}(t)=\frac{1}{6}(4-t)^3\\ F_{1,3}(t)=\frac{1}{6}(t-1)(4-t)^2+\frac{1}{6}(5-t)(t-2)(4-t)+\frac{1}{6}(5-t)^2(t-3)\\ F_{2,3}(t)=\frac{1}{6}(t-2)^2(4-t)+\frac{1}{6}(t-2)(t-3)(5-t)+\frac{1}{6}(6-t)(t-3)^2\\ F_{3,3}(t)=\frac{1}{6}(t-3)^3\end{cases},\quad t\in[3,4]$$

将$t\in[3,4]$区间的 4 个基函数在重叠区域上的参数t分别重新定义到$t\in[0,1]$区间上，如图 5.16 所示，得到

$$\begin{cases}F_{0,3}(t)=\frac{1}{6}(1-t)^3=(-t^3+3t^2-3t+1)\\ F_{1,3}(t)=\frac{1}{6}(3t^3-6t^2+4)\\ F_{2,3}(t)=\frac{1}{6}(-3t^3+3t^2+3t+1)\\ F_{3,3}(t)=\frac{1}{6}t^3\end{cases},\quad t\in[0,1] \tag{5.20}$$

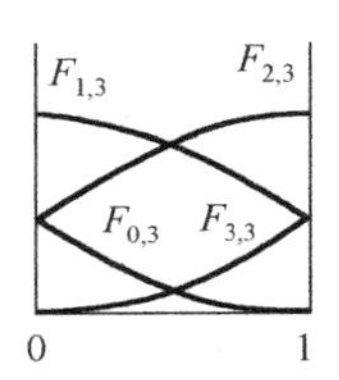

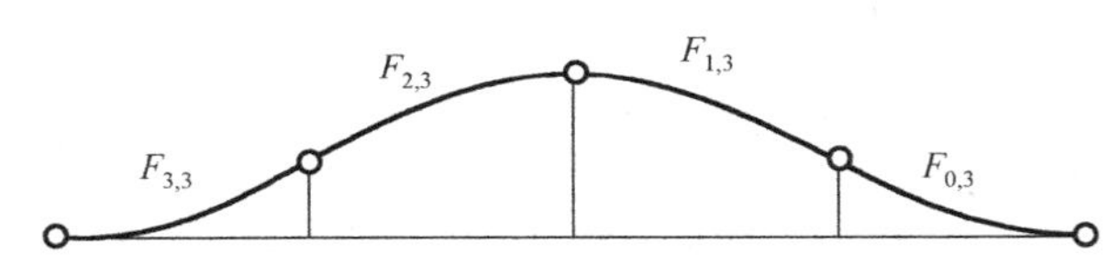

图 5.16　三次均匀 B 样条基函数及其展开图

3．三次均匀 B 样条曲线的矩阵表示

由式（5.17）得到 $n+1$ 个控制点的均匀三次 B 样条曲线矩阵表达式为

$$\boldsymbol{p}(t)=\frac{1}{6}\begin{bmatrix} t^3 & t^2 & t & 1\end{bmatrix}\begin{bmatrix} -1 & 3 & -3 & 1\\ 3 & -6 & 3 & 0\\ -3 & 0 & 3 & 0\\ 1 & 4 & 1 & 0\end{bmatrix}\begin{bmatrix} P_{i-3}\\ P_{i-2}\\ P_{i-1}\\ P_i\end{bmatrix},\quad t\in[0,1];\ i=3,4,\cdots,n \tag{5.21}$$

4．三次均匀 B 样条曲线的几何性质

设由 4 个控制点 P_0,P_1,P_2 和 P_3 生成一段三次均匀 B 样条曲线，由式（5.21）可以得出一阶导数和二阶导数：

$$\boldsymbol{p}'(t)=\frac{1}{2}\begin{bmatrix} t^2 & t & 1\end{bmatrix}\cdot\begin{bmatrix} -1 & 0 & -3 & 1\\ 2 & -4 & 2 & 0\\ -1 & 3 & 1 & 0\end{bmatrix}\cdot\begin{bmatrix} P_0\\ P_1\\ P_2\\ P_3\end{bmatrix},\quad t\in[0,1] \tag{5.22}$$

$$\boldsymbol{p}''(t)=\begin{bmatrix} t & 1\end{bmatrix}\cdot\begin{bmatrix} -1 & 3 & -3 & 1\\ 1 & -2 & 1 & 0\end{bmatrix}\cdot\begin{bmatrix} P_0\\ P_1\\ P_2\\ P_3\end{bmatrix},\quad t\in[0,1] \tag{5.23}$$

令 $\begin{cases} P_m=\dfrac{P_0+P_2}{2}\\ P_n=\dfrac{P_1+P_3}{2}\end{cases}$，将 $t=0$ 和 $t=1$ 代入式（5.21）至式（5.23），可得

$$\begin{cases} \boldsymbol{p}(0)=\dfrac{1}{6}(P_0+4P_1+P_2)=\dfrac{1}{3}\left(\dfrac{P_0+P_2}{2}\right)+\dfrac{2}{3}P_1=\dfrac{1}{3}P_m+\dfrac{2}{3}P_1\\ \boldsymbol{p}(1)=\dfrac{1}{6}(P_1+4P_2+P_3)=\dfrac{1}{3}\left(\dfrac{P_1+P_3}{2}\right)+\dfrac{2}{3}P_2=\dfrac{1}{3}P_n+\dfrac{2}{3}P_2\end{cases}$$

$$\begin{cases} \boldsymbol{p}'(0)=\dfrac{1}{2}(P_2-P_0)\\ \boldsymbol{p}'(1)=\dfrac{1}{2}(P_3-P_1)\end{cases}$$

$$\begin{cases} \boldsymbol{p}''(0) = P_0 - 2P_1 + P_2 = 2\left(\dfrac{P_0 + P_2}{2} - P\right) = 2(P_m - P_1) \\ \boldsymbol{p}''(1) = P_1 - 2P_2 + P_3 = 2\left(\dfrac{P_1 + P_3}{2} - P_2\right) = 2(P_n - P_2) \end{cases}$$

从图 5.17 可以看出，曲线的起点 $\boldsymbol{p}(0)$ 位于 $\Delta P_0P_1P_2$ 底边 P_0P_2 的中线 P_1P_m 上，且距 P_1 点三分之一处。该点处的切矢量 $\boldsymbol{p}'(0)$ 平行于 $\Delta P_0P_1P_2$ 的底边 P_0P_2，且长度为其二分之一。该点处的二阶导数 $\boldsymbol{p}''(0)$ 沿中线矢量 $\overrightarrow{P_1P_m}$ 方向，长度等于 $\overrightarrow{P_1P_m}$ 的两倍。曲线终点 $\boldsymbol{p}(1)$ 位于 $\Delta P_1P_2P_3$ 底边 P_1P_3 的中线 P_2P_n 上，且距 P_2 点三分之一处。该点处的切矢量 $\boldsymbol{p}'(1)$ 平行于 $\Delta P_1P_2P_3$ 的底边 P_1P_3，且长度为其二分之一。该点处的二阶导数 $\boldsymbol{p}''(1)$ 沿中线矢量 $\overrightarrow{P_2P_n}$ 方向，长度等于 $\overrightarrow{P_2P_n}$ 的两倍。这样，4 个顶点 P_0,P_1,P_2,P_3 确定一段三次均匀 B 样条曲线。从图中还可以看出，均匀 B 样条曲线不经过控制点，曲线起点 $\boldsymbol{p}(0)$ 只与前 3 个控制点有关，终点 $\boldsymbol{p}(1)$ 只与后 3 个控制点有关。实际上，均匀 B 样条曲线都具有这种控制点的邻近影响性，这正是 B 样条曲线局部调整性好的原因。三次均匀 B 样条曲线可以达到二阶连续性。

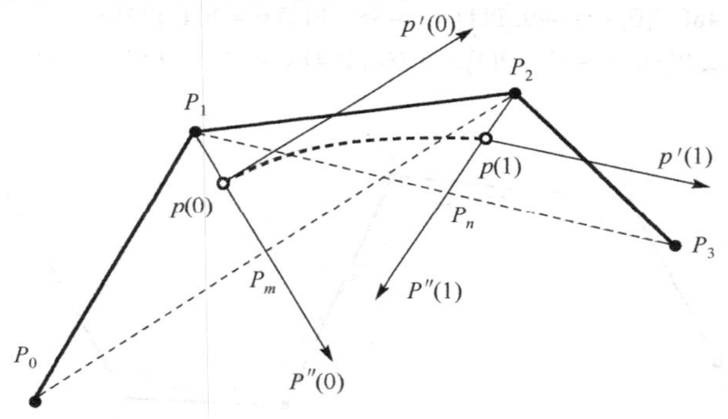

图 5.17　一段三次均匀 B 样条曲线控制多边形

如果再添加一个顶点 P_4，则 P_1, P_2, P_3, P_4 可以确定第 2 段曲线，如图 5.18 所示。第 2 段三次 B 样条曲线的起点切矢量、二阶导数和第 1 段三次 B 样条曲线的终点切矢量和二阶导数相等，两段曲线实现自然连接，三次均匀 B 样条曲线可以达到 C^2 连续性。一般而言，n 次 B 样条曲线具有 $n-1$ 阶导数的连续性。

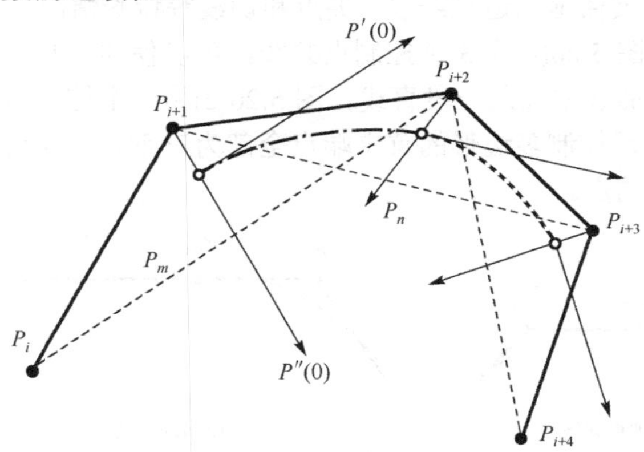

图 5.18　三次均匀 B 样条曲线的连续性

5．三次均匀 B 样条曲线的算法

例 5.3 已知 $n=5$，$k=3$，控制点 $P_0=(-460, -49)$, $P_1=(-355, 204)$, $P_2=(-63, 241)$, $P_3=(66, -117)$, $P_4=(264, -101)$, $P_5=(400, 208)$，节点矢量取均匀类型。试基于 de Boor-Cox 公式绘制三次均匀 B 样条曲线，如图 5.19 所示。

在 CTestView 类的构造函数内，初始化均匀 B 样条的节点矢量 knot 数组，以及控制点坐标等参数。三次均匀样条曲线与控制多边形的绘制算法同例 5.2。

三次均匀 B 样条曲线

```
CTestView::CTestView()
{
    // TODO: add construction code here
    //节点矢量
    knot[0] = -3/3.0, knot[1] = -2/3.0, knot[2] = -1/3.0, knot[3] = 0.0, knot[4] = 1/3.0;
    knot[5] = 2/3.0, knot[6] = 1.0, knot[7] = 4/3.0, knot[8] = 5/3.0, knot[9] = 6/3.0;
    n=5, k=3;                          //n 为控制点个数减 1，k 为曲线次数
    //控制点坐标
    P[0].x = -460,P[0].y = -49; P[1].x = -355, P[1].y = 204; P[2].x = -63, P[2].y = 241;
    P[3].x = 66, P[3].y = -117; P[4].x = 264, P[4].y = -101; P[5].x = 400, P[5].y = 208;
}
```

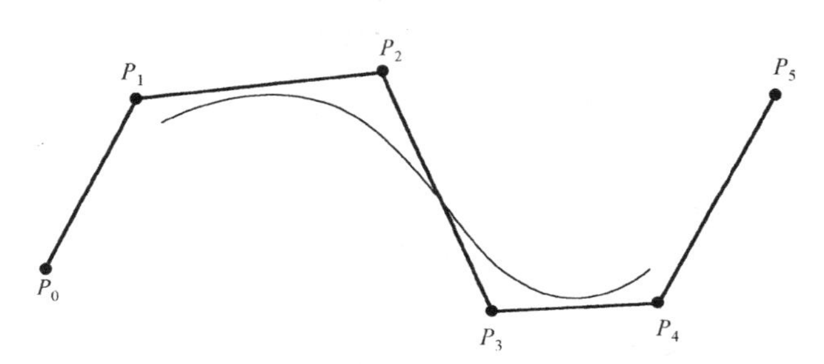

图 5.19　绘制 3 段三次均匀 B 样条曲线

5.3.3　B 样条曲线造型灵活性

用 B 样条曲线可以灵活地构造直线段、尖点和切线等特殊情况。以图 5.20 所示三次 B 样条曲线为例进行说明。图 5.20(a)为 3 个控制点共线，可以使曲线与某一直线相切。图 5.20(b)为 4 个控制点共线，在曲线中插入一段直线。图 5.20(c)为三个控制点重合，在 B 样条曲线中出现尖点。图 5.20(d)所示控制多边形的首末端点全部为三重点，这可以使三次均匀 B 样条曲线过控制多边形的首末端点。

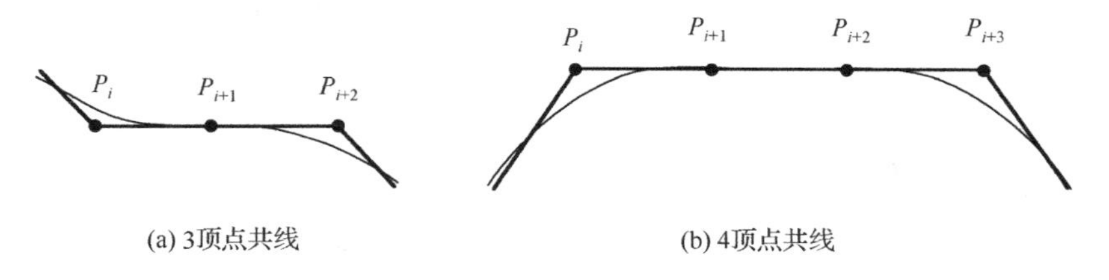

(a) 3顶点共线　　(b) 4顶点共线

图 5.20　B 样条曲线造型灵活性

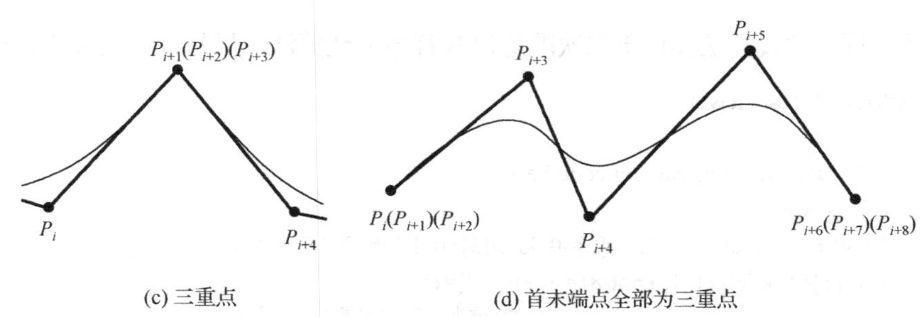

(c) 三重点　　(d) 首末端点全部为三重点

图 5.20　B 样条曲线造型灵活性

5.4　准均匀 B 样条曲线

均匀 B 样条的特点是节点等距分布，由各节点形成的 B 样条相同，故可视为同一 B 样条的简单平移。均匀 B 样条基函数在[0, 1]区间上具有统一的表达式，使得计算与处理简单方便。一般情况下，应用均匀 B 样条可以获得满意的效果，而且计算效率高。但均匀 B 样条曲线有一个缺点，即未保留 Bezier 曲线的端点几何性质。曲线的首末端点不再是控制多边形的首末顶点。除了二次均匀 B 样条曲线外，高于二次的均匀 B 样条曲线在端点处，不再与控制多边形相切。准均匀 B 样条曲线就是为了解决这个问题而提出的，目的是对曲线在端点的行为进行控制。

k 次准均匀 B 样条曲线的节点矢量中，两端节点具有重复度 $k+1$，所有内节点呈均匀分布。因此，准均匀 B 样条曲线具有同次 Bezier 曲线的端点几何性质。两端节点 $k+1$ 重复度的出现，导致准均匀 B 样条曲线在计算与处理上，要比均匀 B 样条曲线复杂得多。实践中，选择均匀 B 样条曲线还是选择准均匀 B 样条曲线，是需要斟酌的。

例 5.4　已知 $n=5$，$k=2$，控制点 $P_0=(-460, -49)$, $P_1=(-355, 204)$, $P_2=(-63, 241)$, $P_3=(66, -117)$, $P_4=(264, -101)$, $P_5=(400, 208)$，节点矢量取准均匀类型：$\boldsymbol{T}=(t_0, t_1, \cdots, t_8)=(0, 0, 0, 0.25, 0.5, 0.75, 1, 1, 1)$。试基于 de Boor-Cox 公式绘制准均匀二次均匀 B 样条曲线，如图 5.21 所示。

在 CTestView 类的构造函数内，初始化均匀 B 样条的节点矢量 knot 数组，以及控制点坐标等参数。准均匀二次样条曲线与控制多边形的绘制算法同例 5.2。

```
CTestView::CTestView()
{
    // TODO: add construction code here
    //节点矢量
    knot[0] = 0, knot[1] = 0, knot[2] = 0, knot[3] = 1/4.0, knot[4] = 2/4.0, knot[5] = 3/4.0;
    knot[6] = 1, knot[7] = 1, knot[8] = 1;
    n=5, k=2;                          //n 为控制点个数减 1，k 为曲线次数
    //控制点坐标
    P[0].x = -460, P[0].y = -49; P[1].x = -355, P[1].y = 204; P[2].x = -63, P[2].y = 241;
    P[3].x = 66, P[3].y = -117; P[4].x = 264, P[4].y = -101; P[5].x = 400, P[5].y = 208;
}
```

例 5.5　已知 $n=5$，$k=3$，控制点同前例，节点矢量取准均匀类型：$\boldsymbol{T}=(t_0, t_1, \cdots, t_9)=(0, 0, 0, 0, 1/3, 2/3, 1, 1, 1, 1)$。试基于 de Boor-Cox 公式绘制准均匀三次均匀 B 样条曲线，如图 5.22 所示。

三次准均匀样条曲线算法类似于二次准均匀 B 样条曲线算法，只是节点矢量的设置有所区别。

```
CTestView::CTestView()
{
    // TODO: add construction code here
    //节点矢量
    knot[0]=0, knot[1]=0, knot[2]=0, knot[3]=0, knot[4]=1/3.0, knot[5]=2/3.0;
    knot[6]=1, knot[7]=1, knot[8]= 1, knot[9]=1;
    n=5, k=3;                          //n 为控制点个数减 1，k 为曲线次数
    //控制点坐标
    P[0].x = –460, P[0].y = –49; P[1].x = –355, P[1].y = 204; P[2].x = –63, P[2].y = 241;
    P[3].x = 66, P[3].y = –117; P[4].x = 264, P[4].y = –101; P[5].x = 400, P[5].y = 208;
}
```

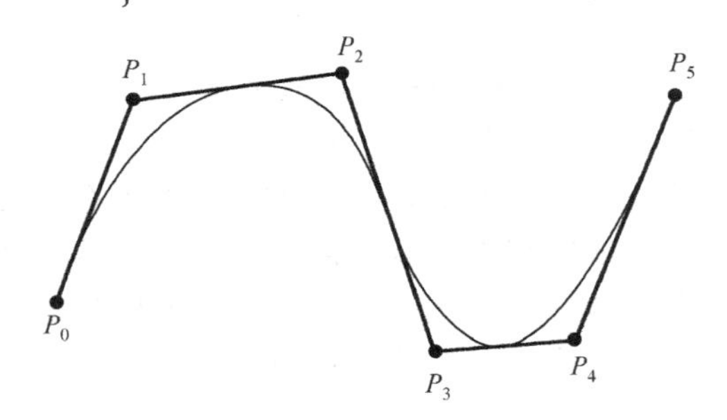

图 5.21　绘制 4 段二次准均匀 B 样条曲线

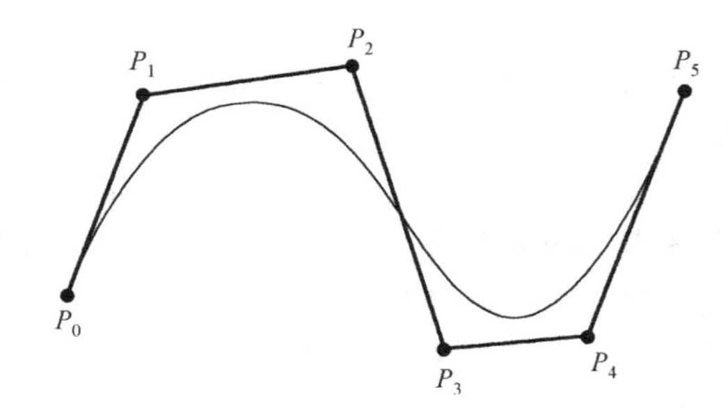

图 5.22　绘制 3 段三次准均匀 B 样条曲线

5.5　分段 Bezier 曲线

分段 Bezier 是 B 样条曲线的一种特殊类型，是一组顺序首尾相接且同为 k 次的 Bezier 曲线。在 STEP 中是这样来表示的：节点矢量中首末端节点重复度取成 $k+1$，所有内节点取成重复度 k。除第一段要求 $k+1$ 个顶点外，每增加一段，仅需增加 k 个顶点。绘制 m 段 3 次 Bezier 曲线时，需要 $3m+1$ 个顶点。选用分段 Bezier 曲线有个限制条件：控制顶点数减 1 必须是次数的整数倍，即 $n/k=$ 正整数；否则不能生成曲线。即使满足整数倍要求，所生成的分段 Bezier 曲线在连接点处也只能达到 C^1 连续性。分段 Bezier 的主要用途之一，就是把几何连续的分段多项式曲线统一采用 B 样条表示，以便实现数据的统一管理。

B 样条曲线采用分段 Bezier 表示后，各曲线段就有了相对的独立性。移动一曲线段内的 Bezier 控制点只影响到该曲线段的形状，对其他曲线段的形状没有影响。但它的缺点是增加了定义曲线的数据，控制点数及节点数都将增加，至多将近 $k-1$ 倍。

例 5.6　已知 $n=6$，$k=3$。控制点 $P_0=(-319,-14)$，$P_1=(-269,202)$，$P_2=(-61,198)$，$P_3=(-32,13)$，$P_4=(54,-116)$，$P_5=(253,-76)$，$P_6=(296,66)$，节点矢量取分段 Bezier 类型：$\boldsymbol{T}=(t_0,t_1,\cdots,t_{10})=(0,0,0,0,0.5,0.5,0.5,1,1,1,1)$。试基于 de Boor-Cox 公式绘制三次分段 Bezier 曲线，如图 5.23 所示。

在 CTestView 类的构造函数内，初始化分段 Bezier 曲线的节点矢量 knot 数组：首末端节点重复度取为 $k+1$，所有内节点取成重复度 k。n 代表控制点数减 1，n 取为曲线次数的整数倍 $n/k=2$。由于绘制的是 $k=3$ 的三次曲线，所以 n 取为 6 个。

```
CTestView::CTestView()
{
	// TODO: add construction code here
	knot[0]=0.0, knot[1]=0.0, knot[2]=0.0, knot[3]=0.0, knot[4]=0.5, knot[5]=0.5;
	knot[6]=0.5, knot[7]=1.0, knot[8]= 1.0, knot[9]=1.0, knot[10]=1.0;
	n=6, k=3;
	P[0].x= -319,P[0].y= -14;P[1].x= -269,P[1].y=202;P[2].x= -61,P[2].y=198;P[3].x= -32,P[3].y=13;
	P[4].x= 54,P[4].y= -116;P[5].x= 253,P[5].y= -76;P[6].x= 296,P[6].y=66;
}
```

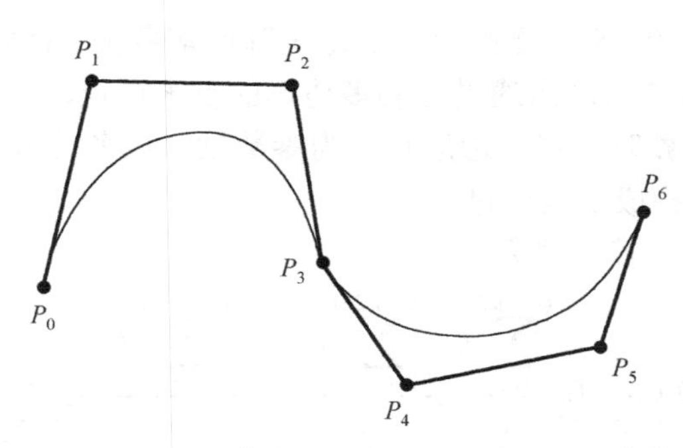

图 5.23　达到 C^1 连续性的 2 段三次 Bezier 曲线

5.6　非均匀 B 样条曲线

与其他类型的 B 样条曲线不同的是，给定控制点 $P_i, i=0,1,\cdots,n$，欲定义一条 k 次非均匀 B 样条曲线，还必须计算节点矢量 $\boldsymbol{T}=[t_0,t_1,\cdots,t_{n+k+1}]$ 中具体的节点值。利用曲线的分段连接点与控制多边形的边对应关系，可以自动计算节点矢量。常用的算法有 Riesenfeld 算法和 Hartley-Judd 算法。

为使非均匀 B 样条曲线具有同次 Bezier 曲线的端点几何性质，建议将两端节点重复度取为 $k+1$。通常将曲线的定义域取成规范参数域，即 $t\in[t_k,t_{n+1}]=[0,1]$。这样，$t_0=t_1=\cdots=t_k=0$，$t_{n+1}=t_{n+2}=\cdots=t_{n+k+1}=1$，剩下的只是确定 $t_{k+1},t_{k+2},\cdots,t_n$ 的内节点值，共有 $n-k$ 个内节点。

5.6.1　Riesenfeld 算法

Riesenfeld 算法把控制多边形近似视为样条曲线的外切多边形，并使曲线的分段连接点与控制多边形的顶点或边对应起来。分两种情况处理：偶次 B 样条与奇次 B 样条。

1. 偶次 B 样条节点矢量

曲线的 $n-k$ 个分段连接点对应于控制多边形上除两端各 $k/2$ 条边外，其余 $n-k$ 条边的中点。偶次 B 样条曲线首末端点通过控制多边形的首末顶点，中间的分段连接点分别位于各对应边的中部位置。计算时，将各边展直作为参数轴，以各分段连接点对应边的中点作为中间节点，将其规范化后构成节点矢量。

偶次 B 样条节点矢量计算公式为

$$T=\left(\underbrace{0,0,\cdots,0}_{k+1\text{重}},\frac{\sum_{i=1}^{k/2}l_i+\frac{l_{k/2+1}}{2}}{L},\frac{\sum_{i=1}^{k/2+1}l_i+\frac{l_{k/2+2}}{2}}{L},\cdots,\frac{\sum_{i=1}^{n-k/2-1}l_i+\frac{l_{n-k/2}}{2}}{L},\underbrace{1,1,\cdots,1}_{k+1\text{重}}\right) \quad (5.24)$$

式中，$l_i=\left|P_i-P_{i-1}\right|$，$i=1,2,\cdots,n$ 为控制多边形的各边边长；$L=\sum_{i=1}^{n}l_i$ 为总边长。

2．奇次 B 样条节点矢量

曲线的 $n-k$ 个分段连接点对应于控制多边形上除两端各$(k+1)/2$ 条边外，其余 $n-k$ 条边的控制点。奇次 B 样条曲线首末端点通过控制多边形的首末顶点，中间的分段连接点分别位于各对应边的顶点位置。计算时，将各边展直作为参数轴，以各分段连接点对应边的顶点作为中间节点，将其规范化后构成节点矢量。

奇次 B 样条节点矢量计算公式为

$$T=\left(\underbrace{0,0,\cdots,0}_{k+1\text{重}},\frac{\sum_{i=1}^{(k+1)/2}l_i}{L},\frac{\sum_{i=1}^{(k+1)/2+1}l_i}{L},\cdots,\frac{\sum_{i=1}^{n-(k+1)/2}l_i+}{L},\underbrace{1,1,\cdots,1}_{k+1\text{重}}\right) \quad (5.25)$$

式中，$l_i=\left|P_i-P_{i-1}\right|$，$i=1,2,\cdots,n$；$L=\sum_{i=1}^{n}l_i$ 。

例 5.7 已知 $n=5$，$k=2$，有 $n-k=3$ 个分段连接点，如图 5.24 所示。试用 Riesenfeld 算法计算节点矢量。

（1）算法分析

设 L 为多边形的边长总和，$L=l_1+l_2+l_3+l_4+l_5$ 。$l_1+\frac{l_2}{2},l_1+l_2+\frac{l_3}{2},l_1+l_2+l_3+\frac{l_4}{2}$ 分别表示各节点区间的长度，如图 5.25 所示。二次非均匀 B 样条两端点取重复度 $k+1=3$。因此，节点矢量为

$$T=\left(0,0,0,\frac{l_1+\frac{l_2}{2}}{L},\frac{l_1+l_2+\frac{l_3}{2}}{L},\frac{l_1+l_2+l_3+\frac{l_4}{2}}{L},1,1,1\right)$$

（2）算法设计

使用 Riesenfeld 算法计算偶数 B 样条曲线的节点值，这里绘制的是二次 B 样条。

```
void CTestView::GetEvenOrderKnotVector()
{
    //两端点取 k+1 个重复度
    for(int i=0;i<=k;i++)                          //小于次数 k 的节点值为 0
        knot[i]=0.0;
    for(int i=n+1;i<=n+k+1;i++)                    //大于 n 的节点值为 1
        knot[i]=1.0;
    double TotalEdgeLength = 0.0;                  //计算控制多边形的总边长
```

```
    for(int loop=1;loop<=n;loop++)
        TotalEdgeLength+=sqrt((P[loop].x-P[loop-1].x)*(P[loop].x-P[loop-1].x)
                        +(P[loop].y-P[loop-1].y)*(P[loop].y-P[loop-1].y));
    for(int i=k+1;i<=n;i++)                    //计算 n-k 个内节点
    {
        double sum=0.0;
        double MidEdgeLength=0.0;              //分段连接点对应边的中点
        for(int loop=1;loop<=i-k/2-1;loop++)   //整数边长累加和，见式（5.24）
            MidEdgeLength+=sqrt((P[loop].x-P[loop-1].x)*(P[loop].x-P[loop-1].x)
                        +(P[loop].y-P[loop-1].y)*(P[loop].y-P[loop-1].y));
        int j=i-k/2;
        MidEdgeLength+=sqrt((P[j].x-P[j-1].x)*(P[j].x-P[j-1].x)+(P[j].y-P[j-1].y)*(P[j].y-P[j-1].y))/2;
        sum+=MidEdgeLength/TotalEdgeLength;                //计算节点值
        knot[i]=sum;
    }
}
```

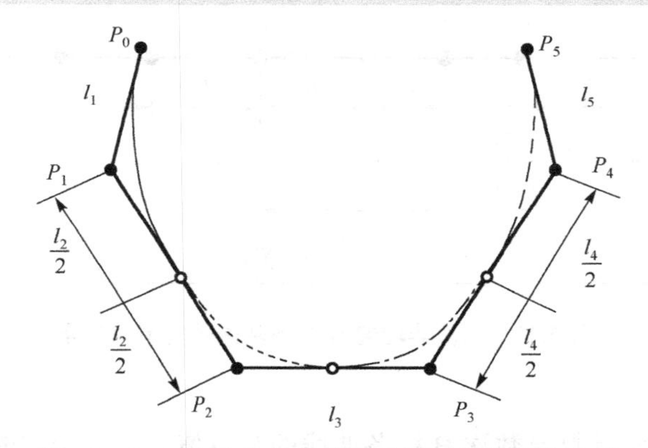

图 5.24　二次非均匀 B 样条曲线及其控制多边形

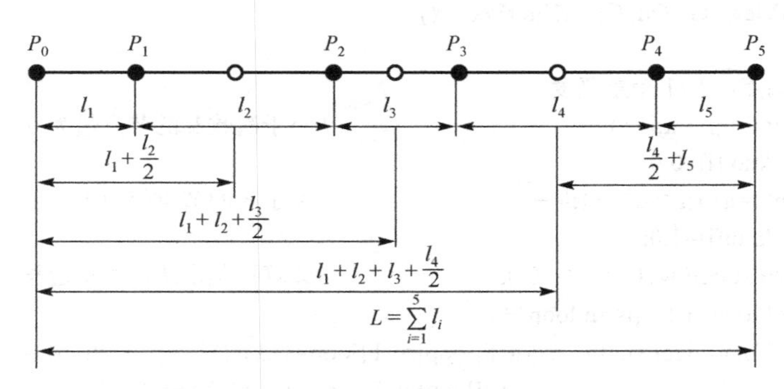

图 5.25　二次非均匀 B 样条基函数的节点矢量

例 5.8　已知 $n=7, k=5$，有 $n-k=2$ 个分段连接点，如图 5.26 所示。试用 Riesenfeld 算法计算节点矢量。

（1）算法分析

设 L 为多边形的边长总和，$L=l_1+l_2+l_3+l_4+l_5+l_6+l_7$。$l_1+l_2+l_3, l_1+l_2+l_3+l_4$ 分别表

示各节点区间的长度，如图 5.27 所示。五次非均匀 B 样条两端点取重复度 $k+1=6$。因此，节点矢量为

$$\boldsymbol{T}=\left(0,0,0,0,0,0,\frac{l_1+l_2+l_3}{L},\frac{l_1+l_2+l_3+l_4}{L},1,1,1,1,1,1\right)$$

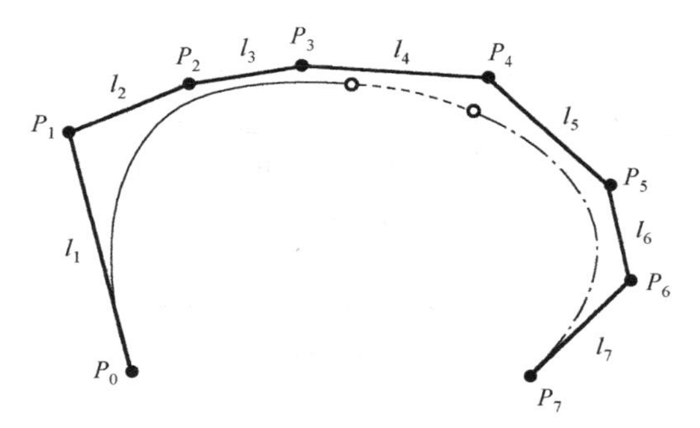

图 5.26　五次非均匀 B 样条曲线及其控制多边形

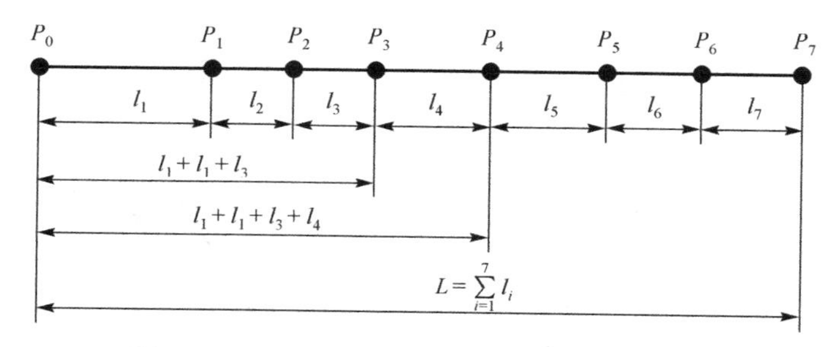

图 5.27　五次非均匀 B 样条基函数的节点矢量

（2）算法设计

使用 Riesenfeld 算法计算奇数次 B 样条曲线的节点值，这里绘制的是五次 B 样条。

```
void CTestView::GetOddOrderKnotVector()
{
    //两端点取 k+1 个重复度
    for(int i=0;i<=k;i++)                          //小于次数 k 的节点值为 0
        knot[i]=0.0;
    for(int i=n+1;i<=n+k+1;i++)                    //大于 n 的节点值为 1
        knot[i]=1.0;
    double TotalEdgeLength = 0.0;                  //计算控制多边形的总边长
    for(int loop=1;loop<=n;loop++)
        TotalEdgeLength+=sqrt((P[loop].x-P[loop-1].x)*(P[loop].x-P[loop-1].x)
                        +(P[loop].y-P[loop-1].y)*(P[loop].y-P[loop-1].y));
    for(int i=k+1;i<=n;i++)                        //计算 n-k 个内节点
    {
        double sum=0.0;
        double EdgeLength=0.0;                     //分段连接点对应边的顶点
        for(int loop=1;loop<=i-(k+1)/2;loop++)//整数边长累加和，见式（5.25）
            EdgeLength+=sqrt((P[loop].x-P[loop-1].x)*(P[loop].x-P[loop-1].x)
```

```
                    +(P[loop].y−P[loop−1].y)*(P[loop].y−P[loop−1].y));
        sum+=EdgeLength/TotalEdgeLength;           //计算节点值
        knot[i]=sum;
    }
}
```

5.6.2 Hartley-Judd 算法

Riesenfeld 于 1975 年提出的算法，认为相邻分段连接点与相邻顶点之间的距离成正比，这与实际情况有一定出入。1978 年，Hartley 和 Judd 认为应该根据曲线的连续性，分别考察每个控制多边形的 k 条边的和，然后再予以规范化。这就是 Hartley-Judd 算法。定义域内节点区间长度按下式计算：

$$t_i - t_{i-1} = \frac{\sum_{j=i-k}^{i-1} l_j}{\sum_{i=k+1}^{n+1}\sum_{j=i-k}^{i-1} l_j}, \qquad i = k+1, k+2, \cdots, n+1 \tag{5.26}$$

式中，l_j 为控制多边形的边长，$l_j = |P_i - P_{i-1}|$，$j = 1, 2, \cdots, n$，于是得到节点值

$$\begin{cases} t_k = 0 \\ t_i = \sum_{j=k+1}^{i} (t_j - t_{j-1}), \qquad i = k+1, k+2, \cdots, n \\ t_{n+1} = 1 \end{cases} \tag{5.27}$$

Hartley-Judd 算法与曲线次数的奇偶性无关，可以采用统一的计算公式。与 Riesenfeld 算法相比，Hartley-Judd 算法利用了 B 样条曲线的局部性质，而不是只考虑控制多边形上个别点的对应关系。因此，Hartley-Judd 算法得到了广泛应用。Riesenfeld 算法和 Hartley-Judd 算法提供了在已知控制多边形情况下确定节点矢量的方法，其他计算节点矢量的算法也在不断探索研究中。

例 5.9 图 5.28 是由 5 个控制点定义的 3 段二次非均匀 B 样条曲线，$n = 4$，$k = 2$。试用 Hartley-Judd 算法计算节点矢量 $\boldsymbol{T} = (t_0, t_1, \cdots, t_7)$ 中的节点值。

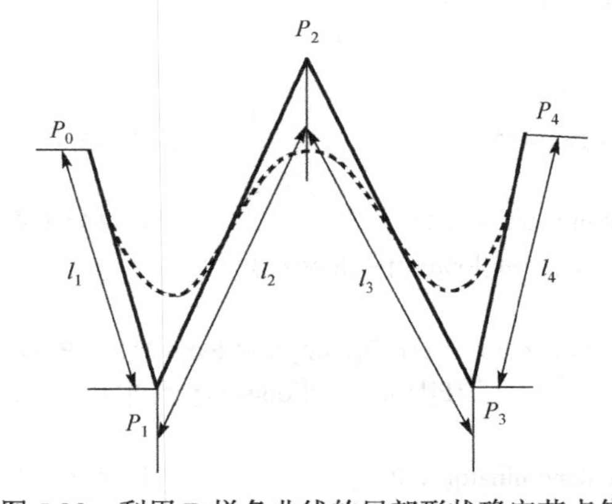

图 5.28 利用 B 样条曲线的局部形状确定节点值

（1）算法分析

由图 5.28 可知，3 段二次曲线相应的控制多边形总长度为

$$\sum_{i=k+1}^{n+1}\sum_{j=i-k}^{i-1} l_j = \sum_{i=3}^{5}\sum_{j=i-2}^{i-1} l_j = (l_1+l_2)+(l_2+l_3)+(l_3+l_4)$$
$$=(l_1+2l_2+2l_3+l_4)$$

于是，可按以下方法计算节点值：

① t_0 到 t_k 全部取为 0，即 $t_0=t_1=t_2=0$。

② t_3 为定义第 1 段二次曲线的控制多边形 $P_0P_1P_2$ 的边长 l_1、l_2 之和与 3 段对应边长总和 $l_1+2l_2+2l_3+l_4$ 之比，即

$$t_3=(l_1+l_2)/(l_1+2l_2+2l_3+l_4)$$

③ t_4 为第 1 段控制多边形 $P_0P_1P_2$ 的边长 l_1、l_2 与第 2 段控制多边形 $P_1P_2P_3$ 的边长 l_2、l_3 之和再与 3 段对应边长总和 $l_1+2l_2+2l_3+l_4$ 之比，即

$$t_4=(l_1+2l_2+l_3)/(l_1+2l_2+2l_3+l_4)$$

④ t_{n+1} 到 t_{n+k+1} 全部取为 1，$t_5=t_6=t_7=1$。

计算出节点值参数后，就可利用 de Boor-Cox 递推公式计算基函数 $F_{i,k}(t)$ 的值，得到基函数的值之后，就可计算出曲线上的点。

（2）算法设计

对于 $n+1$ 个控制点的 k 次 B 样条曲线，采用 Hartley-Judd 算法，计算节点矢量中节点值的 CTestView 的成员函数 GetKnotVector 函数的定义为

```
void CTestView::GetKnotVector()
{
    for(int i=0;i<=k; i++)                                  //小于等于次数 k 的节点值为 0
        knot[i]=0.0;
    for(int i=n+1;i<=n+k+1;i++)                             //大于等于 n+1 的节点值为 1
        knot[i]=1.0;
    //计算 n–k 个内节点
    for(int i=k+1;i<=n;i++)
    {
        double sum=0.0;
        for(int j=k+1;j<=i;j++)                             //式（5.27）
        {
            double numerator=0.0;                           //计算分子项
            for(int loop=j–k;loop<=j–1;loop++)
            {
                numerator+=sqrt((P[loop].x–P[loop–1].x)*(P[loop].x–P[loop–1].x)
                    +(P[loop].y–P[loop–1].y)*(P[loop].y–P[loop–1].y));
            }
            double denominator=0.0;                         //计算分母项
            for(int loop1=k+1;loop1<=n+1;loop1++)
            {
```

```
                    for(int loop2=loop1-k;loop2<=loop1-1;loop2++)
                    {
                        denominator+=sqrt((P[loop2].x-P[loop2-1].x)*(P[loop2].x-P[loop2-1].x)
                                +(P[loop2].y-P[loop2-1].y)*(P[loop2].y-P[loop2-1].y));
                    }
                }
                sum+=numerator/denominator;                    //计算节点值
            }
            knot[i]=sum;
        }
    }
```

5.7　重节点对 B 样条基函数的影响

非均匀 B 样条基函数是定义在节点矢量 $\boldsymbol{T}=[t_0,t_1,\cdots,t_{n+k+1}]$ 上的 k 次分段多项式函数。非均匀包含两重含义：一是节点的区间长度不相等；二是重节点。重节点意味着节点区间长度为零。把节点序列中顺序 r 个节点相重，称为该节点具有重复度 r，或称该节点为 r 重节点。

5.7.1　重节点对 B 样条基函数的影响

重节点对 B 样条基函数的影响如下：

（1）节点重复度每增加 1，B 样条基函数的支撑区间中就减少一个非零节点区间，B 样条在该重节点处的可微性就降低一次。

（2）当非零节点区间长度相等时，在 k 重节点处的 k 次 B 样条基函数具有相同的形状。重节点对三次 B 样条基函数的影响如图 5.29 所示。

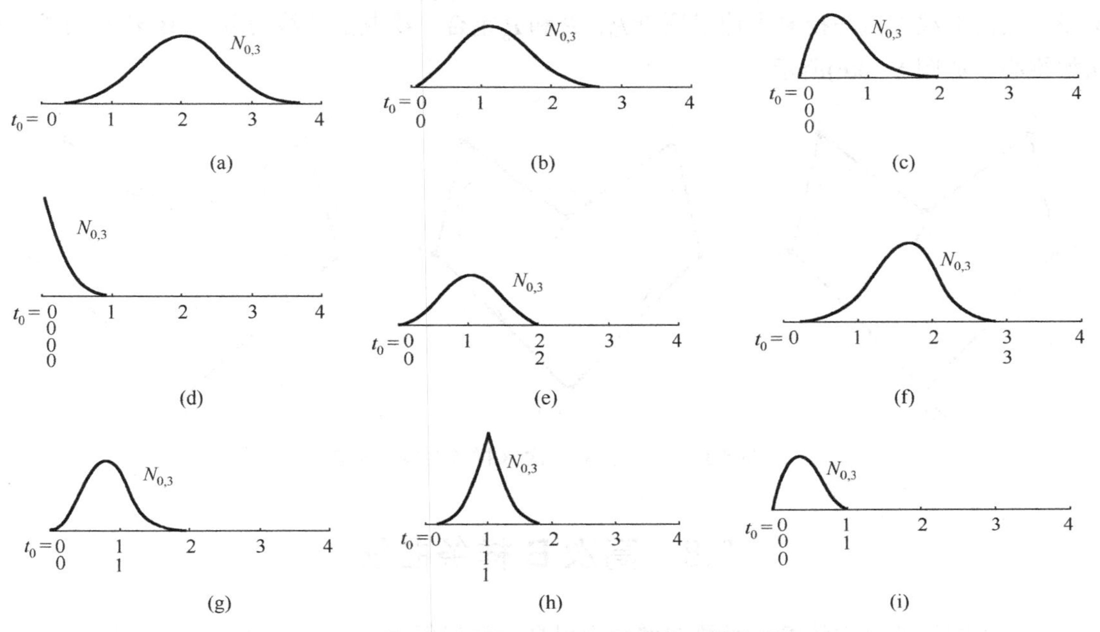

图 5.29　各种重节点对三次 B 样条基函数的影响

5.7.2 重节点对 B 样条曲线的影响

重节点对 B 样条基函数的影响会导致对 B 样条曲线的影响，表现在如下几个方面：

（1）在 B 样条曲线定义域内的内重节点，重复度每增加 1，曲线段数就减 1，样条曲线在该重节点处的可微性或参数连续性降 1。因此 k 次 B 样条曲线在重复度为 r 的节点处是 C^{k-r} 连续的。一条位置连续的曲线，其内节点所取的最大重复度等于曲线的次数 k，端节点的最大重复度为 $k+1$。据此特性，可在 B 样条曲线内部构造尖点和尖角。甚至两条或多条分离的 B 样条曲线也可以采用一个统一的方程表示。

（2）当端节点的重复度为 k 时，k 次 B 样条曲线的端点将与相应的控制多边形的端点重合，曲线在端点处与控制多边形相切。

（3）当端节点的重复度为 $k+1$ 时，k 次 B 样条曲线就具有和 k 次 Bezier 曲线相同的端点几何性质。此时，如果 B 样条曲线的定义域仅有一个非零节点区间，则所定义的该 k 次 B 样条曲线就是 k 次 Bezier 曲线。由此可知，Bezier 曲线是 B 样条曲线的特例，B 样条方法是 Bezier 方法的合适的强有力的推广。

例 5.10 已知控制点 $P_0=(0,-240)$, $P_1=(-340,60)$, $P_2=(-270,310)$, $P_3=(0,140)$, $P_4=(270,-310)$, $P_5=(340,60)$, $P_6=(0,-240)$，绘制三次 B 样条曲线。节点矢量取：

① $\boldsymbol{T}=(-3/4,-2/4,-1/4,0,1/4,2/4,3/4,1,5/4,6/4,7/4)$。

② $\boldsymbol{T}=(0,0,0,0,1/4,2/4,3/4,1,1,1,1)$。

③ $\boldsymbol{T}=(0,0,0,0,1/2,1/2,1/2,1,1,1,1)$。

当节点矢量取①时，节点取均匀类型，没有重节点，曲线不过控制顶点。绘制的曲线为均匀 B 样条曲线，如图 5.30(a)所示。当节点矢量取②时，两端节点 $k+1$ 重复度，内节点取均匀类型，曲线首末端点与控制多边形首末顶点重合。绘制的曲线为准均匀 B 样条曲线，如图 5.30(b)所示。当节点矢量取③时，两端节点 $k+1$ 次重复度，内节点为 k 次重复度，曲线分成两段，两段曲线端点与控制多边形顶点 P_0，P_3 和 P_6 重合。绘制的曲线为分段 Bezier 曲线，形状如桃心，如图 5.30(c)所示。

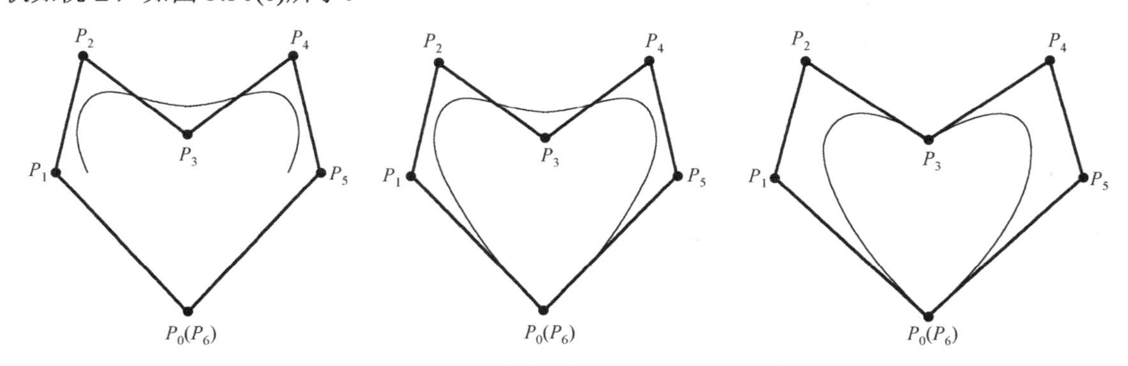

图 5.30 重节点对三次 B 样条曲线的影响

5.8 高次 B 样条曲线

B 样条曲线的幂次随着基函数的增加而提高，但仍保持 B 样条方法的优点。与低次 B 样条曲线比较，高次 B 样条曲线的光滑性提高了，如 $k=8$ 次 B 样条曲线可以保证 $k-1=7$ 阶的

连续性，但曲线与特征多边形的逼近程度变差。由于高次 B 样条曲线非零区间的扩大，局部性的优点将逐渐减弱，而且幂次越高，计算量也越大。图 5.31 是由 9 个顶点定义的 1 次到 8 次的 B 样条曲线。可以看出，随着幂次的增高，曲线偏离控制多边形的程度越来越大。工程中，二次、三次 B 样条曲线已经能满足需求。

图 5.31 1 次至 8 次的非均匀 B 样条曲线的比较

例 5.11 绘制图 5.31 所示的由 9 个控制点定义的从 1 次到 8 次（order）的非均匀 B 样条曲线，节点矢量 $\boldsymbol{T}=(t_0,t_1,\cdots,t_{19})$ 的节点值采用 Hartley-Judd 算法计算。

（1）定义控制点

在 CTestView 类的构造函数内，初始化控制点坐标，形成上下两个正方形形状。

```
CTestView::CTestView()
{
    // TODO: add construction code here
    n=8;
    P[0].x= 150, P[0].y=300;P[1].x=-150, P[1].y=300;P[2].x=-150,P[2].y=0;P[3].x= 150, P[3].y=0;
    P[4].x= 150, P[4].y=-300;P[5].x=-150, P[5].y=-300;P[6]=P[2];P[7]=P[3];P[8]=P[0];
}
```

（2）自定义坐标系绘制曲线及控制多边形

在 OnDraw 函数中，使用模式映射方式自定义二维坐标系。为了区分不同次数的曲线，使用了不同的颜色。调用 GetKnotVector 函数获得不同次数曲线的节点值后，调用 DrawBSplineCurve 函数绘制不同次数的非均匀 B 样条曲线及其控制多边形。

```
void CTestView::OnDraw(CDC* pDC)
{
    CTestDoc* pDoc = GetDocument();
    ASSERT_VALID(pDoc);
    if (!pDoc)
        return;
    // TODO: add draw code for native data here
    CRect rect;
    GetClientRect(&rect);
    pDC->SetMapMode(MM_ANISOTROPIC);                    //自定义二维坐标系
    pDC->SetWindowExt(rect.Width(),rect.Height());
    pDC->SetViewportExt(rect.Width(),-rect.Height());
    pDC->SetViewportOrg(rect.Width()/2,rect.Height()/2);
    COLORREF clr[10];                                   //声明曲线颜色
    for(int order=1;order<9;order++)                    //order 为曲线次数
    {
```

```
            clr[order]=RGB(order*30,0,0);              //曲线颜色赋值为不同的红色
            GetKnotVector(order);                      //计算不同次数的曲线的节点值函数
            DrawBSplineCurve(pDC,order,clr[order]);    //绘制不同次数的非均匀直线函数
            DrawControlPolygon(pDC);                   //绘制控制多边形函数
        }
    }
```

（3）绘制 8 种非均匀 B 样条曲线

定义成员函数 DrawBSpline，用于绘制 B 样条曲线，参数有曲线次数 k、曲线颜色 clr。曲线的次数 order（实际参数）在公式中用 k（形式参数）表示。

```
void CTestView::DrawBSplineCurve(CDC* pDC,int k,COLORREF clr)
{
    CPen NewPen,*pOldPen;
    NewPen.CreatePen(PS_SOLID,2,clr);                  //不同次数的曲线，取不同的颜色
    pOldPen=pDC->SelectObject(&NewPen);
    double tStep=0.01;
    for(double t=0.0;t<=1.0;t+=tStep)
    {
        CP2 p(0.0,0.0);
        for(int i=0;i<=n;i++)
        {
            double BValue=BasisFunctionValue(t,i,k);
            p+=P[i]*BValue;                            //B 样条曲线定义
        }
        if(0.0==t)                                     //直线段绘制曲线
            pDC->MoveTo(ROUND(p.x),ROUND(p.y));
        else
            pDC->LineTo(ROUND(p.x),ROUND(p.y));
    }
    pDC->SelectObject(pOldPen);
    NewPen.DeleteObject();
}
```

5.9 节 点 插 入

节点插入（Knot Insertion）算法是 B 样条曲线的基本几何算法中最重要的算法之一。插入节点后，会增加控制点数，从而进一步改善 B 样条曲线的局部性质，提高对形状控制的灵活性。B 样条节点插入算法的原理是，顺序将单个节点值插入到定义的节点矢量中。

一条定义在原始节点矢量 $\boldsymbol{T}=[t_0,t_1,\cdots,t_{n+k+1}]$ 上的 k 次 B 样条曲线为

$$\boldsymbol{p}(t)=\sum_{j=0}^{n}P_jF_{j,k}(t) \tag{5.28}$$

设 $t\in[t_i,t_{i+1}]$，将 t 插入 $\boldsymbol{T}$，形成新的节点矢量：

$$\boldsymbol{T}=[t_0,t_1,\cdots,t_i,t,t_{i+1},\cdots,t_{n+k+1}]$$

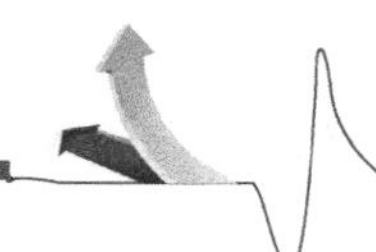

重新编号后为

$$\overline{\boldsymbol{T}}=[\overline{t}_0,\overline{t}_1,\cdots,\overline{t}_i,\overline{t}_{i+1},\overline{t}_{i+2},\cdots,\overline{t}_{n+k+2}]$$

这个新的节点矢量 $\overline{\boldsymbol{T}}$ 决定了一组新的 B 样条基函数 $\overline{F}_{j,k}(t)$，$j = 0, 1,\cdots, n + 1$。因此，原始的 B 样条曲线 $p(t)$ 就可用这组新的 B 样条基函数和未知新控制点 $\overline{P}_j$，$j = 0, 1,\cdots, n + 1$ 来表示：

$$p(t)=\sum_{j=0}^{n+1}\overline{P}_j\overline{F}_{j,k}(t) \tag{5.29}$$

通常将确定（5.29）中 $\overline{P}_i$ 的过程称为“节点插入”。节点插入实质上只是改变了节点矢量，导致增加了一个新控制点，而曲线在几何和参数化方面均不发生改变。1980 年，Boehm 给出了这些未知新控制点的计算公式：

$$\overline{P}_j=P_j,\ \ j=0,1,\cdots,i-k \tag{5.30}$$

$$\overline{P}_j=\alpha_jP_j+(1-\alpha_j)P_{j-1},\qquad j=i-k+1,\cdots,i-r \tag{5.31}$$

$$\overline{P}_j=P_{j-1},\qquad j=i-r+1,\cdots,n+1 \tag{5.32}$$

式中，

$$\alpha_j=\frac{t-t_j}{t_{j+k}-t_j}\qquad（规定\frac{0}{0}=0）$$

式中 i 为节点插入原节点区间的左端节点的下标序号，r 表示所插节点 t 在原节点矢量 $\boldsymbol{T}$ 中的重复度。

例 5.12 对于三次 B 样条曲线，原控制点为 $P_0(-300,-80)$, $P_1(-200,-20)$, $P_2(-100,-160)$, $P_3(170,-160)$, $P_4(250,0)$, $P_5(150,160)$, $P_6(-80,160)$, $P_7(-160,40)$。原节点矢量为 $\boldsymbol{T}=[t_0=0, t_1=0, t_2=0, t_3=0, t_4=0.2, t_5=0.4, t_6=0.6, t_7=0.8, t_8=1, t_9=1, t_{10}=1, t_{11}=1]$。现在插入节点 $t=0.5$。在保持曲线形状不变的情况下，试计算插入节点后的新控制点。

由题意 $t=0.5$，$t\in[t_5,t_6]=[0.4,0.6]$，则 $i=5$。因为 $k=3, r=0, n=7$，所以 $i-k=2, i-r+1=6$，$n+1=8$。由式（5.30），有 $\overline{P}_0=P_0$，$\overline{P}_1=P_1$，$\overline{P}_2=P_2$。由式（5.32），有 $\overline{P}_6=P_5$，$\overline{P}_7=P_6$，$\overline{P}_8=P_7$。

由 $\alpha_j=\dfrac{t-t_j}{t_{j+k}-t_j}$，有 $1-\alpha_j=\dfrac{t_{j+k}-t}{t_{j+k}-t_j}$。应用式（5.31），得到

$$\alpha_3=\frac{t-t_3}{t_6-t_3}=\frac{0.5-0}{0.6-0}=\frac{5}{6}\ \Rightarrow\ \overline{P}_3=\frac{5}{6}P_3+\frac{1}{6}P_2$$

$$\alpha_4=\frac{t-t_4}{t_7-t_4}=\frac{0.5-0.2}{0.8-0.2}=\frac{1}{2}\ \Rightarrow\ \overline{P}_4=\frac{1}{2}P_4+\frac{1}{2}P_3$$

$$\alpha_5=\frac{t-t_5}{t_8-t_5}=\frac{0.5-0.4}{1-0.4}=\frac{1}{6}\ \Rightarrow\ \overline{P}_5=\frac{1}{6}P_5+\frac{5}{6}P_4$$

图 5.32(a)为插入节点前的控制多边形。P 是原始控制点，$\overline{P}$ 是插入节点后的新控制点。图 5.32(b)为插入节点后的控制多边形，图 5.32(c)为插入节点前后的控制多边形对比图，图 5.32(d)为插入节点前后的基函数。实线为插入节点前的基函数，虚线为插入节点后的基函数。

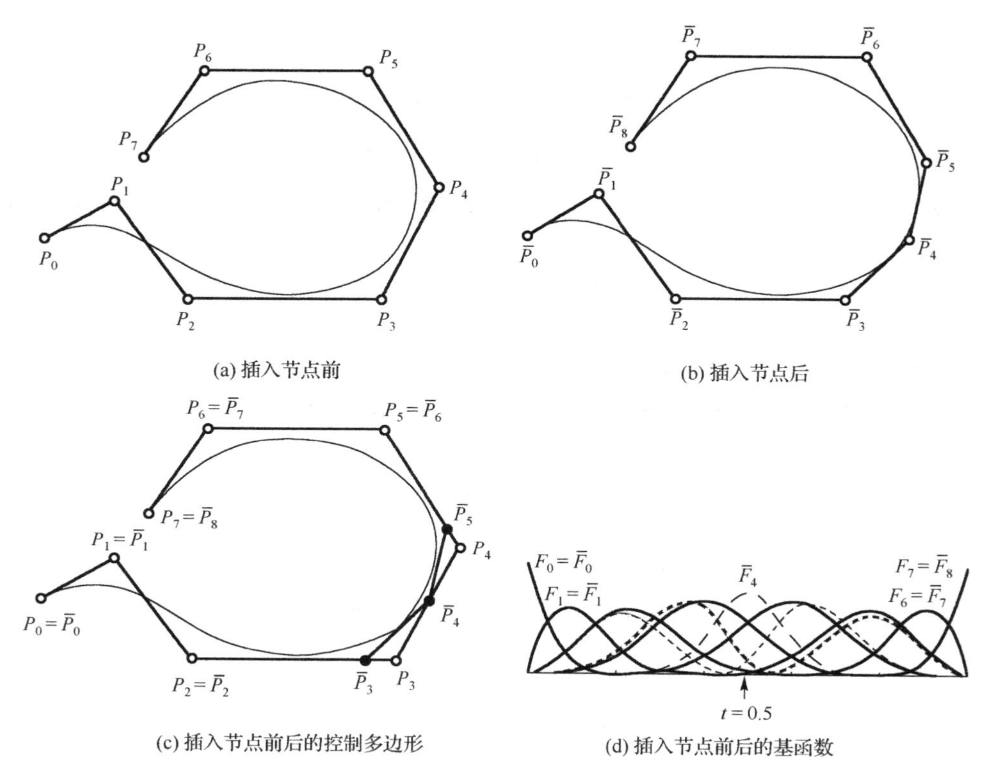

图 5.32　三次 B 样条曲线中插入一个节点

（1）插入节点函数

定义插入节点函数 KnotInsertion()。插入新节点 newKnot，函数返回值为插入节点区间的左端索引号。newKnot 的值为 5/2。参数 knot1 为节点插入前的节点数组，knot2 是插入后的新节点数组。参数 n2 为插入后的控制点数减 1。

```
int CTestView::KnotInsertion(double newKnot,int r)
{
    for(int i=0;i<n2+k+2;i++)                //将原节点数组赋给新节点数组
    {
        knot2[i]=knot1[i];
    }
    int index=0;
    for(int i=k;i<=n1+1;i++)                 //在曲线的定义域内查找插入节点的位置
    {
        if(insertKnot<=knot1[i])             //查找到插入节点区间的左节点索引号
        {
            index=i;                         //插入节点区间的右端索引号
            break;
        }
    }
    int j=index;
    for(int i=0; i<=r;i++)
        knot2[j++]=newKnot;                  //插入新节点
```

```
    for(int i=index;i<=n1+k+1;i++,j++)                    //将后续节点重新编号
    {
        knot2[j]=knot1[i];
    }
    return index-1;                                        //返回节点区间的左端索引号
}
```

（2）计算插入节点后的新控制点函数

定义 InsertVertex 函数计算插入节点后的新控制点。

```
void CTestView::InsertVertex(double newKnot,int i,int r)
{
    for(int j=0;j<=i-k;j++)                                //式（5.30）
    {
        Q[j]=P[j];
    }
    //计算插入节点后的控制顶点，式（5.31）
    for(int j=i-k+1;j<=i-r;j++)
    {
        double numerator=newKnot-knot2[j];
        double denominator=knot2[j+k+1]-knot2[j];
        double Alphaj=0.0;
        if(0==numerator||0==denominator)
            Alphaj=0.0;
        Alphaj=numerator/denominator;
        Q[j]=Alphaj*P[j]+(1-Alphaj)*P[j-1];
    }
    for(int j=i-r+1; j<=n2;j++)                            //式（5.32）
    {
        Q[j]=P[j-1];
    }
}
```

例 5.13　仍使用例 5.12 中的控制点，$k=3$，$\boldsymbol{T}=[0,0,0,0,0.2,0.4,0.6,0.8,1,1,1,1]$，原始控制点为 $P_0,P_1,\cdots,P_7$。现在插入一个已经在节点矢量 $\boldsymbol{T}$ 中存在的节点 $t=0.4$，即 $t\in[t_5,t_6]$，$i=5$。因此，有 $\overline{P}_0=P_0$，$\overline{P}_1=P_1$，$\overline{P}_2=P_2$，$\overline{P}_6=P_5$，$\overline{P}_7=P_6$，$\overline{P}_8=P_7$。再用式（5.31）计算新控制顶点 $\overline{P}_3,\overline{P}_4,\overline{P}_5$：

$$\alpha_3=\frac{t-t_3}{t_6-t_3}=\frac{0.4-0}{0.6-0}=\frac{2}{3}\Rightarrow\overline{P}_3=\frac{2}{3}P_3+\frac{1}{3}P_2$$

$$\alpha_4=\frac{t-t_4}{t_7-t_4}=\frac{0.4-0.2}{0.8-0.2}=\frac{1}{3}\Rightarrow\overline{P}_4=\frac{1}{3}P_4+\frac{2}{3}P_3$$

$$\alpha_5=\frac{t-t_5}{t_8-t_5}=\frac{0.4-0.4}{1-0.4}=0\Rightarrow\overline{P}_5=P_4$$

插入节点前后的控制多边形如图 5.33 所示。

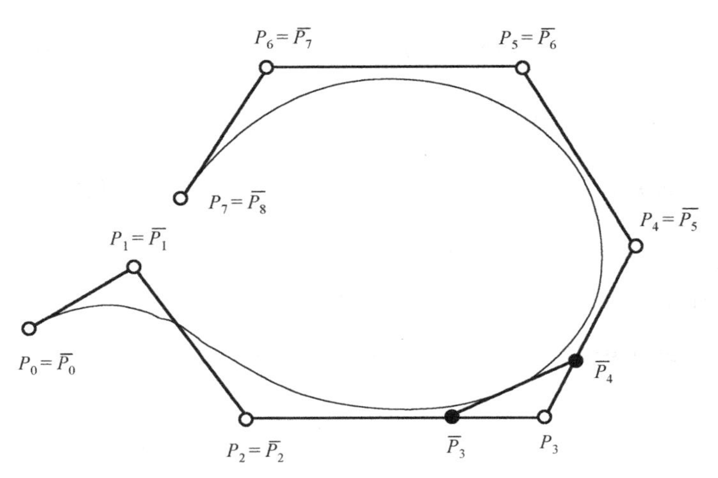

图 5.33　插入一个已经存在的节点

5.10　B 样条曲面

5.10.1　B 样条曲面的定义

给定$(m+1)(n+1)$个控制点 P_{ij} , $i = 0, 1,\cdots, m, j = 0, 1,\cdots, n$ 的阵列，构成一个控制网格。分别给定参数 u 与 v 的次数 p 与 q，和两个节点矢量 $\boldsymbol{U}=[u_0,u_1,\cdots,u_{m+p+1}]$ 与 $\boldsymbol{V}=[v_0,v_1,\cdots,v_{n+q+1}]$，就定义了一张 $p\times q$ 次张量积样条曲面，其表达式为

$$\boldsymbol{p}(u,v)=\sum_{i=0}^{m}\sum_{j=0}^{n}P_{ij}F_{i,p}(u)F_{j,q}(v) \tag{5.33}$$

$$u_p \leqslant u \leqslant u_{m+1}, \quad v_q \leqslant v \leqslant v_{n+1}$$

式中，B 样条基函数 $F_{i,p}(u)$, $i = 0, 1,\cdots, m$ 与 $F_{j,q}(v)$, $j = 0, 1,\cdots, n$ 分别由节点矢量 $\boldsymbol{U}$ 与 $\boldsymbol{V}$ 按 de Boor-Cox 递推公式决定。B 样条曲线的局部性质可以推广到曲面。因此定义在子矩形域$u_e \leqslant u \leqslant u_{e+1}$，$v_f \leqslant v_1 \leqslant v_{f+1}$ 上的那块 B 样条子曲面片仅和控制点阵中的部分顶点 $P_{i,j}$ $(i=e-p, e-p+1,\cdots, e; j=f-q, f-q+1,\cdots,f)$有关，与其他顶点无关。将式（5.33）改写成分片表示形式：

$$\boldsymbol{p}(u,v)=\sum_{i=e-p}^{e}\sum_{j=f-q}^{f}P_{ij}F_{i,p}(u)F_{j,q}(v) \tag{5.34}$$

$$u\in[u_e,u_{e+1}]\subset[u_p,u_{m+1}], \quad v\in[v_f,v_{f+1}]\subset[v_q,v_{n+1}]$$

B 样条曲线的其他性质都可推广到 B 样条曲面。与 B 样条曲线的分类一样，B 样条曲面沿任一参数方向按所取节点矢量的不同，可以划分为 4 种不同的类型：均匀、准均匀、分片 Bezier 和非均匀 B 样条曲面。

5.10.2　双三次均匀 B 样条曲面

已知曲面控制顶点 P_{ij} , $i = 0, 1, 2, 3; j = 0, 1, 2, 3$，即 $m = n = 3$，参数$(u, v)\in[0, 1]\times[0, 1]$，$p = q = 3$。依次用线段连接点 P_{ij} 阵列中的相邻两点，所形成的空间网格称为控制网格。由 $m = n = 3$ 构成了 $4\times4 = 16$ 个顶点的控制网格，其相应的曲面称为双三次 B 样条曲面。

双三次B样条曲面定义如下：

$$p(u,v)=\sum_{i=0}^{3}\sum_{j=0}^{3}P_{ij}F_{i,3}(u)F_{j,3}(v) \quad (u,v)\in[0,1]\times[0,1] \tag{5.35}$$

展开式有

$$p(u,v)=\begin{bmatrix}F_{0,3}(u) & F_{1,3}(u) & F_{2,3}(u) & F_{3,3}(u)\end{bmatrix}\cdot\begin{bmatrix}P_{00} & P_{01} & P_{02} & P_{03}\\ P_{10} & P_{11} & P_{12} & P_{13}\\ P_{20} & P_{21} & P_{22} & P_{23}\\ P_{30} & P_{31} & P_{32} & P_{33}\end{bmatrix}\cdot\begin{bmatrix}F_{0,3}(v)\\ F_{1,3}(v)\\ F_{2,3}(v)\\ F_{3,3}(v)\end{bmatrix} \tag{5.36}$$

式中，$F_{0,3}(u),F_{1,3}(u),F_{2,3}(u),F_{3,3}(u),F_{0,3}(v),F_{1,3}(v),F_{2,3}(v),F_{3,3}(v)$是三次均匀B样条基函数。

$$\begin{cases}F_{0,3}(u)=\dfrac{1}{6}(-u^3+3u^2-3u+1)\\ F_{1,3}(u)=\dfrac{1}{6}(3u^3-6u^2+4)\\ F_{2,3}(u)=\dfrac{1}{6}(-3u^3+3u^2+3u+1)\\ F_{3,3}(u)=\dfrac{1}{6}u^3\end{cases},\quad \begin{cases}F_{0,3}(v)=\dfrac{1}{6}(-v^3+3v^2-3v+1)\\ F_{1,3}(v)=\dfrac{1}{6}(3v^3-6v^2+4)\\ F_{2,3}(v)=\dfrac{1}{6}(-3v^3+3v^2+3v+1)\\ F_{3,3}(v)=\dfrac{1}{6}v^3\end{cases} \tag{5.37}$$

将式（5.37）代入式（5.36）得到

$$\begin{aligned}p(u,v)=\frac{1}{36}\cdot\begin{bmatrix}u^3 & u^2 & u & 1\end{bmatrix}\cdot\begin{bmatrix}-1 & 3 & -3 & 1\\ 3 & -6 & 3 & 0\\ -3 & 0 & 3 & 0\\ 1 & 4 & 1 & 0\end{bmatrix}\cdot\begin{bmatrix}P_{00} & P_{01} & P_{02} & P_{03}\\ P_{10} & P_{11} & P_{12} & P_{13}\\ P_{20} & P_{21} & P_{22} & P_{23}\\ P_{30} & P_{31} & P_{32} & P_{33}\end{bmatrix}\\ \cdot\begin{bmatrix}-1 & 3 & -3 & 1\\ 3 & -6 & 0 & 4\\ -3 & 3 & 3 & 1\\ 1 & 0 & 0 & 0\end{bmatrix}\cdot\begin{bmatrix}v^3\\ v^2\\ v\\ 1\end{bmatrix}\end{aligned} \tag{5.38}$$

令$\boldsymbol{U}=\begin{bmatrix}u^3 & u^2 & u & 1\end{bmatrix}$，$\boldsymbol{V}=\begin{bmatrix}v^3 & v^2 & v & 1\end{bmatrix}$，

$$\boldsymbol{M}_b=\frac{1}{6}\cdot\begin{bmatrix}-1 & 3 & -3 & 1\\ 3 & -6 & 3 & 0\\ -3 & 0 & 3 & 0\\ 1 & 4 & 1 & 0\end{bmatrix},\quad \boldsymbol{P}=\begin{bmatrix}P_{00} & P_{01} & P_{02} & P_{03}\\ P_{10} & P_{11} & P_{12} & P_{13}\\ P_{20} & P_{21} & P_{22} & P_{23}\\ P_{30} & P_{31} & P_{32} & P_{33}\end{bmatrix}$$

则有，$\boldsymbol{p}(u,v)=\boldsymbol{U}\cdot\boldsymbol{M}_{\mathrm{b}}\cdot\boldsymbol{P}\cdot\boldsymbol{M}_{\mathrm{b}}^{\mathrm{T}}\cdot\boldsymbol{V}^{\mathrm{T}}$。

图5.33绘制的是双三次均匀B样条曲面的斜投影图。从图中可以看出，双三次B样条曲面由u向和v向的三次B样条曲线交织而成。曲面生成时可以先固定u，变化v得到一簇三次B样条曲线；然后固定v，变化u得到另一簇三次B样条曲线。与均匀三次B样条曲线相似，双三次均匀B样条曲面一般不通过控制网格的任何顶点。

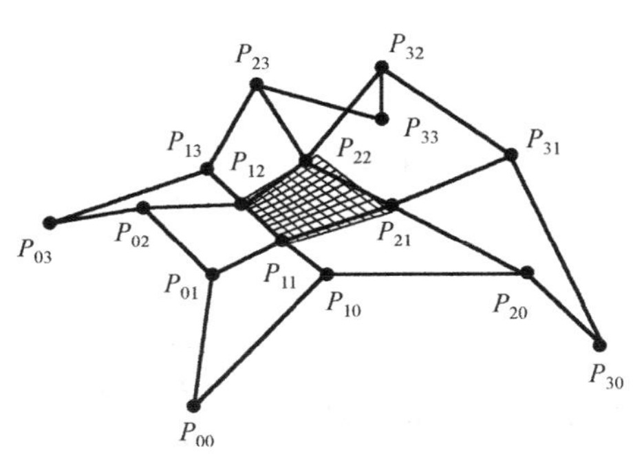

图 5.33　16 个控制点的双三次均匀 B 样条曲面

例 5.14　定义双三次均匀 B 样条曲面片类 CBicubicUniformBSplinePatch，根据读入的 16 个控制点绘制双三次均匀 B 样条曲面片及其控制网格。设定投影方式为斜二测。

双三次均匀 B 样条曲面片

（1）定义双三次均匀 B 样条曲面片类

自定义 CBicubicUniformBSplinePatch 类。成员函数 ReadControlPoint 负责曲面的控制点坐标。成员函数 DrawCurvedPatch 负责绘制曲面。成员函数 LeftMultiplyMatrix 执行系数矩阵左乘控制点矩阵的运算。成员函数 RightMultiplyMatrix 执行系数矩阵右乘控制点矩阵的运算。成员函数 TransposeMatrix 执行矩阵的转置运算。成员函数 ObliqueProjection 对三维控制点进行斜投影获得二维控制点。成员函数 DrawControlGrid 绘制控制网格。

```
#include "P3.h"
CBicubicUniformBSplinePatch
{
public:
    CBicubicUniformBSplinePatch(void);
    ~CBicubicUniformBSplinePatch(void);
    void ReadControlPoint(CP3 P[4][4]);                    //读入 16 个控制点
    void DrawCurvedPatch(CDC* pDC);                        //绘制双三次 B 样条曲面片
    void DrawControlGrid(CDC* pDC);                        //绘制控制网格
private:
    void LeftMultiplyMatrix(double M[][4],CP3 P[][4]);     //左乘顶点矩阵
    void RightMultiplyMatrix(CP3 P[][4],double M[][4]);    //右乘顶点矩阵
    void TransposeMatrix(double M[][4]);                   //转置矩阵
    CP2 ObliqueProjection(CP3 Point3);                     //斜二测投影
public:
    CP3 P[4][4];                                           //三维控制点
}
CBicubicUniformBSplinePatch::CBicubicUniformBSplinePatch(void)
{
}
CBicubicUniformBSplinePatch::~CBicubicUniformBSplinePatch(void)
{
}
void CBicubicUniformBSplinePatch::ReadControlPoint(CP3 P[4][4])
{
```

```
        for (int i=0;i<4;i++)
            for(int j=0;j< 4;j++)
                this->P[i][j]=P[i][j];
    }
    void CBicubicUniformBSplinePatch::DrawCurvedPatch(CDC* pDC)
    {
            double M[4][4];                                    //系数矩阵 Mb
            M[0][0]=-1;M[0][1]=3; M[0][2]=-3;M[0][3]=1;
            M[1][0]=3; M[1][1]=-6;M[1][2]=3; M[1][3]=0;
            M[2][0]=-3;M[2][1]=3; M[2][2]=0; M[2][3]=0;
            M[3][0]=1; M[3][1]=0; M[3][2]=0; M[3][3]=0;
            CP3 P3[4][4];                                      //曲线计算用控制点数组
            for(int i=0;i<4;i++)
                for(int j=0;j<4;j++)
                    P3[i][j]=P[i][j];
            LeftMultiplyMatrix(M,P3);                          //系数矩阵左乘三维点矩阵
            TransposeMatrix(M);                                //计算转置矩阵
            RightMultiplyMatrix(P3,M);                         //系数矩阵右乘三维点矩阵
            double Step=0.1;                                   //步长
            double u0,u1,u2,u3,v0,v1,v2,v3;                    //u，v 参数的幂
            for(double u=0;u<=1;u+=Step)
                for(double v=0;v<=1;v+=Step)
                {
                    u3=u*u*u;u2=u*u;u1=u;u0=1;
                    v3=v*v*v;v2=v*v;v1=v;v0=1;
                    CP3 pt=(u3*P3[0][0]+u2*P3[1][0]+u1*P3[2][0]+u0*P3[3][0])*v3
                        +(u3*P3[0][1]+u2*P3[1][1]+u1*P3[2][1]+u0*P3[3][1])*v2
                        +(u3*P3[0][2]+u2*P3[1][2]+u1*P3[2][2]+u0*P3[3][2])*v1
                        +(u3*P3[0][3]+u2*P3[1][3]+u1*P3[2][3]+u0*P3[3][3])*v0;
                    pt=pt/36;
                    CP2 Point2=ObliqueProjection(pt);      //斜二测投影
                    if(v==0)
                        pDC->MoveTo(ROUND(Point2.x),ROUND(Point2.y));
                    else
                        pDC->LineTo(ROUND(Point2.x),ROUND(Point2.y));
                }
            for(double v=0;v<=1;v+=Step)
                for(double u=0;u<=1;u+=Step)
                {
                    u3=u*u*u;u2=u*u;u1=u;u0=1;
                    v3=v*v*v;v2=v*v;v1=v;v0=1;
                    CP3 pt=(u3*P3[0][0]+u2*P3[1][0]+u1*P3[2][0]+u0*P3[3][0])*v3
                        +(u3*P3[0][1]+u2*P3[1][1]+u1*P3[2][1]+u0*P3[3][1])*v2
                        +(u3*P3[0][2]+u2*P3[1][2]+u1*P3[2][2]+u0*P3[3][2])*v1
                        +(u3*P3[0][3]+u2*P3[1][3]+u1*P3[2][3]+u0*P3[3][3])*v0;
                    pt=pt/36;
```

```
                CP2 Point2=ObliqueProjection(pt);                    //斜二测投影
                if(0==u)
                    pDC->MoveTo(ROUND(Point2.x),ROUND(Point2.y));
                else
                    pDC->LineTo(ROUND(Point2.x),ROUND(Point2.y));
            }
}
void CBicubicUniformBSplinePatch::LeftMultiplyMatrix(double M[][4],CP3 P[][4])
{
        CP3 T[4][4];                            //临时矩阵
        for(int i=0;i<4;i++)
            for(int j=0;j<4;j++)
                T[i][j]=M[i][0]*P[0][j]+M[i][1]*P[1][j]+M[i][2]*P[2][j]+M[i][3]*P[3][j];
        for(int i=0;i<4;i++)
            for(int j=0;j<4;j++)
                P[i][j]=T[i][j];
}
void CBicubicUniformBSplinePatch::RightMultiplyMatrix(CP3 P[][4],double M[][4])
{
        CP3 T[4][4];                                //临时矩阵
        for(int i=0;i<4;i++)
            for(int j=0;j<4;j++)
                T[i][j]=P[i][0]*M[0][j]+P[i][1]*M[1][j]+P[i][2]*M[2][j]+P[i][3]*M[3][j];
        for(int i=0;i<4;i++)
            for(int j=0;j<4;j++)
                P[i][j]=T[i][j];
}
void CBicubicUniformBSplinePatch::TransposeMatrix(double M[][4])
{
        double T[4][4];                                     //临时矩阵
        for(int i=0;i<4;i++)
            for(int j=0;j<4;j++)
                T[j][i]=M[i][j];
        for(int i=0;i<4;i++)
            for(int j=0;j<4;j++)
                M[i][j]=T[i][j];
}
CP2 CBicubicUniformBSplinePatch::ObliqueProjection(CP3 Point3)
{
        CP2 Point2;
        Point2.x=Point3.x-Point3.z*sqrt(2.0)/2.0;
        Point2.y=Point3.y-Point3.z*sqrt(2.0)/2.0;
        return Point2;
}
void CBicubicUniformBSplinePatch::DrawControlGrid(CDC* pDC)
{
```

```
        CP2 P2[4][4];                          //二维控制点
        for(int i=0;i<4;i++)
            for(int j=0;j<4;j++)
                P2[i][j]=ObliqueProjection(P[i][j]);
        CPen NewPen,*pOldPen;
        NewPen.CreatePen(PS_SOLID,3,RGB(0,0,0));
        pOldPen=pDC->SelectObject(&NewPen);
        for(int i=0;i<4;i++)
        {
            pDC->MoveTo(ROUND(P2[i][0].x),ROUND(P2[i][0].y));
            for(int j=1;j<4;j++)
                pDC->LineTo(ROUND(P2[i][j].x),ROUND(P2[i][j].y));
        }
        for(int j=0;j<4;j++)
        {
            pDC->MoveTo(ROUND(P2[0][j].x),ROUND(P2[0][j].y));
            for(int i=1;i<4;i++)
                pDC->LineTo(ROUND(P2[i][j].x),ROUND(P2[i][j].y));
        }
        pDC->SelectObject(pOldPen);
        NewPen.DeleteObject();
    }
```

（2）读入 16 个控制点

在 CTestView 类内定义 ReadPoint 函数，读入 16 个控制点 P。控制点见第 4 章中双三次 Bezier 曲面片类的 ReadPoint 函数。

（3）调用 CBicubicUniformBSplinePatch 类绘制双三次曲面片

在 CTestView 类内，调用 CBicubicBezierPatch 类的成员函数 DrawCurvedPatch 绘制曲面片。调用 DrawControlGrid 函数绘制控制网格。

```
void CTestView::DrawGraph(CDC* pDC)
{
    CBicubicUniformBSplinePatch patch;          //定义双三次均匀 B 样条曲面类对象 patch
    patch.ReadControlPoint(P);
    patch.DrawCurvedPatch(pDC);
    patch.DrawControlGrid(pDC);
}
```

5.10.3 非均匀双三次 B 样条曲面

实际上，B 样条曲面沿 u 向和 v 向的幂次可以不同，以组成一张混合幂次的 B 样条曲面。均匀 B 样条曲面不通过控制网格的四个角点。为克服此缺点，可采用与构造 B 样条曲线相同的方法，即以重节点构造基函数。

对于 $n+1$ 个控制点，k 次非均匀 B 样条曲线的节点矢量表达式为

$$\boldsymbol{T}=[t_0,\cdots,t_k,t_{k+1},\cdots,t_n,t_{n+1},\cdots,t_{n+k+1}]$$

考虑重点的曲面节点矢量为

$$U=[\underbrace{0,\cdots,0}_{p+1重},u_p,\cdots,u_m,\underbrace{1,\cdots,1}_{p+1重}]$$

和

$$V=[\underbrace{0,\cdots,0}_{q+1重},v_q,\cdots,v_n,\underbrace{1,\cdots,1}_{q+1重}]$$

对于固定的参数(u, v)，算法如下：

（1）找出 u 所在的节点区间，$u\in[u_i,u_{i+1})$。

（2）找出非零基函数 $F_{i-p,p}(t),\cdots,F_{i,p}(t)$。

（3）找出 v 所在的节点区间，$v\in[v_i,v_{i+1})$。

（4）找出非零基函数 $F_{j-q,q}(t),\cdots,F_{j,q}(t)$。

（5）将非零基函数与控制点相乘求和。

（6）计算矩阵 $\boldsymbol{p}(u,v)$。

（7）固定 u、变化 v 得到一组曲线，固定 v、变化 u 得到另一组曲线，两组曲线交织生成 B 样条曲面。

$$\boldsymbol{p}(u,v)=\begin{bmatrix}F_{i-p} & \cdots & F_{i,p}\end{bmatrix}\begin{bmatrix}P_{00} & P_{01} & \cdots & P_{0q}\\ P_{10} & P_{21} & \cdots & P_{1q}\\ \vdots & \vdots & \ddots & \vdots\\ P_{p0} & P_{p1} & \cdots & P_{pq}\end{bmatrix}\begin{bmatrix}F_{j-q} & \cdots & F_{j,q}\end{bmatrix}^{\mathrm{T}} \tag{5.39}$$

若两个节点矢量分别为 $U=[\underbrace{0,\cdots,0}_{p+1重},\underbrace{1,\cdots,1}_{p+1重}]$ 与 $V=[\underbrace{0,\cdots,0}_{q+1重},\underbrace{1,\cdots,1}_{q+1重}]$ 时，则所定义的 B 样条曲面就是 $p\times q$ 次 B 样条曲面。特别地，当 $p=q=3$ 时，绘制的双三次非均匀 B 样条曲面是双三次 Bezier 曲面，如图 5.35 所示。

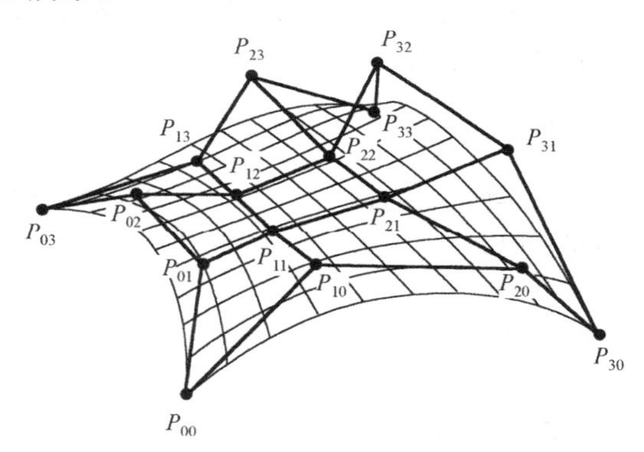

图 5.35　带重节点的双三次非均匀 B 样条曲面

例 5.15　根据读入的二维控制点数组 u、v 方向的顶点个数与次数，定义 CBSplineSurface 类绘制非均匀 B 样条曲面及控制网格。假定投影方式为斜二测。

非均匀 B 样条曲面

（1）初始化

假定 u 方向的控制点数为 5 个（$m=4$），次数为 3 次（$p=3$）；v 方向的控制点数为 4 个（$n=3$），次数为 2 次（$q=2$），参见图 5.36。在 CTestView 类的构造函数内进行初始化。

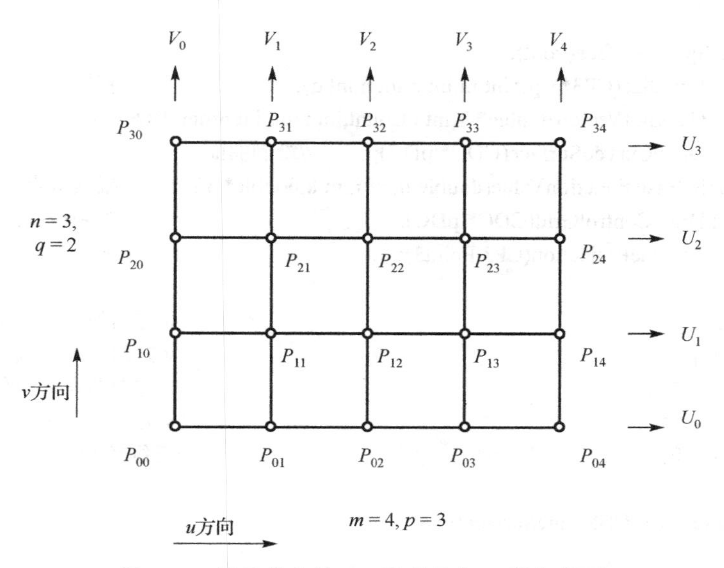

图 5.36　带重节点的双三次非均匀 B 样条曲面

```
CTestView::CTestView()
{
	// TODO: add construction code here
	m=4, p=3;                        //u 方向顶点数 5 个，曲线次数为 3
	n=3, q=2;                        //v 方向顶点数 4 个，曲线次数为 2
	P3=new CP3*[n+1];                //建立动态二维数组
	for(int i=0;i<n+1;i++)
		P3[i]=new CP3[m+1];
	P3[0][0]=CP3(20,0,200),P3[0][1]=CP3(100,100,150),P3[0][2]=CP3(230,130,140),   //顶点坐标
	 P3[0][3]=CP3(350,100,150),P3[0][4]=CP3(450,30,150);
	P3[1][0]=CP3(0,100,150),P3[1][1]=CP3(30,100,120),P3[1][2]=CP3(110,120,80),
	 P3[1][3]=CP3(200,150,50), P3[1][4]=CP3(300,150,50);
	P3[2][0]=CP3(-130,100,50),P3[2][1]=CP3(-40,120,50),P3[2][2]=CP3(30,150,30),
	 P3[2][3]=CP3(50,150,0), P3[2][4]=CP3(150,200,0);
	P3[3][0]=CP3(-250,50,0),P3[3][1]=CP3(-150,100,0),P3[3][2]=CP3(-100,150,-50),
	 P3[3][3]=CP3(0,150,-70),   P3[3][4]=CP3(80,220,-70);
}
```

（2）设计 B 样条曲面类

定义 CBSplineSurface 类绘制非均匀 B 样条曲面。成员函数 Initialize 负责读入曲面的 u 方向和 v 方向的控制点数与次数。曲面网格的绘制分别沿 u 方向和 v 方向进行。首先计算节点矢量 $\boldsymbol{U}$ 和 $\boldsymbol{V}$，然后根据节点矢量计算相应的基函数的值。这里沿着 u 方向计算的是 $\boldsymbol{V}$，沿着 v 方向计算的是 $\boldsymbol{U}$。最后根据二维控制点与 u 方向基函数、v 方向基函数的乘积的累加和，计算曲线上的点，并沿着 u 方向和 v 方向绘制出曲面线框模型，如图 5.37 所示。

```
#include"P3.h"
class CBSplineSurface
{
public:
	CBSplineSurface(void);
```

```
        ~CBSplineSurface(void);
        void Initialize(CP3** ptr,int m,int p,int n,int q);                    //初始化
        void GetKnotVector(double* T,int nCount,int num,int order, BOOL bU);    //获取节点矢量
        void DrawCurvedSurface(CDC* pDC);          //绘制曲面
        double BasisFunctionValue(double u,int i,int k,double* T);       //根据节点矢量，计算基函数值
        void DrawControlGrid(CDC* pDC);                                        //绘制控制网格
        CP2 ObliqueProjection(CP3 Point3);                                     //斜二测投影
    public:
        int m,p;                                                 //u 方向的顶点数减 1 与次数
        int n,q;                                                 //v 方向的顶点数减 1 与次数
        double **V;                                              //u 方向节点矢量数组
        double **U;                                              //v 方向节点矢量数组
        CP3 **P;                                                 //三维控制点
    };
    CBSplineSurface::CBSplineSurface(void)
    {
        P = NULL;
        U = NULL;
        V = NULL;
    }
    CBSplineSurface::~CBSplineSurface(void)
    {
        if(NULL != P)
        {
            for(int i=0;i<n+1;i++)
            {
                delete []P[i];
                P[i]=NULL;
            }
            delete []P;
            P=NULL;
        }
        if(NULL!=U)
        {
            for(int i=0;i<n+1;i++)
            {
                delete []U[i];
                U[i]=NULL;
            }
            delete []U;
            U=NULL;
        }
        if(NULL!=V)
        {
            for(int i=0;i<m+1;i++)
            {
                delete []V[i];
```

```
                V[i]=NULL;
            }
            delete []V;
            V=NULL;
        }
}
void CBSplineSurface::Initialize(CP3** ptr,int n,int q,int m,int p)          //类的初始化
{
    P=new CP3*[n+1];                                              //建立动态二维数组
    for(int i=0;i<n+1;i++)
        P[i]=new CP3[m+1];
    for(int i=0;i<n+1;i++)                                        //二维动态数组初始化
        for(int j=0;j<m+1;j++)
            P[i][j]=ptr[i][j];
    this->m=m,this->p=p;
    this->n=n,this->q=q;
    U=new double*[n+1];                                           //建立 u 方向节点矢量动态数组 U
    for(int i=0;i<n+1;i++)
        U[i]=new double[m+p+2];
    V=new double*[m+1];                                           //建立 v 方向节点矢量动态数组 V
    for(int i=0;i<m+1;i++)
        V[i]=new double[n+q+2];
}
void CBSplineSurface::DrawCurvedSurface(CDC* pDC)                 //绘制曲面
{
    for(int i=0;i<m+1;i++)
        GetKnotVector(V[i],i,n,q, FALSE);                         //获取 V
    for(int i=0;i<n+1;i++)
        GetKnotVector(U[i],i,m,p, TRUE);                          //获取 U
    CPen NewPen(PS_SOLID,1,RGB(255,0,0));                         //曲线颜色
    CPen* pOldPen=pDC->SelectObject(&NewPen);
    double Step=0.1;                                              //步长
    for(double u=0.0;u<=1.0;u+=Step)                              //绘制 v 方向曲线
    {
        for(double v=0.0;v<=1.0;v+=Step)
        {
            CP3 pt(0,0,0);
            for(int i=0;i<n+1;i++)
            {
                for(int j=0;j<m+1;j++)
                {
                    double BValueU=BasisFunctionValue(u,j,p,U[i]);
                    double BValueV=BasisFunctionValue(v,i,q,V[j]);
                    pt=pt+P[i][j]*BValueU*BValueV;
                }
            }
            CP2 Point2=ObliqueProjection(pt);                     //斜投影
```

```
                    if (v==0.0)
                        pDC->MoveTo(ROUND(Point2.x),ROUND(Point2.y));
                    else
                        pDC->LineTo(ROUND(Point2.x),ROUND(Point2.y));
                }
            }
            for(double v=0.0;v<=1.0;v+=Step)                    //绘制 u 方向曲线
            {
                for(double u=0.0;u<=1.0;u+=Step)
                {
                    CP3 pt(0,0,0);
                    for(int i=0;i<n+1;i++)
                    {
                        for(int j=0;j<m+1;j++)
                        {
                            double BValueU=BasisFunctionValue(u,j,p,U[i]);
                            double BValueV=BasisFunctionValue(v,i,q,V[j]);
                            pt=pt+P[i][j]*BValueU*BValueV;
                        }
                    }
                    CP2 Point2=ObliqueProjection(pt);                    //斜投影
                    if (u==0.0)
                        pDC->MoveTo(ROUND(Point2.x),ROUND(Point2.y));
                    else
                        pDC->LineTo(ROUND(Point2.x),ROUND(Point2.y));
                }
            }
            pDC->SelectObject(pOldPen);
            NewPen.DeleteObject();
        }
        void CBSplineSurface::DrawControlGrid(CDC* pDC)                    //绘制控制网格
        {
            CP2** P2=new CP2*[n+1];                                    //建立动态数组 P2
            for(int i=0;i<n+1;i++)
                P2[i]=new CP2[m+1];
            for(int i=0;i<n+1;i++)
                for(int j=0;j<m+1;j++)
                    P2[i][j]=ObliqueProjection(P[i][j]); //动态数组 P2 存储存放斜投影后的二维点
            CPen NewPen,*pOldPen;
            NewPen.CreatePen(PS_SOLID,3,RGB(0,0,0));                    //控制多边形直线颜色
            pOldPen=pDC->SelectObject(&NewPen);
            for(int i=0;i<n+1;i++)                                    //绘制 u 方向线
            {
                pDC->MoveTo(ROUND(P2[i][0].x),ROUND(P2[i][0].y));
                for(int j=1;j<m+1;j++)
                    pDC->LineTo(ROUND(P2[i][j].x),ROUND(P2[i][j].y));
            }
```

```
		for(int j=0;j<m+1;j++)                                    //绘制 v 方向线
		{
			pDC->MoveTo(ROUND(P2[0][j].x),ROUND(P2[0][j].y));
			for(int i=1;i<n+1;i++)
				pDC->LineTo(ROUND(P2[i][j].x),ROUND(P2[i][j].y));
		}
		pDC->SelectObject(pOldPen);
		NewPen.DeleteObject();
		if(NULL!=P2)                                              //释放动态数组 P2 所占的内存空间
		{
			for(int i=0;i<n+1;i++)
			{
				delete []P2[i];
				P2[i] = NULL;
			}
			delete []P2;
			P2 = NULL;
		}
	}
	void CBSplineSurface::GetKnotVector(double* T,int nCount,int num,int order, BOOL bU)
	                                                              //Hartley-Judd 算法获取节点矢量数组
	{
		for(int i=0;i<=order;i++)                                 //小于等于曲线次数 order 的节点值为 0
			T[i]=0.0;
		for(int i=num+1;i<=num+order+1;i++)                       //大于控制点个数 num 的节点值为 1
			T[i]=1.0;
		//计算 num-order 个内节点
		for(int i=order+1;i<=num;i++)
		{
			double sum=0.0;
			for(int j=order+1;j<=i;j++)
			{
				double numerator=0.0;
				for(int loop=j-order;loop<=j-1;loop++)
				{
					if(bU)     //如果 bU 为真，计算 u 方向的节点矢量 U
						numerator+=(P[nCount][loop].x-P[nCount][loop-1].x)*
							(P[nCount][loop].x-P[nCount][loop-1].x)+
							(P[nCount][loop].y-P[nCount][loop-1].y)*
							(P[nCount][loop].y-P[nCount][loop-1].y);
					else     //如果 bU 为假，计算 v 方向的节点矢量 V
						numerator+=(P[loop][nCount].x-P[loop-1][nCount].x)*
							(P[loop][nCount].x-P[loop-1][nCount].x)+
							(P[loop][nCount].y-P[loop-1][nCount].y)*
							(P[loop][nCount].y-P[loop-1][nCount].y);
				}
				double denominator=0.0;                           //计算分母
```

```
				for(int loop1=order+1;loop1<=num+1;loop1++)
				{
					for(int loop2=loop1-order;loop2<=loop1-1;loop2++)
					{
						if(bU)	//如果 bU 为真，计算 u 方向的节点矢量 U
							denominator+=(P[nCount][loop2].x-P[nCount][loop2-1].x)*
										(P[nCount][loop2].x-P[nCount][loop2-1].x)+
										(P[nCount][loop2].y-P[nCount][loop2-1].y)*
										(P[nCount][loop2].y-P[nCount][loop2-1].y);
						else	//如果 bU 为假，计算 v 方向的节点矢量 V
							denominator+=(P[loop2][nCount].x-P[loop2-1][nCount].x)*
										(P[loop2][nCount].x-P[loop2-1][nCount].x)+
										(P[loop2][nCount].y-P[loop2-1][nCount].y)*
										(P[loop2][nCount].y-P[loop2-1][nCount].y);
					}
				}
				sum+=numerator/denominator;
			}
			T[i]=sum;
		}
	}
	double CBSplineSurface::BasisFunctionValue(double t,int i,int order,double* T)	//计算 B 样条基函数
	{
		double value1,value2,value;
		if(order==0)
		{
			if(t>=T[i]&&t<T[i+1])
				return 1.0;
			else
				return 0.0;
		}
		if(order>0)
		{
			if(t<T[i]||t>T[i+order+1])
				return 0.0;
			else
			{
				double coffcient1,coffcient2;				//凸组合系数 1，凸组合系数 2
				double denominator=0.0;					//分母
				denominator=T[i+order]-T[i];				//递推公式第一项分母
				if(denominator==0.0)					//约定 0/0
					coffcient1=0.0;
				else
					coffcient1=(t-T[i])/denominator;
				denominator=T[i+order+1]-T[i+1];			//递推公式第二项分母
				if(0.0==denominator)					//约定 0/0
					coffcient2=0.0;
```

```
				else
					coffcient2=(T[i+order+1]-t)/denominator;
				value1=coffcient1*BasisFunctionValue(t,i,order-1,T);		//递推公式第一项的值
				value2=coffcient2*BasisFunctionValue(t,i+1,order-1,T);	//递推公式第二项的值
				value=value1+value2;						//基函数的值
			}
		}
		return value;
	}
CP2 CBSplineSurface::ObliqueProjection(CP3 Point3)			//斜二测投影
{
		CP2 Point2;
		Point 2, x=Point3.x-Point3.z*sqrt(2.0)/2.0;
		Point 2, y=Point3.y-Point3.z*sqrt(2.0)/2.0;
		return Point2;
}
```

（3）调用 CBSplineSurface 类绘制 B 样条曲面

在 CTestView 类内，首先调用 CBSplineSurface 类的成员函数 Initialize，初始化曲面 u、v 方向的顶点数目 m、n 和曲线次数 p、q。然后，调用成员函数 DrawCurvedSurface，绘制曲面网格模型。最后调用成员函数 DrawControlGrid，绘制曲面的控制网格。

```
void CTestView::DrawGraph(CDC* pDC)
{
		BSurface.Initialize(P3,n,q,m,p);			//初始化 B 样条曲面类
		BSurface.DrawCurvedSurface(pDC);			//绘制 B 样条曲面
		BSurface.DrawControlGrid(pDC);				//绘制控制网格
}
```

从图 5.37 可以看出，非均匀 B 样条曲面的两个节点矢量 u, v 方向的两端节点都分别取 p+1 和 q+1 次重复度，曲面通过 4 个角点。因此有了 Bezier 曲面的端点的几何性质。由于 B 样条曲面不能精确表示球面、圆柱面等二次曲面，所以绘制旋转面的技术将放到 NURBS 曲面一章中进行深入研究。

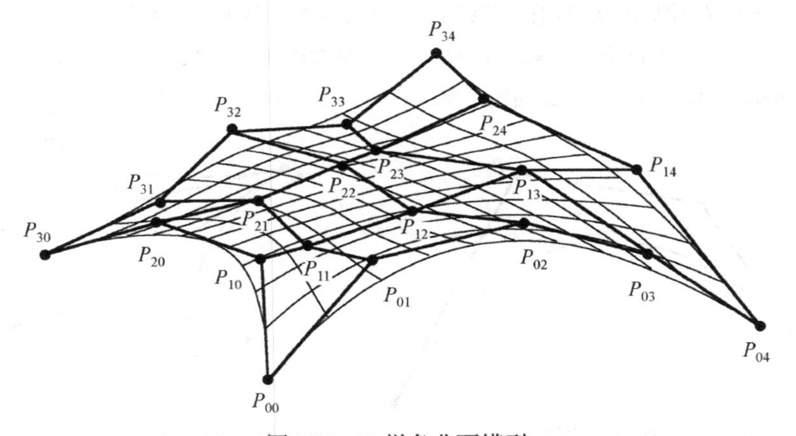

图 5.37　B 样条曲面模型

5.11 本章小结

本章主要介绍了 B 样条的 de Boor-Cox 递推定义、节点矢量、支撑区间、B 样条曲线的定义域及局部性质等重要概念和它们之间的定量关系。按照节点的分布情况将 B 样条曲线划分为均匀、准均匀、分段 Bezier 和非均匀 B 样条四种类型，其中均匀、准均匀和分段 Bezier 类型都可视为非均匀 B 样条曲线的特例。工程中使用普遍的是非均匀 B 样条曲线。在非均匀 B 样条曲线类型中主要介绍了计算节点矢量的两种方法，即 Riesenfeld 算法和 Hartley-Judd 算法，重点推荐使用后者；也简单介绍了重节点对 B 样条基函数及曲线的影响，B 样条的基本几何算法——Boehm 节点插入算法。在 B 样条曲面部分，将 B 样条曲线推广到曲面，得到了张量积曲面。以实例阐述了均匀 B 样条曲面和非均匀 B 样条曲面的绘制算法。

5.12 习　　题

1．B 样条基函数 $F_{i,k}(t)$ 的双下标表示什么含义？k 次 B 样条 $F_{i,k}(t)$ 有怎样的支撑区间和定义域？

2．已知 6 个控制点定义一条三次 B 样条曲线，试确定节点矢量、定义域，并计算能绘制几段曲线。

3．任意给出 6 个控制点坐标，试编程绘制二次均匀 B 样条曲线，效果如图 5.38 所示。

4．控制点坐标同上题。试基于式（5.20）给出的基函数 $F_{0,3}$, $F_{1,3}$, $F_{2,3}$, $F_{3,3}$ 绘制三次均匀 B 样条曲线，效果如图 5.39 所示。

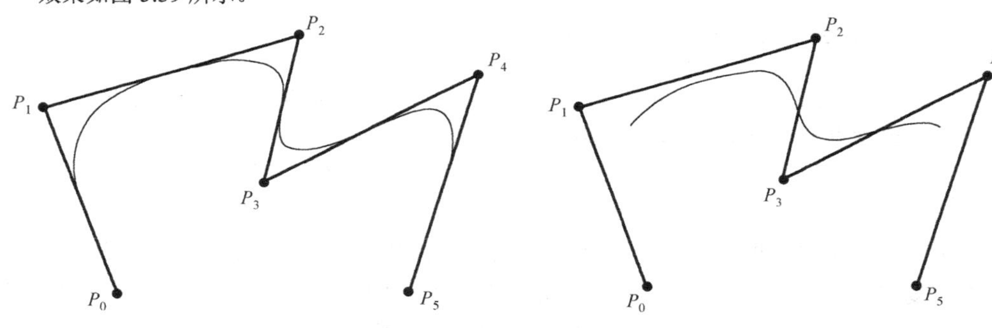

图 5.38　二次均匀 B 样条曲线　　　　图 5.39　三次均匀 B 样条曲线

5．给定节点矢量 $\boldsymbol{T}=[0,0,0,0,1,11,1]$，任给 4 个控制点坐标，绘制三次 B 样条曲线，如图 5.40 所示。

6．图 5.41 中，A, B, C, D 为多边形的 4 个顶点。如果多边形的每条边使用三次 Bezier 曲线相连，则称为 Bezigon。请使用分段 Bezier 曲线绘制。

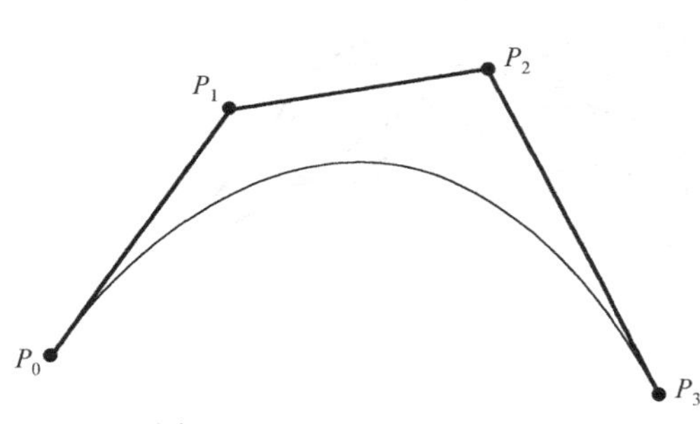

图 5.40　Bezier 曲线

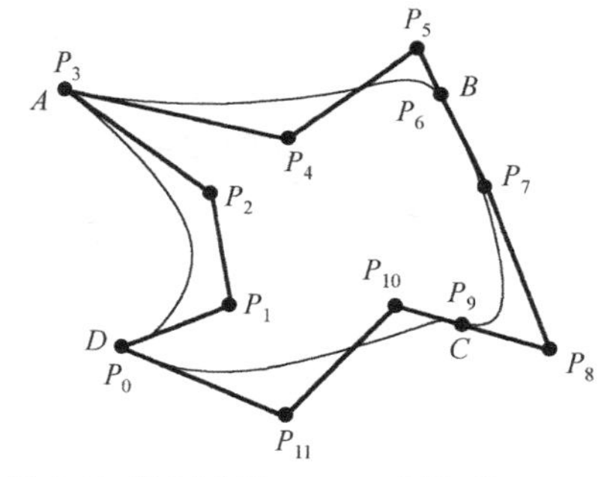

图 5.41 绘制分段 Bezier 多边形 Bezigon

7．设 $p(t)=\sum_{i=0}^{5} P_i F_{i,3}(t)$ 是定义在节点矢量 $\boldsymbol{T}=[0,0,0,0,1/3,2/3,1,1,1,1]$ 上的三次 B 样条曲线。

（1）任意给定 6 个控制点，并画出曲线，效果如图 5.42 所示。

（2）如果移动 P_2，曲线 $p(t)$ 在哪个子区间内的形状会受到影响？

（3）曲线在区间 $t\in[1/3,2/3]$ 内的形状由哪些控制点所决定？

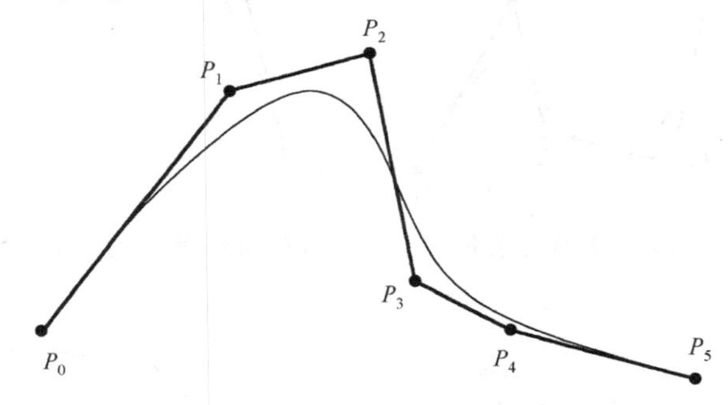

图 5.42　三次 B 样条曲线

8．给定 6 个控制点，曲线次数为 3 次，节点矢量为 $\boldsymbol{T}=[0,0,0,0,1/2,1/2,1,1,1,1]$，试绘制三次 B 样条曲线。

（1）6 个控制点坐标为 $P_0=(-200,-150)$, $P_1=(-300,100)$, $P_2=(0,200)$, $P_3=(0,200)$, $P_4=(300,100)$, $P_5=(200,-150)$。绘制效果如图 5.43(a)所示。

（2）6 个控制点坐标为 $P_0=(-200,-150)$, $P_1=(-300,100)$, $P_2=(-100,200)$, $P_3=(100,200)$, $P_4=(300,100)$, $P_5=(200,-150)$。绘制效果如图 5.43(b)所示。

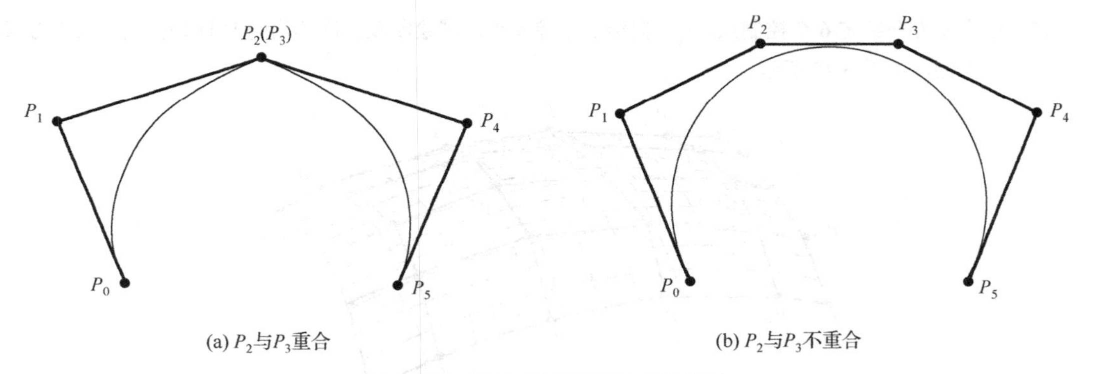

图 5.43　重节点与二重顶点的关系

9．给定控制点 $P_0=(550,330)$, $P_1=(600,235)$, $P_2=(750,224)$, $P_3=(840,440)$, $P_4=(900,250)$, $P_5=(1050,280)$, $P_6=(1150,400)$。节点矢量取准均匀类型，分别定义一条二次和三次 B 样条曲线 $P(t)$。

（1）分别给出二次、三次准均匀 B 样条的节点矢量。

（2）编程绘制二次、三次准均匀 B 样条曲线及其控制多边形，如图 5.44 和图 5.45 所示。

10．基于 Hartley-Judd 算法，试给定 6 个控制点绘制三段三次的非均匀 B 样条曲线，要求用颜色区分不同的分段，如图 5.46 所示。

11．对于非均匀 B 样条基函数，节点矢量的 $n+k+2$ 个节点可以写为

$$0\leqslant a=t_0=t_1=\cdots=t_k<t_{k+1}<t_{k+2}<\cdots<t_n<t_{n+1}=t_{n+2}=\cdots=t_{n+k+1}=b$$

若 $a\neq 0$，或 $b\neq 1$，称为非规范化节点矢量。已知节点矢量 $\boldsymbol{T}=[2,2,2,2,4,5,8,8,8,8]$，任意给定

6 个控制点（$n=5$），试编程绘制三次（$k=3$）非均匀 B 样条曲线，效果如图 5.47 所示。

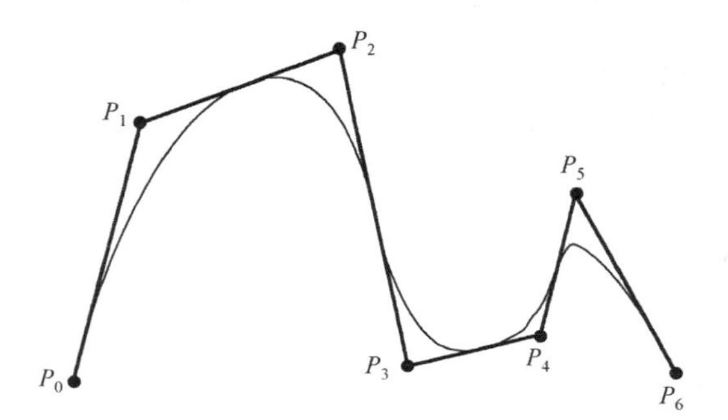

图 5.44　准均匀二次 B 样条曲线

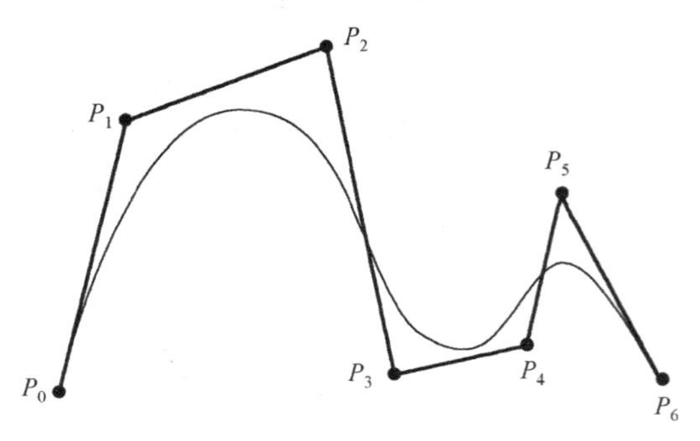

图 5.45　准均匀三次 B 样条曲线

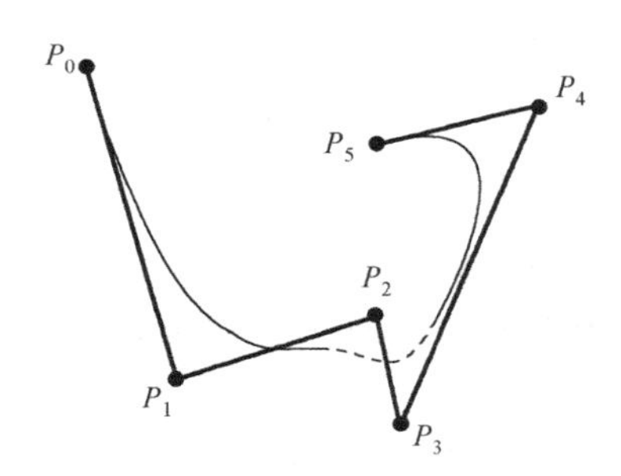

图 5.46　三次非均匀 B 样条曲线

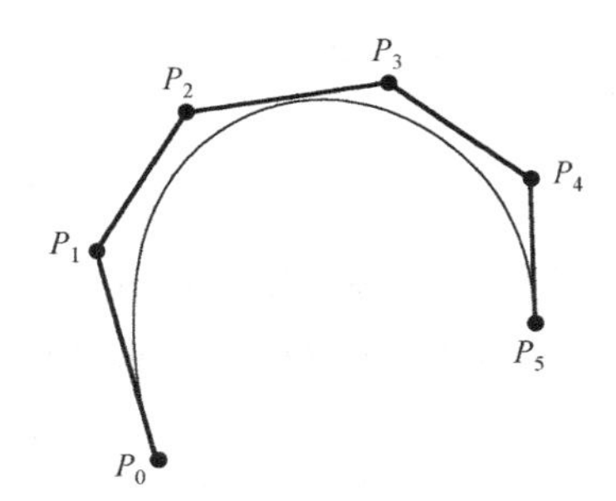

图 5.47　非规范节点矢量绘制图形

12．假定 u 方向给定 6 个控制点，v 方向给 5 个控制点。试绘制双三次非均匀 B 样条曲面，投影方式为斜二测，如图 5.48 所示。

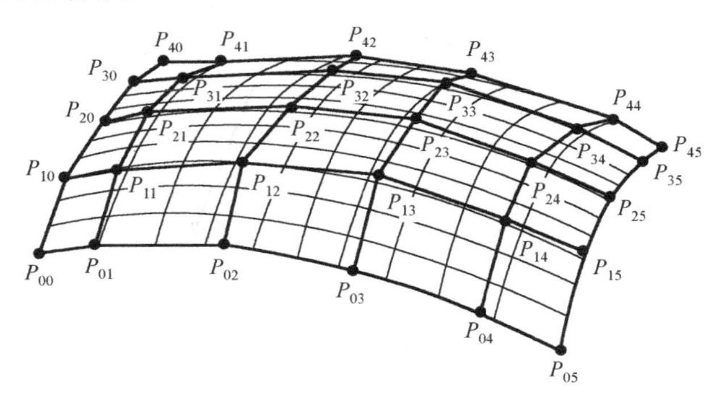

图 5.48　双三次非均匀 B 样条曲面

第6章

NURBS曲线曲面

前面介绍的B样条方法在表示与设计自由曲线曲面时展现了强大的威力，然而在设计与表示初等曲线曲面时却遇到了麻烦。因为B样条曲线及其特例Bezier曲线都不能精确表示除抛物线以外的二次曲线弧，B样条曲面及其特例Bezier曲面都不能精确表示除抛物面以外的二次曲面，而只能给出近似表示。解决这一问题的途径是改进现有的B样条方法，在保留描述自由曲线曲面长处的同时，扩充其表示二次曲线弧与二次曲面的能力，这种方法就是有理B样条方法。由于在曲线曲面描述中，B样条方法更多地以非均匀类型出现，而均匀、准均匀、分段Bezier三种类型又被视为非均匀类型的特例，所以习惯上称之为非均匀有理B样条（Non-Uniform Rational B-Splines）方法，简称NURBS方法。NURBS方法提出的主要理由是，寻找与描述自由曲线曲面的B样条方法相统一且能精确表示二次曲线曲面的数学方法。

非均匀B样条采用分段参数整数多项式，而NURBS方法采用分子分母分别是分段参数多项式函数与分段多项式的分式表示，是有理的。与有理Bezier方法一样，NURBS方法引入了权因子和分母。NURBS方法是在有理Bezier方法与非有理B样条方法的基础上发展起来的。

1975年，美国Syracuse大学的Versperille完成了有关有理B样条的博士论文。Piegl（Les Piegl）与Tiller（Wayne Tiller）两人对NURBS方法进行了系统研究，并出版了专著*The NURBS Book*。后来加上Farin等人的工作，使NURBS方法在理论上和实践上都趋于成熟。鉴于NURBS方法在形状定义方面所拥有的强大功能与潜力，1991年ISO正式颁布的STEP标准中，NURBS被选为表示自由曲线曲面的唯一方法。在国内，北京航空航天大学的朱心雄教授、施法中教授等人，对NURBUS方法进行了深入研究，发表了多篇学术论文。施法中教授编著的《计算机辅助几何设计与非均匀有理B样条》教材在国内影响深远。

NURBS方法在CAD/CAM以及计算机图形学领域获得了越来越广泛的应用，优点主要表现在以下几个方面：

（1）将初等曲线曲面与自由曲线曲面的表达方式统一起来。

（2）增加了权因子，有利于对曲线曲面形状的控制和修改。

（3）非有理B样条、有理与非有理Bezier方法是NURBS的特例。

（4）在比例、旋转、平移、错切以及平行和透视投影变换下是不变的。

6.1 NURBS 曲线的定义及几何性质

6.1.1 NURBS 曲线方程的三种等价表示

1. 有理分式表示

NURBS 曲线的数学定义为

$$p(t)=\frac{\sum_{i=0}^{n}N_{i,k}(t)\omega_i P_i}{\sum_{i=0}^{n}N_{i,k}(t)\omega_i},\quad t\in[0,1] \tag{6.1}$$

式中，$\omega_i, i=0,1,\cdots,n$ 称为权因子，分别与控制点 $P_i, i=0,1,\cdots,n$ 相联系。首末权因子 $\omega_0,\omega_n>0$，其余 $\omega_i\geqslant 0$，且顺序 k 个权因子不同时为零。与有理 Bezier 曲线类似，把首末权因子都等于 1 的 NURBS 曲线称为标准型 NURBS 曲线，否则称为非标准型 NURBS 曲线。$N_{i,k}(t)$ 是由节点矢量 $\boldsymbol{T}=[t_0,t_1,\cdots,t_{n+k+1}]$ 上按 de Boor-Cox 递推公式决定的 k 次规范 B 样条基函数。对于 NURBS 开曲线，常将两端节点的重复度取为 $k+1$，即 $t_0=t_1=\cdots=t_k$，$t_{n+1}=t_{n+2}=\cdots=t_{n+k+1}$。节点矢量 $\boldsymbol{T}$ 也可写为

$$\boldsymbol{T}=[\underbrace{a,\cdots,a}_{k+1},t_{k+1},\cdots,t_{n-k-1},\underbrace{b,\cdots,b}_{k+1}]$$

通常在实际应用中，端节点值分别取 $a=0, b=1$，曲线定义域 $t\in[t_k,t_{n+1}]=[a,b]=[0,1]$。特别地，当 $n=k$ 时，k 次 NURBS 曲线就成为 k 次有理 Bezier 曲线。例如，当 $n=k=3$，权因子全部取为 1 时，绘制的 NURBS 曲线如图 6.1 所示。

例如，写出由 6 个控制点定义的三次准均匀 B 样条曲线的节点矢量及其定义域，并将定义区间规范化[0,1]。因为 $n=5$，$k=3$，所以节点矢量为 $\boldsymbol{T}=[t_0,t_1,\cdots,t_{n+k+1}]$，即

$$\boldsymbol{T}=[\underbrace{t_0,t_1,t_2,t_3}_{k+1},t_4,t_5,\underbrace{t_6,t_7,t_8,t_9}_{k+1}]=[\underbrace{0,0,0,0}_{4},1/3,2/3,\underbrace{1,1,1,1}_{4}]$$

式中，$[t_k,t_{n+1}]=[t_3,t_6]=[0,1]$。

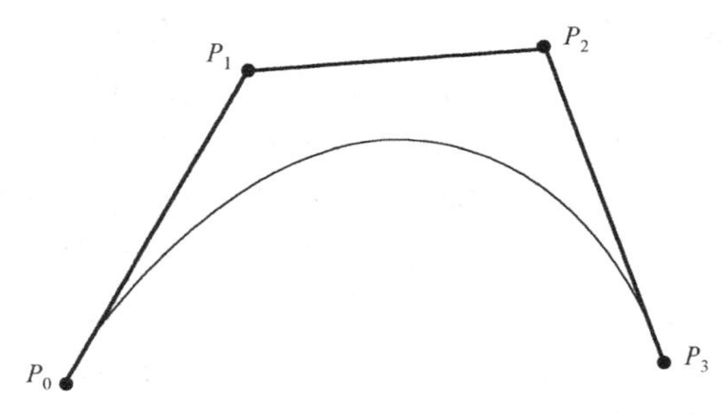

图 6.1　$n=k=3$ 的 NURBS 曲线

2. 有理基函数表示

若令

$$R_{i,k}(t)=\frac{N_{i,k}(t)\omega_i}{\sum_{j=0}^{n}N_{j,k}(t)\omega_j} \tag{6.2}$$

则式（6.1）可以写为

$$p(t)=\sum_{i=0}^{n}R_{i,k}(t)P_i,\quad t\in[0,1] \tag{6.3}$$

式中，$R_{i,k}(t),i=0,1,\cdots,n$ 称为 k 次有理基函数。$R_{i,k}(t)$ 具有与 k 次规范 B 样条基函数类似的性质。

① 普遍性：若令全部权因子都等于 1，则 $R_{i,k}(t)$ 退化为 $B_{i,k}(t)$；若节点矢量仅由两端的 $k+1$ 个重节点构成，则 $R_{i,k}(t)$ 退化为 Bernstein 基函数。数学描述如下：

若所有权因子 $\omega_i=1,i=0,1,\cdots,n$，则

$$R_{i,k}(t)=\begin{cases}B_{i,k}(t), & U\in[\underbrace{0,\cdots,0}_{k+1},\underbrace{1\cdots,1}_{k+1}]\\ N_{i,k}(t), & \text{其他}\end{cases}$$

式中，$B_{i,k}(t)$ 是 k 次 Bernstein 基函数。

② 局部支撑性质：可表示为

$$R_{i,k}(t)=0,t\notin[t_i,t_{i+k+1}]$$

③ 规范性：可表示为

$$\sum_{i=0}^{n}R_{i,k}(t)=1,\ t\in[0,1]$$

④ 可微性：如果分母不为零时，则在节点区间内是无限次连续可微的；在节点处，若节点的重复度为 r，则 $R_{i,k}(t)$ 是 $k-r$ 次连续可微的。

⑤ $R_{0,k}(t)=R_{n,k}(t)=1$。

3．齐次坐标表示

齐次坐标表示是用 $n+1$ 维空间中的多项式曲线来表示 n 维空间中的一条有理曲线。三维欧氏空间中的一个点 $P(x,y,z)$，以齐次坐标表示时，为 $P^{\omega}(\omega x,\omega y,\omega z,\omega)=(X,Y,Z,\omega)$，其中 ω 为不为零的比例系数。如果取 $\omega=\omega_1$，则有 $P^{\omega_1}(\omega_1 x,\omega_1 y,\omega_1 z,\omega_1)$；如果取 $\omega=\omega_2\neq\omega_1$，则有 $P^{\omega_2}(\omega_2 x,\omega_2 y,\omega_2 z,\omega_2)$。这表明，一个点的齐次坐标是不唯一的。从 P^{ω} 也可以反求 P，$P(x,y,z)=(X/\omega,Y/\omega,Z/\omega)$。

考虑从四维欧氏空间的齐次坐标到三维欧氏空间的中心投影变换 H：

$$P=H\{P^{\omega}\}=\begin{cases}\left(\dfrac{X}{\omega},\dfrac{Y}{\omega},\dfrac{Z}{\omega}\right), & \omega\neq 0\\ \text{位于原点与}[X\ \ Y\ \ Z]\text{直线上的无限远点}, & \omega=0\end{cases}$$

其中，三维空间点 (x,y,z) 称为四维空间点 (X,Y,Z,ω) 的透视像，即四维空间点 (X,Y,Z,ω) 在 $\omega=1$ 超平面上的中心投影，其投影中心就是四维空间的坐标原点。因此四维空间点 $(X,Y,Z,1)$ 与三维空间点 (x,y,z) 被认为是同一个点。

考虑从三维到二维空间的投影变换 H：

$$P(x,y)=H\{P^{\omega}(X,Y,\omega)\}=\begin{cases}\left(\dfrac{X}{\omega},\dfrac{Y}{\omega}\right), & \omega\neq 0\\ \text{位于原点与}[X\quad Y\quad 1]\text{直线上的无限远点}, & \omega=0\end{cases}$$

图 6.2 给出了将 $P^{\omega}(X,Y,\omega)$ 映射到超平面 $\omega=1$ 上，得到 $P(x,y)$ 点的方法。这个映射就是投影中心在坐标系原点的透视投影。在图 6.3 中，$XY\omega$ 坐标系中的 4 个控制点 P^{ω} 用 V_0, V_1, V_2, V_3 表示，$\omega=1$ 超平面 xy 上的投影点用 P_0, P_1, P_2, P_3 表示。

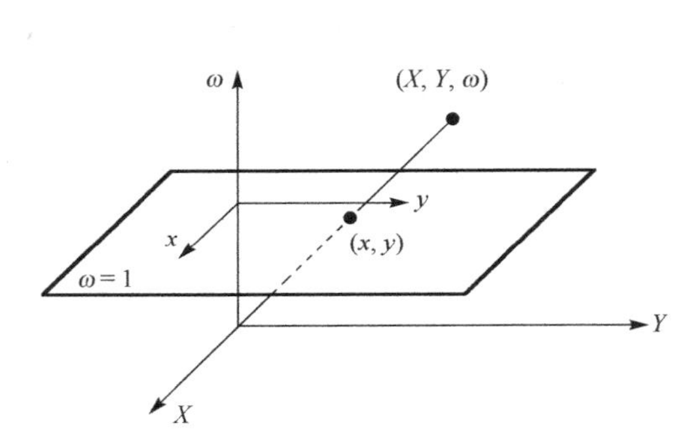

图 6.2　三维齐次空间到二维空间的投影

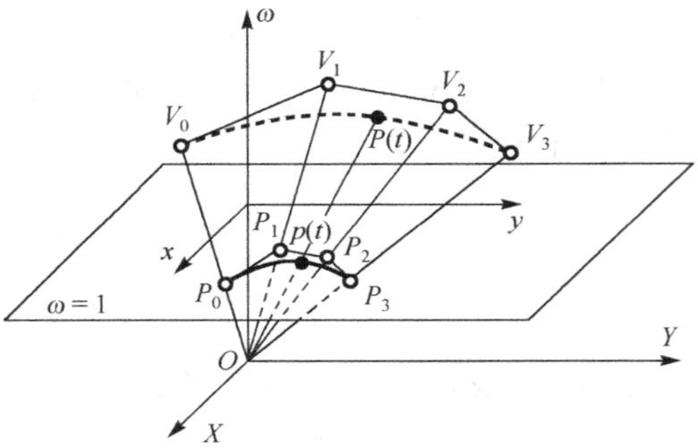

图 6.3　有理 NURBS 曲线的几何构造

如果给定一组控制点 $P_i=(x_i\ \ y_i), i=0,1,\cdots,n$ 及相联系的权因子 $\omega_i, i=0,1,\cdots,n$，那么就可以按照如下步骤定义 k 次 NURBS 曲线：

（1）确定所给控制顶点 $P_i=(x_i\ \ y_i), i=0,1,\cdots,n$ 的带权控制点：

$$V_i=(\omega_i P_i\quad \omega_i)=(\omega_i x_i\quad \omega_i y_i\quad \omega_i),\ i=0,1,\cdots,n$$

（2）用带权控制顶点 $V_i, i=0,1,\cdots,n$ 定义一条三维的 k 次非有理 B 样条曲线：

$$P^{\omega}(t)=\sum_{i=0}^{n}N_{i,k}(t)V_i$$

（3）将它投影到 $\omega=1$ 平面上，所得透视像就是 xy 平面上的一条 k 次 NURBS 曲线。矢量形式表示为

$$\boldsymbol{p}(t)=H\{P^{\omega}(t)\}=H\left\{\sum_{i=0}^{n}N_{i,k}(t)V_i\right\}=\frac{\sum\limits_{i=0}^{n}N_{i,k}(t)\omega_i P_i}{\sum\limits_{i=0}^{n}N_{i,k}(t)\omega_i},\quad t\in[0,1] \tag{6.4}$$

分式表示为

$$x(t)=\frac{X(t)}{\omega(t)}=\frac{\sum\limits_{i=0}^{n}N_{i,k}(t)\omega_i x_i}{\sum\limits_{i=0}^{n}N_{i,k}(t)\omega_i},\quad t\in[0,1]$$

$$y(t)=\frac{Y(t)}{\omega(t)}=\frac{\sum_{i=0}^{n}N_{i,k}(t)\omega_i y_i}{\sum_{i=0}^{n}N_{i,k}(t)\omega_i},\quad t\in[0,1]$$

$$z(t)=\frac{Z(t)}{\omega(t)}=\frac{\sum_{i=0}^{n}N_{i,k}(t)\omega_i z_i}{\sum_{i=0}^{n}N_{i,k}(t)\omega_i},\quad t\in[0,1]$$

三维空间的 NURBS 曲线可以类似地定义，即对于给定一组控制顶点 $P_i=(x_i\ y_i\ z_i), i=0,1,\cdots,n$ 及相联系的权因子 $\omega_i, i=0,1,\cdots,n$，则由相应的带权控制点 $V_{\rm i}=(\omega_i P_i\ \ \omega_i)=(\omega_i x_i\ \ \omega_i y_i\ \ \omega_i z_i\ \ \omega_i), i=0,1,\cdots,n$ 定义了一条四维空间中的 k 次非有理 B 样条曲线 $P^{\omega}(t)$，然后，取它在第四坐标 $\omega=1$ 那个超平面上的中心投影，即得到三维空间中定义的 k 次 NURBS 曲线 $p(t)$。$P^{\omega}(t)$ 称为 $p(t)$ 的齐次曲线。三维 NURBS 曲线方程与二维 NURBS 曲线方程是一致的，区别仅是其中的矢量维数不同。

这样，可以在四维空间来处理有理曲线，应用映射 H 来得到三维空间中的结果。

6.1.2　NURBS 曲线三种表示方式之间的关系

NURBS 曲线方程的三种等价表示与非有理 B 样条曲线比较，不能简单地认为 NURBS 只是多了权因子和分母。正因为多了权因子与分母，问题变得复杂了。至今 NURBS 尚有一些理论与实际问题未得到解决。另外，这些看法其实说明了人们对于曲线方程有理分式表示关注过多，对于另外两种等价形式还未予以足够的重视。

三种表示形式虽然是等价的，却有着不同的作用。有理分式表示说明了“有理”一词的由来。从 NURBS 曲线的有理分式表示可见，当所有权因子均为相同的非零有限值时，约去分子和分母的公因子，由 B 样条基函数的规范性，分母将等于 1，这时 NURBS 曲线就变成非有理 B 样条曲线。显然，有理是因为权因子引起的。由此可见，NURBS 曲线是非有理与有理 Bezier 曲线和非有理 B 样条曲线的推广。在有理基函数的表示形式中，可以清楚地了解 NURBS 曲线的性质，也可以说权因子通过改变基函数而间接地影响曲线的参数化，但这还未揭示出 NURBS 曲线的生成原理。NURBS 最终要为工程计算服务，需要适合计算机处理的 NURBS 配套算法，这导致了齐次坐标表示法的出现。NURBS 的齐次坐标说明，在高一维空间里，由控制点所对应的齐次坐标点或带权控制点所定义的非有理 B 样条曲线，在 $\omega=1$ 超平面上的中心投影即为相应的 NURBS 曲线。齐次坐标表示法不仅阐明了 NURBS 的几何意义，同时也说明，第 5 章所介绍的非有理 B 样条曲线的大多数算法可以推广到 NURBS 曲线。

例 6.1　给定 7 个控制点 P_0～P_6（$n=6$），如图 6.4 所示。假定标准型 NURBS 曲线的其余权因子全部为 2，节点矢量使用 Hartley-Judd 算法计算，试绘制三次（$k=3$）NURBS 曲线。

（1）CTestView 类的构造函数

在 CTestView 类的构造函数内初始化控制点坐标与权因子。

NURBS 曲线

```
CTestView::CTestView()
{
    // TODO: add construction code here
```

```
    n=6,k=3;                                              //n 为控制点个数减 1，k 为曲线次数
    P[0].x = -280, P[0].y = 30; P[1].x = -250, P[1].y = 180;   //控制点坐标
    P[2].x = 0,P[2].y = 200; P[3].x = -100, P[3].y = -100;
    P[4].x = 150, P[4].y = -100;P[5].x = 130, P[5].y = 120; P[6].x = 230, P[6].y=150;
    W[0] = 1.0,W[1] = 2.0,W[2] = 2.0,W[3] = 2.0,W[4] = 2.0,W[5] = 2.0,W[6] = 1.0;     //权因子
}
```

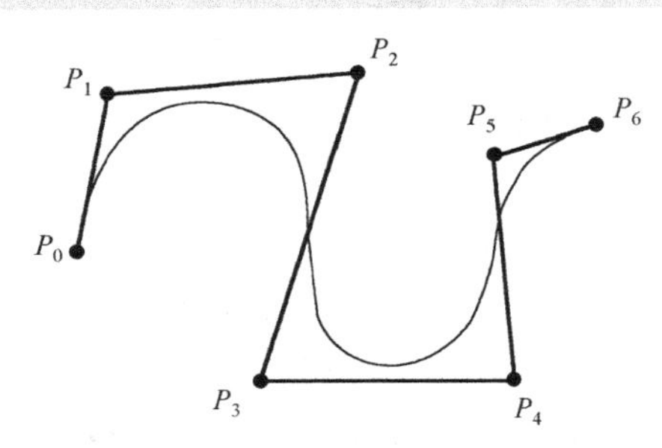

图 6.4　三次 NURBS 曲线效果图

（2）绘制 NURBS 曲线函数

NURBS 曲线使用蓝色画笔绘制。NURBS 曲线的节点矢量可以使用 Riesenfeld 算法或 Hartley-Judd 算法计算。由于 Hartley-Judd 算法与曲线次数的奇偶性无关，且与曲线的局部性质相符，因此比 Riesenfeld 算法更加合理。故本书一直使用 Hartley-Judd 算法计算非均匀 B 样条的节点值。Hartley-Judd 算法的函数名为 GetKnotVector。NURBS 曲线的基函数使用 de Boor-Cox 递推定义计算，函数名为 BasisFunctionValue。这两个函数的源程序已在第 5 章中详细给出。

```
void CTestView::DrawNurbsCurve(CDC* pDC)
{
    CPen NewPen,*pOldPen;
    NewPen.CreatePen(PS_SOLID,2,RGB(0,0,255));                     //曲线颜色
    pOldPen=pDC->SelectObject(&NewPen);
    double tStep=0.01;
   for(double t=0.0;t<=1.0;t+=tStep)
    {
        CP2 p(0.0,0.0);
        double denominator=0.0;
        for(int i=0;i<=n;i++)
        {
            double BValue=GetBasisFunctionValue(t,i,k);
            p+=BValue*W[i]*P[i];
            denominator+=BValue*W[i];
        }
        p/=denominator;                                       //NURBS 曲线定义
        if(0.0==t)
            pDC->MoveTo(ROUND(p.x),ROUND(p.y));
        else
            pDC->LineTo(ROUND(p.x),ROUND(p.y));
    }
    pDC->SelectObject(pOldPen);
    NewPen.DeleteObject();
}
```

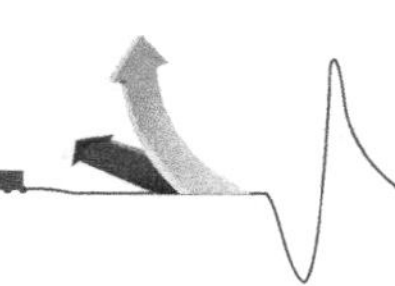

6.1.3 NURBS 曲线的几何性质

（1） $p(0)=P_0$，$p(1)=P_n$，曲线过两端控制点。

（2）局部修改性质：k 次 NURBS 曲线上参数为 $t\in[t_i,t_{i+1}]\subset[t_k,t_{n+1}]$ 的一点 $p(t)$ 至多与 $k+1$ 个控制点 P_j 及相关的权因子 ω_j，$j=i-k,i-k+1,\cdots,i$ 有关，与其他控制点及权因子无关。另一方面，若移动 k 次 NURBS 曲线的一个控制点 P_i 或改变相关的权因子 ω_i，将仅影响定义在区间 $[t_i,t_{i+k+1}]\subset[t_k,t_{n+1}]$ 上那部分曲线的形状，对 NURBS 曲线的其他部分不产生影响。图 6.5 绘制的三次 NURBS 曲线，向下移动控制点 P_4，仅改变 $[t_4,t_8]$ 范围内的 4 段曲线。

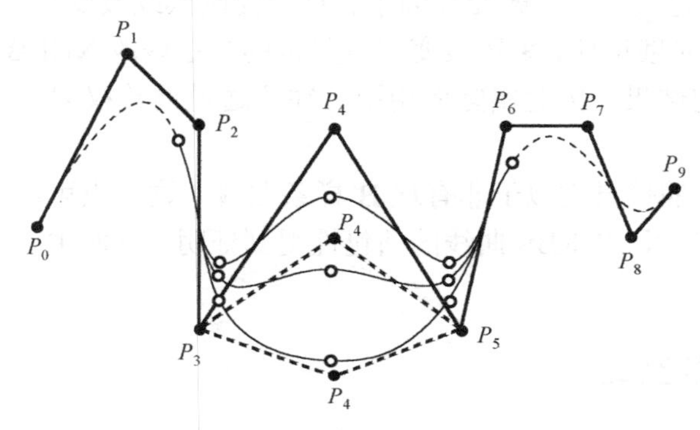

图 6.5 曲线的局部修改性

（3）变差减小性质：任何一个平面与 NURBS 曲线的交点个数不多于它和控制多边形的交点个数。

（4）强凸包性：定义在非零节点区间 $[t_i,t_{i+1}]\subset[t_k,t_{n+1}]$ 上的那一段，位于定义它的 k+1 个控制顶点 P_{i-k}，P_{i-k+1}，$\cdots$，P_i 的凸包内。整条 NURBS 曲线位于所定义各曲线段的控制点的凸包的并集内。所有权因子大于零保证凸包性质成立。

图 6.6 绘制的是 3 段三次 NURBS 曲线（$n=5$，$k=3$），虚线表示中间一段曲线。这段曲线包含在 P_1, P_2, P_3, P_4 构成的凸包内。图中这个凸包也用虚线围成。

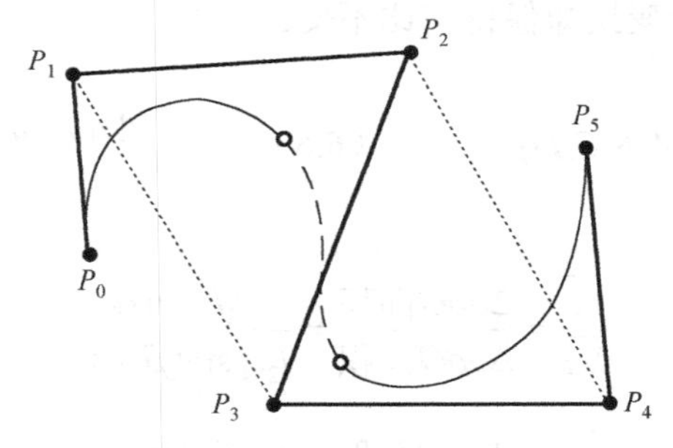

图 6.6 三次 NURBS 曲线

（5）在仿射与透视变换下的不变性。对 NURBS 曲线进行仿射变换得到的仍然是 NURBS 曲线，并且新曲线的控制点可以通过对原曲线的控制点应用仿射变换得到；NURBS 曲线在透视变换下形式也不变。这个性质在计算机图形学中是非常重要的。

（6）在曲线定义域内有与有理基函数同样的可微性，或称参数连续性。

（7）如果某个权因子 ω_i 等于零，那么相应的那个控制点 P_i 对曲线没有影响。

（8）若 $\omega_i \to \infty$，则 $\boldsymbol{p}(t)=\begin{cases} P_i, & t\in[t_i,t_{i+k+1}] \\ p(t), & 其他 \end{cases}$。

（9）不包含内节点的 NURBS 曲线是有理 Bezier 曲线，此时 $N_{i,k}(t)$ 即为 $B_{i,k}(t)$。这说明，非有理与有理 Bezier 曲线和非有理 B 样条曲线是 NURBS 曲线的特殊情况。

6.2 权因子对 NURBS 曲线形状的影响

由 NURBS 曲线的定义可知，改变权因子、移动控制点或改变节点矢量，都将使 NURBS 曲线的形状发生变化。实践证明，采用改变节点矢量的方法修改 NURBS 曲线缺乏直观的几何意义，难以预料修改的结果。因此实际应用中，往往通过调整权因子或移动控制点来修改曲线形状。

移动控制点所产生的效果类似于非有理 B 样条曲线，这一点可以通过 NURBS 基的局部性、非负性、规范性，以及 NURBS 曲线的凸包性得到证明。下面主要讨论调整权因子对曲线形状的影响。

6.2.1 投影变换中的交比

投影变换中有一个重要性质：交比保持不变。交比（cross ratio）的概念如下。

共线 4 点 a, b, c, d 的交比 CR 定义为

$$CR(a,b,c,d)=\frac{\overline{ab}/\overline{bd}}{\overline{ac}/\overline{cd}} \tag{6.5}$$

它等于 b 点分 ad 成两段的长度比与 c 点分 ad 成两段长度的比。其中 ad 及所分 4 线段都应理解为有向线段，因此所取长度为代数长。直线段分成两子段的长度比在仿射变换中保持不变，然而在投影变换中将不再保持不变。但投影变换却保持交比不变。如图 6.7 所示，有

$$CR(a,b,c,d)=CR(A,B,C,D) \tag{6.6}$$

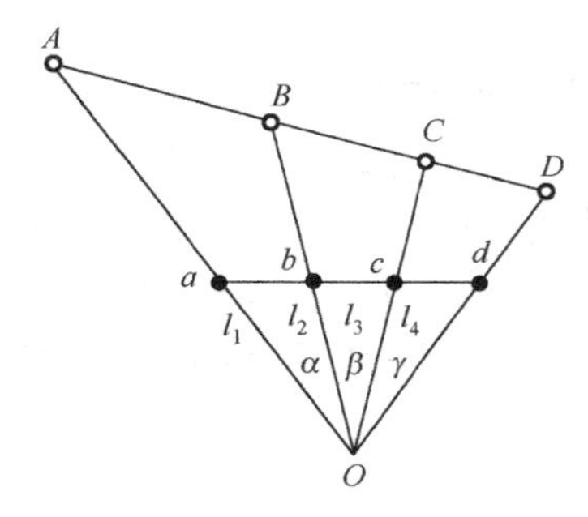

图 6.7　a, b, c, d 与 A, B, C, D 的交比

上式被称为交比定理。

$$\frac{\overline{ab}}{\overline{bd}}=\frac{\Delta abO面积}{\Delta bdO面积}=\frac{l_1 l_2\sin\alpha}{l_2 l_4\sin(\beta+\gamma)}$$

$$\frac{\overline{ac}}{\overline{cd}}=\frac{\Delta acO面积}{\Delta cdO面积}=\frac{l_1 l_3\sin(\alpha+\beta)}{l_3 l_4\sin\gamma}$$

$$CR(a,b,c,d)=\frac{\sin\alpha/\sin(\beta+\gamma)}{\sin(\alpha+\beta)/\sin\gamma}$$

可见，共线 4 点 a, b, c, d 的交比仅与在投影中心 O 的角度有关。从 O 点出发的 4 条射线可与任一直线相交，4 个交点将有同样的交比，而不管直线是怎样选择的。所有这样的直线都

与投影有关，因此可以说投影保留共线 4 点的交比不变。由于从一点出发的 4 条给定直线对任一直线都有相同的交比，也称为四给定直线的交比。

6.2.2 权因子的几何意义

假设其他量均不变，只有 ω_i 变化。由于 ω_i 只影响区间 $[t_i, t_{i+k+1}]$ 内的曲线形状，因此只研究此区间内的曲线段。

给定一个 ω_i 得到一条曲线。如果使 ω_i 在某个范围内变化，则得到一簇曲线。在图 6.8 中，令 ω_3 发生变化，有 3 条曲线。一条是 $\omega_3 = 0$，即过点 A 的曲线；一条是 $\omega_3 = 1$，即过点 B 的曲线；一条是 $\omega_3 \neq 0,1$，即过点 C 的曲线；有 $A(t, \omega_3 = 0)$, $B(t, \omega_i = 1)$, $C(t, \omega_3 \neq 0,1)$；还有一条是 $\omega_3 \to \infty$ 的特殊曲线，因这时相应的有理基函数 $R_{i,k}(t) = 1$，ω_3 所影响的那部分曲线退化到一个点 P_3。如果固定参数 t，而使 ω_3 变化，则 NURBS 曲线方程变成以 ω_3 为参数的一个直线方程，即这一簇 NURBS 曲线上参数 t 值相同的点都位于同一直线 AP_3 上。

令

$$\alpha = R_{3,k}(t; \omega_3 = 1), \quad \beta = R_{3,k}(t)$$

则有

$$B = (1-\alpha) \cdot A + \alpha \cdot P_3$$

$$C = (1-\beta) \cdot A + \beta \cdot P_3$$

现得到共线 4 点 P_3, C, B, A 的交比：

$$\frac{1-\alpha}{\alpha} \bigg/ \frac{1-\beta}{\beta} = \frac{\overline{P_3B}}{\overline{AB}} \bigg/ \frac{\overline{P_3C}}{\overline{AC}} = \omega_3$$

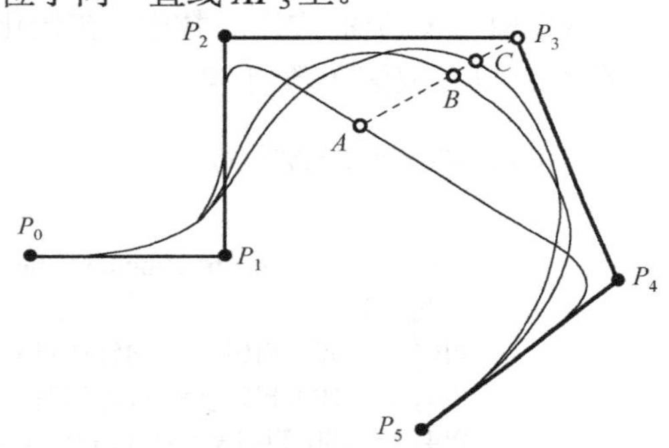

图 6.8 权因子 ω_3 的几何意义

上述两个比值之比就是直线上 4 点 P_3, C, B, A 的交比，从中可以看到，权因子 ω_3 具有明确的几何意义：权因子 ω_3 等于过控制顶点 P_3 的一条直线（该直线是仅改变权因子 ω_3 所得一簇 NURBS 曲线上具有某个相同参数 t 的点的集合）上分别具有权因子 $\omega_3 \to \infty, 0, 1$ 和 $\omega_3 \neq 0,1$ 那 4 点 P_3, A, B, C 的交比。

参考上述权因子的几何意义，可以清晰地分析 ω_i 对曲线形状的影响：

（1）增大（减小）ω_i，β 随之增大（减小），曲线被拉向（推离）控制顶点 P_i。

（2）固定所有控制点及除 ω_i 之外的其他权因子不变，当 ω_i 连续变化时，A 点也随之连续变化，且其轨迹为一条直线。

（3）当 $\omega_i \to \infty$，A 点趋于控制点 P_i，此时曲线退化为一个点。

ω_i 可视为 P_i 对曲线的重心吸引系数，权因子 ω_i 的变化起到了相对于控制顶点 P_i 的推拉作用。图 6.9 显示了 ω_3 的取值对曲线形状的影响。在实际应用中，当需要修改曲线形状时，往往首先移动控制顶点。在曲线形状大致确定后，再根据需要在小范围内调整权因子，使曲线从整体到局部逐步达到要求。

例 6.2 给定 6 个控制点 P_0～P_5（$n = 5$），权因子都为 1 的三次 NURBS 曲线，调整权因子 ω_3 分别等于 0.25, 0.5, 2 和 4，试绘制权因子 ω_3 取上述不同值时的 NURBS 曲线，如图 6.9 所示。要求使用蓝色小圆圈绘制曲线的分段连接点。

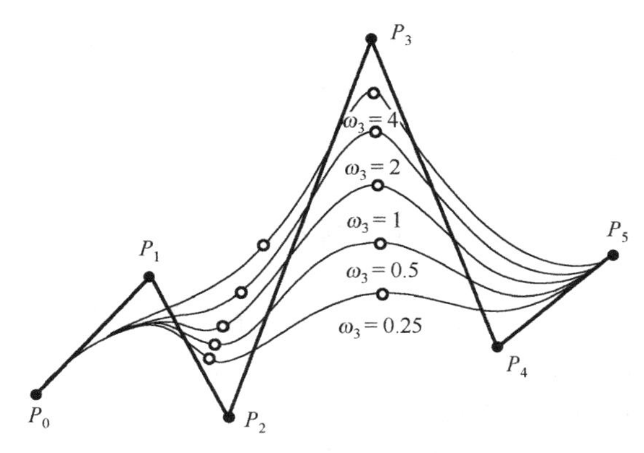

图 6.9　ω_3 的取值对曲线的影响

（1）构造函数

在 CTestView 类的构造函数中，初始化曲线的顶点数减 1 的 n 和曲线次数 k、控制点二维坐标数组 P 以及权因子数组 W。

```
CTestView::CTestView()
{
    // TODO: add construction code here
    n=5,k=3;                                        //n 为控制点个数减 1，k 为曲线次数
    P[0].x = -300, P[0].y = -145; P[1].x = -180, P[1].y = -30;        //控制点坐标
    P[2].x = -100, P[2].y = -170; P[3].x = 50, P[3].y = 200;
    P[4].x = 180, P[4].y = -100; P[5].x = 300, P[5].y = -10;
    W[0] = 1.0, W[1]=1.0, W[2]=1.0, W[3]=1.0, W[4]=1.0, W[5]=1.0;     //权因子
}
```

（2）OnDraw 函数

在 OnDraw 函数中先自定义二维坐标系，然后改变权因子，调用 DrawNurbsCurve 函数，绘制相应的 NURBS 曲线。

```
void CTestView::OnDraw(CDC* pDC)
{
    CTestDoc* pDoc = GetDocument();
    ASSERT_VALID(pDoc);
    if (!pDoc)
        return;
    // TODO: add draw code for native data here
    CRect rect;
    GetClientRect(&rect);
    pDC->SetMapMode(MM_ANISOTROPIC);              //pDC 自定义二维坐标系
    pDC->SetWindowExt(rect.Width(),rect.Height());
    pDC->SetViewportExt(rect.Width(),-rect.Height());
    pDC->SetViewportOrg(rect.Width()/2,rect.Height()/2);
    GetKnotVector();
    W[3]=1.0;DrawNurbsCurve(pDC);                 //使用默认权因子，绘制曲线 1
```

```
        W[3]=0.25;DrawNurbsCurve(pDC);               //改变权因子 W3 为 0.25，绘制曲线 2
        W[3]=0.5;DrawNurbsCurve(pDC);                //改变权因子 W3 为 0.5，绘制曲线 3
        W[3]=2;DrawNurbsCurve(pDC);                  //改变权因子 W3 为 2，绘制曲线 4
        W[3]=4;DrawNurbsCurve(pDC);                  //改变权因子 W3 为 4，绘制曲线 5
        DrawControlPolygon(pDC);                     //绘制曲线的控制多边形
    }
```

（3）绘制 NURBS 曲线函数

定义 DrawNurbsCurve 函数，使用红色画笔绘制 NURBS 曲线，使用蓝色画笔绘制曲线的分段连接点。

```
void CTestView::DrawNurbsCurve(CDC* pDC)
{
    CPen NewPen1,NewPen2,*pOldPen;
    NewPen1.CreatePen(PS_SOLID,2,RGB(255,0,0));              //曲线颜色
    NewPen2.CreatePen(PS_SOLID,4,RGB(0,0,255));              //分段连接点颜色
    double tStep=0.01;                                       //步长增量
    for(int i=0;i<=n-k;i++)
    {
        for(double t= knot[i+k];t<= knot[i+k+1];t+=tStep)
        {
            CP2 p(0.0,0.0);
            double denominator=0.0;
            for(int j=i;j<=i+k;j++)
            {
                double BValue=BasisFunctionValue(t,j,k);
                p+=P[j]*BValue*W[j];
                denominator+=BValue*W[j];
            }
            p/=denominator;                          //NURBS 曲线定义
            if(knot[i+k]==t)
            {
                pOldPen=pDC->SelectObject(&NewPen2);
                pDC->MoveTo(ROUND(p.x),ROUND(p.y));
                //小圆圈绘制分段连接点
                pDC->Ellipse(ROUND(p.x)-4,ROUND(p.y)+4,ROUND(p.x)+4,ROUND(p.y)-4);
            }
            else
            {
                pOldPen=pDC->SelectObject(&NewPen1);
                pDC->LineTo(ROUND(p.x),ROUND(p.y));
            }
        }
    }
    pDC->SelectObject(pOldPen);
}
```

6.3 NURBS 曲线的节点插入

NURBS 曲线是由带权控制点定义的非有理 B 样条曲线在 $\omega=1$ 超平面上的投影。因此，非均匀B样条曲线的插入节点算法可以直接应用于带权控制点定义的非有理B样条曲线。本节以 3 个控制点的有理二次 Bezier 曲线为例，讲解 NURBS 曲线的节点插入方法。

例如，设一条定义在原始节点矢量 $\boldsymbol{T}=[0,0,0,1,1,1]$ 上的二次 NURBS 曲线为

$$p(t)=\frac{\sum_{j=0}^{2}B_{j,2}(t)\omega_j P_j}{\sum_{j=0}^{2}B_{j,2}(t)\omega_j} \tag{6.7}$$

展开式为

$$p(t)=\frac{(1-t)^2\omega_0P_0+2t(1-t)\omega_1P_1+t^2\omega_2P_2}{(1-t)^2\omega_0+2t(1-t)\omega_1+t^2\omega_2} \tag{6.8}$$

式（6.8）为有理二次 Bezier 曲线，即 NURBS 曲线的特例曲线。该曲线的原始控制顶点为 P_0,P_1,P_2，原始权因子为 $\omega_0,\omega_1,\omega_2$。现在插入一个节点 $t\in[t_2,t_3]$ 到原始节点矢量 $\boldsymbol{T}$ 中，得到新的节点矢量 $\overline{\boldsymbol{T}}=[0,0,0,t,1,1,1]$。计算插入该节点 t 后的 4 个新控制顶点 $\overline{P}_0,\overline{P}_1,\overline{P}_2,\overline{P}_3$ 和 4 个新权因子 $\overline{\omega}_0,\overline{\omega}_1,\overline{\omega}_2,\overline{\omega}_3$，可按如下步骤进行：

（1）确定原始控制点 P_0,P_1,P_2 的带权控制点 V_0,V_1,V_2：

$$\begin{cases}V_0=[\omega_0P_0 \quad \omega_0]\\ V_1=[\omega_1P_1 \quad \omega_1]\\ V_2=[\omega_2P_2 \quad \omega_2]\end{cases} \tag{6.9}$$

（2）对原始带权控制点 V_0,V_1,V_2 采用 Boehm 插入节点算法，求解新带权控制点 V_0',V_1',V_2',V_3'：

$$\begin{cases}V_0'=V_0=[\omega_0P_0 \quad \omega_0]\\ V_1'=(1-\alpha_1)V_0+\alpha_1V_1=[(1-t)\omega_0P_0+t\omega_1P_1]\\ V_2'=(1-\alpha_2)V_1+\alpha_2V_2=[(1-t)\omega_1P_1 \ +t\omega_2P_2]\\ P_3'^{\omega}=P_2^{\omega}=[\omega_2P_2 \quad \omega_2]\end{cases} \tag{6.10}$$

式中，$\alpha_1=\alpha_2=t$。

（3）对原始的权因子 $\omega_0,\omega_1,\omega_2$ 采用 Boehm 插入节点算法，求解插入一个节点后的新权因子 $\overline{\omega}_0,\overline{\omega}_1,\overline{\omega}_2,\overline{\omega}_3$：

$$\begin{cases}\overline{\omega}_0=\omega_0\\ \overline{\omega}_1=(1-t)\omega_0+t\omega_1\\ \overline{\omega}_2=(1-t)\omega_1+t\omega_2\\ \overline{\omega}_3=\omega_2\end{cases} \tag{6.11}$$

（4）将新带权控制点 V_0',V_1',V_2',V_3' 在 $\omega=1$ 超平面上投影，得到插入一个节点后的新控制点 $\overline{P}_0,\overline{P}_1,\overline{P}_2,\overline{P}_3$：

$$\begin{cases}\overline{P}_0 = P_0\\ \overline{P}_1 = \dfrac{(1-t)\omega_0 P_0 + t\alpha_j P_1}{(1-t)\omega_0 + t\omega_1}\\ \overline{P}_2 = \dfrac{(1-t)\omega_1 P_1 + t\omega_2 P_2}{(1-t)\omega_1 + t\omega_2}\\ \overline{P}_3 = P_2\end{cases} \tag{6.12}$$

通过上述4个步骤，可以求解有理二次Bezier曲线插入节点后所增加的新控制点及其权因子。

对于一般NURBS曲线，节点插入算法和有理二次Bezier曲线的节点插入算法基本类似。NURBS曲线插入一个节点$t\in[t_i,t_{i+1}]$后，新的权因子$\overline{\omega}$与原始权因子ω的关系为

$$\overline{\omega}_j = (1-\alpha_j)\omega_{j-1} + \alpha_j\omega_j \tag{6.13}$$

式中，

$$\alpha_j = \begin{cases}1, & j=0,1,\cdots,i-k\\ \dfrac{t-t_j}{t_{j+k}-t_j}, & j=i-k+1,i-k+2,\cdots,i-r\\ 0, & j=i-r+1,i-r+2,\cdots,n+1\end{cases} \tag{6.14}$$

新控制点$\overline{P}$与原始控制点P的关系为

$$\overline{P}_j = \frac{(1-\alpha_j)\omega_{j-1}P_{j-1} + \alpha_j\omega_j P_j}{(1-\alpha_j)\omega_{j-1} + \alpha_j\omega_j} \tag{6.15}$$

例6.3 给定一条二次B样条曲线的原始控制点为$P_0(-260,-50)$, $P_1(-100,180)$, $P_2(115,225)$, $P_3(280,-50)$，权因子为$\omega_0=\omega_1=\omega_2=\omega_3=1$。节点矢量为$\boldsymbol{T}=[t_0,t_1,t_2,t_3,t_4,t_5,t_6]=[0,0,0,0.5,1,1,1]$。欲在节点$t_3$和$t_4$之间插入节点$t=0.75$，试计算插入节点后的新控制点及新权因子。

由题意可知，计算新控制点及新权因子所需的参数值为：插入节点区间的左端下标值为$i=3$；节点重复度为$r=0$；控制点数减1的$n=3$；曲线次数$k=2$。

设插入节点后的新控制点为$\overline{P}_0,\overline{P}_1,\overline{P}_2,\overline{P}_3,\overline{P}_4$，新权因子为$\overline{\omega}_0,\overline{\omega}_2,\overline{\omega}_3,\overline{\omega}_4$，由式（6.13）～式（6.15），可得

$$\begin{aligned}&\alpha_0=1, \overline{P}_0=P_0, \overline{\omega}_0=1\\ &\alpha_1=1, \overline{P}_1=P_1, \overline{\omega}_1=1\\ &\alpha_2=0.75, \overline{P}_2=0.25P_1+0.75P_2, \overline{\omega}_2=1\\ &\alpha_3=0.5, \overline{P}_3=0.5P_2+0.5P_3, \overline{\omega}_3=1\\ &\alpha_4=0, \overline{P}_4=P_3, \overline{\omega}_4=1\end{aligned}$$

（1）构造函数

在CTestView类的构造函数内初始化原始控制点、原节点矢量和原权因子。

```
CTestView::CTestView()
{
    // TODO: add construction code here
    P[0]=CP2(-260,-50),P[1]=CP2(-100,180),P[2]=CP2(115,225),P[3]=CP2(280,-50);    //原始控制点
    knot1[0]=0,knot1[1]=0,knot1[2]=0,knot1[3]=0.5,knot1[4]=1,knot1[5]=1,knot1[6]=1;  //原始节点
```

```
        W1[0]=1,W1[1]=1,W1[2]=1,W1[3]=1;                                //原始权因子
    }
```

（2）Ondraw 函数

在 CTestView 类的 OnDraw 函数中，首先自定义二维坐标系，然后分别调用插入节点前后的 DrawNurbsCurve 函数和 DrawControlPolygon 函数，绘制 NURBS 曲线及控制多边形。

```
    void CTestView::OnDraw(CDC* pDC)
    {
        CTestDoc* pDoc = GetDocument();
        ASSERT_VALID(pDoc);
        if (!pDoc)
            return;
        // TODO: add draw code for native data here
        CRect rect;//定义矩形
        GetClientRect(&rect);//获得客户区的大小
        pDC->SetMapMode(MM_ANISOTROPIC);                    //pDC 自定义坐标系
        pDC->SetWindowExt(rect.Width(),rect.Height());
        pDC->SetViewportExt(rect.Width(),-rect.Height());
        pDC->SetViewportOrg(rect.Width()/2,rect.Height()/2);
        rect.OffsetRect(-rect.Width()/2,-rect.Height()/2);
        DrawNurbsCurve(pDC,n1,knot1,P,W1,FALSE);            //绘制插入节点前的曲线
        DrawControlPolygon(pDC,n1,P);                       //绘制插入节点前的控制多边形
        double newKnot=0.75;                                //待插入的节点值
        int r=0;                                            //r 为节点重复度
        int Index=KnotInsertion(newKnot,r);                 //返回插入节点区间的左端下标值
        InsertVertexAndWeight(newKnot,Index,r);             //插入顶点与权因子
        DrawNurbsCurve(pDC,n2,knot2,Q,W2,TRUE);             //绘制插入节点后的曲线
        DrawControlPolygon(pDC,n2,Q);                       //绘制插入节点后的控制多边形
    }
```

（3）节点插入函数

定义插入节点函数 KnotInsertion，根据新节点值 newKnot、节点重复度 r 以及原始节点数组 knot1，计算新节点矢量 knot2。

```
    int CTestView::KnotInsertion(double newKnot,int r)
    {
        for(int i=0;i<n2+k+2;i++)
        {
            knot2[i]=knot1[i];
        }
        int index=0;
        for(int i=k;i<=n1+1;i++)//?=
        {
            if(newKnot<=knot1[i])
            {
                index=i;                        //节点区间的右端下标值
                break;
```

```
        }
    }
    int j=index;
    for(int i=0;i<=r;i++)
    {
        knot2[j++]=newKnot;                    //重复插入节点
    }
    for(int i=index;i<=n1+k+1;i++,j++)
    {
        knot2[j]=knot1[i];
    }
    return index-1;                            //返回节点区间的左端下标值
}
```

（4）插入顶点权因子函数

定义插入顶点与权因子函数 InsertVertexAndWeight，根据式（6.13）～式（6.15），计算插入节点后的新控制点和新权因子。

```
void CTestView::InsertVertexAndWeight(double newKnot,int i,int r)
{
    for(int j=0;j<=i-k;j++)                    //计算前面几个未受影响的控制点
    {
        Q[j]=P[j];
        W2[j]=W1[j];
    }
    for(int j=i-k+1;j<=i-r;j++)                //处理插入节点后的控制点与权因子
    {
        double numerator=newKnot-knot2[j];
        double denominator=knot2[j+k+1]-knot2[j];
        double Alphaj=0.0;
        if(0==numerator||0==denominator)
            Alphaj=0.0;
        Alphaj=numerator/denominator;
        Q[j]=Alphaj*P[j]+(1-Alphaj)*P[j-1];
        W2[j]=Alphaj*W1[j]+(1-Alphaj)*W1[j-1];
    }
    for(int j=i-r+1;j<=n2;j++)                 //计算后面几个未受影响的控制点
    {
        Q[j]=P[j-1];
        W2[j]=W1[j-1];
    }
}
```

图 6.10 显示了二次 NURBS 曲线插入节点 $t=0.75$ 前后控制点的变化，即由未插入节点前的 P_0, P_1, P_2, P_3 改变为插入节点后的 $\overline{P_0}$，$\overline{P_1}$，$\overline{P_2}$，$\overline{P_3}$，$\overline{P_4}$。但插入节点前后，曲线的形状并未发生改变。

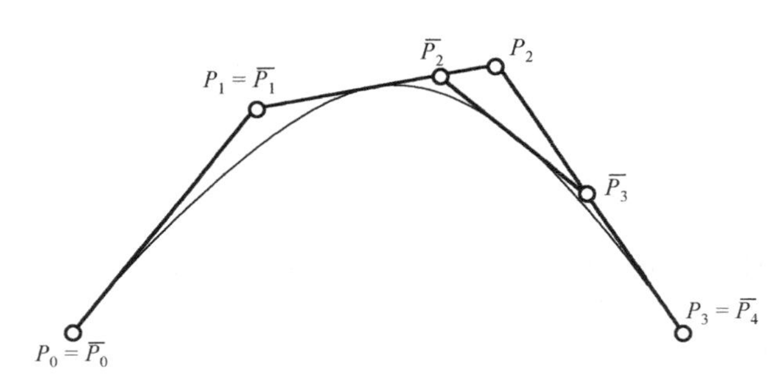

图 6.10　二次 NURBS 插入节点前后控制顶点的变化

6.4　圆弧的 NURBS 表示

圆锥截线（或称二次曲线）在 CAD/CAM 中有着广泛的应用，NURBS 的一个最大优点就是，既能精确表示圆锥截线，也能表示自由曲线曲面。圆弧的表示可以采用二次或高于二次的 NURBS 表示，高次需要更多控制点和权因子作为定义数据。通常选择一种既能把各种圆弧用 NURBS 表示，又便于工程实践的方法。Piegl 与 Tiller 给出了用 NURBS 表示圆弧的 4 点要求：①控制点数量少；②紧凑的凸包；③良好的参数化；④所含每一弧段的圆心角不超过 90°。根据要求①，圆弧应采用二次 NURBS 曲线表示。然而在二次的限制下，会遇到要求①、②与③之间相互矛盾与制约的情况。④则针对这种矛盾给出了折中的选择，即 $0<|\theta|\leqslant 90^\circ$ 的圆弧可进行单段处理，用做 NURBS 特例的标准型有理二次 Bezier 曲线表示，完全符合上述各项要求。

对于圆心角为 $0<|\theta|\leqslant 90^\circ$ 的圆弧，使用 3 个控制点表示一段二次 NURBS 圆弧。当圆弧所对的圆心角 $|\theta|>90^\circ$ 时，内控制点将位于离首末控制端点越来越远处，凸包性质也越来越差。折中方法是，当 $90^\circ<|\theta|\leqslant 180^\circ$ 时，分为两段；当 $180^\circ<|\theta|\leqslant 270^\circ$ 时，分为三段；当 $270^\circ<|\theta|\leqslant 360^\circ$ 时，分为 4 段。下面给出不同范围圆心角所对圆弧的二次 NURBS 表示。

注意：圆弧有方向性，圆心角 θ 为正表示圆弧为逆时针旋转，圆心角 θ 为负表示顺时针旋转。对于互为反向的同一圆弧，定义该圆弧的控制点和权因子是相同的，只是顺序取反。通常只需考察圆心角的绝对值 $|\theta|$ 不同的各种圆弧。

6.4.1　$0<|\theta|\leqslant 90^\circ$ 圆弧的 NURBS 表示

对于 $0<|\theta|\leqslant 90^\circ$ 的圆弧，可用一段二次 NURBS 表示。由于同一段 NURBS 曲线在相同的控制顶点下，权因子不是唯一的，曲线上同一点的参数值也不是唯一的。为了使权因子唯一，同时便于曲线的拼接，通常会把曲线上首末端点的权因子设为 1。这种 NURBS 曲线称为标准型 NURBS 曲线。对于 $0<|\theta|\leqslant 90^\circ$ 的圆弧，可采用一段标准型二次 NURBS 表示。

如图 6.11 所示，设 P_0 和 P_2 是圆心角为 θ、半径为 r 的圆弧的首末端点。圆心位于坐标原点，φ 为 P_0O 与 x 轴的夹角，即圆弧的起始角。分别过 P_0 和 P_2 点作弧的切线，切线交点为 P_1。P_1 点为内控点。圆弧用标准型二次 NURBS 表示的控制点为 P_0,P_1 和 P_2，权因子为 ω_0,ω_1 和 ω_2。

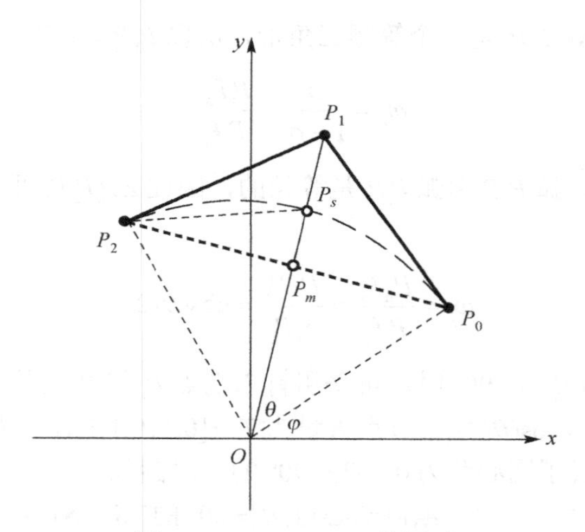

图 6.11 $0<|\theta|\leqslant 90°$ 的圆弧

这里，控制点坐标分别为

$$\begin{cases} P_0(r\cos\varphi, r\sin\varphi) \\ P_1(\dfrac{r\cos(\varphi+\theta/2)}{\cos\theta/2}, \dfrac{r\sin(\varphi+\theta/2)}{\cos\theta/2}) \\ P_2(r\cos(\varphi+\theta), r\sin(\varphi+\theta)) \end{cases} \tag{6.16}$$

首末端点的权因子 $\omega_0=\omega_2=1$，内控点 P_1 的权因子 ω_1 待求，节点矢量为 $\boldsymbol{T}=[0,0,0,1,1,1]$。由以上控制点和权因子以及节点矢量定义的二次 NURBS 曲线，实际上是一段作为 NURBS 的特例的标准型二次有理 Bezier。

如何解得 ω_1 的值呢？设 P_{m} 为弦 P_0P_2 的中点，曲线上有一点 P_{s}，该点对应于参数 $t=1/2$，则点 $P_{\mathrm{s}}=p(1/2)$ 称为该圆锥曲线的肩点。二次有理 Bezier 曲线的表达式为

$$p(t)=\frac{(1-t)^2\omega_0P_0+2t(1-t)\omega_1P_1+t^2\omega_2P_2}{(1-t)^2\omega_0+2t(1-t)\omega_1+t^2\omega_2}，\quad t\in[0,1] \tag{6.17}$$

将 $t=1/2$ 和 $\omega_0=\omega_2=1$ 代入式（6.17），得到

$$p=\frac{P_0+P_2+2\omega_1P_1}{2(1+\omega_1)}=\frac{P_0+P_2}{2(1+\omega_1)}+\frac{\omega_1P_1}{(1+\omega_1)} \tag{6.18}$$

由于 $P_0+P_2=2P_m$，将其代入式（6.18），可得

$$P_{\mathrm{s}}=\frac{1}{1+\omega_1}P_{\mathrm{m}}+\frac{\omega_1}{1+\omega_1}P_1 \tag{6.19}$$

由于权因子 $\omega_0=\omega_2=1$，因而曲线在 P_{s} 点处的切矢量平行于弦 P_0P_2，因此曲线上到弦 P_0P_2 距离最大的点为 $P_{\mathrm{s}}=p(1/2)$。设 ρ 是 P_{m} 和 P_1 的线性插值的参数，那么存在某个 ρ，使得

$$p=(1-\rho)P_{\mathrm{m}}+\rho P_1 \tag{6.20}$$

比较式（6.19）和式（6.20）可得

$$\rho=\frac{\omega_1}{1+\omega_1}，\quad \omega_1=\frac{\rho}{1-\rho} \tag{6.21}$$

由于圆的对称性，$\Delta P_0P_1P_2$ 是一个等腰三角形，所以 $P_0P_1 = P_1P_2$，利用式（6.21）可得

$$\omega_1 = \frac{\rho}{1-\rho} = \frac{P_sP_m}{P_sP_1} \tag{6.22}$$

由于 $\angle P_1P_2P_m = \theta/2$，弧 P_0P_s 和弧 P_sP_2 是等长的，因此 $\angle P_sP_2P_m$ 平分 $\angle P_1P_2P_m$，由平分线的性质，有

$$\omega_1 = \frac{P_mP_s}{P_sP_1} = \frac{P_mP_2}{P_1P_2} = \cos(\theta/2) \tag{6.23}$$

当圆弧的圆心角为 $0<|\theta|\leqslant 90°$ 时，可采用首末端点 P_0 与 P_2 及其切线交点 P_1 为控制顶点，权因子为 $\omega_0=\omega_2=1$，$\omega_1=\cos(\theta/2)$，节点矢量为 $\boldsymbol{T}=[0,0,0,1,1,1]$，来定义了一段标准型有理二次 Bezier 曲线，即定义了圆心角为 $0<|\theta|\leqslant 90°$ 的一段圆弧。

例 6.4 设圆弧起始角为 50°，绘制圆心角 $|\theta|=80°$ 的二次 NURBS 圆弧，权首末因子取为 $\omega_0=\omega_2=1$。内权因子取为 $\omega_1=\cos(\theta/2)$。节点矢量取为 $\boldsymbol{T}=[0,0,0,1,1,1]$。绘制效果如图 6.12 所示。

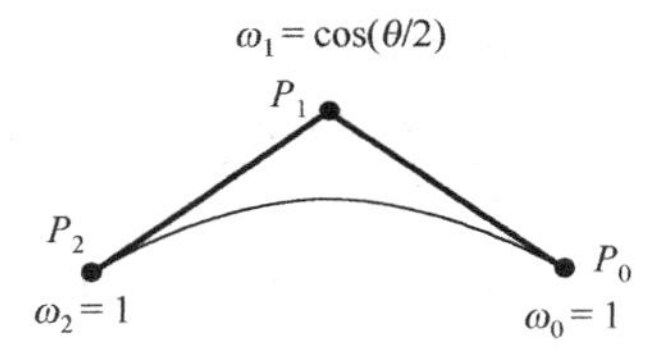

图 6.12 圆心角 $|\theta|=80°$ 的二次 NURBS 圆弧

由于绘制曲线与控制多边形算法在例 6.2 中已经给出，这里只在 CTestView 类的构造函数内给出控制点坐标、节点矢量与权因子，请读者自己调试程序并绘制图形。

```
#include<math.h>                          //数学头文件
#define ROUND(d) int(d+0.5)               //四舍五入宏定义
#define PI 3.1415926                      //圆周率的宏定义
#define RAD(a) (a)*PI/180                 //角度转换为弧度
CTestView::CTestView()
{
    // TODO: add construction code here
    knot[0]=0,knot[1]=0,knot[2]=0,knot[3]=1,knot[4]=1,knot[5]=1;      //节点矢量
    n=2,k=2;                                                          //n 为顶点数减 1，k 为次数
    double r=200;                                                     //r 为圆弧半径
    double Theta=RAD(80);                                             //θ 为圆弧的圆心角
    double Phi=RAD(50);                                               //φ 为圆弧的起始角
    P[0].x= r*cos(Phi), P[0].y=r*sin(Phi);                            //控制点
    P[1].x= r*cos(Phi+Theta/2)/cos(Theta/2),P[1].y=r*sin(Phi+Theta/2)/cos(Theta/2);
    P[2].x= r*cos(Phi+Theta),P[2].y=r*sin(Phi+Theta);
    W[0] = 1,W[1] = cos(Theta/2),W[2] = 1;                            //权因子
}
```

6.4.2　$90° \leqslant |\theta| \leqslant 180°$ 圆弧的 NURBS 表示

随着θ的增大，凸包性质将变得越来越差。对于$90° \leqslant |\theta| \leqslant 180°$的圆弧，为了得到较紧凑的凸包，先采用上述圆心角$0 \leqslant \theta \leqslant 90°$的有理 Bezier 曲线表示二次圆弧的方法，然后插入一个$t = 1/2$节点，将圆弧等分为两段，得到该圆弧的二次 NURBS 表示。

图 6.13 为圆心角$|\theta| = 150°$的圆弧。圆心位于坐标原点，如果用标准型有理二次 Bezier 表示，则控制点为P_0, P_1, P_2，权因子为$\omega_0 = \omega_2 = 1$，$\omega_1 = \cos(\theta/2)$，节点矢量为$\boldsymbol{T} = [0,0,0,1,1,1]$。插入一个$t = 1/2$节点后，圆弧分为两段，增加了一个控制点，节点矢量变为$\bar{\boldsymbol{T}} = [0,0,0,1/2,1,1,1]$。根据节点插入算法的式（6.11）和式（6.12），可计算出插入节点后新的权因子$\bar{\omega}_0, \bar{\omega}_1, \bar{\omega}_2, \bar{\omega}_3$，以及新的控制点$\bar{P}_0, \bar{P}_1, \bar{P}_2, \bar{P}_3$。即

$$\bar{\omega}_0 = \bar{\omega}_3 = 1,\ \bar{\omega}_1 = \bar{\omega}_2 = (1 + \cos(\theta/2))/2 = \cos^2(\theta/4) \tag{6.24}$$

$$\begin{cases} \bar{P}_0 = P_0 \\ \bar{P}_1 = \dfrac{P_0 + \omega_1 P_1}{1 + \omega_1} = \dfrac{P_0 + \cos(\theta/2)P_1}{1 + \cos(\theta/2)} \\ \bar{P}_2 = \dfrac{\omega_1 P_1 + P_2}{\omega_1 + 1} = \dfrac{\cos(\theta/2)P_1 + P_2}{\cos(\theta/2)} \\ \bar{P}_3 = P_2 \end{cases} \tag{6.25}$$

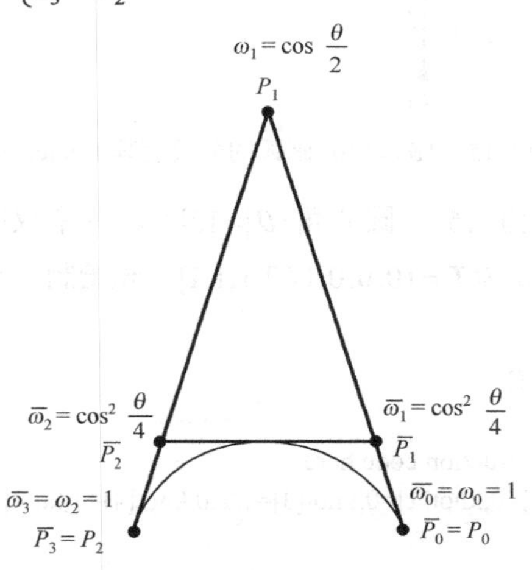

图 6.13　标准型有理二次 Bezier 表示转换为 NURBS 表示

不难证明，两个内顶点$\bar{P}_1$和$\bar{P}_2$的连线正好在圆弧中点与圆相切，但切点不是控制点，不必求出。可将式（6.16）代入式（6.25）求出新控制点$\bar{P}_0, \bar{P}_1, \bar{P}_2, \bar{P}_3$：

$$\begin{cases} \bar{P}_0(r\cos\varphi, r\sin\varphi) \\ \bar{P}_1\left(\dfrac{r(\cos\varphi + \cos(\varphi + \theta/2))}{1 + \cos(\theta/2)}, \dfrac{r(\sin\varphi + \sin(\varphi + \theta/2))}{1 + \cos(\theta/2)}\right) \\ \bar{P}_2 = \left(\dfrac{r(\cos(\varphi + \theta/2) + \cos(\varphi + \theta))}{\cos(\theta/2) + 1}, \dfrac{r(\sin\varphi + \theta/2) + \sin(\varphi + \theta))}{\cos(\theta/2) + 1}\right) \\ \bar{P}_3(r\cos(\varphi + \theta), r\sin(\varphi + \theta)) \end{cases} \tag{6.26}$$

起始角 $\varphi=30°$ 、圆心角 $|\theta|=150°$ 的圆弧的二次 NURBS 表示绘制效果如图 6.14 所示。

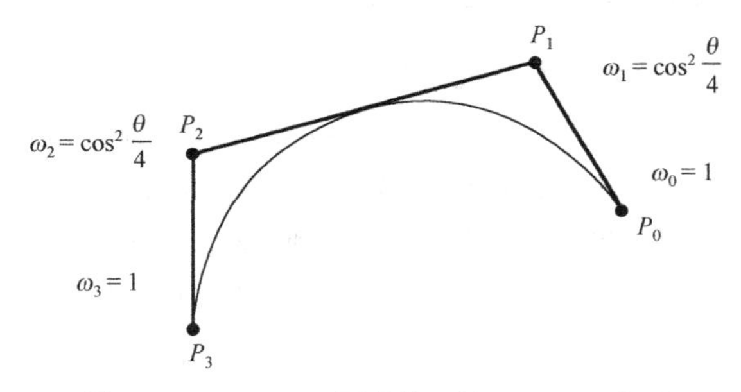

图 6.14 $|\theta|=150°$ 圆弧的二次 NURBS 表示

图 6.14 给出的圆弧二次 NURBS 表示，是综合考虑了 4 项要求后得到的。若从良好的参数化这一要求出发，用如图 6.15 所示的分段 Bezier 表示会更好些，这时增加了一个顶点和一个节点，即 5 个控制点为 P_0,P_1,P_2,P_3 和 P_4，其相应权因子为 $\omega_0=\omega_2=\omega_1=1$，$\omega_1=\omega_3=\cos(\theta/4)$，节点矢量 $\boldsymbol{T}=[0,0,0,1/2,1/2,1,1,1]$ 。

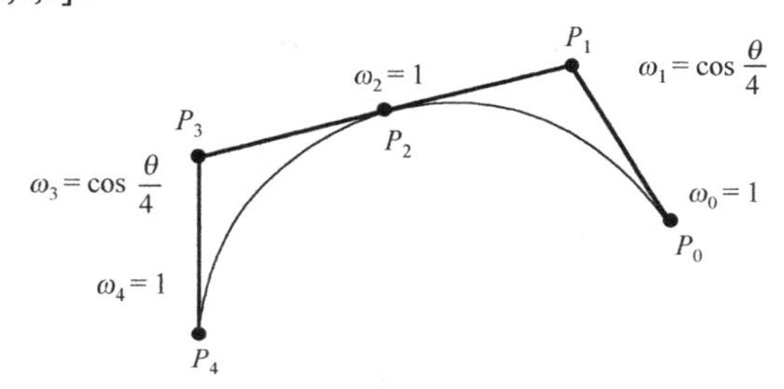

图 6.15 $|\theta|=150°$ 圆弧的分段有理 Bezier 表示

例 6.5 设圆弧起始角为 15°，圆心角 $|\theta|=150°$ ，首末权因子 $\omega_0=\omega_3=1$ ，两内权因子 $\omega_1=\omega_2=\cos^2(\theta/4)$，节点矢量为 $\boldsymbol{T}=[0,0,0,1/2,1,1,1]$ 。试绘制二次 NURBS 圆弧，效果如图 6.14 所示。

```
CTestView::CTestView()
{
    // TODO: add construction code here
    knot[0]= 0,knot[1]=0,knot[2]=0,knot[3]=1/2.0,knot[4]=1,knot[5]=1,knot[6]=1;    //节点矢量
    n=3,k=2;                                       //n 为顶点数减 1，k 为次数
    double r=200;                                  //r 为圆弧半径
    double Theta=Rad(150);                         //θ 为圆弧的圆心角
    double Phi=RAD(15);                            //φ 为圆弧的起始角
    P[0].x=r*cos(Phi),    P[0].y=r*sin(Phi);       //控制点
    P[1].x=r*(cos(Phi)+cos(Phi+Theta/2))/(1+cos(Theta/2));
    P[1].y=r*(sin(Phi)+sin(Phi+Theta/2))/(1+cos(Theta/2));
    P[2].x=r*(cos(Phi+Theta)+cos(Phi+Theta/2))/(1+cos(Theta/2));
    P[2].y=r*(sin(Phi+Theta)+sin(Phi+Theta/2))/(1+cos(Theta/2));
    P[3].x= r*cos(Phi+Theta), P[3].y=r*sin(Phi+Theta);
    W[0]=1;W[3] = 1;                                          //首末权因子
    W[1]=cos(Theta/4)*cos(Theta/4);  W[2]=cos(Theta/4)*cos(Theta/4);    //内权因子
}
```

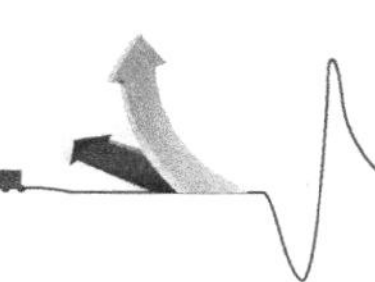

6.4.3　$180° \leqslant |\theta| \leqslant 270°$ 圆弧的 NURBS 表示

对于圆心角$180° \leqslant |\theta| \leqslant 270°$的圆弧，首先划分为三等份，第一内分点由三角关系和旋转矢量得到，第二内分点不必求出。这样等分后将圆弧分为两段，前后两段所含角度之比为 1:2。两段相连接处的公共连接点成为公共控制顶点，这需要在该处插入 2 次$t = 1/3$的节点。图 6.16 所示为圆心角为$|\theta| = 240°$的二次 NURBS 圆弧，公共控制顶点为P_2。

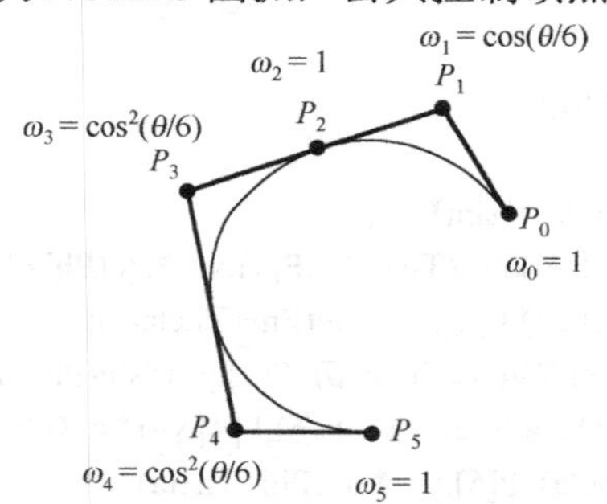

图 6.16　$|\theta| = 240°$的二次 NURBS 圆弧

第一段圆心在$0 \leqslant |\theta| \leqslant 90°$范围内，采用$0 \leqslant |\theta| \leqslant 90°$的圆弧二次 NURBS 表示。第二段由于圆心角在$90° \leqslant |\theta| \leqslant 180°$范围内，在第二等分点插入一个$t = 2/3$的节点，采用$90° \leqslant |\theta| \leqslant 180°$的圆弧二次 NURBS 表示。

这样，定义$180° \leqslant |\theta| \leqslant 270°$的圆弧需要 6 个控制点$P_0, P_1, \cdots, P_5$。权因子也分两段计算。对于第一段圆弧，圆心角$\theta_1 = \theta/3$，控制多边形为$P_0, P_1, P_2$。按照$0 \leqslant |\theta_1| \leqslant 90°$圆弧的计算方法，相应权因子为$\omega_0 = \omega_2 = 1$，$\omega_1 = \cos\theta_1/2 = \cos\theta/6$。对于第二段圆弧，圆心角$\theta_2 = 2\theta/3$，控制多边形为$P_2, P_3, P_4, P_5$。按$90° \leqslant |\theta_2| \leqslant 180°$圆弧的计算方法，相应权因子为$\omega_3 = \omega_4 = \cos^2\theta_2/4 = \cos^2\theta/6$，$\omega_5 = 1$。总结有$\omega_0 = \omega_2 = \omega_5 = 1$，$\omega_1 = \cos\theta/6$，$\omega_3 = \omega_4 = \cos^2(\theta/6)$。节点矢量为$\boldsymbol{T} = [0,0,0,1/3,1/3,2/3,1,1,1]$，定义了圆心角在$180° \leqslant |\theta| \leqslant 270°$的二次 NURBS 圆弧。

起始角为φ，圆心角$180° \leqslant |\theta| \leqslant 270°$的圆弧的控制点的计算公式为

$$\begin{cases} P_0(r\cos\varphi, r\sin\varphi) \\ P_1\left(\dfrac{r\cos(\varphi+(\theta/6))}{\cos(\theta/6)}, \dfrac{r\sin(\varphi+(\theta/6))}{\sin(\theta/6)}\right) \\ P_2(r\cos(\varphi+(\theta/3))), r\sin(\varphi+(\theta/3))) \\ P_3\left(\dfrac{r\cos(\varphi+(\theta/2))}{\cos(\theta/6)}, \dfrac{r\sin(\varphi+(\theta/2))}{\sin(\theta/6)}\right) \\ P_4\left(\dfrac{r\cos(\varphi+(5\theta/6))}{\cos(\theta/6)}, \dfrac{r\sin(\varphi+(5\theta/6))}{\sin(\theta/6)}\right) \\ P_5(r\cos(\varphi+\theta), r\sin(\varphi+\theta)) \end{cases} \tag{6.27}$$

例 6.6　设圆弧的起始角为 30°，试用 6 个控制点$P_0, P_1, \cdots, P_5$，以及其相应的权因子$\omega_0 = \omega_2 = \omega_5 = 1$, $\omega_1 = \cos(\theta/6)$, $\omega_3 = \omega_4 = \cos^2(\theta/6)$，节点矢量$\boldsymbol{T} = [0,0,0,1/3,1/3,2/3,1,1,1]$，绘制圆心角在$\theta = 240°$的二次 NURBS 圆弧。绘制效果如图 6.16 所示。

```
CTestView::CTestView()
{
	// TODO: add construction code here
	//180°-270 圆弧 4 段 NURBS 表示
	knot[0]=0,knot[1]=0,knot[2]=0,knot[3]=1.0/3,knot[4]=1.0/3;    //节点矢量
	knot[5]=2.0/3,knot[6]=1,knot[7]=1,knot[8]=1;
	n=5,k=2;                                                        //n 为顶点数减 1，k 为次数
	double r=200;                                                   //r 为圆弧半径
	double Theta=RAD(240);                                          //θ 为圆弧的圆心角
	double Phi=RAD(30);                                             //φ 为圆弧的起始角
	P[0].x=r*cos(Phi),P[0].y=r*sin(Phi);                            //控制点
	P[1].x=r*cos(Phi+Theta/6)/cos(Theta/6),P[1].y=r*sin(Phi+Theta/6)/cos(Theta/6);
	P[2].x=r*cos(Phi+Theta/3),P[2].y=r*sin(Phi+Theta/3);
	P[3].x=r*cos(Phi+Theta/2)/cos(Theta/6), P[3].y=r*sin(Phi+Theta/2)/cos(Theta/6);
	P[4].x=r*cos(Phi+5*Theta/6)/cos(Theta/6),P[4].y=r*sin(Phi+5*Theta/6)/cos(Theta/6);
	P[5].x= r*cos(Phi+Theta), P[5].y=r*sin(Phi+Theta);
	W[0]= 1,W[1]=cos(Theta/6),W[2]=1,W[3]=cos(Theta/6)*cos(Theta/6);//权因子
	W[4]=cos(Theta/6)*cos(Theta/6),W[5]=1;
}
```

6.4.4 $270° \leqslant |\theta| \leqslant 360°$ 圆弧的 NURBS 表示

当圆心角 $270° \leqslant |\theta| \leqslant 360°$ 时，将圆弧四等分，由三角关系和旋转矢量得到中间内分点，其中两个内分点不需要求出，因此可将四段分两组处理，即第一、二段为第一组，第三、四段为第二组。两组的圆心角都在 $90° \leqslant |\theta| \leqslant 180°$ 范围内，可采用 $90° \leqslant |\theta| \leqslant 180°$ 的圆弧二次 NURBS 表示方法来计算。图 6.17 所示为圆心角 $|\theta| = 300°$ 的二次 NURBS 圆弧，公共控制顶点为 P_3。

第一组插入节点 $t = 1/4$，第二组插入节点 $t = 3/4$。两组的公共连接点成为公共控制顶点，该处可插入两次 $t = 1/2$ 的节点，即 $\boldsymbol{T} = [0,0,0,1/4,1/2,1/2,3/4,1,1,1]$；7 个控制点 $P_0, P_1, \cdots, P_6$ 相应的权因子为 $\omega_0 = \omega_3 = \omega_6 = 1$，$\omega_1 = \omega_2 = \omega_4 = \omega_5 = \cos^2(\theta/8)$。

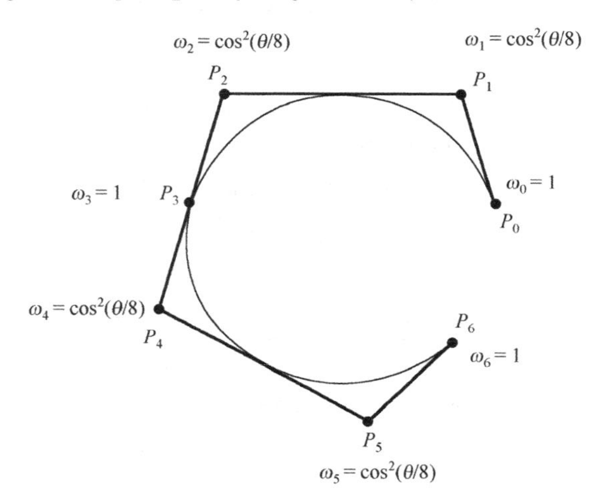

图 6.17 $|\theta| = 300°$ 圆弧的二次 NURBS 表示

起始角为 φ，圆心角 $270° \leqslant |\theta| \leqslant 360°$ 的圆弧的控制点的计算公式为

$$\begin{cases} P_0(r\cos\varphi, r\sin\varphi) \\ P_1\left(\dfrac{r\cos(\varphi+(\theta/8))}{\cos(\theta/8)}, \dfrac{r\sin(\varphi+(\theta/8))}{\sin(\theta/8)}\right) \\ P_2\left(\dfrac{r\cos(\varphi+(3\theta/8))}{\cos(\theta/8)}, \dfrac{r\sin(\varphi+(3\theta/8))}{\sin(\theta/8)}\right) \\ P_3(r\cos(\varphi+(\theta/2)), r\sin(\varphi+(\theta/2))) \\ P_4\left(\dfrac{r\cos(\varphi+(5\theta/8))}{\cos(\theta/8)}, \dfrac{r\sin(\varphi+(5\theta/8))}{\sin(\theta/8)}\right) \\ P_5\left(\dfrac{r\cos(\varphi+(7\theta/8))}{\cos(\theta/8)}, \dfrac{r\sin(\varphi+(7\theta/8))}{\sin(\theta/8)}\right) \\ P_6(r\cos(\varphi+\theta), r\sin(\varphi+\theta)) \end{cases} \tag{6.28}$$

例 6.7　设圆弧起始角为 15°。已知控制点为 $P_0, P_1, \cdots, P_6$，权因子为 $\omega_0=\omega_3=\omega_6=1$，$\omega_1=\omega_2=\omega_4=\omega_5=\cos^2(\theta/8)$，节点矢量为 $\boldsymbol{T}=[0,0,0,1/4,2/4,2/4,3/4,1,1,1]$。试绘制圆心角在 $\theta=300°$ 的二次 NURBS 圆弧，效果如图 6.17 所示。

```
CTestView::CTestView()
{
    // TODO: add construction code here
    knot[0]=0,knot[1]=0,knot[2]=0,knot[3]=1.0/4,knot[4]=2.0/4;     //节点矢量
    knot[5]=2.0/4,knot[6]=3.0/4,knot[7]=1,knot[8]=1,knot[9]=1;
    n=6,k=2;                                                        //n 为顶点数减 1，k 为次数
    double r=200;                                                   //r 为圆弧半径
    double Theta=RAD(300);                                          //θ 为圆弧的圆心角
    double Phi=RAD(15);                                             //φ 为圆弧的起始角
    P[0].x=r*cos(Phi),P[0].y=r*sin(Phi);                            //控制点
    P[1].x=r*cos(Phi+Theta/8)/cos(Theta/8),P[1].y=r*sin(Phi+Theta/8)/cos(Theta/8);
    P[2].x=r*cos(Phi+3*Theta/8)/cos(Theta/8),P[2].y=r*sin(Phi+3*Theta/8)/cos(Theta/8);
    P[3].x= r*cos(Phi+Theta/2), P[3].y=r*sin(Phi+Theta/2);
    P[4].x=r*cos(Phi+5*Theta/8)/cos(Theta/8), P[4].y=r*sin(Phi+5*Theta/8)/cos(Theta/8);
    P[5].x=r*cos(Phi+7*Theta/8)/cos(Theta/8),P[5].y=r*sin(Phi+7*Theta/8)/cos(Theta/8);
    P[6].x= r*cos(Phi+Theta), P[6].y=r*sin(Phi+Theta);
    W[0]=1,W[1]=cos(Theta/8)*cos(Theta/8),W[2]=cos(Theta/8)*cos(Theta/8);      //权因子
    W[3]=1,W[4]=cos(Theta/8)*cos(Theta/8),W[5]=cos(Theta/8)*cos(Theta/8),W[6]=1;
}
```

特别地，有两种方法绘制 $|\theta|=360°$ 整圆。第一种方法：由于包含在 $270° \leqslant |\theta| \leqslant 360°$ 的表示方法之中，节点矢量取为 $\boldsymbol{T}=[0,0,0,1/4,2/4,2/4,3/4,1,1,1]$，如图 6.18(a)所示。第二种方法：若从“良好的参数化”角度考虑，采用分段有理 Bezier 表示效果更好。分段有理 Bezier 表示的控制点及其相应的权因子如图 6.18(b) 所示，节点矢量取为 $\boldsymbol{T}=[0,0,0,1/4,1/4,2/4,2/4,3/4,3/4,1,1,1]$。

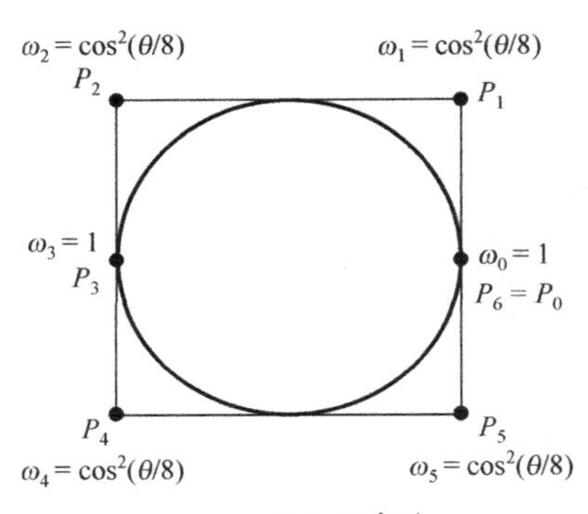

(a) NURBS表示

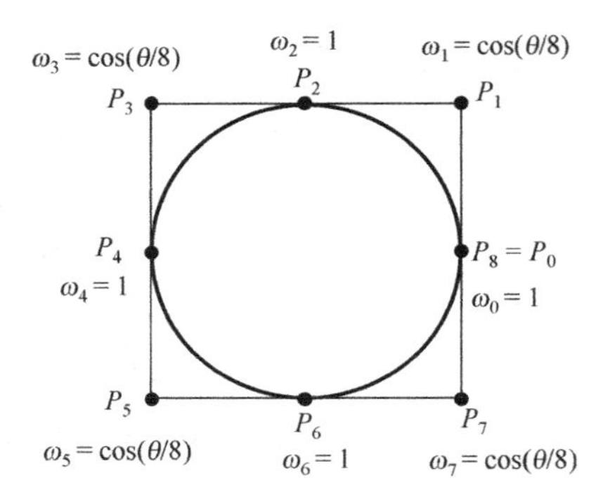

(b) 分段有理Bezier表示

图 6.18 $|\theta|=360°$ 圆弧的二次 NURBS 表示

例 6.8 位于正方形上的 7 个控制点定义单位圆。

控制点为 $P=[(1,0),(1,1),(-1,1),(-1,0),(-1,-1),(1,-1),(1,0)]$。

节点矢量为 $\boldsymbol{T}=[0,0,0,1/4,2/4,2/4,3/4,1,1,1]$。

权因子为 $\omega=[1,1/2,1/2,1,1/2,1/2,1]$。试用 NURBS 表示绘制整圆，效果如图 6.18(a)所示。

```
CTestView::CTestView()
{
	// TODO: add construction code here
	//360° 圆弧的 NURBS 表示
	knot[0]=0,knot[1]=0,knot[2]=0,knot[3]=1.0/4,knot[4]=1.0/2,knot[5]=1.0/2;
	knot[6]=3.0/4,knot[7]=1,knot[8]=1,knot[9]=1;                    //节点矢量
	n=6,k=2;                                                        //n 为顶点数减 1，k 为次数
	double r=200;                                                   //r 为圆的半径
	double Theta=RAD(360);                                          //θ 为圆弧所对的圆心角
	P[0]=CP2(r,0),P[1]=CP2(r,r),P[2]=CP2(-r,r),P[3]=CP2(-r,0);      //控制点
	P[4]=CP2(-r,-r),P[5]=CP2(r,-r),P[6]=CP2(r,0);
	W[0]= 1,W[1]=cos(Theta/8)*cos(Theta/8),W[2]=cos(Theta/8)*cos(Theta/8),W[3]=1; //权因子
	W[4]=cos(Theta/8)*cos(Theta/8),W[5]=cos(Theta/8)*cos(Theta/8),W[6] = 1;
}
```

6.5 NURBS 曲面

6.5.1 NURBS 曲面的定义

类似于 NURBS 曲线，一个 $p\times q$ 次 NURBS 曲面也有三种等价表示。

1. 有理分式表示

一个在 u 方向 p 次、v 方向 q 次的 NURBS 曲面的有理分式表示为

$$p(u,v)=\frac{\sum_{i=0}^{m}\sum_{j=0}^{n}N_{i,p}(u)N_{j,q}(v)\omega_{ij}P_{ij}}{\sum_{i=0}^{m}\sum_{j=0}^{n}N_{i,p}(u)N_{j,q}(v)\omega_{ij}},\quad (u,v)\in[0,1]\times[0,1] \tag{6.29}$$

式中，$P_{ij}, i=0,1,\cdots,m, j=0,1,\cdots,n$ 构成控制网格。ω_{ij} 是与顶点 P_{ij} 联系的权因子，规定四角顶点处用正权因子即 $\omega_{00},\omega_{m0},\omega_{0n},\omega_{mn}>0$，其余 $\omega_{ij}\geqslant 0$ 且顺序 $p\times q$ 个权因子不同时为零。$N_{i,p}(u), i=0,1,\cdots,m$ 和 $N_{j,q}(v), j=0,1,\cdots,n$ 分别为定义在节点矢量 $\boldsymbol{U}$ 和 $\boldsymbol{V}$ 上的非有理 B 样条基函数。节点矢量 $\boldsymbol{U}=[u_0,u_1,\cdots,u_{m+p+1}]$ 与 $\boldsymbol{V}=[v_0,v_1,\cdots,v_{n+q+1}]$ 按 Hartley-Judd 方法决定。虽然 NURBS 曲面是由曲线推广而来的，然而一般地，一个 NURBS 曲面不是一张量积曲面，这可从下面的有理基函数表示看出。

2．有理基函数表示

NURBS 曲面方程的有理基函数表示为

$$p(u,v)=\sum_{i=0}^{m}\sum_{j=0}^{n}R_{i,p;j,q}(u,v)P_{ij}\,,\quad (u,v)\in[0,1]\times[0,1] \tag{6.30}$$

式中，$R_{i,p;j,q}(u,v)$ 是双变量有理基函数，

$$R_{i,p;j,q}(u,v)=\frac{N_{i,p}(u)N_{j,q}(v)\omega_{ij}}{\sum_{r=0}^{m}\sum_{s=0}^{n}N_{r,p}(u)N_{s,q}(v)\omega_{rs}} \tag{6.31}$$

从上式可以明显看出，NURBS 曲面的有理基函数是双变量的有理基函数，而不是两个单变量函数的乘积，所以一般来说，一个 NURBS 曲面不是一张量积曲面。

3．齐次坐标表示

$$p(u,v)=H\{P^{\omega}(u,v)\}=H\left\{\sum_{i=0}^{m}\sum_{j=0}^{n}N_{i,p}(u)N_{j,q}(v)V_{ij}\right\},\qquad (u,v)\in[0,1]\times[0,1] \tag{6.32}$$

式中 $V_{ij}=[\ \omega_{ij}P_{ij}\quad \omega_{ij}]$称为控制点 P_{ij} 的带权控制点或齐次坐标。带权控制点在高一维空间中定义了一张量积的非有理 B 样条曲面 $P^{\omega}(u,v)$。H 表示中心投影变换，投影中心取为齐次坐标的原点。$P^{\omega}(u,v)$ 在 $\omega=1$ 超平面上的投影 $H\{P^{\omega}(u,v)\}$ 定义了一个 NURBS 曲面 $p(u,v)$。

由上述等价方程表示的 NURBS 曲面，通常在确定两个节点矢量 $\boldsymbol{U}$ 与 $\boldsymbol{V}$ 时，就使其有规范的单位正方形定义域 $(u,v)\in[0,1]\times[0,1]$。该定义域被其内节点线划分为$(m-p+1)\times(n-q+1)$个子矩形。NURBS 曲面是一个特殊形式的分片有理参数多项式曲面，其中每个子曲面片定义在单位正方形域中某个具有非零面积的子矩形域上。

例 6.9　假定 u 方向给定 5 个控制点，v 方向给定 5 个控制点。试绘制双三次 NURBS 曲面，投影方式为斜二测。要求曲面通过 4 个角点，如图 6.19 所示。

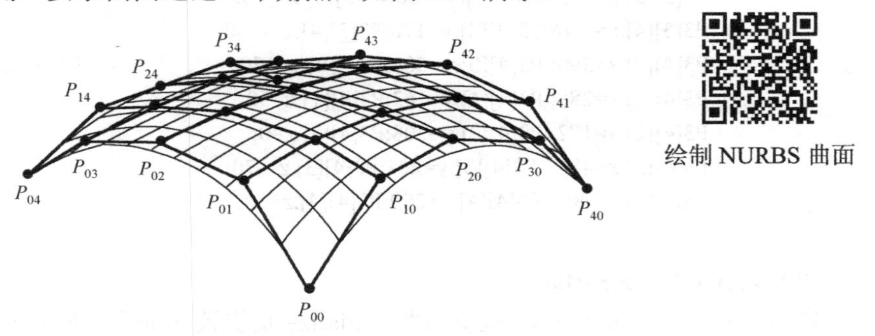

图 6.19　双三次 NURBS 曲面

（1）构造函数初始化

u 方向的控制点数为 5 个（$m=4$），次数为 3 次（$p=3$）；v 方向的控制点数为 5 个（$n=4$），次数为 3 次（$q=3$）。在 CTestView 类的构造函数内进行初始化。

```
CTestView::CTestView()
{
    // TODO: add construction code here
    m=4,p=3;                              //u 向顶点数 5 个，曲线次数为 3 次
    n=4,q=3;                              //v 向顶点数 5 个，曲线次数为 3 次
    P3=new CP3*[n+1];                     //建立控制顶点的动态二维数组
    for(int i=0;i<n+1;i++)
        P3[i]=new CP3[m+1];
    W=new double*[n+1];                   //建立权值的动态二维数组
    for(int i=0;i<n+1;i++)
        W[i]=new double[m+1];
    for(int i=0;i <n + 1;i++)
        for(int j=0;j<m+1;j++)
            W[i][j]=1;
    P3[0][0].x=82; P3[0][0].y=-100;P3[0][0].z=200;        //第 1 列控制点
    P3[0][1].x=-14; P3[0][1].y=65; P3[0][1].z=150;
    P3[0][2].x=-146;P3[0][2].y=94; P3[0][2].z=50;
    P3[0][3].x=-254;P3[0][3].y=80; P3[0][3].z=0;
    P3[0][4].x=-301;P3[0][4].y=40; P3[0][4].z=50;
    P3[1][0].x=147; P3[1][0].y=68; P3[1][0].z=150;        //第 2 列控制点
    P3[1][1].x=52; P3[1][1].y=117;P3[1][1].z=100;
    P3[1][2].x=-68; P3[1][2].y=146;P3[1][2].z=50;
    P3[1][3].x=-173;P3[1][3].y=135;P3[1][3].z=-10;
    P3[1][4].x=-238;P3[1][4].y=131;P3[1][4].z=-10;
    P3[2][0].x=227; P3[2][0].y=132;P3[2][0].z=140;        //第 3 列控制点
    P3[2][1].x=125; P3[2][1].y=154;P3[2][1].z=80;
    P3[2][2].x=0; P3[2][2].y=178;P3[2][2].z=30;
    P3[2][3].x=-109;P3[2][3].y=166;P3[2][3].z=-50;
    P3[2][4].x=-164;P3[2][4].y=174;P3[2][4].z=0;
    P3[3][0].x=337; P3[3][0].y=131;P3[3][0].z=150;        //第 4 列控制点
    P3[3][1].x=205; P3[3][1].y=173;P3[3][1].z=50;
    P3[3][2].x=75;   P3[3][2].y=203;P3[3][2].z=0;
    P3[3][3].x=-51; P3[3][3].y=188;P3[3][3].z=-70;
    P3[3][4].x=-116;P3[3][4].y=178;P3[3][4].z=-100;
    P3[4][0].x=390; P3[4][0].y=50; P3[4][0].z=150;        //第 5 列控制点
    P3[4][1].x=288; P3[4][1].y=162;P3[4][1].z=50;
    P3[4][2].x=172; P3[4][2].y=208;P3[4][2].z=0;
    P3[4][3].x=48;   P3[4][3].y=201;P3[4][3].z=-70;
    P3[4][4].x=-8;   P3[4][4].y=200;P3[4][4].z=50;
}
```

（2）设计 CNurbsSurface 类

自定义 CNurbsSurface 类。成员函数 Initialize 负责读入曲面 u 向和 v 向的控制点数与次数。成员函数 GetKnotVector 使用 Hartley-Judd 算法计算 u 方向和 v 方向的节点矢量。成员函数

BasisFunctionValue 根据节点矢量计算基函数值。成员函数 DrawNurbsSurface 绘制曲面网格。成员函数 DrawControlGrid 绘制控制网格。在绘制曲面网格和控制网格时，需要调用成员函数 ObliqueProjection，对三维控制点进行斜投影，然后绘制曲面的二维投影图。

```
class CNurbsSurface
{
public:
	CNurbsSurface(void);
	~CNurbsSurface(void);
	void Initialize(CP3** pPoint, double** pWeight,int m,int p,int n,int q);	//初始化
	void GetKnotVector(double* T,int nCount,int num,int order, BOOL bU);	//获取节点矢量
	void DrawNurbsSurface(CDC* pDC);	//绘制 NURBS 曲面
	double BasisFunctionValue(double u,int i,int k,double* T);	//根据节点矢量 T，计算基函数
	void DrawControlGrid(CDC* pDC);	//绘制控制网格
	CP2 ObliqueProjection(CP3 Point3);	//斜二测投影
public:
	int m,p;	//m 为 u 向的顶点数减 1，p 为次数
	int n,q;	//n 为 v 向的顶点数减 1，q 为 a 次数
	CP3** P;	//三维控制点
	double** W;	//权因子
	double** V;	//U 为 u 向节点矢量数组
	double** U;	//V 为 v 向节点矢量数组
};
CNurbsSurface::CNurbsSurface(void)	//构造函数初始化
{
	P=NULL;
	U=NULL;
	V=NULL;
}
CNurbsSurface::~CNurbsSurface(void)	//释放动态内存
{
	if(NULL!=P)
	{
		for(int i=0;i<n+1;i++)
		{
			delete []P[i];
			P[i]=NULL;
		}
		delete []P;
		P=NULL;
	}
	if(NULL!=W)
	{
		for(int i=0;i<n+1;i++)
		{
			delete []W[i];
			W[i]=NULL;
```

```
        }
        delete []W;
        W = NULL;
    }
    if(NULL!=U)
    {
        for(int i=0;i<n+1;i++)
        {
            delete []U[i];
            U[i] = NULL;
        }
        delete []U;
        U=NULL;
    }
    if(NULL!=V)
    {
        for(int i=0;i<m+1;i++)
        {
            delete []V[i];
            V[i]=NULL;
        }
        delete []V;
        V=NULL;
    }
}
void CNurbsSurface::Initialize(CP3** pPoint, double** pWeight,int m,int p,int n,int q) //曲面参数初始化
{
    P=new CP3* [n+1];                           //建立控制顶点的动态二维数组
    for(int i=0;i<n+1;i++)
        P[i]=new CP3[m+1];
    W=new double*[n+1];                         //建立权因子的动态二维数组
    for(int i=0;i<n+1;i++)
        W[i]=new double[m+1];
    for(int i=0;i<n+1;i++)                      //二维控制顶点数组初始化
        for(int j=0;j<m+1;j++)
            P[i][j]=pPoint[i][j];
    for(int i=0;i<n+1;i++)                      //二维权因子数组初始化
        for(int j=0;j<m+1;j++)
            W[i][j]=pWeight[i][j];
    this->m=m,this->p=p;
    this->n=n,this->q=q;
    U=new double* [n+1];                        //建立 u 向节点矢量动态数组
    for(int i=0;i<n+1;i++)
        U[i]=new double[m+p+2];
    V=new double* [m+1];                        //建立 v 向节点矢量动态数组
    for(int i=0;i<m+1;i++)
        V[i]=new double[n+q+2];
```

```
}
void CNurbsSurface::DrawNurbsSurface(CDC* pDC)      //绘制 NURBS 曲面
{
    for(int i=0;i<n+1;i++)
        GetKnotVector(U[i],i,m,p, TRUE);              //获取节点矢量 U
    for(int i=0;i<m+1;i++)
        GetKnotVector(V[i],i,n,q, FALSE);             //获取节点矢量 V
    CPen NewPen(PS_SOLID,1,RGB(0,0,255));             //曲线颜色
    CPen* pOldPen=pDC->SelectObject(&NewPen);
    double Step=0.1;                                  //增量步长
    for(double u=0.0;u<=1.0;u+=Step)                  //绘制 u 向曲面线框图
    {
        for(double v=0.0;v<=1.0;v+=Step)
        {
            CP3 point(0,0,0);
            double weight=0.0;
            for(int i=0;i<n+1;i++)
            {
                for(int j=0;j<m+1;j++)
                {
                    double BValueU=BasisFunctionValue(u,j,p,U[i]);
                    double BValueV=BasisFunctionValue(v,i,q,V[j]);
                    point=point+P[i][j]*W[i][j]*BValueU*BValueV;
                    weight+=W[i][j]*BValueU*BValueV;
                }
            }
            point=point/weight;
            CP2 Point2=ObliqueProjection(point);          //斜投影
            if (v==0.0)
                pDC->MoveTo(ROUND(Point2.x),ROUND(Point2.y));
            else
                pDC->LineTo(ROUND(Point2.x),ROUND(Point2.y));
        }
    }
    for(double v=0.0;v<=1.0;v+=Step)                  //绘制 v 向曲面线框图
    {
        for(double u=0.0;u<=1.0;u+=Step)
        {
            CP3 point(0,0,0);
            double weight=0.0;
            for(int i=0;i<n+1;i++)
            {
                for(int j=0;j<m+1;j++)
                {
                    double BValueU=BasisFunctionValue(u,j,p,U[i]);
                    double BValueV=BasisFunctionValue(v,i,q,V[j]);
                    point=point+P[i][j]*W[i][j]*BValueU*BValueV;
```

```
                    weight+=W[i][j]*BValueU*BValueV;
                }
            }
            point=point/weight;
            CP2 Point2=ObliqueProjection(point);                //斜投影
            if (u==0.0)
                pDC->MoveTo(ROUND(Point2.x),ROUND(Point2.y));
            else
                pDC->LineTo(ROUND(Point2.x),ROUND(Point2.y));
        }
    }
    pDC->SelectObject(pOldPen);
    NewPen.DeleteObject();
}
void CNurbsSurface::DrawControlGrid(CDC* pDC)                  //绘制控制网格
{
    CP2** P2=new CP2*[n+1];
    for(int i=0;i<n+1;i++)
        P2[i]=new CP2[m+1];
    for(int i=0;i<n+1;i++)
        for(int j=0;j<m+1;j++)
            P2[i][j]=ObliqueProjection(P[i][j]);
    CPen NewPen,*pOldPen;
    NewPen.CreatePen(PS_SOLID,3,RGB(0,0,0));
    pOldPen=pDC->SelectObject(&NewPen);
    CBrush NewBrush(RGB(0,0,0));
    CBrush* pOldBrush=pDC->SelectObject(&NewBrush);
    for(int i=0;i<n+1;i++)                                     //绘制 u 向控制网格
    {
        pDC->MoveTo(ROUND(P2[i][0].x),ROUND(P2[i][0].y));
        pDC->Ellipse(ROUND(P2[i][0].x)-5,ROUND(P2[i][0].y)-5,        //绘制控制点
                    ROUND(P2[i][0].x)+5,ROUND(P2[i][0].y)+5);
        for(int j=1;j<m+1;j++)
        {
            pDC->LineTo(ROUND(P2[i][j].x),ROUND(P2[i][j].y));
            pDC->Ellipse(ROUND(P2[i][j].x)-5,ROUND(P2[i][j].y)-5,    //绘制控制点
                        ROUND(P2[i][j].x)+5,ROUND(P2[i][j].y)+5);
        }
    }
    for(int j=0;j<m+1;j++)                                     //绘制 v 向控制网格
    {
        pDC->MoveTo(ROUND(P2[0][j].x),ROUND(P2[0][j].y));
        for(int i=1;i<n+1;i++)
            pDC->LineTo(ROUND(P2[i][j].x),ROUND(P2[i][j].y));
    }
    pDC->SelectObject(pOldPen);
    NewPen.DeleteObject();
```

```
        if(NULL!=P2)
        {
            for(int i=0;i<n+1;i++)
            {
                delete []P2[i];
                P2[i]=NULL;
            }
            delete []P2;
            P2=NULL;
        }
        pDC->SelectObject(pOldPen);
        pDC->SelectObject(pOldBrush);
    }
    void CNurbsSurface::GetKnotVector(double* T,int nCount,int num,int order, BOOL bU)
    //Hartley-Judd 算法获取节点矢量数组
    {
        for(int i=0;i<=order;i++)                          //小于等于曲线次数 order 的节点值为 0
            T[i]=0.0;
        for(int i=num+1;i<=num+order+1;i++)                //大于等于顶点数（n+1）的节点值为 1
            T[i]=1.0;
        for(int i=order+1;i<=num;i++)                      //计算 num-order 个内节点值
        {
            double sum=0.0;
            for(int j=order+1;j<=i;j++)
            {
                double numerator=0.0;
                for(int loop=j-order;loop<=j-1;loop++)        //计算分子
                {
                    if(bU)                //选择计算节点矢量 U 还是计算节点矢量 V
                        numerator+=(P[nCount][loop].x-P[nCount][loop-1].x)*
                                   (P[nCount][loop].x-P[nCount][loop-1].x)+
                                   (P[nCount][loop].y-P[nCount][loop-1].y)*
                                   (P[nCount][loop].y-P[nCount][loop-1].y);
                    else
                        numerator+=(P[loop][nCount].x-P[loop-1][nCount].x)*
                                   (P[loop][nCount].x-P[loop-1][nCount].x)+
                                   (P[loop][nCount].y-P[loop-1][nCount].y)*
                                   (P[loop][nCount].y-P[loop-1][nCount].y);
                }
                double denominator=0.0;
                for(int loop1=order+1;loop1<=num+1;loop1++)       //计算分母
                {
                    for(int loop2=loop1-order;loop2<=loop1-1;loop2++)
                    {
                        if(bU)
                            denominator+=(P[nCount][loop2].x-P[nCount][loop2-1].x)*
```

```
                                    (P[nCount][loop2].x-P[nCount][loop2-1].x)+
                                    (P[nCount][loop2].y-P[nCount][loop2-1].y)*
                                    (P[nCount][loop2].y-P[nCount][loop2-1].y);
                else
                    denominator+=(P[loop2][nCount].x-P[loop2-1][nCount].x)*
                                    (P[loop2][nCount].x-P[loop2-1][nCount].x)+
                                    (P[loop2][nCount].y-P[loop2-1][nCount].y)*
                                    (P[loop2][nCount].y-P[loop2-1][nCount].y);
            }
        }
        sum+=numerator/denominator;
    }
    T[i]=sum;
  }
}
double CNurbsSurface::BasisFunctionValue(double t,int i,int order,double* T)   //计算B样条基函数
{
    double value1,value2,value;
    if(order==0)
    {
        if(t>=T[i] && t<T[i+1])
            return 1.0;
        else
            return 0.0;
    }
    if(order>0)
    {
        if(t<T[i]||t>T[i+order+1])
            return 0.0;
        else
        {
            double coffcient1,coffcient2;                    //凸组合系数1，凸组合系数2
            double denominator=0.0;                          //分母
            denominator=T[i+order]-T[i];                     //递推公式第一项分母
            if(denominator==0.0)                             //约定0/0
                coffcient1=0.0;
            else
                coffcient1=(t-T[i])/denominator;
            denominator=T[i+order+1]-T[i+1];                 //递推公式第二项分母
            if(0.0==denominator)                             //约定0/0
                coffcient2=0.0;
            else
                coffcient2=(T[i+order+1]-t)/denominator;
            value1=coffcient1*BasisFunctionValue(t,i,order-1,T);      //递推公式第一项的值
            value2=coffcient2*BasisFunctionValue(t,i+1,order-1,T);    //递推公式第二项的值
            value=value1+value2;                                      //基函数的值
```

```
		}
	}
	return value;
}
CP2 CNurbsSurface::ObliqueProjection(CP3 Point3)                                   //斜二测投影
{
	CP2 Point2;
	Point2.x=Point3.x-Point3.z*sqrt(2.0)/2.0;
	Point2.y=Point3.y-Point3.z*sqrt(2.0)/2.0;
	return Point2;
}
```

（3）调用 CNurbsSurface 类绘制 NURBS 曲面

在 CTestView 类内，首先调用 CNurbsSurface 类的成员函数 Initialize，初始化曲面 u、v 方向的顶点数量 m、n 和曲线次数 p、q。然后，调用成员函数 DrawNurbsSurface 绘制曲面网格模型。最后调用成员函数 DrawControlGrid 绘制曲面的控制网格。

```
void CTestView::DrawGraph(CDC* pDC)
{
	NurbsSurface.Initialize(P3,W,n,q,m,p);
	NurbsSurface.DrawNurbsSurface(pDC);
	NurbsSurface.DrawControlGrid(pDC);
}
```

6.5.2 NURBS 曲面权因子的几何意义

局部修改 NURBS 曲面的形状时，既可通过移动控制点实现，也可通过改变权因子实现。假定 $(u,v)\in[u_i,u_{i+p+1}]\times[v_j,v_{j+q+1}]$，那么当 ω_{ij} 增大（或减小）时，点 $p(u,v)$ 靠近（或远离）P_{ij}。因此，将产生将曲面拉近（或推离）的效果，如图 6.20 所示。

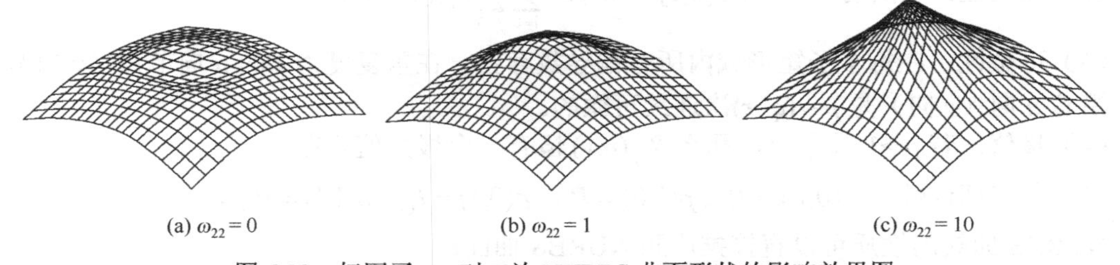

(a) $\omega_{22}=0$　　(b) $\omega_{22}=1$　　(c) $\omega_{22}=10$

图 6.20　权因子 ω_{22} 对二次 NURBS 曲面形状的影响效果图

与曲线的情形类似，对于固定的 u, v，$p(u,v)$ 沿一条直线移动。图 6.21 中，(u, v)固定，ω_{22} 发生改变。令

$$M=p(u,v;\omega_{22}=0)，\quad N=p(u,v;\omega_{22}=1) \tag{6.33}$$

M 与 N 定义的直线通过 P_{22}。当 $\omega_{22}\neq 0,1$ 时，有 $R=p(u,v;\omega_{22})$，它也位于 M 与 P_{22} 的连线上。特别地，当 $\omega_{22}\to\infty$ 时，曲面收缩为顶点 P_{22}。N 和 R 可以由 M 和 P_{22} 的线性插值给出：

$$N=(1-\alpha_1)M+\alpha_1 P_{22}，\quad R=(1-\alpha_2)M+\alpha_2 P_{22} \tag{6.34}$$

这表明 ω_{22} 是 P_{22}, N, R, M 这 4 个共线点的交比。

对于任意的权因子 ω_{ij}，同样等于 P_{ij}, N, R, M 这 4 个共线点的交比。可以得出：

（1）当 ω_{ij} 增大时，曲面被拉向控制顶点 P_{ij}，反之被推离 P_{ij}。

（2）当 ω_{ij} 变化时，相应得到沿直线 $\overline{P_{ij}M}$ 移动的 R 点。

（3）当 ω_{ij} 趋向无穷大时，R 点趋向与控制顶点 P_{ij} 重合。

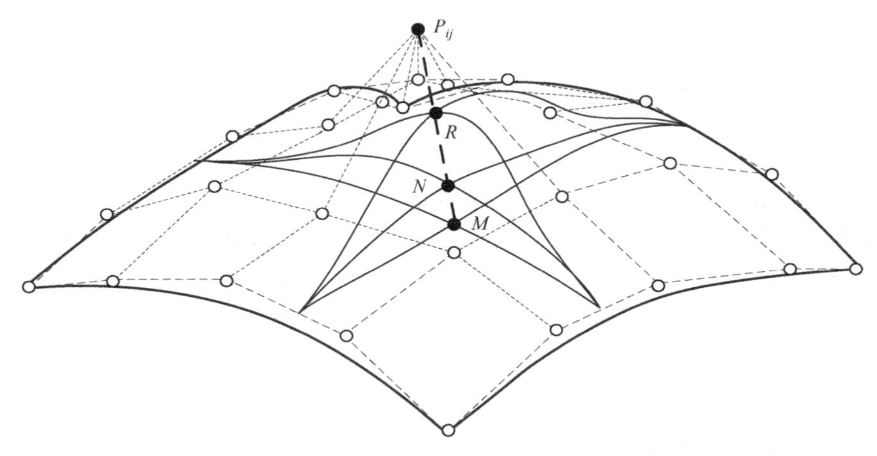

图 6.21　NURBS 曲面权因子 ω_{22} 的几何意义

6.5.3　NURBS 曲面的性质

NURBS 曲面的性质与非有理 B 样条曲面的性质大致相同，同时 NURBS 曲线的大多数性质都可以直接推广至 NURBS 曲面，总结如下。

（1）局部支撑性质：当 $u \notin [u_i, u_{i+p+1}]$ 或 $v \notin [v_j, v_{j+q+1}]$ 时，$R_{i,j}(u,v)=0$。

（2）规范性：对所有的 $(u,v) \in [0,1] \times [0,1]$，$\sum_{i=0}^{m}\sum_{j=0}^{n} R_{i,j}(u,v) = 1$。

（3）可微性：在每个子矩形域内所有偏导数存在，在重复度为 r 的 u 向节点（v 向节点）处，沿着 u 向（v 向）是 $p-r(q-r)$次连续可微的。

（4）极值：若 $p>1$ 且 $q>1$，那么 $R_{i,j}(u,v)$ 恒有一个极大值存在。

（5）角点插值性：$p(0,0)=P_{00}, p(1,0)=P_{m0}, p(0,1)=P_{0n}, p(1,1)=P_{mn}$。

NURBS 曲线的性质可以直接推广到 NURBS 曲面：

（1）移动 P_{ij} 或改变 ω_{ij}，仅影响矩形 $(u,v) \in [u_i, u_{i+p+1}] \times [v_j, v_{j+q+1}]$ 内那部分曲面的形状。

（2）假定对所有的 $i, j, \omega_{ij} > 0$，如果 $(u,v) \in [u_i, u_{i+1}] \times [v_j, v_{j+1}]$，那么 $p(u,v)$ 位于控制点 P_{ij}，$i-p,\cdots,i$，$j-q,\cdots,j$ 的凸包内。

（3）对 NURBS 曲面进行仿射变换，所得的结果仍然为 NURBS 曲面；曲面的控制点可通过对原控制点进行该仿射变换得到。

（4）沿 u 向在重复度为 r 的 u 节点处是 C^{p-r} 参数连续的；沿 v 向在重复度为 r 的 v 节点处是 C^{q-r} 参数连续的。

（5）NURBS 曲面是非有理 Bezier 曲面、有理 Bezier 曲面和非有理 B 样条曲面的合适推广，它们是 NURBS 曲面的特例。

需要特别说明的是，NURBS 曲面不具有变差缩小性质。

NURBS 曲面中，每个节点矢量的两端节点通常都取成重节点，重复度等于该方向参数次数加 1。这样，便可以使 NURBS 曲面的 4 个角点恰好是控制网格的四角顶点，曲面在角点处的单向偏导矢恰好就是边界曲线在端点处的偏导矢。

由 NURBS 曲面的方程可知，欲给出一个曲面的 NURBS 表示，需要定义的数据包括：控制顶点及其权因子 P_{ij} 和 ω_{ij}，$i=0,1,\cdots,m$，$j=0,1,\cdots,n$，u 参数的次数 p 和 v 参数的次数 q，u 向节点矢量 $\boldsymbol{U}$ 和 v 向节点矢量 $\boldsymbol{V}$。次数 p 与 q 分别隐含在节点矢量 $\boldsymbol{U}$ 和 $\boldsymbol{V}$ 中。

6.6 一般曲面的 NURBS 表示

在本节，为了清晰地表明曲线的次数，用 $R_{i,p;j,q}(u,v)$ 表示第(i,j)个 $p\times q$ 次的有理基函数。

6.6.1 双线性曲面

设 $P_{00}, P_{10}, P_{01}, P_{11}$ 是三维空间的 4 个点。双线性曲面（Bilinear Surface）是通过在 4 条边界线 $P_{00}P_{10}$, $P_{01}P_{11}$, $P_{00}P_{01}$, $P_{10}P_{11}$ 之间进行双线性插值构造的 NURBS 表示形式。双线性曲面定义为

$$\boldsymbol{p}(u,v)=\frac{\sum_{i=0}^{1}\sum_{j=0}^{1}B_{i,1}(u)B_{j,1}(v)\omega_{ij}P_{ij}}{\sum_{i=0}^{1}\sum_{j=0}^{1}B_{i,1}(u)B_{j,1}(v)\omega_{ij}},\quad (u,v)\in[0,1]\times[0,1] \tag{6.35}$$

双线性曲面的节点矢量 $\boldsymbol{U}=\boldsymbol{V}=[0,0,1,1]$。双线性曲面通过在两条相对的边界直线之间插值得到。如果 4 个控制点位于同一平面内，曲面效果如图 6.22(a)所示。如果 4 个控制点不在同一平面内，例如对一个立方体的两条非平行的对角线之间进行双线性插值，曲面效果如图 6.22(b)所示。

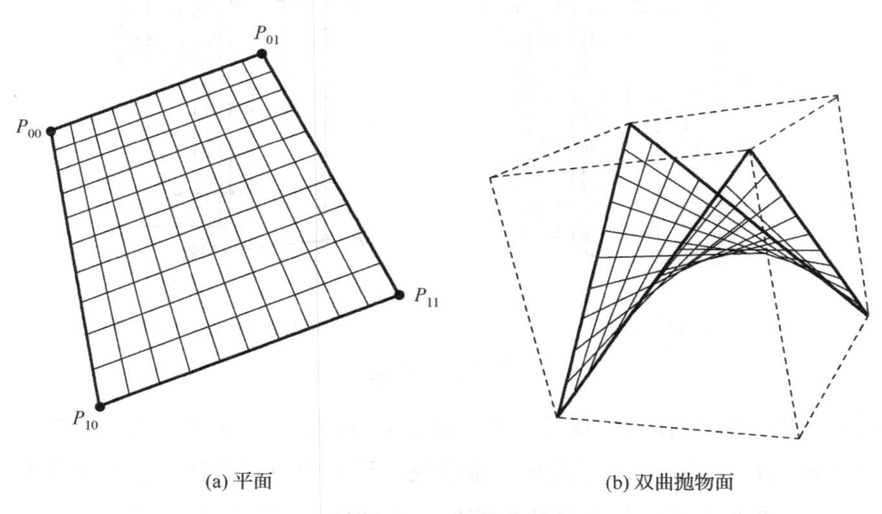

(a) 平面　　(b) 双曲抛物面

图 6.22 双线性曲面

6.6.2　一般柱面

绘制柱面时，首先生成一条截面轮廓线，又称准线（directrix）。准线可以是开曲线，也可以是闭曲线。准线为 u 方向的一条定义在节点矢量 $\boldsymbol{U}$ 上的 p 次 NURBS 曲线，有理基函数表示为

$$\boldsymbol{p}(u)=\sum_{i=0}^{m}R_{i,p}(u)P_{i,0}\text{，}\quad t\in[0,1] \tag{6.36}$$

式中，$R_{i,k}(u)$ 为 p 次有理基函数。$P_{i,0}$ 为准线控制多边形顶点，相应的权因子为 $\omega_{i,0}$。设 $\boldsymbol{d}$ 是柱面高度方向的单位矢量。柱面 $\boldsymbol{p}(u,v)$ 的表达式是将准线 $p(u)$ 沿方向 $\boldsymbol{d}$ 平行扫描距离 h 得到的。记扫描方向的参数为 v，且 $v\in[0,1]$。故柱面可视为准线平移扫描生成的曲面。一般柱面（general cylinder）可表示为

$$\boldsymbol{p}(u,v)=\sum_{i=0}^{m}\sum_{j=0}^{1}R_{i,p;j,q}(u,v)P_{ij} \tag{6.37}$$

$$R_{i,p;j,q}(u,v)=\frac{N_{i,p}(u)N_{j,q}(v)\omega_{i,j}}{\sum_{i=0}^{m}\sum_{j=0}^{1}N_{i,p}(u)N_{j,q}(v)\omega_{i,j}} \tag{6.38}$$

式中，有理基函数 $R_{i,p;j,q}(u,v)$ 由节点矢量 $\boldsymbol{U}$ 和 $\boldsymbol{V}$ 及权因子决定。曲面 u 方向的次数为 p。由于曲面 v 方向的次数为 1，所以 $\boldsymbol{V}=[0,0,1,1]$。控制点为 $P_{i,1}=P_{i,0}+h\times d$，权值为 $\omega_{i,1}=\omega_{i,0}$，$i=0,1,\cdots,m$。

曲面的 v 方向参数线是直母线（generatrix），因此一般柱面也可视为直母线一个端点沿准线运动平移扫掠生成的曲面，如图 6.23 所示。

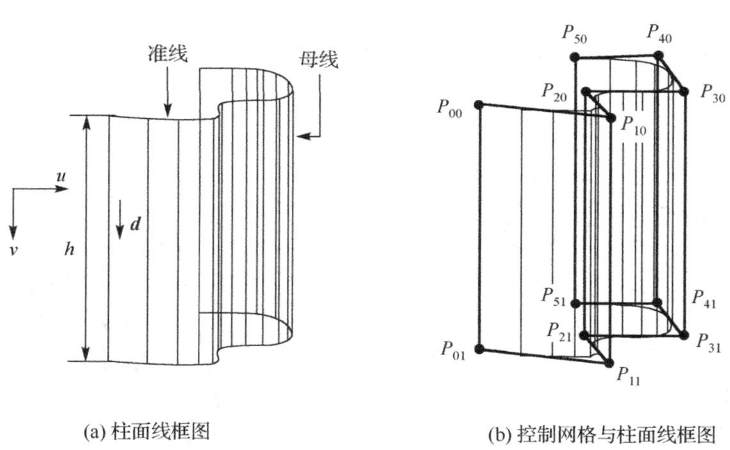

(a) 柱面线框图　　(b) 控制网格与柱面线框图

图 6.23　柱面

在一般柱面中，由控制点 $P_{i,0}$ 及其权因子 $\omega_{i,0}$，$i=0,1,\cdots,m$ 定义一条原始准线；而控制点 $P_{i,1}$ 及其权因子 $\omega_{i,1}$，$i=0,1,\cdots,m$ 定义另一条准线。后者由前者平移矢量 $h\times\boldsymbol{d}$ 得到，故柱面又可视为母线沿两条准线上等参数点平移扫掠生成的曲面。当准线为圆弧或整圆时，就得到圆柱面片或整圆柱面。

在空间中，通过一定点且与定曲线相交的一簇直线所产生的曲面称为锥面，这些直线都称为锥面的母线，定点称为锥面的锥顶，定曲线称为锥面的准线。

将定义柱面另一准线的控制点缩到一点即锥顶，权因子不变，两个节点矢量都不变，就定义了锥面。从准线上一点到锥顶的直线就是母线。锥面方程只需令柱面方程中的另一条准线的控制顶点变成一点（即锥顶 P），其他不变：

$$P_{i,1}=P,\quad i=0,1,\cdots,m$$

可见锥面的锥顶实际上是一条退化边界，在锥顶处不存在公共的切平面。特别地，若准线是圆弧或整圆，锥面就变成了圆锥面片或整圆锥面。

6.6.3　旋转面

假设，轮廓线 $\boldsymbol{p}(v)$ 是在 xOy 平面上定义的一条 NURBS 曲线。三维坐标系的 y 轴为旋转轴，将 $\boldsymbol{p}(v)$ 绕 y 轴旋转 360°形成旋转面，如图 6.24 所示。$\boldsymbol{p}(v)$ 是由控制多边形 $P_{00}, P_{01}, P_{02}, P_{03}, P_{04}, P_{05}$ 定义的二维曲线，位于 x 轴负向。$\boldsymbol{p}(v)$ 的控制多边形也可以 v 为参数改写为 $P_0, P_1, P_2, P_3, P_4, P_5$。图中 $P_{40}, P_{41}, P_{42}, P_{43}, P_{44}, P_{45}$ 是轮廓线旋转到 x 轴正向的虚拟控制多边形，故曲线用虚线表示。

设轮廓线是一条以 v 为参数的、定义在节点矢量 $\boldsymbol{V}$ 上的 q 次 NURBS 曲线，其方程表示为

$$\boldsymbol{p}(v)=\frac{\sum_{j=0}^{n}N_{j,q}(v)\omega_j P_j}{\sum_{j=0}^{n}N_{j,q}(v)\omega_j},\quad v\in[0,1] \tag{6.39}$$

轮廓线 $\boldsymbol{p}(v)$ 由控制点 P_j 及其权因子 ω_j，$j=0,1,\cdots,n$ 和节点矢量 $\boldsymbol{V}$ 定义，其中节点矢量 $\boldsymbol{V}$ 由 Hartley-Judd 算法计算。轮廓线 $p(v)$ 的控制点 P_j 及其权因子 ω_j 如图 6.25 所示。

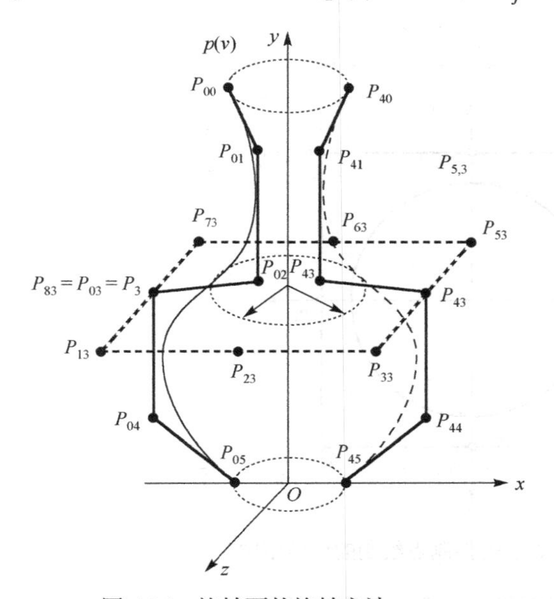

图 6.24　旋转面的旋转方法

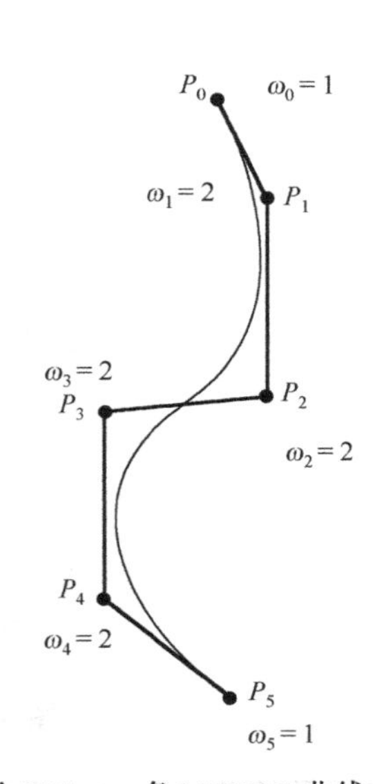

图 6.25　一条 NURBS 曲线 $p(v)$

将 $\boldsymbol{p}(v)$ 绕旋转轴旋转 360°，得到一个旋转面 $\boldsymbol{p}(u,v)$，

$$\boldsymbol{p}(u,v)=\frac{\sum_{i=0}^{m}\sum_{j=0}^{n}N_{i,p}(u)N_{j,q}(v)\omega_{ij}P_{ij}}{\sum_{i=0}^{m}\sum_{j=0}^{n}N_{i,p}(u)N_{j,q}(v)\omega_{ij}}，\quad (u,v)\in[0,1]\times[0,1] \tag{6.40}$$

旋转面 $\boldsymbol{p}(u,v)$ 具有如下性质：

（1）固定 u，$\boldsymbol{p}(u,v)$ 是曲线 $p(v)$ 绕旋转轴旋转某个角度的曲线。

（2）固定 v，$\boldsymbol{p}(u,v)$ 是位于垂直于旋转轴的平面上的一个整圆，而且圆心位于旋转轴上。

轮廓线以 y 轴为旋转轴，这相当于定义了一个有 9 个控制点的整圆，即使用了整圆的分段有理Bezier表示，参见图6.18(b)。圆的节点矢量 $\boldsymbol{U}=(0, 0, 0, 1/4, 1/4, 1/2, 1/2, 3/4, 3/4, 1, 1, 1)$，权值为 $\omega_i=(1,\sqrt{2}/2, 1,\sqrt{2}/2, 1,\sqrt{2}/2, 1,\sqrt{2}/2, 1)$。式（6.40）可以写为

$$\boldsymbol{p}(u,v)=\frac{\sum_{i=0}^{8}\sum_{j=0}^{n}N_{i,2}(u)N_{j,q}(v)\omega_{ij}P_{ij}}{\sum_{i=0}^{8}\sum_{j=0}^{n}N_{i,2}(u)N_{j,q}(v)\omega_{ij}} \tag{6.41}$$

节点矢量 $\boldsymbol{U}$ 和 $\boldsymbol{V}$，控制点和权值按如下方法确定：对 $i=0$，控制点 $P_{i,j}=P_{0,j}=P_j$。由于NURBS 曲面 $\boldsymbol{p}(u,v)$ 本质上是圆，所以对于固定的 j，$P_{i,j}, 0\leqslant i\leqslant 8$ 位于 $y=y_j$ 平面内宽度为 $2x_j$、中心在 y 轴的正方形上。权值 ω_{ij} 定义为轮廓线的权值 ω_j 和整圆的权值 ω_i 的乘积，即对固定的 j，$\omega_{0,j}=\omega_j$，$\omega_{1,j}=\sqrt{2}/2\,\omega_j$，$\omega_{2,j}=\omega_j$，$\omega_{3,j}=\sqrt{2}/2\,\omega_j$，…，$\omega_{8,j}=\omega_j$。轮廓线上的二维点 P_3 所对应的整圆如图 6.26 所示。图 6.27(a)和图 6.27(b)是由式（6.41）和图 6.25 中的轮廓线生成的旋转面及控制网格。

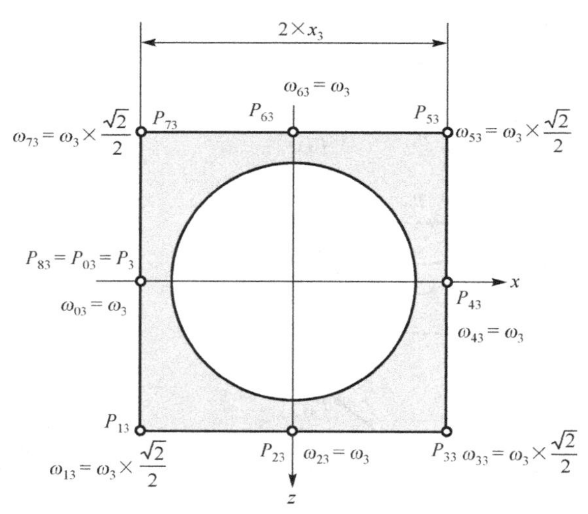

图 6.26　轮廓线上 P_3 控制点绘制的旋转整圆

一些常见的曲面如圆环和球等都是旋转面。球面可通过将端点落在 y 轴上的半圆绕 y 轴旋转而得到，如图 6.28 所示。在球面北极和南极的控制点都被重复了 9 次。完整球面及其

NURBS 表示的控制网格如图 6.29 所示。圆环面是通过把一个整圆（母线整圆）绕 y 轴旋转 360°而得到的，如图 6.30 所示。圆环面及其 NURBS 表示的控制网格如图 6.31 所示。圆环面的主视图与俯视图及其控制多边形如图 6.32 所示和图 6.33 所示。

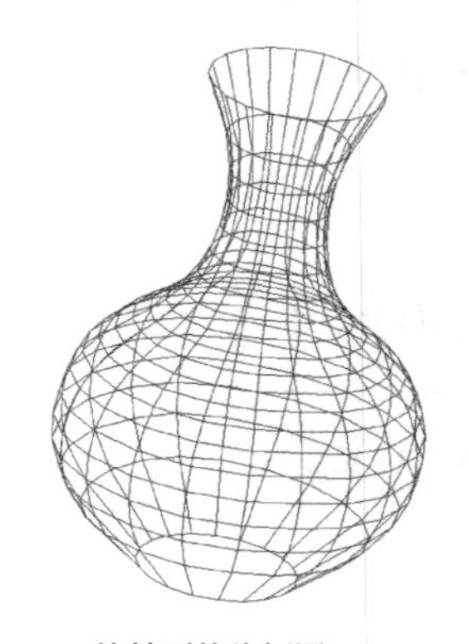

(a)旋转面的线框图

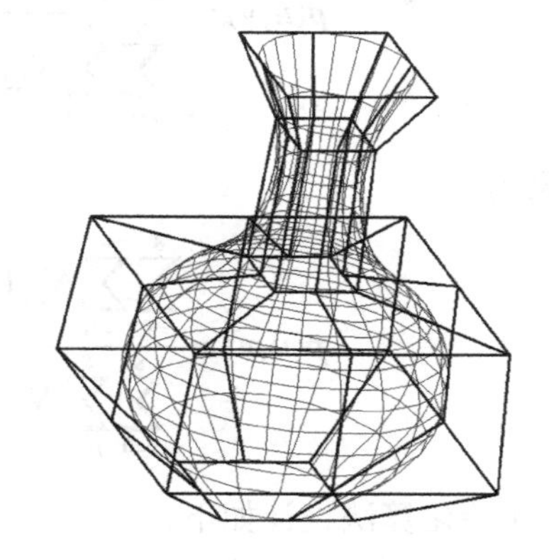

(b)旋转面及其控制网格

图 6.27　旋转面效果图

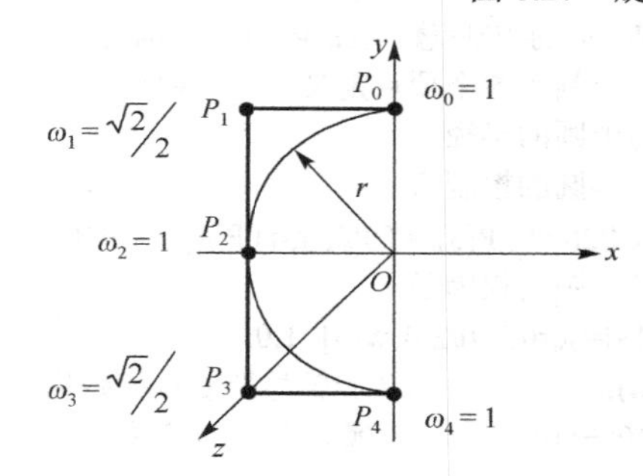

图 6.28　球面设计图

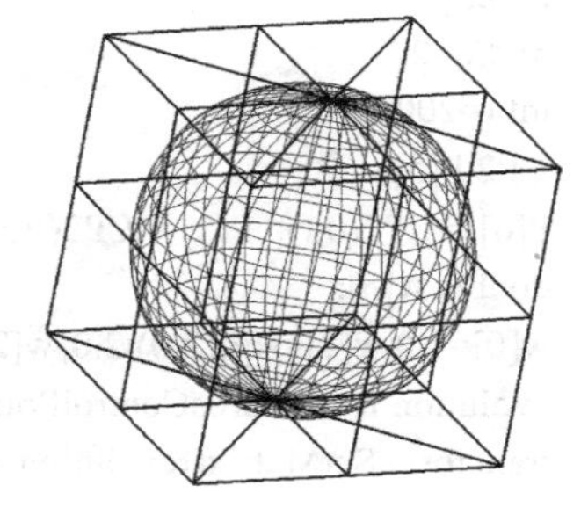

图 6.29　球面效果图

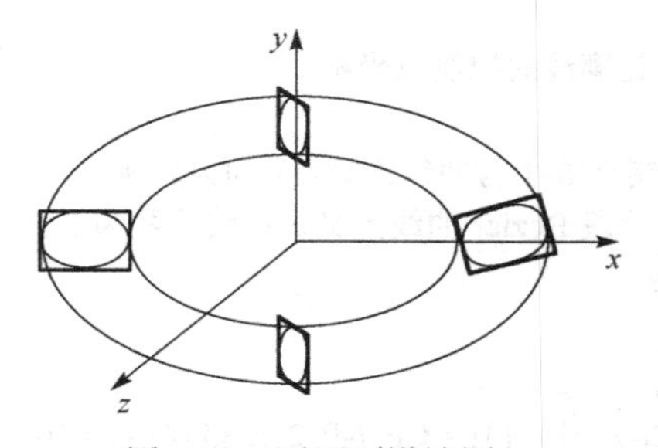

图 6.30　圆环面设计图

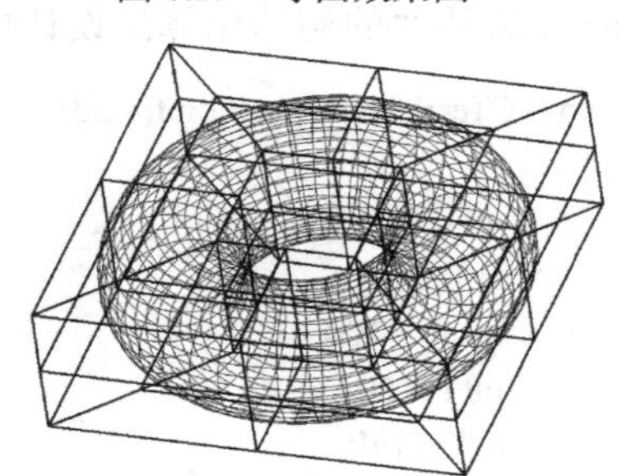

图 6.31　圆环面效果图

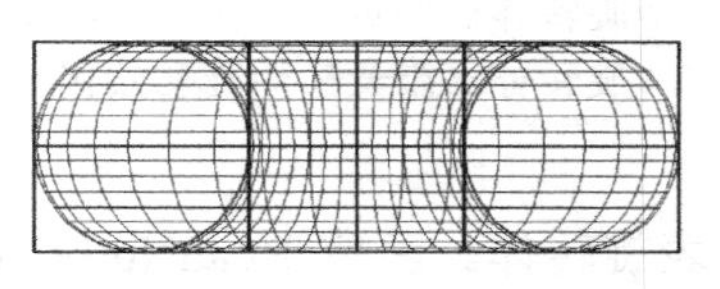

图 6.32 圆环面主视图

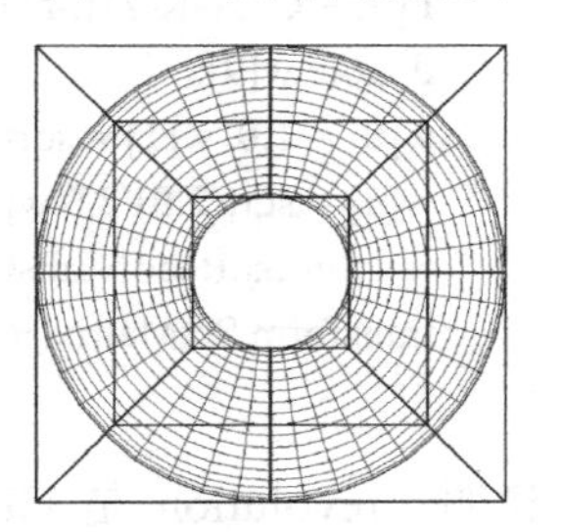

图 6.33　圆环面俯视图

球面的曲面定义为

$$p(u,v)=\frac{\sum_{i=0}^{8}\sum_{j=0}^{4}N_{i,2}(u)N_{j,2}(v)\omega_{ij}P_{ij}}{\sum_{i=0}^{8}\sum_{j=0}^{4}N_{i,2}(u)N_{j,2}(v)\omega_{ij}} \tag{6.42}$$

圆环面的曲面定义为

$$p(u,v)=\frac{\sum_{i=0}^{8}\sum_{j=0}^{8}N_{i,2}(u)N_{j,2}(v)\omega_{ij}P_{ij}}{\sum_{i=0}^{8}\sum_{j=0}^{8}N_{i,2}(u)N_{j,2}(v)\omega_{ij}} \tag{6.43}$$

NURBS 球面初始化算法设计如下：

```
void CTestView::ReadPoint(void)                    //读入二维轮廓线的控制点坐标
{
    int n,q;                                        //v 向的控制点数与曲线次数，v 向为轮廓线
    n=4,q=2;                                        //半圆为 5 个顶点定义的二次曲线
    int r=200;                                      //半圆的半径
    CP2 P[5];                                       //半圆的控制点
    P[0] = CP2(0,r),  P[1] = CP2(-r,r),P[2] = CP2(-r,0),P[3] = CP2(-r,-r),P[4] = CP2(0,-r);
    double w[5];                                    //半圆的权因子
    w[0]=1.0,w[1]=sqrt(2.0)/2.0, w[2]=1.0,w[3]=sqrt(2.0)/2.0, w[4]=1.0;
   revolution.ReadNurbsControlPoint(P,w,n,q);                    //旋转体控制点初始化
    transform.SetMatrix(revolution.Vertex,9*(n+1));              //旋转体三维变换矩阵初始化
}
```

NURBS 球

NURBS 圆环面的初始化算法设计如下：

```
void CTestView::ReadPoint(void)            //读入二维轮廓线的控制点坐标
{
    int n,q;                                //v 向的控制点数-1 与曲线次数，v 向为轮廓线
    n=8,q=2;                                //整圆采用分段 Bezier 曲线定义，曲线次数为 2 次曲线
    int R = 100;                            //外圆半径
    int r = 50;                             //内圆半径
    CP2 P[9];                               //母线整圆
    P[0] = CP2(-R,0),P[1] = CP2(-R,r),P[2] = CP2(-R-r,r),P[3] = CP2(-R-2*r,r),P[4] =CP2(-R-2*r,0);
    P[5] = CP2(-R-2*r,-r),P[6] = CP2(-R-r,-r),P[7] = CP2(-R,-r),P[8] = CP2(-R,0),
    double w[9];                            //母线整圆权因子
    w[0] = 1.0, w[1] = sqrt(2.0)/2.0,w[2] = 1.0,w[3] = sqrt(2.0)/2.0,  w[4] = 1.0;
    w[5] = sqrt(2.0)/2.0,w[6] = 1.0,w[7] = sqrt(2.0)/2.0,  w[8] = 1.0;
    revolution.ReadNurbsControlPoint(P,w,n,q);          //旋转体控制点初始化
    transform.SetMatrix(revolution.Vertex,9*(n+1));     //旋转体三维变换矩阵初始化
}
```

NURBS 圆环

程序说明：revolution 是 CRevilution 类对象，代表旋转体。函数 ReadNurbsControlPoint 是 CRevilution 类的成员函数，负责读入母线的二维控制点 P、权因子 w、控制点数 n（n 为控

制点数减 1)、曲线次数 q。transform 是 CTransform3 类对象，代表三维几何变换。SetMatrix 是 CTransform3 类的成员函数，负责读入旋转体的全部控制点数组名 Vertex 和点数 $9(n+1)$，其中 9 代表准线整圆上的控制点数。准线整圆采用分段 Bezier 表示，共有 9 个控制点，$m = 8$，即 $m + 1 = 9$。$n + 1$ 代表母线上的控制点数，$(m+1)\times(m+1)$为旋转体上的全部控制点数。

6.7 NURBS 曲面绘制花瓶

6.7.1 知识要点

（1）轮廓线生成算法。
（2）整圆的生成算法。
（3）旋转体生成算法。
（4）旋转面网格模型生成算法。
（5）控制网格绘制算法。

6.7.2 案例描述

基于 Visual C++ 2010 的 MFC 框架，使用 NURBS 曲面方法制作“中国红牡丹花瓶”（以下简称花瓶）的网格模型。花瓶的正交投影效果如图 6.34 所示。

(a) 实物图

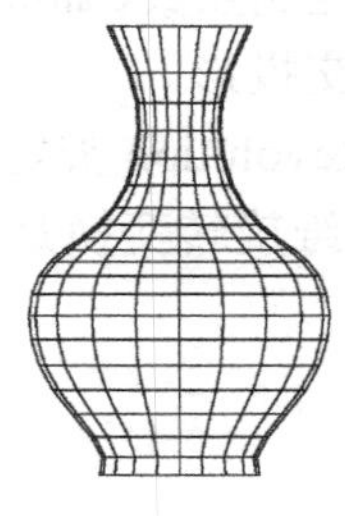

(b) 网格图

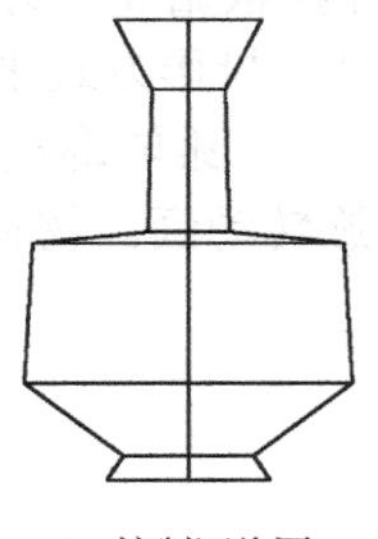

(c) 控制网格图

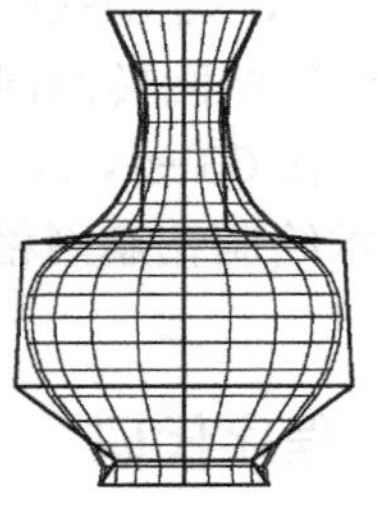

(d) 带控制网格的花瓶

图 6.34 花瓶

6.7.3 设计原理

1. 确定侧面轮廓线

先定义一条花瓶侧面轮廓线，如图 6.34 所示。该曲线是定义在 v 向的有 6 个控制点的 3 次 NURBS 曲线 $\boldsymbol{p}(v)$。以曲线 $\boldsymbol{p}(v)$ 为轮廓线，绕 y 轴旋转 360° 生成花瓶表面 $\boldsymbol{p}(u,v)$。P_j，$j = 0, 1,\cdots, n$ 为轮廓线 $p(v)$ 的控制点，$n = 6$，次数 $q = 3$，瓶身轮廓线控制点二维坐标为：$P_0(-90, 280)$，$P_1(-45, 190)$，$P_2(-50, 10)$，$P_3(-190, -5)$，$P_4(-200, -180)$，$P_5(-80, -270)$，$P_6(-100, -300)$，相应的权因子为 $\omega_0 = 1$，$\omega_1 = 2.0$，$\omega_2 = 2.0$，$\omega_3 = 2.0$，$\omega_4 = 2.0$，$\omega_5 =2.0$，$\omega_6 =1$。以上工作在 CTestView 类内完成。

2. 确定旋转体

将二维控制点装配为位于 xOy 面内的三维控制点，即控制点二维坐标为：$P_0'(-90, 280,0)$，$P_1'(-45, 190, 0)$，$P_2'(-50, 10, 0)$，$P_3'(-190, -5, 0)$，$P_4'(-200, -180, 0)$，$P_5'(-80, -270, 0)$，$P_6'(-100, -300, 0)$。然后将三维控制点沿整圆旋转成曲面。整圆是由 9 个控制点构成的分段有理 Bezier 圆，需要计算其余 8 列的

三维控制点和权因子。旋转面的控制点和权值按如下方法确定：对 $i=0$，控制点 $P_{i,j}=P_{0,j}=P_j$；对固定的 j，$P_{i,j}, 0\leqslant i\leqslant 8$ 位于 $y=y_j$ 平面内宽度为 $2x_j$、中心在 y 轴的正方形上。权值 ω_{ij} 定义为 ω_j 和圆的权值 ω_i 的乘积，即对固定的 j，$\omega_{0,j}=\omega_j$，$\omega_{1,j}=\sqrt{2}/2\,\omega_j, \omega_{2,j}=\omega_j, \omega_{3,j}=\sqrt{2}/2\,\omega_j, \cdots, \omega_{8,j}=\omega_j$。以上工作在自定义的 CRevolution 类中完成。

3. 绘制曲面和控制多边形

曲面 u 向采用 9 个控制点 $P_i, i=0,1,\cdots,m$，$m=8$ 的次数 $k=2$ 的圆弧的分段有理 Bezier 表示。节点矢量为 $\boldsymbol{U}=(0,0,0,1/4,1/4,1/2,1/2,3/4,3/4,1,1,1)$，权值为 $\omega_i=(1,\sqrt{2}/2,1,\sqrt{2}/2,1,\sqrt{2}/2,1,\sqrt{2}/2,1)$。曲面 v 向节点矢量为 $\boldsymbol{V}=(v_0,v_1,\cdots,v_{10})$，其值需要按照 Hartley-Judd 算法计算。以上工作在自定义的 CNurbsSurface 类内完成。

6.6.4 算法设计

（1）在 CTestView 类内定义 v 向的二维轮廓线及其二维权因子。

（2）在 CRevolution 类内，生成 u 向的控制点与权因子。u 向采用 9 个控制点构成的整圆表示。花瓶曲面上每个控制点的权因子为 u 向的权因子与 v 向轮廓线上权因子的乘积。曲面 u 向的节点矢量 $\boldsymbol{U}$ 可用 NURBS 方法定义分段 Bezier 整圆时得到，而曲面 v 向的节点矢量 $\boldsymbol{V}$ 则需要调用 Hartley-Judd 算法进行计算。

（3）在 CNurbsSurface 类内，根据 u、v 方向的控制点数、曲线次数、节点矢量，基于 NURBS 曲面方法绘制回转面网格模型。投影方式采用正交投影。

（4）在 CTestView 类内，用二维轮廓线为 CRevolution 类定义的旋转体对象赋值，基于双缓冲技术绘制花瓶网格模型旋转动画。物体的三维旋转变换是基于三维变换类 CTrandform3 实现的。

6.6.5 程序代码

1. 定义旋转体类

自定义旋转类 CRevolution，读入 v 向轮廓线的二维顶点坐标和二维权因子，计算由轮廓线旋转成的旋转体曲面上的全部控制网格顶点和权因子。

```
class CRevolution
{
public:
    CRevolution(void);
    ~CRevolution(void);
    void ReadNurbsControlPoint(CP2* ctrlP2,double* W2,int n,int q);    //读入二维轮廓线信息
    void CalculateControlGrid(CP2* pt);          //计算旋转体的控制网格
    void CalculateWeight(double* wt);            //计算曲面上的权因子
    void DrawRevolution(CDC* pDC);               //绘制旋转体
public:
    int m,p;                                     //u 向的控制点数-1 与曲线次数，u 向为整圆
    int n,q;                                     //v 向的控制点数-1 与曲线次数，v 向为轮廓线
    CP3* Vertex;                                 //存储控制网格顶点的一维数组
```

```
        double* Weight;                              //存储控制网格顶点的一维权因子数组
        CNurbsSurface NURBS;                         //NURBS 曲面对象
};
```

2. 读入轮廓线上的二维控制点

在 CTestView 类内，定义轮廓线的二维控制点 P2 和权因子 W2。花瓶侧面轮廓线的控制点数为 7 个，且位于 x 轴负向。

```
void CTestView::ReadPoint(void)
{
        int n,q;                                   //v 向的控制点数-1 与曲线次数，v 向为轮廓线
        n=6,q=3;                                   //轮廓线为 7 个顶点定义的三次曲线
        CP2 P2[7];                                 //轮廓线的二维控制点
        P2[0]=CP2(-90,280),P2[1]=CP2(-45,190) ,P2[2]=CP2(-50,10) ,P2[3]=CP2(-190,-5);
        P2[4]=CP2(-200,-180) ,P2[5]=CP2(-80,-270) ,P2[6]=CP2(-100,-300);
        double W2[7];                     //与轮廓线二维控制点相对应的二维权因子
        W2[0]=1.0,W2[1]=2.0,W2[2]=2.0,W2[3]=2.0,W2[4]=2.0,W2[5]=2.0,W2[6]=1.0;
        revolution.ReadNurbsControlPoint(P2,W2,n,q);             //旋转体控制点初始化
        transform.SetMatrix(revolution.Vertex,9*(n+1));      //旋转体三维变换矩阵初始化
}
```

3. 初始化旋转体

曲面上的全部控制点存储在一维数组 Vertex 中，权因子为 Weight，控制点总数为$(m+1)\times(n+1)$。曲面 u 向为分段 Bezier 表示的整圆，是一条有 9 个控制点的二次曲线。整圆的权因子为 uW。曲面上控制点的权因子 Weight 为 u 向整圆的权因子 uW 与 v 向轮廓线控制点的权因子 vW 的乘积。

```
void CRevolution::ReadNurbsControlPoint(CP2* ctrlP2,double* vW,int n,int q)
{
        m=8,p=2;                                              //u 向的 m 与 p
        this->n=n,this->q=q;                                  //v 向的 n 与 q
        Vertex=new CP3[(m+1)*(n+1)];                          //曲面上控制点的一维数组
        CalculateControlGrid(ctrlP2);                         //计算曲面上的一维控制点
        double uW[9];                                         //u 向整圆的权因子
        double c=sqrt(2.0)/2;                                 //计算控制网格的权因子
        uW[0]=1.0,uW[1]=c,uW[2]=1.0,uW[3]=c,uW[4]=1.0,uW[5]=c,uW[6]=1.0,uW[7]=c,uW[8]=1.0;
        Weight=new double[(m+1)*(n+1)];                       //曲面上权因子一维数组
        for(int j=0;j<n+1;j++)
                for(int i=0;i<m+1;i++)
                        Weight[(m+1)*j+i]=vW[j]*uW[i];
}
```

4. 定义 NURBS 曲面类

自定义 NURBS 曲面类 CNurbsSurface，读入 CRevolution 计算的曲面信息。曲面 u 向为整圆，u 向节点矢量直接赋值。曲面 v 向调用 GetKnotVector 函数计算节点矢量值。基于 u、v 向的节点矢量 $\boldsymbol{U}$ 和 $\boldsymbol{V}$，调用 BasisFunctionValue 函数计算曲线上的坐标点。调用 OrthogonalProjection 函数对坐标点进行正交投影后，绘制旋转体曲面网格及其控制网格。

```
class CNurbsSurface
{
public:
	CNurbsSurface(void);
	~CNurbsSurface(void);
	void Initialize(CP3** P3, double** W3,int m,int p,int n,int q);            //曲面参数初始化
	void DrawNurbsSurface(CDC* pDC);                                            //绘制曲面
	void DrawControlGrid(CDC* pDC);                                             //绘制控制网格
private:
	void GetKnotVector(double* T,int nCount,int num,int order);                //获取节点矢量
	double BasisFunctionValue(double u,int i,intorder,double* T);              //计算基函数
	CP2 OrthogonalProjection(CP3 Point3);                                       //正交投影
	void ReleaseMemory();                                                       //释放内存
private:
	int m,p;                                    //m 为 u 向的顶点数减 1，p 为次数
	int n,q;                                    //n 为 v 向的顶点数减 1，q 为次数
	CP3** P;                                    //P 为三维控制点二维数组表示
	double** W;                                 //W 为三维控制点 P 的权因子
	double** U;                                 //U 为 u 向节点矢量数组
	double** V;                                 //V 为 v 向节点矢量数组
};
```

5．初始化曲面参数

读入定义曲面所需的二维控制点 P3 和二维权因子 W3。读入 u、v 方向的控制点数 m、n 和次数 p、q 后，就可以调用 CNurbsSurface 类的 Initialize 成员函数绘制花瓶曲面。u 向是分段 Bezier 表示的整圆，其节点矢量 $\boldsymbol{U}$ 不需要计算，可以直接赋值。v 向节点矢量 $\boldsymbol{V}$ 需要使用 Hartley-Judd 算法计算。

```
void CNurbsSurface::Initialize(CP3** P3,double** W3,int m,int p,int n,int q)
{
	this->m=m,this->p=p;                        //u 向的 m 与 p
	this->n=n,this->q=q;                        //v 向的 n 与 q
	P=new CP3*[n+1];                            //建立控制顶点的动态二维数组
	for(int j=0;j<n+1;j++)
		P[j]=new CP3[m+1];
	W=new double*[n+1];                         //建立权因子的动态二维数组
	for(int j=0;j<n+1;j++)
		W[j]=new double[m+1];
	for(int j=0;j<n+1;j++)
		for(int i=0;i<m+1;i++)
			P[j][i]=P3[j][i];                   //读入控制点
	for(int j=0;j<n+1;j++)
		for(int i=0;i<m+1;i++)
			W[j][i]=W3[j][i];
	U=new double*[n+1];                         //建立 u 向节点矢量动态数组
	for(int j=0;j<n+1;j++)
		U[j]=new double[m+p+2];
```

```
        for(int j=0;j<n+1;j++)                                //u 向节点矢量不需要计算，可以直接赋值
        {
            U[j][0]=0.0,U[j][1]=0.0, U[j][2]=0.0, U[j][3]=0.25,U[j][4]=0.25,U[j][5]=0.5;
            U[j][6]=0.5,U[j][7]=0.75,U[j][8]=0.75,U[j][9]=1.0, U[j][10]=1.0,U[j][11]=1.0;
        }
        V=new double*[m+1];    //建立 v 向节点矢量动态数组，v 向节点矢量使用哈德利算法获得
        for(int i=0;i<m+1;i++)
            V[i]=new double[n+q+2];
    }
```

6.7.6　案例总结

花瓶是由 xOy 面内的一条轮廓线绕 y 轴旋转 360°形成的旋转面。花瓶轮廓线是由 7 个控制点定义的三次 NURBS 曲线，如图 6.35 所示。该轮廓线绕 y 轴旋转成曲面的方法，如图 6.36 所示。曲面 u 向的节点矢量是整圆的节点矢量，直接赋值，不需要计算；而曲面 v 向的节点矢量需要使用 Hartley-Judd 算法进行计算。花瓶三维曲面运行效果如图 6.37 所示。事实上这是一个没有底部的花瓶，底部请读者自行添加。添加瓶底的花瓶参见图 6.47。受篇幅所限，本节只给出旋转面主要类的定义，完整代码请参见附录 A 中的课程设计部分。

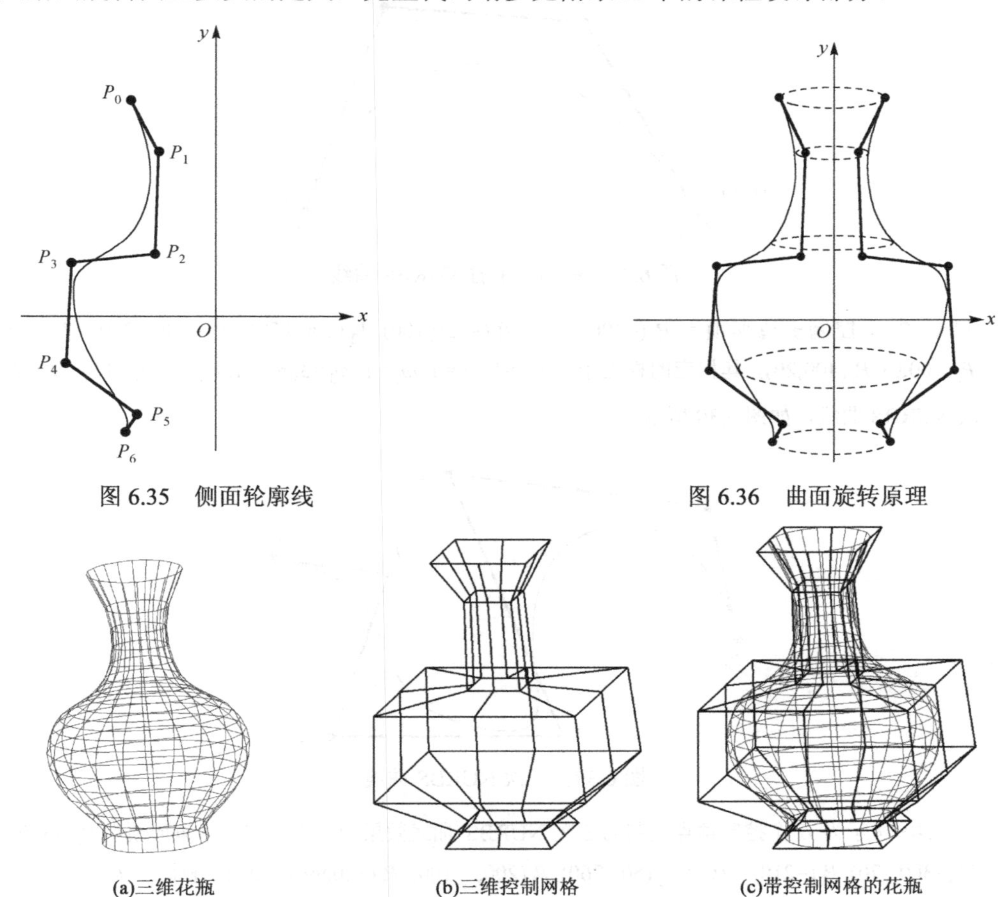

图 6.35　侧面轮廓线

图 6.36　曲面旋转原理

图 6.37　任意向视图

6.8 本章小结

非均匀有理B样条（NURBS）以统一的方法，在保留非有理B样条方法描述自由形状强大功能的基础上，扩充了精确表示二次曲线曲面的功能。本章先给出了NURBS曲线曲面的三种等价表示方式，研究了NURBS曲线曲面的性质及权因子的几何意义，重点介绍了NURBS精确表示圆弧的方法，为制作旋转体储备了知识。在曲面部分重点介绍了轮廓线旋转而成旋转面的NURBS表示方法。本书给出的三维投影仅采用斜投影或正交投影方式。如果读者需要透视投影方式，请参看拙作《计算机图形学基础教程（Visual C++版）》一书。

6.9 习　　题

1．当$n=k=3$时，试绘制三次NURBS曲线，取权因子$\omega_1=1, \omega_2=2, \omega_3=2, \omega_4=1$，效果如图6.38所示。

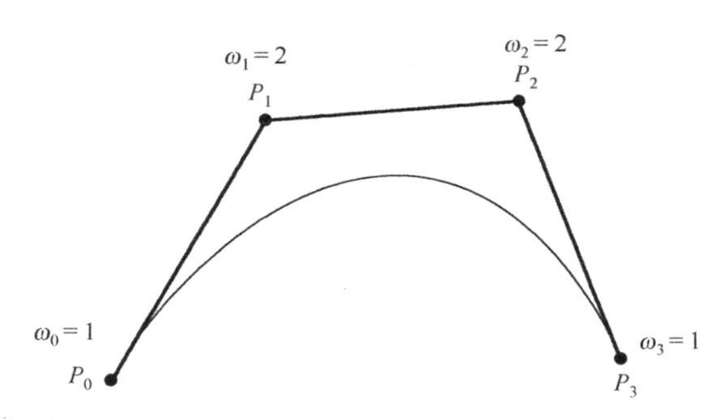

图6.38　$n=k=3$的NURBS曲线

2．已知7个控制多边形顶点$P_0(-400,-100)$, $P_1(-350,100)$, $P_2(100,150)$, $P_3(-100,-250)$, $P_4(300,-250)$, $P_5(200,0)$, $P_6(400,20)$，其相应的权因子为$\omega_0=1, \omega_1=1, \omega_2=1, \omega_3=3, \omega_4=1, \omega_5=1, \omega_6=1$。试编程绘制三次NURBS曲线，如图6.39所示。

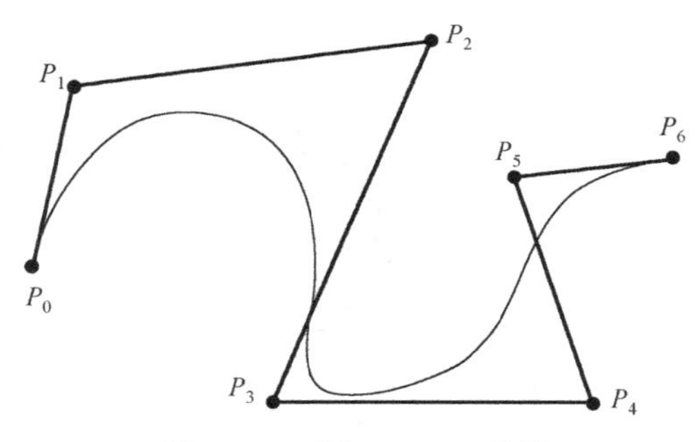

图6.39　三次NURBS曲线

3．图6.40所示为6个控制顶点绘制的三次NURBS曲线效果图，已知控制多边形顶点$P_0(-340, -120)$, $P_1(-300, 70)$, $P_2(-210, -160)$, $P_3(50, 260)$, $P_4(200, -100)$, $P_5(320,99)$，相应的权因子为$\omega_0=1, \omega_1=1/2, \omega_2=1, \omega_3=2, \omega_4=4, \omega_5=1$，试编程绘制该NURBS曲线。程序中要求使用蓝色圆圈标注出分段连接点。

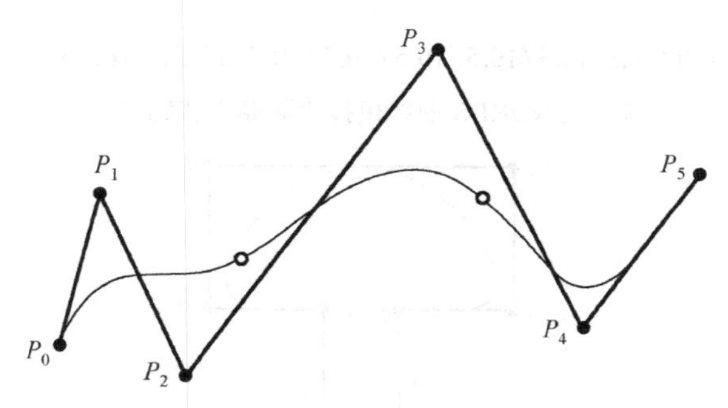

图 6.40　三次 NURBS 曲线

4．已知控制多边形顶点 $P_0(-400, 0)$，$P_1(-200, 0)$, $P_2(-200, 250)$, $P_3(100, 250)$, $P_4(200, -30)$, $P_5(0, -200)$。权因子为 $\omega_0 = 1, \omega_1 = 1, \omega_2 = 1, \omega_4 = 1, \omega_5 = 1$。分别令 $\omega_3 = 0, 1, 2$，试编程绘制三次 NURBS 曲线，如图 6.41 所示。

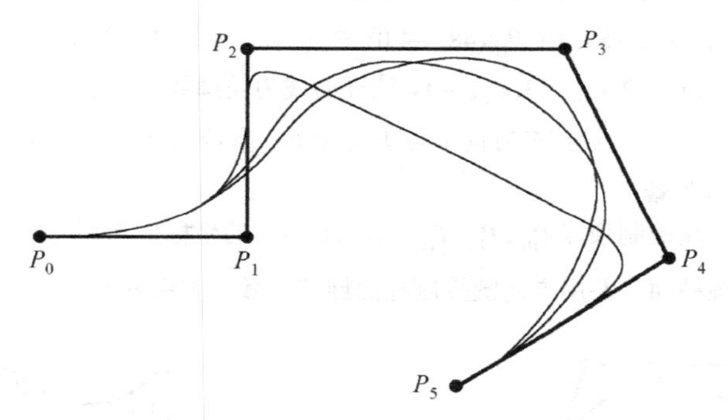

图 6.41　权因子 ω_3 对 NURBS 曲线形状的影响

5．使用分段有理二次 Bezier 绘制图 6.42 所示圆弧。已知圆弧所对的圆心角为 120°，起始角为 10°，半径为 $r = 200$。权因子为 $\omega_0 = \omega_1 = \omega_2 = 1$，$\omega_1 = \omega_3 = \cos(\theta/4)$。节点矢量 $\boldsymbol{T} = [0,0,0,1/2,1/2,1,1,1]$。（1）试用三角关系和旋转矢量计算 6 个控制点 P_0, P_1, P_2, P_3, P_4 和 P_5 的坐标值；（2）编程绘制该段圆弧。

6．位于正方形上的 9 个控制点定义单位圆。

已知控制点为 $P = [(1,0),(1,1),(0,1),(-1,1),(-1,0)(-1,-1),(0,-1),(1,-1),(1,0)]$。

节点矢量为 $\boldsymbol{T} = [0,0,0,1/4,1/4,1/2,1/2,3/4,3/4,1,1,1]$。

权因子为 $\omega = [1,\sqrt{2}/2,1,\sqrt{2}/2,1,\sqrt{2}/2,1,\sqrt{2}/2,1]$。试编程绘制整圆，效果如图 6.43 所示。

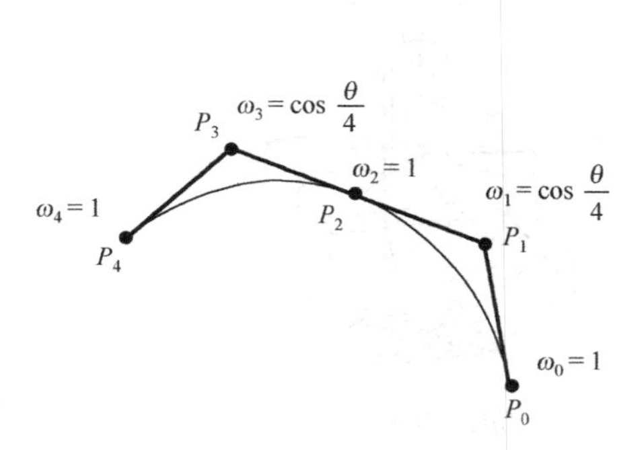

图 6.42　$|\theta| = 120°$ 圆弧的分段有理 Bezier 表示

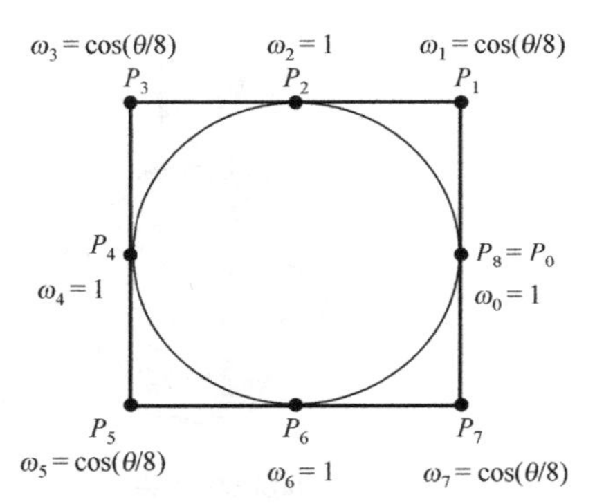

图 6.43　9 个控制点定义的整圆

7．已知节点矢量 $\boldsymbol{T}=[0,0,0,0,3/,10,3/10,5/10,5/10,7/10,7/10,1,1,1,1]$。试按图 6.44 所示给定 9 个控制点坐标，并调整权因子，用三次 NURBS 曲线模拟“蘑菇”状物体。

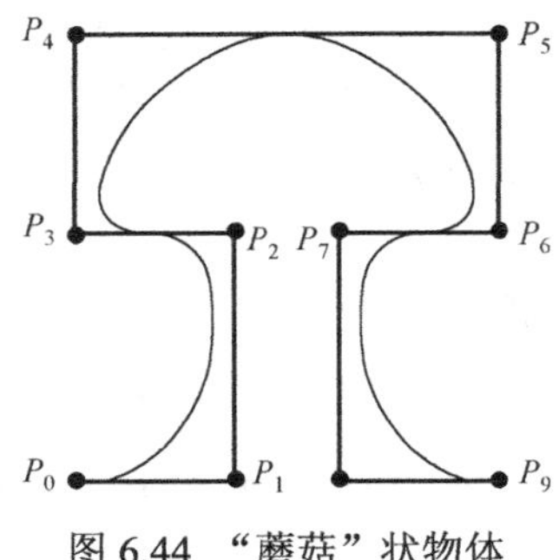

图 6.44 “蘑菇”状物体

8．定义在节点矢量 $\boldsymbol{U}$ 上的三次 NURBS 曲线如图 6.45 所示，该曲线控制顶点为 $P_{00}(-246,\ -11,0)$, $P_{01}(-194,\ 169,0)$, $P_{02}(-5,169,\ 0)$, $P_{03}(48,\ -4,0)$, $P_{04}(237,\ -4,0)$, $P_{05}(280,\ 60,\ 0)$，相应的权因子为 $\omega_{00}=1$, $\omega_{01}=1$, $\omega_{02}=2$, $\omega_{03}=2$, $\omega_{04}=1$, $\omega_{05}=1$，该开曲线为轮廓线，沿方向单位矢量 $\boldsymbol{d}(0,\ 0,\ 1)$平行扫描距离 $h=350$，生成一柱面。设扫描方向节点矢量为 $\boldsymbol{V}$，参数为 v，且 $v\in[0,1]$。

（1）写出 $\boldsymbol{V}$ 的节点矢量。

（2）写出柱面另一端控制顶点 $P_{10}, P_{11}, P_{12}, P_{13}, P_{14}, P_{15}$ 的坐标值和相应的权因子。

（3）试编程绘制该柱面，并用方向键控制柱面旋转，效果如图 6.46 所示。

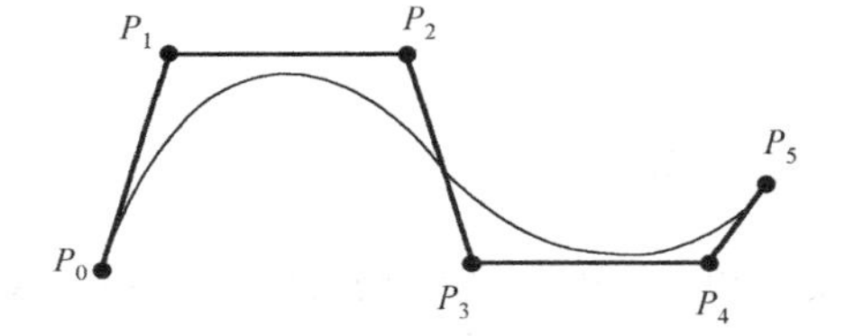

图 6.45 NURBS 轮廓

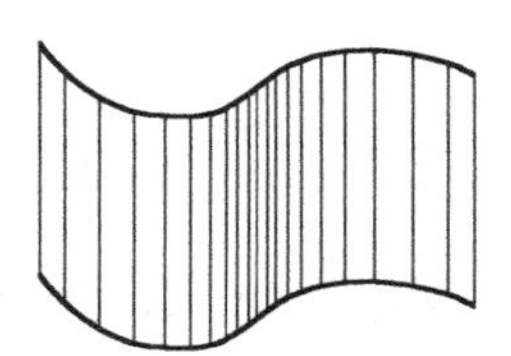

图 6.46 NURBS 柱面

9．花瓶底面是以一次 NURBS 曲线为轮廓线绕 y 轴旋转而成的。瓶底轮廓线控制顶点为 $P_0(0,\ -229,\ 0)$, $P_1(-30,\ -229,\ 0)$, $P_2(-50,\ -229,\ 0)$, $P_3(-83,-229,\ 0)$，相应的权因子为 $\omega_0=\omega_1=\omega_2=\omega_3=1$，节点矢量按照 Hartley-Judd 算法方法计算。试绘制有瓶底的花瓶，效果如图 6.47 所示。

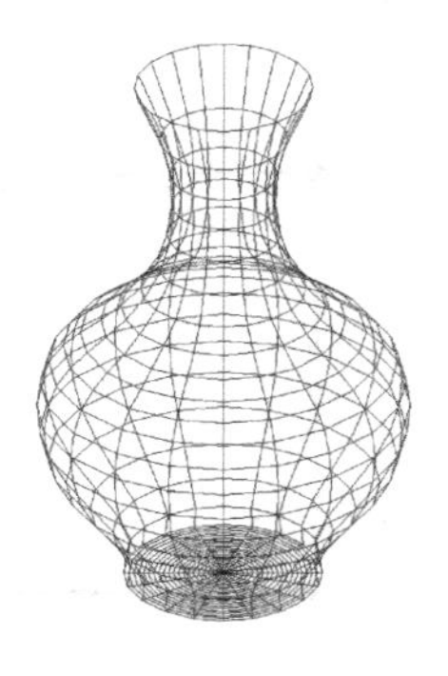

(a)无控制网格

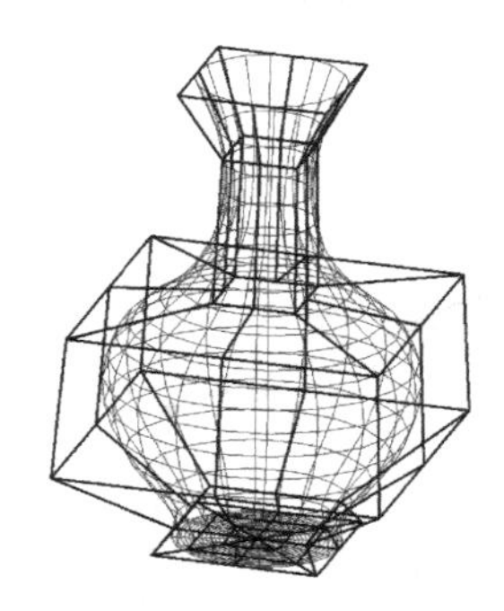

(b)带控制网格

图 6.47 NURBS 绘制的有底花瓶

10. 测量 6.48(a)所示的白兰地酒杯，自定义侧面轮廓线的控制点与权因子。试基于旋转面技术绘制图 6.48(b)和图 6.48(c)所示的三维酒杯。

(a)实物图

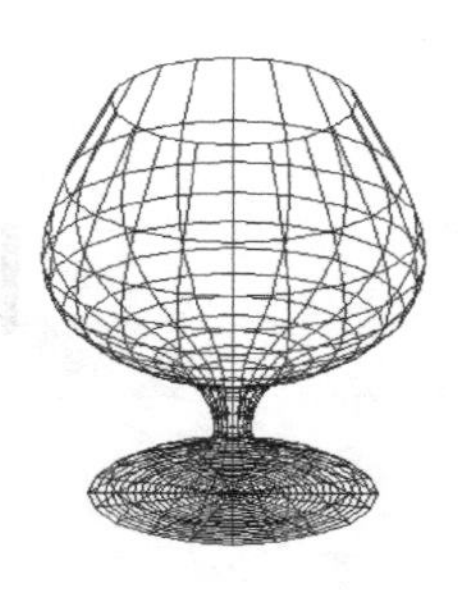

(b)三维投影图

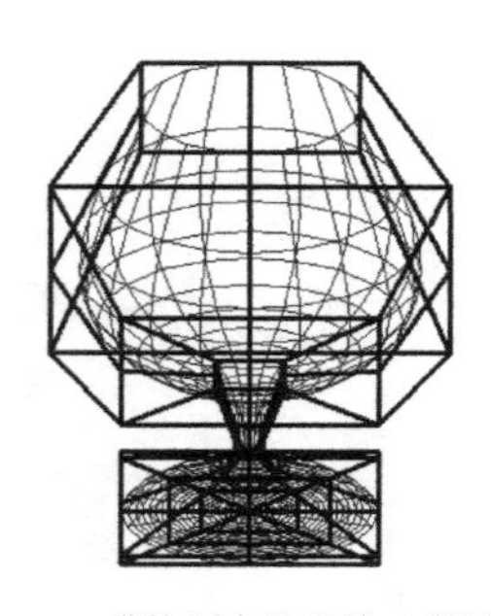

(c)带控制多边形的三维图

图 6.48　NURBS 绘制的白兰地酒杯

附录A

A.1　实验项目

一、绘制三次 Bezier 曲线

1.1　实验描述

给定 4 个控制点坐标：$P_0=(-400,-200)$，$P_1=(-200,100)$，$P_2=(200,200)$，$P_3=(300,-200)$，试基于三次 Bezier 基函数绘制曲线及控制多边形。

1.2　实验目的

1. 熟悉自定义二维坐标系的程序代码。
2. 熟悉三次 Bezier 基函数的定义。
3. 熟悉 Visual C++ 2010 开发环境。
4. 熟悉画笔与画刷的使用方法。
5. 熟悉使用直线段连接绘制曲线的算法。

1.3　实验要求

1. 使用 Visual C++ 2010 或 Visual C++ 2015 的 MFC 框架开发。统一定义工程名为 Test，存储在 D 盘符下。做完实验后，将 D 盘下的 Test 文件夹修改为“学号＋姓名＋实验项目名”。
2. 自定义二维坐标系，窗口客户区中心为坐标系原点，x 轴水平向右为正，y 轴垂直向上为正。
3. 使用画笔定义线条的颜色。Bezier 曲线使用 1 像素宽的蓝色直线段绘制。
4. 使用画刷填充控制点。控制多边形使用三像素宽的黑色实线绘制，控制点为半径为 5 像素的黑色实心点。

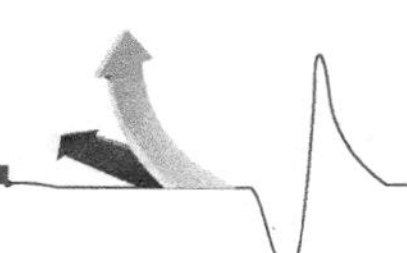

1.4 实验指导

1．三次 Bezier 曲线所需的 4 个 Bernstein 基函数：

（1）$B_{0,3}(t)=-t^3+3t^2-3t+1=(1-t)^3$；

（2）$B_{1,3}(t)=3t^3-6t^2+3t=3t(1-t)^2$。

（3）$B_{2,3}(t)=-3t^3+3t^2=3t^2(1-t)$；

（4）$B_{3,3}(t)=t^3$。

2．建议 4 个控制点在 CTestView 类的构造函数内赋值。

1.5 实验效果

三次 Bezier 曲线绘制效果如图 A.1.1 所示。

1.6 实验拓展

给定 3 个控制点坐标：$P_0=(-200,-150)$，$P_1=(50,200)$，$P_2=(200,-100)$，基于二次 Bezier 基函数绘制二次 Bezier 曲线，效果如图 A.1.2 所示。

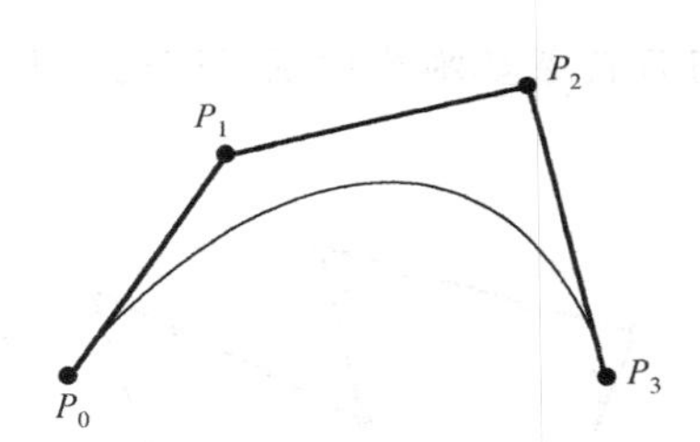

图 A.1.1 三次 Bezier 曲线

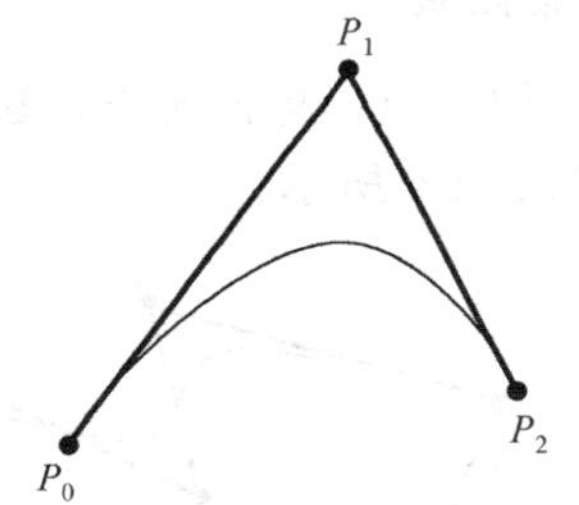

图 A.1.2 二次 Bezier 曲线绘制圆

二、绘制三次均匀 B 样条曲线

2.1 实验描述

已知 6 个控制点坐标为 $P_0=(-460,-49)$，$P_1=(-355,204)$，$P_2=(-63,241)$，$P_3=(66,-117)$，$P_4=(264,-101)$，$P_5=(400,208)$，曲线次数为 3 次，节点矢量取均匀类型。试基于三次均匀 B 样条基函数，绘制曲线及控制多边形。

2.2 实验目的

1．熟悉三次均匀 B 样条基函数在 $t\in[0,1]$ 区间上的定义。

2．熟悉三次均匀 B 样条曲线的几何意义。

2.3 实验要求

1．自定义二维坐标系，窗口客户区中心为坐标系原点，x 轴水平向右为正，y 轴垂直向上为正。

2．控制多边形使用 3 像素宽的黑色实线绘制；均匀 B 样条曲线使用 1 像素宽的红色直线绘制。

2.4　实验指导

1．三次均匀 B 样条曲线所需的 4 个 Bernstein 基函数：

（1）$F_{0,3}=\dfrac{(1-t)^3}{6}$。

（2）$F_{1,3}=\dfrac{3t^3-6t^2+4}{6}$。

（3）$F_{1,3}=\dfrac{-3t^3+3t^2+3t+1}{6}$。

（4）$F_{1,3}=\dfrac{t^3}{6}$。

2．建议 6 个控制点在 CTestView 类的构造函数内赋值。

2.5　实验效果

三次均匀 B 样条曲线绘制效果如图 A.1.3 所示。

2.6　实验拓展

在相同的控制点坐标情况下，试基于二次均匀 B 样条基函数绘制二次均匀 B 样条曲线，绘制效果如图 A.1.4 所示。

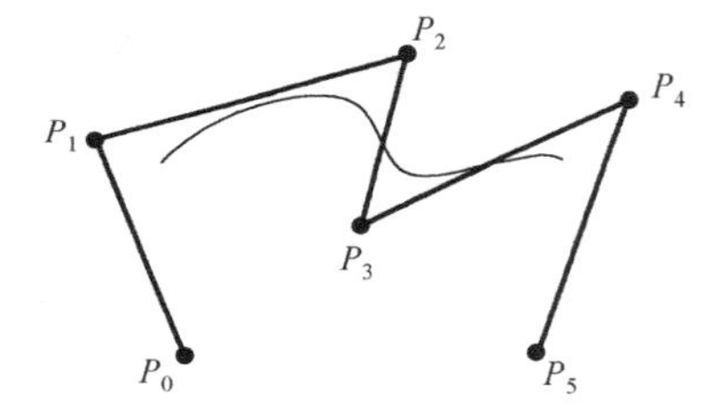

图 A.1.3　三次均匀 B 样条曲线

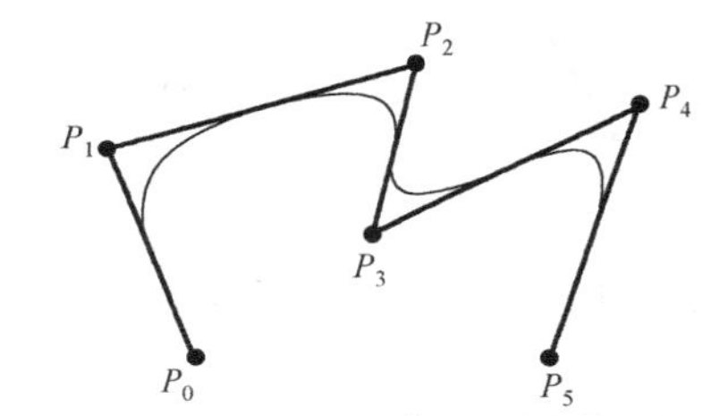

图 A.1.4　二次均匀 B 样条曲线

三、绘制三次非均匀 B 样条曲线

3.1　实验描述

已知 6 个控制点坐标为：P_0=(−250, 225), P_1= (−155, −75)，P_2= (60, −13)，P_3= (83, −120)，P_4= (235, 190)，P_5= (63, 155)。曲线次数为 3 次。节点矢量取非均匀类型，试基于 Hartley-Judd 算法绘制曲线及控制多边形。

3.2　实验目的

1．熟悉非均匀 B 样条节点矢量的计算方法。

2．熟悉 B 样条基函数递推算法。

3.3　实验要求

1．自定义二维坐标系，窗口客户区中心为坐标系原点，x 轴水平向右为正，y 轴垂直向上为正。

2．控制多边形使用 3 像素宽的黑色实线绘制；非均匀 B 样条曲线使用 1 像素宽的蓝色直线绘制。

3.4 实验指导

1．B 样条基函数递推算法

根据参数 t 值和曲线次数 k 与节点矢量数组 knot，计算第 i 个 k 次的 B 样条基函数 $F_{i,k}(t)$。de Boor-Cox 递推公式如下：

$$\begin{cases} F_{i,0}(t)=\begin{cases}1, & t_i \leqslant t < t_{i+1} \\ 0, & 其他\end{cases} \\ F_{i,k}(t)=\dfrac{t-t_i}{t_{i+k}-t_i}F_{i,\,k-1}(t)+\dfrac{t_{i+k+1}-t}{t_{i+k+1}-t_{i+1}}F_{i+1,\,k-1}(t) \\ 约定\dfrac{0}{0}=0 \end{cases} \tag{A.3.1}$$

2．Hartley-Judd 算法

Hartley 和 Judd 根据曲线的连续性，分别考察每个控制多边形的 k 条边的和，然后再进行规范化。定义域内节点区间长度按下式计算：

$$t_i-t_{i-1}=\frac{\sum\limits_{j=i-k}^{i-1}l_j}{\sum\limits_{i=k+1}^{n+1}\sum\limits_{j=i-k}^{i-1}l_j},\quad i=k+1,k+2,\cdots,n+1 \tag{A.3.2}$$

式中，l_j 为控制多边形的边长，$l_j=|P_i-P_{i-1}|$，$j=1,2,\cdots,n$，于是得到节点值

$$\begin{cases} t_k=0 \\ t_i=\sum\limits_{j=k+1}^{i}(t_j-t_{j-1}), & i=k+1,k+2,\cdots,n \\ t_{n+1}=1 \end{cases} \tag{A.3.3}$$

3．建议 6 个控制点在 CTestView 类的构造函数内赋值。

3.5 实验效果

三次均匀 B 样条曲线绘制效果如图 A.1.5 所示。

3.6 实验拓展

6 个控制点可绘制三段非均匀 B 样条曲线。用空心圆点或线条颜色区分各分段，如图 A.1.6 所示。试编程实现。

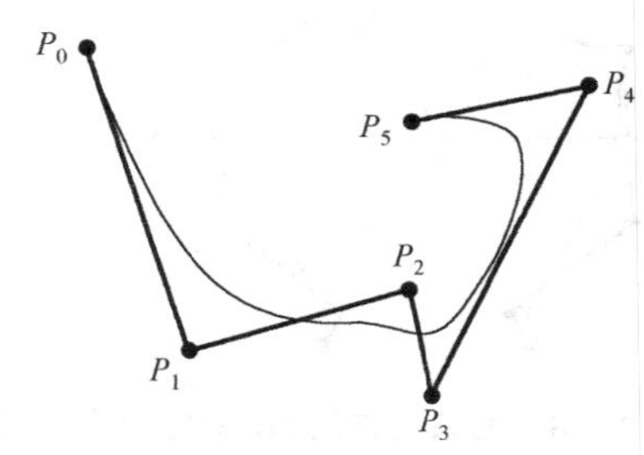

图 A.1.5 三次均匀 B 样条曲线

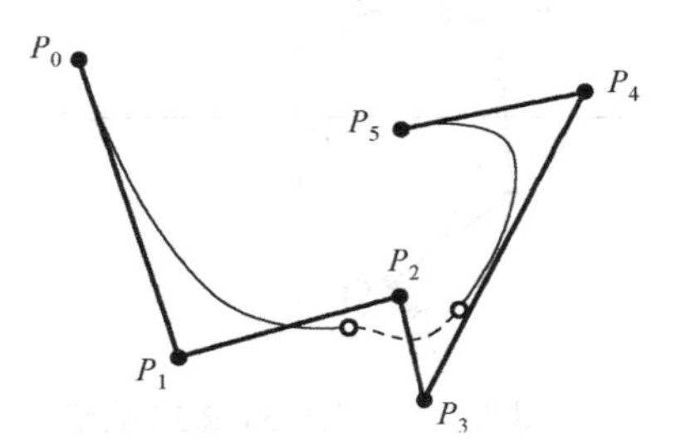

图 A.1.6 绘制分段连接点的三次均匀 B 样条曲线

四、绘制三次 NURBS 曲线

4.1 实验描述

已知 7 个控制点坐标为：$P_0=(-90, 280), P_1=(-45, 190), P_2=(-50, 10), P_3=(-190, -5), P_4=(-200, -180), P_5=(-80, -270), P_6=(-100, -300)$，其相应的权因子为 $\omega_0=1, \omega_1=2, \omega_2=2, \omega_3=2, \omega_4=2, \omega_5=2, \omega_6=1$。曲线次数为 3 次，节点矢量取非均匀类型。试绘制 NURBS 曲线及控制多边形。

4.2 实验目的

1．熟悉权因子的几何意义及其对曲线的影响。
2．熟悉 NURBS 曲线的计算步骤。

4.3 实验要求

1．自定义二维坐标系，窗口客户区中心为坐标系原点，x 轴水平向右为正，y 轴垂直向上为正。
2．控制多边形使用 3 像素宽的黑色实线绘制；NURBS 样条曲线使用 1 像素宽的蓝色直线绘制。

4.4 实验指导

1．已知控制点坐标与相应的权因子，由于 $\omega_0=1$，$\omega_6=1$，所以这是一条标准型 NURBS 曲线，节点矢量使用 Hartley-Judd 算法计算。
2．NURBS 曲线的基函数使用 de Boor-Cox 递推公式计算。

4.5 实验效果

三次 NURBS 曲线绘制效果如图 A.1.7 所示。

4.6 实验拓展

在上述控制点关于 y 轴的对称位置再绘制一条三次 NURBS 曲线，如图 A.1.8 所示。试编程实现。

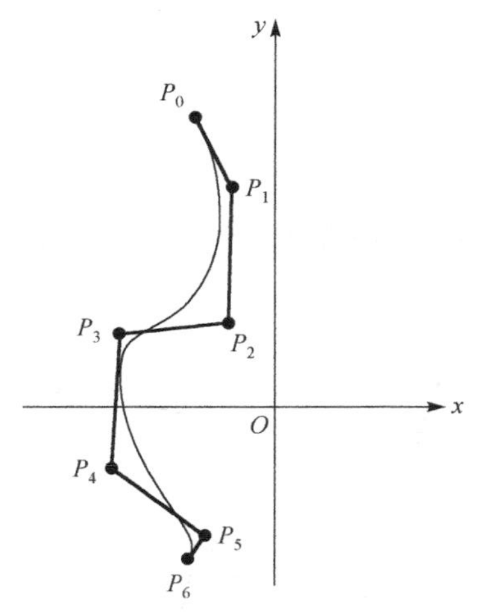

图 A.1.7 三次 NURBS 曲线

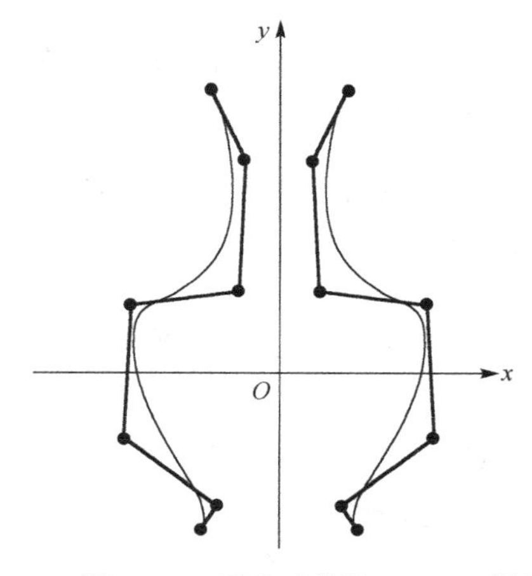

图 A.1.8 两条对称的 NURBS 样条曲线

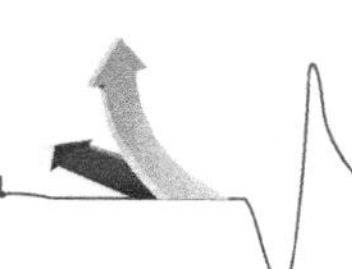

五、精确绘制整圆

5.1 实验描述

给出第一象限的控制点 P_0 =(200, 0), P_1 = (200,200), P_2 = (0, 200)和权因子 $\omega_0 = 1$, $\omega_1 = \sqrt{2}/2$, ω_2 =1 定义的 90°圆弧。试用二次分段有理 Bezier 表示方法由正方形上的 9 个控制点定义一个整圆，编程绘制整圆及控制多边形。

5.2 实验目的

1．熟悉整圆的二次分段有理 Bezier 表示方法。
2．熟悉分段有理 Bezier 定义整圆的重节点取法。
3．熟悉分段有理 Bezier 定义整圆的权因子取法。

5.3 实验要求

1．自定义二维坐标系，窗口客户区中心为坐标系点，x 轴水平向右为正，y 轴垂直向上为正。
2．控制多边形使用 3 像素宽的黑色实线绘制，圆使用 1 像素宽的蓝色直线绘制。

5.4 实验指导

1．位于正方形上的九个控制点为：P_0= (200, 0), P_1= (200, 200), P_2= (0, 200), P_3= (–200, 200), P_4= (–200, 00), P_5= (–200, –200), P_6= (0, –200), P_7= (200, –200), P_8= (200, 0)。
2．利用重节点将 4 段 90°圆弧拼接起来，节点矢量为

$$\boldsymbol{T} = [0,0,0,1/4,1/4,2/4,2/4,3/4,3/4,1,1,1]$$

3． 9 个控制点对应的权因子为 $\omega_0 = 1, \omega_1 = \sqrt{2}/2, \omega_2 = 1, \omega_3 = \sqrt{2}/2, \omega_4 = 1, \omega_5 = \sqrt{2}/2, \omega_6 = 1$, $\omega_7 = \sqrt{2}/2, \omega_8 = 1$。

5.5 实验效果

二次分段有理 Bezier 曲线绘制整圆效果如图 A.1.9 所示。

5.6 实验拓展

由位于正三角形上的 7 个控制点定义整圆，如图 A.1.10 所示。试编程实现。

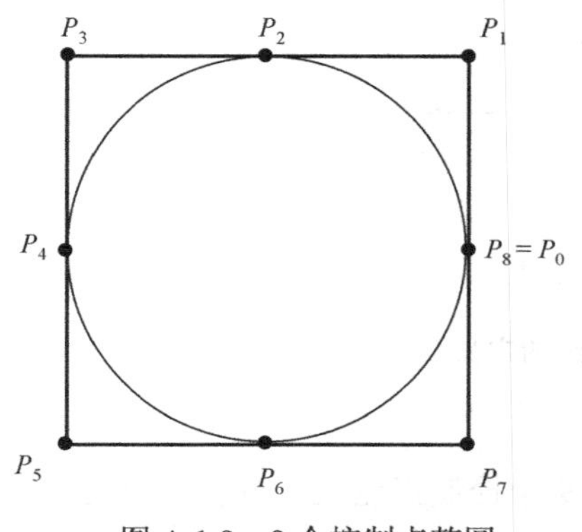

图 A.1.9 9 个控制点整圆

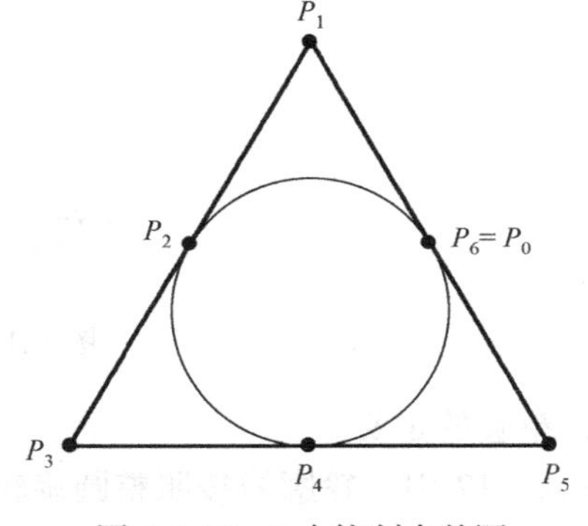

图 A.1.10 7 个控制点整圆

六、制作 NURBS 球面

6.1　实验描述

将端点落在 y 轴上的半圆绕 y 轴旋转 360°构造球面，使用双二次 NURBS 曲面绘制，称为 NURBS 球面。试编程绘制 NURBS 球面及其控制网格。

6.2　实验目的

1．熟悉 NURBS 曲面的定义方法。
2．熟悉分段 Bezier 定义整圆方法。

6.3　实验要求

1．自定义二维坐标系，窗口客户区中心为坐标系原点，x 轴水平向右为正，y 轴垂直向上为正。
2．控制多边形使用 3 像素宽的黑色实线绘制，NURBS 曲线使用 1 像素宽的蓝色直线绘制。

6.4　实验指导

1．NURBS 球面构造算法

球面的曲面定义为

$$p(u,v)=\frac{\sum_{i=0}^{8}\sum_{j=0}^{4}N_{i,2}(u)N_{j,2}(v)\omega_{ij}P_{ij}}{\sum_{i=0}^{8}\sum_{j=0}^{4}N_{i,2}(u)N_{j,2}(v)\omega_{ij}} \tag{A.3.4}$$

2．半圆轮廓线的定义

图 A.1.11 中，半圆轮廓线使用 5 个控制点定义。与控制多边形相切处的控制点的权因子为 1，与控制多边形不相切处的控制点的权因子为 $\sqrt{2}/2$ 。在球面的南北极处，控制点都被重复了 9 次。$P_{00}=\cdots=P_{80}$， $P_{04}=\cdots=P_{84}$ 。

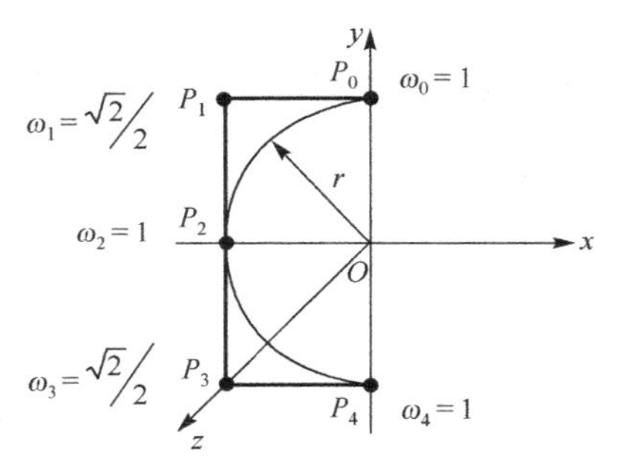

图 A.1.11　半圆轮廓线的定义

3．整圆的定义

图 A.1.12 中，轮廓线按照整圆旋转。整圆使用 9 个控制点定义。同样，与控制多边形相切处的控制点的权因子为 1，与控制多边形不相切处的控制点的权因子为 $\sqrt{2}/2$ 。

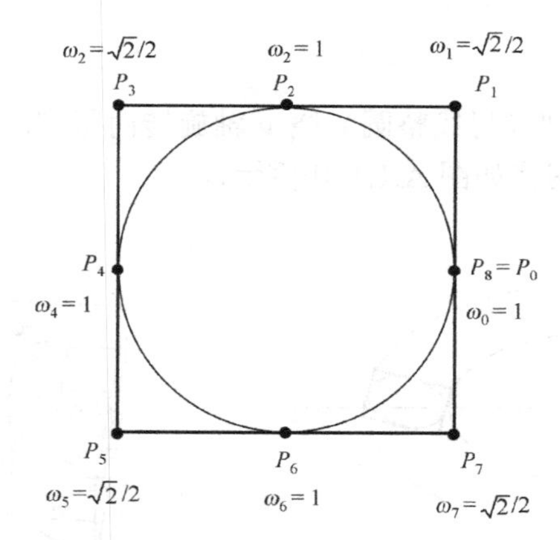

图 A.1.12 整圆分段有理 Bezier 表示

4．球面上控制点权因子的计算

图 A.1.13 中，旋转体上控制点的权值 ω_{ij} 定义为半圆的权值 ω_j 和整圆的权值 ω_i 的乘积，即对固定的 j，$\omega_{0,j}=\omega_j,\omega_{1,j}=\sqrt{2}/2\,\omega_j,\omega_{2,j}=\omega_j,\omega_{3,j}=\sqrt{2}/2\,\omega_j,\cdots,\omega_{8,j}=\omega_j$。

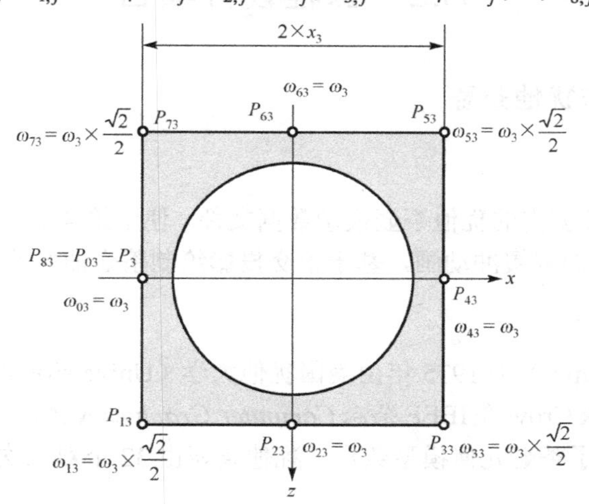

图 A.1.13 球体上控制点及权因子

6.5 实验效果

NURBS 球面绘制效果如图 A.1.14 所示。

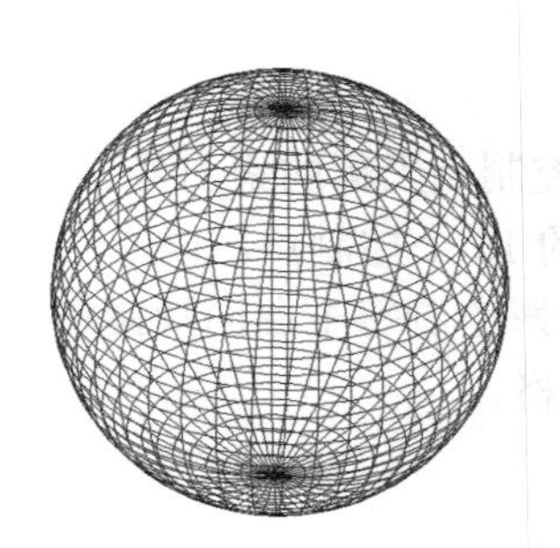

(a)无控制多边形

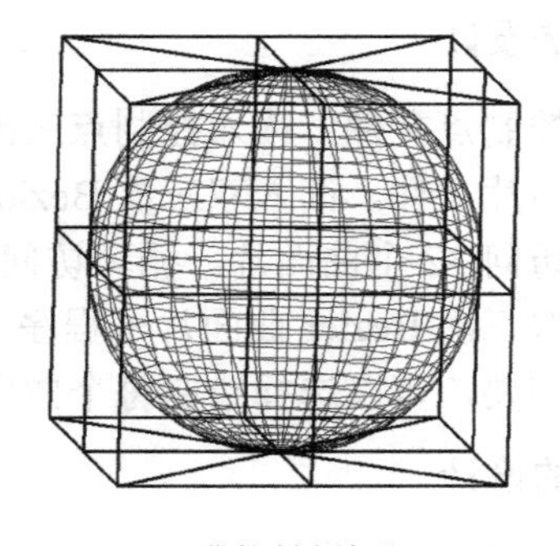

(b)带控制多边形

图 A.1.14 NURBS 球

6.6 实验拓展

圆环面是通过把一个整圆（母线整圆）绕 y 轴旋转而得到的，如图 A.1.15(a)所示。圆环面及其 NURBS 表示的控制网格如图 A.1.15(b)所示。

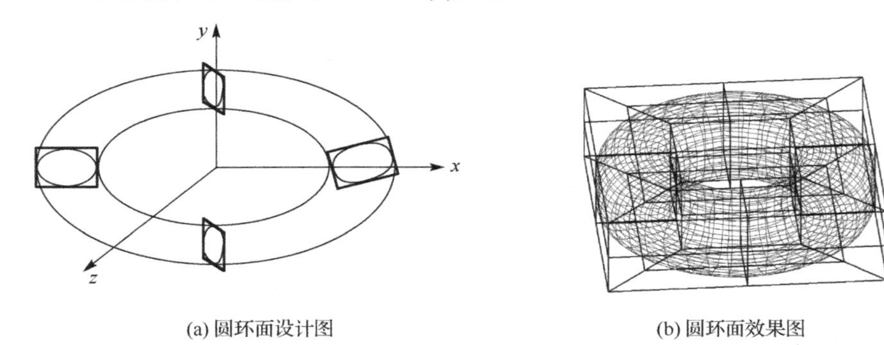

(a) 圆环面设计图　　(b) 圆环面效果图

图 A.1.15　NURBS 圆环

A.2　课程设计项目

一、Bezier 曲面制作犹他茶壶

犹他茶壶

1.1　设计任务

读入 Martin Newell 创作的犹他茶壶模型数据文件，使用第 4 章给出的双三次 Bezier 曲面片定义，制作茶壶旋转的双缓冲动画，基于正交投影绘制茶壶曲面的网格模型。

1.2　设计理想

犹他茶壶（Utah teapot）于 1975 年由美国犹他大学（University of Utah）的 Martin Newell 发明。1987 年 1 月，Frank Crow 在 IEEE 杂志 *Computer Graphics & Application* 上发表了 *Displays on Display* 一文，公布了茶壶几何模型数据。犹他茶壶由 32 个双三次 Bezier 曲面片构成，控制点总数为 306 个。

犹他茶壶包括壶边（Rim）、壶体（Body）、壶柄（Handle）、壶嘴（Spout）、壶盖（Lid）和壶底（Bottom）六部分。犹他茶壶的模型使用双三次 Bezier 曲面片拼接，使用旋转变换对茶壶进行旋转。动画制作使用双缓冲实现。

1.3　算法设计

1．打开控制点文件，读入控制点三维坐标。

2．打开面片文件，读入双三次 Bezier 曲面 16 个控制点坐标的索引号。

3．循环访问 32 个曲面片。循环访问每个曲面片的 16 个控制点。

4．调用双三次 Bezier 曲面片子程序，使用正交投影绘制每个曲面片网格。

5．根据需要，可以选择绘制每个曲面片的控制网格。

1.4　类的设计

1．二维点类 CP2

将 x 坐标和 y 坐标绑定在一起处理，用于定义二维浮点数类型。

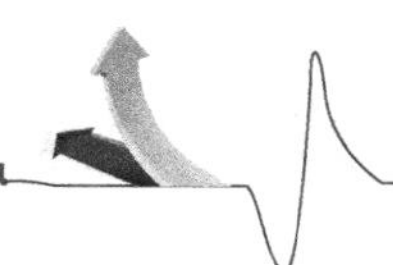

2．三维点 CP3

将 *x* 坐标、*y* 坐标和 *z* 坐标绑定在一起处理，用于定义三维浮点数类型。CP3 类公有继承于 CP2 类。

3．双三次 Bezier 曲面片类 CBicubicBezierSurface

用于绘制双三次曲面片网格模型。

4．表面类 CPatch

用于定义有 16 个控制点的表面所包含的控制点索引号。

5．三维变换类 CTransform3

用于对曲面进行三维几何变换，包括平移变换、比例变换、旋转变换等。

1.5 程序代码

1．定义 CP2 类

```
class CP2
{
public:
        CP2(void);
        ~CP2(void);
        CP2(double x, double y);
public:
        double x;//x 坐标
        double y; //y 坐标
        double w; //w 为齐次坐标
};
```

2．定义 CP3 类

```
#include "p2.h"
class CP3 : public CP2
{
public:
        CP3(void);
        ~CP3(void);
        CP3(double x, double y, double z);//带参构造函数
        friend CP3 operator + (const CP3 &p0, const CP3 &p1);//运算符重载
        friend CP3 operator - (const CP3 &p0, const CP3 &p1);
        friend CP3 operator * (const CP3 &p, double scalar);
        friend CP3 operator * (double scalar, const CP3 &p);
        friend CP3 operator / (const CP3 &p, double scalar);
public:
        double z;
};
CP3::CP3(void)
{
                z=0.0;
}
CP3::~CP3(void)
```

```
{
}
CP3::CP3(double x, double y, double z):CP2(x, y)
{
this->z=z;
}
CP3 operator +(const CP3 &p0, const CP3 &p1)//和
{
	CP3 result;
	result.x = p0.x + p1.x;
	result.y = p0.y + p1.y;
	result.z = p0.z + p1.z;
	return result;
}
CP3 operator -(const CP3 &p0, const CP3 &p1)//差
{
	CP3 result;
	result.x = p0.x - p1.x;
	result.y = p0.y - p1.y;
	result.z = p0.z - p1.z;
	return result;
}
CP3 operator *(const CP3 &p, double scalar)//点和常量的积
{
	return CP3(p.x * scalar, p.y * scalar, p.z * scalar);
}
CP3 operator *(double scalar, const CP3 &p)//点和常量的积
{
	return CP3(p.x * scalar, p.y * scalar, p.z * scalar);
}
CP3 operator /(const CP3 &p, double scalar)//数除
{
	if(fabs(scalar)<1e-6)
		scalar = 1.0;
	CP3 result;
	result.x = p.x / scalar;
	result.y = p.y / scalar;
	result.z = p.z / scalar;
	return result;
}
```

3．定义表面类

```
class CPatch
{
public:
	CPatch(void);
	~CPatch(void);
```

```
public:
        int pNumber;
        int pIndex[4][4];
};
```

4．双三次 Bezier 曲面片类

```
#include "P3.h"
class CBicubicBezierSurface
{
public:
        CBicubicBezierSurface(void);
        ~CBicubicBezierSurface(void);
        void ReadControlPoint(CP3 P[4][4]);//读入 16 个控制点
        void DrawCurvedSurface(CDC* pDC);//绘制双三次 Bezier 曲面片
        void DrawControlGrid(CDC *pDC);//绘制控制网格
private:
        void LeftMultiplyMatrix(double M[][4],CP3 P[][4]);//左乘顶点矩阵
        void RightMultiplyMatrix(CP3 P[][4], double M[][4]);//右乘顶点矩阵
        void TransposeMatrix(double M[][4]);//转置矩阵
        CP2 OrthogonalProjection(CP3 Point3);//正交投影
public:
        CP3 P3[4][4];//三维控制点
};
#include <math.h>
#define ROUND(d) int(d+0.5)
CBicubicBezierSurface::CBicubicBezierSurface(void)
{
}
CBicubicBezierSurface::~CBicubicBezierSurface(void)
{
}
void CBicubicBezierSurface::ReadControlPoint(CP3 P[4][4])
{
    for (int i = 0;i<4;i++)
        for(int j=0;j< 4;j++)
            P3[i][j] = P[i][j];
}
void CBicubicBezierSurface::DrawCurvedSurface(CDC* pDC)
 {
        double M[4][4];//系数矩阵 Mbe
        M[0][0] = -1;M[0][1] = 3; M[0][2] = -3; M[0][3] = 1;
        M[1][0] = 3; M[1][1] = -6; M[1][2] = 3; M[1][3] = 0;
        M[2][0] = -3;M[2][1] = 3; M[2][2] = 0; M[2][3] = 0;
        M[3][0] = 1; M[3][1] = 0; M[3][2] = 0; M[3][3] = 0;
        CP3 P[4][4];//曲线计算用控制点数组
        for(int i=0;i<4;i++)
            for(int j=0;j<4;j++)
```

```
                P[i][j]=P3[i][j];
        LeftMultiplyMatrix(M, P);//数字系数矩阵左乘三维点矩阵
        TransposeMatrix(M);//计算转置矩阵
        RightMultiplyMatrix(P, M);//数字系数矩阵右乘三维点矩阵
        double tStep = 0.1;//t 的步长
        double u0,u1,u2,u3,v0,v1,v2,v3;//u，v 参数的幂
        for(double u=0;u<=1;u+=tStep)
            for(double v=0;v<=1;v+=tStep)
            {
                u3=u*u*u;u2=u*u;u1=u;u0=1;v3=v*v*v;v2=v*v;v1=v;v0=1;
                CP3 pt=(u3*P[0][0]+u2*P[1][0]+u1*P[2][0]+u0*P[3][0])*v3
                    +(u3*P[0][1]+u2*P[1][1]+u1*P[2][1]+u0*P[3][1])*v2
                    +(u3*P[0][2]+u2*P[1][2]+u1*P[2][2]+u0*P[3][2])*v1
                    +(u3*P[0][3]+u2*P[1][3]+u1*P[2][3]+u0*P[3][3])*v0;
                CP2 Point2=OrthogonalProjection(pt);//正交投影
                if(v==0)
                    pDC->MoveTo(ROUND(Point2.x),ROUND(Point2.y));
                else
                    pDC->LineTo(ROUND(Point2.x),ROUND(Point2.y));
            }
        for(double v=0;v<=1;v+=tStep)
            for(double u=0;u<=1;u+=tStep)
            {
                u3=u*u*u;u2=u*u;u1=u;u0=1;v3=v*v*v;v2=v*v;v1=v;v0=1;
                CP3 pt=(u3*P[0][0]+u2*P[1][0]+u1*P[2][0]+u0*P[3][0])*v3
                    +(u3*P[0][1]+u2*P[1][1]+u1*P[2][1]+u0*P[3][1])*v2
                    +(u3*P[0][2]+u2*P[1][2]+u1*P[2][2]+u0*P[3][2])*v1
                    +(u3*P[0][3]+u2*P[1][3]+u1*P[2][3]+u0*P[3][3])*v0;
                CP2 Point2=OrthogonalProjection(pt);//正交投影
                if(0==u)
                    pDC->MoveTo(ROUND(Point2.x),ROUND(Point2.y));
                else
                    pDC->LineTo(ROUND(Point2.x),ROUND(Point2.y));
            }
}
void CBicubicBezierSurface::LeftMultiplyMatrix(double M[][4],CP3 P[][4])//左乘矩阵 M*P
{
        CP3 T[4][4];//临时矩阵
        for(int i=0;i<4;i++)
            for(int j=0;j<4;j++)
            {
                T[i][j].x=M[i][0]*P[0][j].x+M[i][1]*P[1][j].x+
                        M[i][2]*P[2][j].x+M[i][3]*P[3][j].x;
                T[i][j].y=M[i][0]*P[0][j].y+M[i][1]*P[1][j].y+
                        M[i][2]*P[2][j].y+M[i][3]*P[3][j].y;
                T[i][j].z=M[i][0]*P[0][j].z+M[i][1]*P[1][j].z+
                        M[i][2]*P[2][j].z+M[i][3]*P[3][j].z;
```

```
		}
	for(int i=0;i<4;i++)
		for(int j=0;j<4;j++)
			P[i][j]=T[i][j];
}
void CBicubicBezierSurface::RightMultiplyMatrix(CP3 P[][4],double M[][4])//右乘矩阵 P*M
{
	CP3 T[4][4];//临时矩阵
	for(int i=0;i<4;i++)
		for(int j=0;j<4;j++)
		{
			T[i][j].x=P[i][0].x*M[0][j]+P[i][1].x*M[1][j]+
			          P[i][2].x*M[2][j]+P[i][3].x*M[3][j];
			T[i][j].y=P[i][0].y*M[0][j]+P[i][1].y*M[1][j]+
			          P[i][2].y*M[2][j]+P[i][3].y*M[3][j];
			T[i][j].z=P[i][0].z*M[0][j]+P[i][1].z*M[1][j]+
			          P[i][2].z*M[2][j]+P[i][3].z*M[3][j];
		}
	for(int i=0;i<4;i++)
		for(int j=0;j<4;j++)
			P[i][j]=T[i][j];
}
void CBicubicBezierSurface::TransposeMatrix(double M[][4])//转置矩阵
{
	double T[4][4];//临时矩阵
	for(int i=0;i<4;i++)
		for(int j=0;j<4;j++)
			T[j][i]=M[i][j];
	for(int i=0;i<4;i++)
		for(int j=0;j<4;j++)
			M[i][j]=T[i][j];
}
CP2 CBicubicBezierSurface::OrthogonalProjection(CP3 Point3)//正交投影
{
	CP2 Point2;
	Point2.x = Point3.x;
	Point2.y = Point3.y;
	return Point2;
}
void CBicubicBezierSurface::DrawControlGrid(CDC *pDC)//绘制控制网格
{
	CP2 P2[4][4];//二维控制点
	for(int i=0;i<4;i++)
		for(int j=0;j<4;j++)
			P2[i][j]=OrthogonalProjection(P3[i][j]);
	CPen NewPen,*pOldPen;
	NewPen.CreatePen(PS_SOLID,3,RGB(0,0,0));
```

```
	pOldPen=pDC->SelectObject(&NewPen);
	for(int i=0;i<4;i++)
	{
		pDC->MoveTo(ROUND(P2[i][0].x),ROUND(P2[i][0].y));
		for(int j=1;j<4;j++)
			pDC->LineTo(ROUND(P2[i][j].x),ROUND(P2[i][j].y));
	}
	for(int j=0;j<4;j++)
	{
		pDC->MoveTo(ROUND(P2[0][j].x),ROUND(P2[0][j].y));
		for(int i=1;i<4;i++)
			pDC->LineTo(ROUND(P2[i][j].x),ROUND(P2[i][j].y));
	}
	pDC->SelectObject(pOldPen);
	NewPen.DeleteObject();
}
```

5．CTestView 类

```
#pragma once
#include "Patch.h"
#include "Transform3.h"
#include"BicubicBezierSurface.h"
class CTestView : public CView
{
protected: // create from serialization only
	CTestView();
	DECLARE_DYNCREATE(CTestView)
// Attributes
public:
	CTestDoc* GetDocument() const;
// Operations
public:
	void ReadVertex(void);//读入控制多边形顶点
	void ReadPatch(void);//读入双三次曲面片
	void DoubleBuffer(CDC* pDC);//双缓冲绘图
	void DrawGraph(CDC* pDC);//绘制茶壶分体结构
	void DrawRim(CDC* pDC);//壶边
	void DrawBody(CDC* pDC);//壶体
	void DrawHandle(CDC* pDC);//壶柄
	void DrawSpout(CDC* pDC);//壶嘴
	void DrawLid(CDC* pDC);//壶盖
	void DrawBottom(CDC* pDC);//壶底
// Overrides
public:
```

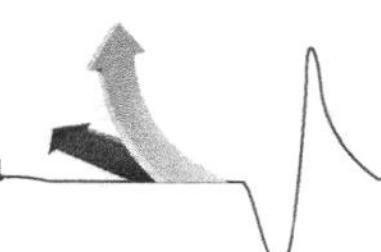

```
        virtual void OnDraw(CDC* pDC);    // overridden to draw this view
        virtual BOOL PreCreateWindow(CREATESTRUCT& cs);
protected:
        virtual BOOL OnPreparePrinting(CPrintInfo* pInfo);
        virtual void OnBeginPrinting(CDC* pDC, CPrintInfo* pInfo);
        virtual void OnEndPrinting(CDC* pDC, CPrintInfo* pInfo);
// Implementation
public:
        virtual ~CTestView();
#ifdef _DEBUG
        virtual void AssertValid() const;
        virtual void Dump(CDumpContext& dc) const;
#endif
protected:
        CBicubicBezierSurface surfControlGrid[32];
        CBicubicBezierSurface surf;
        CP3 P[306];//茶壶总控制点
        CP3 P3[4][4];//三维顶点
        CPatch S[32];//茶壶总面片
        double Alpha, Beta; //绕 x 轴、y 轴的旋转角
        CTransform3 tran;//变换对象
// Generated message map functions
protected:
        afx_msg void OnFilePrintPreview();
        afx_msg void OnRButtonUp(UINT nFlags, CPoint point);
        afx_msg void OnContextMenu(CWnd* pWnd, CPoint point);
        DECLARE_MESSAGE_MAP()
public:
//      afx_msg void OnTimer(UINT_PTR nIDEvent);
//      afx_msg void OnLButtonDown(UINT nFlags, CPoint point);
        afx_msg void OnKeyDown(UINT nChar, UINT nRepCnt, UINT nFlags);
};
#ifndef _DEBUG    // debug version in TestView.cpp
inline CTestDoc* CTestView::GetDocument() const
{ return reinterpret_cast<CTestDoc*>(m_pDocument); }
#endif
// TestView.cpp : implementation of the CTestView class
#include "stdafx.h"
// SHARED_HANDLERS can be defined in an ATL project implementing preview, thumbnail
// and search filter handlers and allows sharing of document code with that project.
#ifndef SHARED_HANDLERS
```

```
#include "Test.h"
#endif
#include "TestDoc.h"
#include "TestView.h"
#ifdef _DEBUG
#define new DEBUG_NEW
#endif
// CTestView
IMPLEMENT_DYNCREATE(CTestView, CView)
BEGIN_MESSAGE_MAP(CTestView, CView)
	// Standard printing commands
	ON_COMMAND(ID_FILE_PRINT, &CView::OnFilePrint)
	ON_COMMAND(ID_FILE_PRINT_DIRECT, &CView::OnFilePrint)
	ON_COMMAND(ID_FILE_PRINT_PREVIEW, &CTestView::OnFilePrintPreview)
	ON_WM_CONTEXTMENU()
	ON_WM_RBUTTONUP()
//	ON_WM_TIMER()
//ON_WM_LBUTTONDOWN()
ON_WM_KEYDOWN()
END_MESSAGE_MAP()
// CTestView construction/destruction
CTestView::CTestView()
{
	// TODO: add construction code here
	Alpha=0,Beta=0;//初始化旋转角
	ReadVertex();//读入控制点数
	ReadPatch();//读入曲面片数
	tran.SetMatrix(P,306);//初始化变换矩阵
	tran.Translate(0,-150,0);//整体向下平移 150 个像素
}
CTestView::~CTestView()
{
}
BOOL CTestView::PreCreateWindow(CREATESTRUCT& cs)
{
	// TODO: Modify the Window class or styles here by modifying
	//  the CREATESTRUCT cs
	return CView::PreCreateWindow(cs);
}
// CTestView drawing
```

```
void CTestView::OnDraw(CDC* pDC)
{
	CTestDoc* pDoc = GetDocument();
	ASSERT_VALID(pDoc);
	if (!pDoc)
		return;
	// TODO: add draw code for native data here
	DoubleBuffer(pDC);//双缓冲动画函数
}
// CTestView printing
void CTestView::OnFilePrintPreview()
{
#ifndef SHARED_HANDLERS
	AFXPrintPreview(this);
#endif
}
BOOL CTestView::OnPreparePrinting(CPrintInfo* pInfo)
{
	// default preparation
	return DoPreparePrinting(pInfo);
}

void CTestView::OnBeginPrinting(CDC* /*pDC*/, CPrintInfo* /*pInfo*/)
{
	// TODO: add extra initialization before printing
}
void CTestView::OnEndPrinting(CDC* /*pDC*/, CPrintInfo* /*pInfo*/)
{
	// TODO: add cleanup after printing
}
void CTestView::OnRButtonUp(UINT /* nFlags */, CPoint point)
{
	ClientToScreen(&point);
	OnContextMenu(this, point);
}
void CTestView::OnContextMenu(CWnd* /* pWnd */, CPoint point)
{
#ifndef SHARED_HANDLERS
theApp.GetContextMenuManager()->ShowPopupMenu(IDR_POPUP_EDIT, point.x, point.y, this, TRUE);
#endif
```

```
}
// CTestView diagnostics
#ifdef _DEBUG
void CTestView::AssertValid() const
{
    CView::AssertValid();
}
void CTestView::Dump(CDumpContext& dc) const
{
    CView::Dump(dc);
}
CTestDoc* CTestView::GetDocument() const // non-debug version is inline
{
    ASSERT(m_pDocument->IsKindOf(RUNTIME_CLASS(CTestDoc)));
    return (CTestDoc*)m_pDocument;
}
#endif //_DEBUG
// CTestView message handlers
void CTestView::ReadVertex(void)//读入控制茶壶控制点坐标
{
    CStdioFile file;//定义文件对象
    if(!file.Open(L"Vertices.txt", CFile::modeRead))//打开控制点坐标文件 Vertices.txt
    {
        MessageBox(L"can not open file!");
        return;
    }
    CString   strLine;//定义行字符串
    int index = 0;//用于区分数字
    CString data1, data2, data3;//存放坐标
    for (int i = 0; i < 306; i++)//访问 306 个控制点
    {
        file.ReadString(strLine);//按行读入
        for (int j = 0; j < strLine.GetLength(); j++)
        {
            if (' ' == strLine[j])
                index++;
            switch(index)
            {
                case 0:
                    data1 += strLine[j];
                    break;
                case 1:
                    data2 += strLine[j];
                    break;
```

```
                case 2:
                    data3 += strLine[j];
                    break;
            }
        }
        P[i].x = _wtof(data1.GetBuffer()) * 100;//浮点数表示的 x 值
        P[i].y = _wtof(data3.GetBuffer()) * 100;//浮点数表示的 z 值
        P[i].z = _wtof(data2.GetBuffer()) * 100;//浮点数表示的 y 值
        strLine = "", data1 = "", data2 = "", data3 = "", index = 0;
    }
    file.Close();//关闭文件
}
void CTestView::ReadPatch(void)//读入茶壶曲面片
{
    CStdioFile file;
    if(!file.Open(L"Patches.txt", CFile::modeRead))//打开曲面文件 Patches.txt
    {
        MessageBox(L"can not open file!");
        return;
    }
    CString strLine;
    int index = 0;
    CString str[16];//存放控制点索引号
    for (int nSurface = 0; nSurface < 32; nSurface++)//访问 32 个曲面片
    {
        file.ReadString(strLine);
        for (int i = 0; i < strLine.GetLength(); i++)
        {
            if(' ' == strLine[i])
                index++;
            switch(index)
            {
                case 0:
                    str[0] += strLine[i];
                    break;
                case 1:
                    str[1] += strLine[i];
                    break;
                case 2:
                    str[2] += strLine[i];
                    break;
                case 3:
                    str[3] += strLine[i];
                    break;
                case 4:
                    str[4] += strLine[i];
                    break;
```

```
                case 5:
                    str[5] += strLine[i];
                    break;
                case 6:
                    str[6] += strLine[i];
                    break;
                case 7:
                    str[7] += strLine[i];
                    break;
                case 8:
                    str[8] += strLine[i];
                    break;
                case 9:
                    str[9] += strLine[i];
                    break;
                case 10:
                    str[10] += strLine[i];
                    break;
                case 11:
                    str[11] += strLine[i];
                    break;
                case 12:
                    str[12] += strLine[i];
                    break;
                case 13:
                    str[13] += strLine[i];
                    break;
                case 14:
                    str[14] += strLine[i];
                    break;
                case 15:
                    str[15] += strLine[i];
                    break;
            }
        }
        S[nSurface].pNumber=16;//双三次 Bezier 曲面片有 16 个控制点
        for (int i = 0; i < 4; i++)
            for (int j = 0; j < 4; j++)
                S[nSurface].pIndex[i][j] = _wtoi(str[i*4+j].GetBuffer());
        strLine = "";
        for (int nPoint = 0; nPoint < 16; nPoint++)
        {
            str[nPoint]="";
        }
        index = 0;
    }
    file.Close();//关闭文件
```

```
}
void CTestView::DoubleBuffer(CDC* pDC)//双缓冲
{
	CRect rect;//定义客户区矩形
	GetClientRect(&rect);//获得客户区的大小
	pDC->SetMapMode(MM_ANISOTROPIC);//pDC 自定义坐标系
	pDC->SetWindowExt(rect.Width(), rect.Height());
	pDC->SetViewportExt(rect.Width(), -rect.Height());//x 轴水平向右，y 轴垂直向上
	pDC->SetViewportOrg(rect.Width()/2, rect.Height()/2);//客户区中心为原点
	CDC memDC;//内存 DC
	memDC.CreateCompatibleDC(pDC);//创建一个与显示 pDC 兼容的内存 memDC
	CBitmap NewBitmap,*pOldBitmap;//内存中承载的临时位图
	NewBitmap.CreateCompatibleBitmap(pDC, rect.Width(), rect.Height());//创建兼容位图
	pOldBitmap=memDC.SelectObject(&NewBitmap);//将兼容位图选入 memDC
	memDC.FillSolidRect(rect, pDC->GetBkColor());//按原来背景填充客户区，否则是黑色
	memDC.SetMapMode(MM_ANISOTROPIC);//memDC 自定义坐标系
	memDC.SetWindowExt(rect.Width(), rect.Height());
	memDC.SetViewportExt(rect.Width(), -rect.Height());
	memDC.SetViewportOrg(rect.Width()/2, rect.Height()/2);
	rect.OffsetRect(-rect.Width()/2, -rect.Height()/2);
	DrawGraph(&memDC);//向 memDC 绘制图形
	pDC->BitBlt(rect.left, rect.top, rect.Width(), rect.Height(), &memDC, -rect.Width()/2,
		-rect.Height()/2, SRCCOPY);//将内存 memDC 中的位图拷贝到显示 pDC 中
	memDC.SelectObject(pOldBitmap);//恢复位图
	NewBitmap.DeleteObject();//删除位图
	memDC.DeleteDC();//删除 memDC
}
void CTestView::DrawGraph(CDC* pDC)//绘制对象
{
	DrawRim(pDC);//绘制壶边
	DrawBody(pDC);//绘制壶体
	DrawHandle(pDC);//绘制壶柄
	DrawSpout(pDC);//绘制壶嘴
	DrawLid(pDC);//绘制壶盖
	DrawBottom(pDC);//绘制壶底
}
void CTestView::DrawRim(CDC* pDC)//壶边
{
	for (int nSurface = 0; nSurface < 4; nSurface++)
	{
		for (int i = 0; i < 4; i++)
			for (int j = 0; j < 4; j++)
				P3[i][j] = P[S[nSurface].pIndex[i][j]-1];
		surf.ReadControlPoint(P3);//读入壶边控制点
		surf.DrawCurvedSurface(pDC); //绘制壶边曲面
		surf.DrawControlGrid(pDC); //绘制壶边控制网格
	}
```

```
}
void CTestView::DrawBody(CDC* pDC)//壶体
{
	for (int nSurface = 4; nSurface < 12; nSurface++)
	{
		for (int i = 0; i < 4; i++)
			for (int j = 0; j < 4; j++)
				P3[i][j] = P[S[nSurface].pIndex[i][j] - 1];
		surf.ReadControlPoint(P3);
		surf.DrawCurvedSurface(pDC);
		surf.DrawControlGrid(pDC);
	}
}
void CTestView::DrawHandle(CDC* pDC)//壶柄
{
	for (int nSurface = 12; nSurface < 16; nSurface++)
	{
		for (int i = 0; i < 4; i++)
			for (int j = 0; j < 4; j++)
				P3[i][j] = P[S[nSurface].pIndex[i][j] - 1];
		surf.ReadControlPoint(P3); //读入壶柄控制点
		surf.DrawCurvedSurface(pDC); //绘制壶柄曲面
		surf.DrawControlGrid(pDC); //绘制壶柄控制网格
	}
}
void CTestView::DrawSpout(CDC* pDC)//壶嘴
{
	for (int nSurface = 16; nSurface < 20; nSurface++)
	{
		for (int i = 0; i < 4; i++)
			for (int j = 0; j < 4; j++)
				P3[i][j] = P[S[nSurface].pIndex[i][j] - 1];
		surf.ReadControlPoint(P3); //读入壶嘴控制点
		surf.DrawCurvedSurface(pDC); //绘制壶嘴曲面
		surf.DrawControlGrid(pDC); //绘制壶嘴控制网格
	}
}
void CTestView::DrawLid(CDC* pDC)//壶盖
{
	for (int nSurface = 20; nSurface < 28; nSurface++)
	{
		for (int i = 0; i < 4; i++)
			for (int j = 0; j < 4; j++)
				P3[i][j] = P[S[nSurface].pIndex[i][j] - 1];
		surf.ReadControlPoint(P3); //读入壶盖控制点
		surf.DrawCurvedSurface(pDC); //绘制壶盖曲面
		surf.DrawControlGrid(pDC); //绘制壶盖控制网格
```

```
        }
    }
    void CTestView::DrawBottom(CDC* pDC)//壶底
    {
        for (int nSurface = 28; nSurface < 32; nSurface++)
        {
            for (int i = 0; i < 4; i++)
                for (int j = 0; j < 4; j++)
                    P3[i][j] = P[S[nSurface].pIndex[i][j] - 1];
            surf.ReadControlPoint(P3); //读入壶底控制点
            surf.DrawCurvedSurface(pDC); //绘制壶底曲面
            surf.DrawControlGrid(pDC); //绘制壶底控制网格
        }
    }
    void CTestView::OnKeyDown(UINT nChar, UINT nRepCnt, UINT nFlags)
    {
        // TODO: Add your message handler code here and/or call default
        switch(nChar)
        {
        case VK_UP:
            Alpha=+5;
            tran.RotateX(Alpha);
            break;
        case VK_DOWN:
            Alpha=-5;
            tran.RotateX(Alpha);
            break;
        case VK_LEFT:
            Beta=-5;
            tran.RotateY(Beta);
            break;
        case VK_RIGHT:
            Beta=5;
            tran.RotateY(Beta);
            break;
        default:
            break;
        }
        Invalidate(false);
        CView::OnKeyDown(nChar, nRepCnt, nFlags);
    }
```

5．CTransform3 类

```
    #include "P3.h"
    class CTransform3
    {
    public:
```

```
        CTransform3(void);
        ~CTransform3(void);
        void SetMatrix(CP3* P, int ptNumber);
        void Identity();//单位矩阵
        void Translate(double tx, double ty, double tz);//平移变换矩阵
        void RotateX(double beta);//绕 X 轴旋转变换矩阵
        void RotateY(double beta);//绕 Y 轴旋转变换矩阵
        void RotateZ(double beta);//旋转变换矩阵
        void MultiplyMatrix();//矩阵相乘
public:
        double T[4][4];
        CP3*    P;
        int     ptNumber;
};
CTransform3::CTransform3(void)
{
}
CTransform3::~CTransform3(void)
{
}
void CTransform3::SetMatrix(CP3* P, int ptNumber)
{
        this->P=P;
        this->ptNumber=ptNumber;
}
void CTransform3::Identity()//单位矩阵
{
        T[0][0]=1.0;T[0][1]=0.0;T[0][2]=0.0;T[0][3]=0.0;
        T[1][0]=0.0;T[1][1]=1.0;T[1][2]=0.0;T[1][3]=0.0;
        T[2][0]=0.0;T[2][1]=0.0;T[2][2]=1.0;T[2][3]=0.0;
        T[3][0]=0.0;T[3][1]=0.0;T[3][2]=0.0;T[3][3]=1.0;
}
void CTransform3::Translate(double tx,double ty,double tz)//平移变换矩阵
{
        Identity();
        T[0][3]=tx;
        T[1][3]=ty;
        T[2][3]=tz;
        MultiplyMatrix();
}
void CTransform3::RotateX(double beta)//绕 X 轴旋转变换矩阵
{
        Identity();
        double rad=beta*PI/180;
        T[1][1] = cos(rad); T[1][2] = -sin(rad);
        T[2][1] = sin(rad);T[2][2] = cos(rad);
        MultiplyMatrix();
```

```
}
void CTransform3::RotateY(double beta)//绕 Y 轴旋转变换矩阵
{
    Identity();
    double rad=beta*PI/180;
    T[0][0]=cos(rad);T[0][2]=sin(rad);
    T[2][0]=-sin(rad);T[2][2]=cos(rad);
    MultiplyMatrix();
}
void CTransform3::RotateZ(double beta)//绕 Z 轴旋转变换矩阵
{
    Identity();
    double rad=beta*PI/180;
    T[0][0] = cos(rad); T[0][1] = -sin(rad);
    T[1][0] = sin(rad);T[1][1] = cos(rad);
    MultiplyMatrix();
}
void CTransform3::MultiplyMatrix()//矩阵相乘
{
    CP3* PTemp=new CP3[ptNumber];
    for(int i=0;i<ptNumber;i++)
        PTemp[i]=P[i];
    for(int j=0;j<ptNumber;j++)
    {
        P[j].x=T[0][0]*PTemp[j].x+T[0][1]*PTemp[j].y+T[0][2]*PTemp[j].z+
            T[0][3]*PTemp[j].w;
        P[j].y=T[1][0]*PTemp[j].x+T[1][1]*PTemp[j].y+T[1][2]*PTemp[j].z+
            T[1][3]*PTemp[j].w;
        P[j].z=T[2][0]*PTemp[j].x+T[2][1]*PTemp[j].y+T[2][2]*PTemp[j].z+
            T[2][3]*PTemp[j].w;
        P[j].w=T[3][0]*PTemp[j].x+T[3][1]*PTemp[j].y+T[3][2]*PTemp[j].z+
            T[3][3]*PTemp[j].w;
    }
    delete []PTemp;
}
```

1.6 效果图

犹他茶壶效果图如图 A.2.1 所示。图 A.2.1(a)绘制了犹他茶壶的主视图，并绘制了控制网格；图 A.2.1(b)绘制了犹他茶壶的俯视图；图 A.2.1(c)绘制了无盖的犹他茶壶。

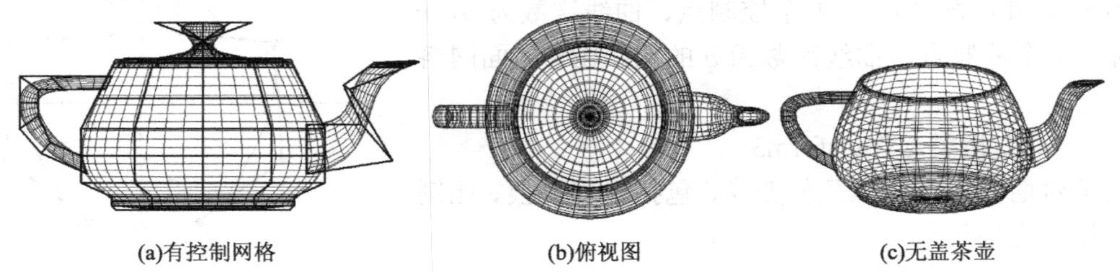

(a)有控制网格　(b)俯视图　(c)无盖茶壶

图 A.2.1　犹他茶壶正交投影图

二、制作 NURBS 花瓶

UNRBS 花瓶

2.1 设计任务

基于第 6 章给出的 NURBS 旋转面定义，制作 NURBS 花瓶的旋转动画，基于正交投影绘制花瓶曲面的网格模型。

2.2 设计理想

花瓶轮廓线是由 7 个控制点定义的三次 NURBS 曲线。该轮廓线绕 y 轴旋转成曲面的方法，如图 A.2.2 所示。曲面 u 向的节点矢量是整圆的节点矢量，可以直接赋值而不需要计算；而曲面 v 向的节点矢量需要使用 Hartley-Judd 算法进行计算。

2.3 算法设计

1. 在 CTestView 类内定义 v 向的二维轮廓线及其二维权因子。
2. 在 CRevolution 类内，生成 u 向的控制点与权因子。u 向采用 9 个控制点构成的整圆表示。花瓶曲面上每个控制点的权因子为 u 向的权因子与 v 向轮廓线上权因子的乘积。曲面 u 向的节点矢量 $\boldsymbol{U}$ 可用 NURBS 方法定义分段 Bezier 整圆时得到，而曲面 v 向的节点矢量 $\boldsymbol{V}$ 则需要调用 Hartley-Judd 算法进行计算。
3. 在 CNurbsSurface 类内，根据 u、v 方向的控制点数、曲线次数、节点矢量，基于 NURBS 曲面方法绘制回转面网格模型。投影方式采用正交投影。
4. 在 CTestView 类内，用二维轮廓线为 CRevolution 类定义的旋转体对象赋值，基于双缓冲技术绘制花瓶网格模型旋转动画。物体的三维旋转变换是基于三维几何变换类 CTransform3 实现的。

2.4 类的设计

1. 二维点类 CP2

将 x 坐标和 y 坐标绑定在一起处理，用于定义二维浮点数类型。

2. 三维点 CP3

将 x 坐标、y 坐标和 z 坐标绑定在一起处理，用于定义三维浮点数类型。CP3 类公有继承于 CP2 类。

3. 旋转体类 CRevolution

用于将轮廓线旋转为曲面，计算旋转体上控制点的坐标与权因子。

4. NURBS 曲面类 CNurbsSurface

用于绘制 u 方向 $m+1$ 个控制点、曲线次数为 p，v 方向 $n+1$ 个控制点，曲线次数为 q 的 NURBS 曲面网格模型。

5. 三维变换类 CTransform3

用于对曲面进行三维几何变换，包括平移变换、比例变换、旋转变换等。

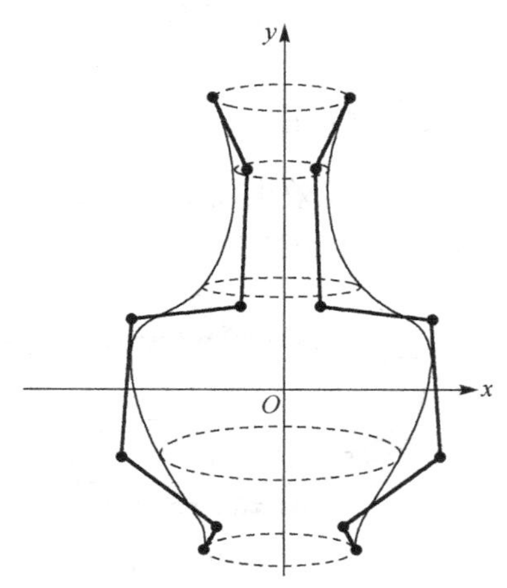

图 A.2.2 花瓶旋转面形成原理

2.5 程序代码

1．定义 CRevolution 类

```
class CRevolution
{
public:
    CRevolution(void);
    ~CRevolution(void);
    void ReadNurbsControlPoint(CP2* ctrlP2,double* W2,int n,int q);//读入二维轮廓线信息
    void CalculateControlGrid(CP2* pt);//计算回转体的控制网格
    void CalculateWeight(double* wt);//计算曲面上的权因子
    void DrawRevolution(CDC* pDC);//绘制旋转体
    void ReleaseMemory();//释放内存
public:
    int m,p;//u 向的控制点数-1 与曲线次数，u 向为整圆
    int n,q;//v 向的控制点数-1 与曲线次数，v 向为轮廓线
    CP3* Vertex;//存储控制网格顶点的一维数组
    double* Weight;//存储控制网格顶点的一维权因子数组
    CNurbsSurface NURBS;//NURBS 曲面对象
};
CRevolution::CRevolution(void)
{
    Vertex=NULL;
    Weight=NULL;
}
CRevolution::~CRevolution(void)
{
    ReleaseMemory();
}
void CRevolution::ReleaseMemory()
{
    if(NULL!=Vertex)
    {
        delete []Vertex;
        Vertex=NULL;
    }
    if(NULL!=Weight)
    {
        delete []Weight;
        Weight=NULL;
    }
}
void CRevolution::ReadNurbsControlPoint(CP2* ctrlP2,double* vW,int n,int q)
{
    ReleaseMemory();
    m=8,p=2;//u 向的 m 与 p
    this->n=n,this->q=q;//v 向的 n 与 q
```

```
        Vertex=new CP3[(m+1)*(n+1)];//曲面上控制点的一维数组
        CalculateControlGrid(ctrlP2);//计算曲面上的一维控制点
        double uW[9];//u 向整圆的权因子
        double c=sqrt(2.0)/2;//计算控制网格的权因子
        uW[0]=1.0,uW[1]=c,uW[2]=1.0,uW[3]=c,uW[4]=1.0,uW[5]=c,uW[6]=1.0,uW[7]=c,uW[8]=1.0;
        Weight=new double[(m+1)*(n+1)];//曲面上权因子一维数组
        for(int j=0;j<n+1;j++)
            for(int i=0;i<m+1;i++)
                Weight[(m+1)*j+i]=vW[j]*uW[i];//曲面上控制点的权因子
}
void CRevolution::CalculateControlGrid(CP2* pt)
{
    for(int j=0;j<n+1;j++)
        {
            double r=fabs(pt[j].x);
            int i;
            i=0;//第一列
            Vertex[(m+1)*j+i]=CP3(pt[j].x,pt[j].y,0);
            i=1;//第二列
            Vertex[(m+1)*j+i]=CP3(pt[j].x,pt[j].y,r);
            i=2;//第三列
            Vertex[(m+1)*j+i]=CP3(0,pt[j].y,r);
            i=3;//第四列
            Vertex[(m+1)*j+i]=CP3(-pt[j].x,pt[j].y,r);
            i=4;//第五列
            Vertex[(m+1)*j+i]=CP3(-pt[j].x,pt[j].y,0);
            i=5;//第六列
            Vertex[(m+1)*j+i]=CP3(-pt[j].x,pt[j].y,-r);
            i=6;//第七列
            Vertex[(m+1)*j+i]=CP3(0,pt[j].y,-r);
            i=7;//第八列
            Vertex[(m+1)*j+i]=CP3(pt[j].x,pt[j].y,-r);
            i=8;//第九列
            Vertex[(m+1)*j+i]=CP3(pt[j].x,pt[j].y,0);
        }
}
void CRevolution::DrawRevolution(CDC* pDC)
{
        CP3** P=new CP3*[n+1];//建立控制顶点的动态二维数组
        for(int j=0;j<n+1;j++)
            P[j]=new CP3[m+1];
        for(int j=0;j<n+1;j++)//将曲面网格顶点转储为二维数组
            for(int i=0;i<m+1;i++)
                P[j][i]=Vertex[(m+1)*j+i];
        double** W=new double*[n+1];//建立控制顶点的动态二维数组
        for(int j=0;j<n+1;j++)
            W[j]=new double[m+1];
```

```
        for(int j=0;j<n+1;j++)//将曲面网格顶点转储为二维数组
            for(int i=0;i<m+1;i++)
                W[j][i]=Weight[(m+1)*j+i];
        NURBS.Initialize(P,W,m,p,n,q);
        NURBS.DrawNurbsSurface(pDC);
        NURBS.DrawControlGrid(pDC);
        for(int j=0;j<n+1;j++)//释放动态数组所占内存
        {
            delete []P[j];
            P[j] = NULL;
        }
        delete []P;
        P = NULL;
        for(int j=0;j<n+1;j++)
        {
            delete []W[j];
            W[j] = NULL;
        }
        delete []W;
        W = NULL;
    }
```

2．定义 CNurbsSurface 类

```
#include"P3.h"
class CNurbsSurface
{
public:
    CNurbsSurface(void);
    ~CNurbsSurface(void);
    void Initialize(CP3** CtrlP3, double** W3,int m,int p,int n,int q);//轮廓线初始化
    void DrawNurbsSurface(CDC* pDC);//绘制曲面
    void DrawControlGrid(CDC* pDC);//绘制控制网格
private:
    void GetKnotVector(double* T,int nCount,int num,int order);//获取节点矢量
    double BasisFunctionValue(double u,int i,int k,double* T);//计算基函数
    CP2 OrthogonalProjection(CP3 Point3);//正交投影
    void ReleaseMemory();//释放内存
private:
    int m,p;//m 为 u 向的顶点数减 1，p 为次数
    int n,q;//n 为 v 向的顶点数减 1，q 为次数
    CP3** P;//P 为三维控制点二维数组表示
    double** W;//W 为三维控制点 P 的权因子
    double** U;//U 为 u 向节点矢量数组
    double** V;//V 为 v 向节点矢量数组
};
CNurbsSurface::CNurbsSurface(void)
{
```

```
        P=NULL;
        W=NULL;
        U=NULL;
        V=NULL;
}
CNurbsSurface::~CNurbsSurface(void)
{
        ReleaseMemory();
}
void CNurbsSurface::ReleaseMemory()
{
        if(NULL!=P)
        {
                for(int j=0;j<n+1;j++)
                {
                        delete []P[j];
                        P[j]=NULL;
                }
                delete []P;
                P=NULL;
        }
        if(NULL!=W)
        {
                for(int j=0;j<n+1;j++)
                {
                        delete []W[j];
                        W[j]=NULL;
                }
                delete []W;
                W=NULL;
        }
        if(NULL!=U)
        {
                for(int j=0;j<n+1;j++)
                {
                        delete []U[j];
                        U[j]=NULL;
                }
                delete []U;
                U=NULL;
        }
        if(NULL!=V)
        {
                for(int j=0;j<m+1;j++)
                {
                        delete []V[j];
                        V[j]=NULL;
```

```
            }
            delete []V;
            V=NULL;
        }
}
void CNurbsSurface::Initialize(CP3** CtrlP3,double** W3,int m,int p,int n,int q)//初始化
{
        ReleaseMemory();
        this->m=m,this->p=p;//u 向的 m 与 p
        this->n=n,this->q=q;//v 向的 n 与 q
        P=new CP3*[n+1];//建立控制顶点的动态二维数组
        for(int j=0;j<n+1;j++)
            P[j]=new CP3[m+1];
        W=new double*[n+1];//建立权因子的动态二维数组
        for(int j=0;j<n+1;j++)
            W[j]=new double[m+1];
        for(int j=0;j<n+1;j++)
            for(int i=0;i<m+1;i++)
                P[j][i]=CtrlP3[j][i];
        for(int j=0;j<n+1;j++)
            for(int i=0;i<m+1;i++)
                W[j][i]=W3[j][i];
        U=new double*[n+1];//建立 u 向节点矢量动态数组
        for(int j=0;j<n+1;j++)
            U[j]=new double[m+p+2];
        for(int j=0;j<n+1;j++)//u 向节点矢量不需要计算，可以直接赋值
        {
            U[j][0]=0.0,U[j][1]=0.0, U[j][2]=0.0, U[j][3]=0.25,U[j][4]=0.25,U[j][5]=0.5;
            U[j][6]=0.5,U[j][7]=0.75,U[j][8]=0.75,U[j][9]=1.0, U[j][10]=1.0,U[j][11]=1.0;
        }
        V=new double*[m+1];//建立 v 向节点矢量动态数组，v 向节点矢量使用哈德利算法获得
        for(int i=0;i<m+1;i++)
            V[i]=new double[n+q+2];
}
void CNurbsSurface::DrawNurbsSurface(CDC* pDC)//绘制曲面
{
        for(int i=0;i<m+1;i++)
            GetKnotVector(V[i],i,n,q);//获取节点矢量 V
        CPen NewPen(PS_SOLID,1,RGB(0,0,255));//曲线颜色为蓝色
        CPen* pOldPen=pDC->SelectObject(&NewPen);
        double Step=0.05;//步长
        for(double u=0.0;u<=1.0;u+=Step)
        {
            for(double v=0.0;v<=1.0;v+=Step)
            {
                u = int(u*1000)/1000.0;//精度调整
                v = int(v*1000)/1000.0;
```

```
                CP3 point(0,0,0);
                double weight=0.0;
                for(int j=0;j<n+1;j++)
                {
                    for(int i=0;i<m+1;i++)
                    {
                        double BValueU=BasisFunctionValue(u,i,p,U[j]);
                        double BValueV=BasisFunctionValue(v,j,q,V[i]);
                        point+=P[j][i]*W[j][i]*BValueU*BValueV;
                        weight+=W[j][i]*BValueU*BValueV;
                    }
                }
                point/=weight; // NURBS 曲线定义
                CP2 Point2=OrthogonalProjection(point);//正交投影
                if (v==0.0)
                    pDC->MoveTo(ROUND(Point2.x),ROUND(Point2.y));
                else
                    pDC->LineTo(ROUND(Point2.x),ROUND(Point2.y));
            }
        }
        for(double v=0.0;v<=1.0;v+=Step)
        {
            for(double u=0.0;u<=1.0;u+=Step)
            {
                u = int(u*1000)/1000.0;
                v = int(v*1000)/1000.0;
                CP3 point(0,0,0);
                double weight=0.0;
                for(int j=0;j<n+1;j++)
                {
                    for(int i=0;i<m+1;i++)
                    {
                        double BValueU=BasisFunctionValue(u,i,p,U[j]);
                        double BValueV=BasisFunctionValue(v,j,q,V[i]);
                        point+=P[j][i]*W[j][i]*BValueU*BValueV;
                        weight+=W[j][i]*BValueU*BValueV;
                    }
                }
                point/=weight;// NURBS 曲线定义
                CP2 Point2=OrthogonalProjection(point);//正交投影
                if (u==0.0)
                    pDC->MoveTo(ROUND(Point2.x),ROUND(Point2.y));
                else
                    pDC->LineTo(ROUND(Point2.x),ROUND(Point2.y));
            }
        }
        pDC->SelectObject(pOldPen);
```

```
        NewPen.DeleteObject();
    }
    void CNurbsSurface::DrawControlGrid(CDC* pDC)//绘制控制网格
    {
        CP2** P2=new CP2*[n+1];
        for(int j=0;j<n+1;j++)
            P2[j]=new CP2[m+1];
        for(int j=0;j<n+1;j++)
            for(int i=0;i<m+1;i++)
                P2[j][i]=OrthogonalProjection(P[j][i]);
        CPen NewPen,*pOldPen;
        NewPen.CreatePen(PS_SOLID,3,RGB(0,0,0));//控制网格直线颜色为黑色
        pOldPen=pDC->SelectObject(&NewPen);
        for(int j=0;j<n+1;j++)//绘制 v 向控制网格
        {
            pDC->MoveTo(ROUND(P2[j][0].x),ROUND(P2[j][0].y));
            for(int i=1;i<m+1;i++)
                pDC->LineTo(ROUND(P2[j][i].x),ROUND(P2[j][i].y));
        }
        for(int i=0;i<m+1;i++)//绘制 u 向控制网格
        {
            pDC->MoveTo(ROUND(P2[0][i].x),ROUND(P2[0][i].y));
            for(int j=1;j<n+1;j++)
                pDC->LineTo(ROUND(P2[j][i].x),ROUND(P2[j][i].y));
        }
        pDC->SelectObject(pOldPen);
        NewPen.DeleteObject();
        if(NULL!=P2)//释放动态数组内存，以防止内存泄漏
        {
            for(int j=0;j<n+1;j++)
            {
                delete []P2[j];
                P2[j]=NULL;
            }
            delete []P2;
            P2=NULL;
        }
    }
    void CNurbsSurface::GetKnotVector(double* T,int nCount,int num,int order)//Hartley－Judd 算法
    {
        for(int i=0;i<=order;i++) //小于等于曲线次数 order 的节点值为 0
            T[i]=0.0;
        for(int i=num+1;i<=num+order+1;i++)//大于顶点数减 1 的节点值为 1
            T[i]=1.0;
        //计算 num-order 个内节点
        for(int i=order+1;i<=num;i++)
        {
```

```
                double sum=0.0;
                for(int j=order+1;j<=i;j++)
                {
                    double numerator=0.0;//计算分子
                    for(int loop=j-order;loop<=j-1;loop++)
                    numerator+=(P[loop][nCount].x-P[loop-1][nCount].x)*
                            (P[loop][nCount].x-P[loop-1][nCount].x)+
                            (P[loop][nCount].y-P[loop-1][nCount].y)*
                            (P[loop][nCount].y-P[loop-1][nCount].y);
                    double denominator=0.0;//计算分母
                    for(int loop1=order+1;loop1<=num+1;loop1++)
                    {
                        for(int loop2=loop1-order;loop2<=loop1-1;loop2++)
                        denominator+=(P[loop2][nCount].x-P[loop2-1][nCount].x)*
                                (P[loop2][nCount].x-P[loop2-1][nCount].x)+
                                (P[loop2][nCount].y-P[loop2-1][nCount].y)*
                                (P[loop2][nCount].y-P[loop2-1][nCount].y);
                    }
                    if(denominator < 1e-6)
                        denominator = 1.0;
                    sum+=numerator/denominator;
                }
                T[i]=sum;
        }
}
double CNurbsSurface::BasisFunctionValue(double t,int i,int order,double* T)//计算基函数
{
        double value1,value2,value;
        if(order==0)
        {
                if(t>=T[i] && t<T[i+1])
                    return 1.0;
                else
                return 0.0;
        }
        if(order>0)
        {
                if(t<T[i]||t>T[i+order+1])
                    return 0.0;
                else
                {
                    double coffcient1,coffcient2;//凸组合系数 1，凸组合系数 2
                    double denominator=0.0;//分母
                    denominator=T[i+order]-T[i];//递推公式第一项分母
                    if(denominator==0.0)//约定 0/0
                        coffcient1=0.0;
                    else
```

```
            coffcient1=(t-T[i])/denominator;
        denominator=T[i+order+1]-T[i+1];//递推公式第二项分母
        if(0.0==denominator)//约定 0/0
            coffcient2=0.0;
        else
            coffcient2=(T[i+order+1]-t)/denominator;
        value1=coffcient1*BasisFunctionValue(t,i,order-1,T);//递推公式第一项的值
        value2=coffcient2*BasisFunctionValue(t,i+1,order-1,T);//第二项的值
        value=value1+value2;//基函数的值
    }
  }
  return value;
}
CP2 CNurbsSurface::OrthogonalProjection(CP3 Point3)//正交投影
{
  CP2 Point2;
  Point2.x=Point3.x;
  Point2.y=Point3.y;
  return Point2;
}
```

3．CTestView类

```
#pragma once
#include "Transform3.h"
#include "Revolution.h"
class CTestView : public CView
{
protected: // create from serialization only
    CTestView();
    DECLARE_DYNCREATE(CTestView)
// Attributes
public:
    CTestDoc* GetDocument() const;
// Operations
public:
    void ReadPoint(void);//读入二维控制点坐标
    void DrawGraph(CDC* pDC);//绘制图形
    void DoubleBuffer(CDC* pDC);//双缓冲
// Overrides
public:
    virtual void OnDraw(CDC* pDC);    // overridden to draw this view
    virtual BOOL PreCreateWindow(CREATESTRUCT& cs);
protected:
    virtual BOOL OnPreparePrinting(CPrintInfo* pInfo);
```

```
	virtual void OnBeginPrinting(CDC* pDC, CPrintInfo* pInfo);
	virtual void OnEndPrinting(CDC* pDC, CPrintInfo* pInfo);
// Implementation
public:
	virtual ~CTestView();
#ifdef _DEBUG
	virtual void AssertValid() const;
	virtual void Dump(CDumpContext& dc) const;
#endif
protected:
	double Alpha,Beta;//物体绕 x 轴与绕 y 轴旋转角
	CRevolution revolution;//旋转体对象
	CTransform3 transform;//变换对象
// Generated message map functions
protected:
	afx_msg void OnFilePrintPreview();
	afx_msg void OnRButtonUp(UINT nFlags, CPoint point);
	afx_msg void OnContextMenu(CWnd* pWnd, CPoint point);
	DECLARE_MESSAGE_MAP()
public:
	afx_msg void OnKeyDown(UINT nChar, UINT nRepCnt, UINT nFlags);
};
#ifndef _DEBUG   // debug version in TestView.cpp
inline CTestDoc* CTestView::GetDocument() const
	{ return reinterpret_cast<CTestDoc*>(m_pDocument); }
#endif
// TestView.cpp : implementation of the CTestView class
#include "stdafx.h"
// SHARED_HANDLERS can be defined in an ATL project implementing preview, thumbnail
// and search filter handlers and allows sharing of document code with that project.
#ifndef SHARED_HANDLERS
#include "Test.h"
#endif
#include "TestDoc.h"
#include "TestView.h"
#ifdef _DEBUG
#define new DEBUG_NEW
#endif
// CTestView
IMPLEMENT_DYNCREATE(CTestView, CView)
```

```
BEGIN_MESSAGE_MAP(CTestView, CView)
	// Standard printing commands
	ON_COMMAND(ID_FILE_PRINT, &CView::OnFilePrint)
	ON_COMMAND(ID_FILE_PRINT_DIRECT, &CView::OnFilePrint)
	ON_COMMAND(ID_FILE_PRINT_PREVIEW, &CTestView::OnFilePrintPreview)
	ON_WM_CONTEXTMENU()
	ON_WM_RBUTTONUP()
	ON_WM_KEYDOWN()
END_MESSAGE_MAP()
// CTestView construction/destruction
CTestView::CTestView()
{
	// TODO: add construction code here
	Alpha=0,Beta=0;//物体绕 x 轴与绕 y 轴旋转角
	ReadPoint();//读入控制点
}
CTestView::~CTestView()
{
}
BOOL CTestView::PreCreateWindow(CREATESTRUCT& cs)
{
	// TODO: Modify the Window class or styles here by modifying
	//  the CREATESTRUCT cs
	return CView::PreCreateWindow(cs);
}
// CTestView drawing
void CTestView::OnDraw(CDC* pDC)
{
	CTestDoc* pDoc = GetDocument();
	ASSERT_VALID(pDoc);
	if (!pDoc)
		return;
	// TODO: add draw code for native data here
	DoubleBuffer(pDC);//双缓冲动画函数
}
// CTestView printing
void CTestView::OnFilePrintPreview()
{
#ifndef SHARED_HANDLERS
	AFXPrintPreview(this);
```

```
#endif
}
BOOL CTestView::OnPreparePrinting(CPrintInfo* pInfo)
{
	// default preparation
	return DoPreparePrinting(pInfo);
}
void CTestView::OnBeginPrinting(CDC* /*pDC*/, CPrintInfo* /*pInfo*/)
{
	// TODO: add extra initialization before printing
}
void CTestView::OnEndPrinting(CDC* /*pDC*/, CPrintInfo* /*pInfo*/)
{
	// TODO: add cleanup after printing
}
void CTestView::OnRButtonUp(UINT /* nFlags */, CPoint point)
{
	ClientToScreen(&point);
	OnContextMenu(this, point);
}
void CTestView::OnContextMenu(CWnd* /* pWnd */, CPoint point)
{
#ifndef SHARED_HANDLERS
	theApp.GetContextMenuManager()->ShowPopupMenu(IDR_POPUP_EDIT, point.x, point.y, this, TRUE);
#endif
}
// CTestView diagnostics
#ifdef _DEBUG
void CTestView::AssertValid() const
{
	CView::AssertValid();
}
void CTestView::Dump(CDumpContext& dc) const
{
	CView::Dump(dc);
}
CTestDoc* CTestView::GetDocument() const // non-debug version is inline
{
	ASSERT(m_pDocument->IsKindOf(RUNTIME_CLASS(CTestDoc)));
	return (CTestDoc*)m_pDocument;
```

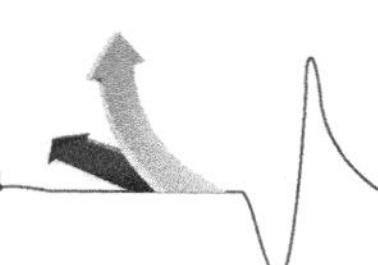

```
}
#endif //_DEBUG
// CTestView message handlers
void CTestView::ReadPoint(void)//读入二维控制点坐标
{
	int n,q;//v 向的控制点数-1 与曲线次数，v 向为轮廓线
	n=6,q=3;//整圆为 7 个顶点定义的三次曲线
	CP2 P2[7];//轮廓线的二维控制点
	P2[0]=CP2(-90,280);//n 个二维点定义一段 v 向 NURBS 曲线，该曲线位于 x 轴负向
	P2[1]=CP2(-45,190);
	P2[2]=CP2(-50,10);
	P2[3]=CP2(-190,-5);
	P2[4]=CP2(-200,-180);
	P2[5]=CP2(-80,-270);
	P2[6]=CP2(-100,-300);
	double W2[7];//与轮廓线二维控制点相对应的二维权因子
	W2[0]=1.0,W2[1]=2.0,W2[2]=2.0,W2[3]=2.0,W2[4]=2.0,W2[5]=2.0,W2[6]=1.0;
	revolution.ReadNurbsControlPoint(P2,W2,n,q);//旋转体控制点初始化
	transform.SetMatrix(revolution.Vertex,9*(n+1));//初始化三维变换矩阵
}
void CTestView::DoubleBuffer(CDC* pDC)//双缓冲
{
	CRect rect;//定义客户区矩形
	GetClientRect(&rect);//获得客户区的大小
	pDC->SetMapMode(MM_ANISOTROPIC);//pDC 自定义坐标系
	pDC->SetWindowExt(rect.Width(),rect.Height());
	pDC->SetViewportExt(rect.Width(),-rect.Height());//x 轴水平向右，y 轴垂直向上
	pDC->SetViewportOrg(rect.Width()/2,rect.Height()/2);//客户区中心为原点
	CDC memDC;//内存 DC
	memDC.CreateCompatibleDC(pDC);//创建一个与显示 pDC 兼容的内存 memDC
	CBitmap NewBitmap,*pOldBitmap;//内存中承载的临时位图
	NewBitmap.CreateCompatibleBitmap(pDC,rect.Width(),rect.Height());//创建兼容位图
	pOldBitmap=memDC.SelectObject(&NewBitmap);//将兼容位图选入 memDC
	memDC.FillSolidRect(rect,pDC->GetBkColor());//按原来背景填充客户区，否则是黑色
	memDC.SetMapMode(MM_ANISOTROPIC);//memDC 自定义坐标系
	memDC.SetWindowExt(rect.Width(),rect.Height());
	memDC.SetViewportExt(rect.Width(),-rect.Height());
	memDC.SetViewportOrg(rect.Width()/2,rect.Height()/2);
	rect.OffsetRect(-rect.Width()/2,-rect.Height()/2);
	DrawGraph(&memDC);//向 memDC 绘制图形
	pDC->BitBlt(rect.left,rect.top,rect.Width(),rect.Height(),&memDC,-rect.Width()/2,
		-rect.Height()/2,SRCCOPY);//将内存 memDC 中的位图拷贝到显示 pDC 中
	memDC.SelectObject(pOldBitmap);//恢复位图
	NewBitmap.DeleteObject();//删除位图
	ReleaseDC(&memDC); //释放内存
}
void CTestView::DrawGraph(CDC* pDC)//绘制 NURBS 曲面
```

```
    {
        revolution.DrawRevolution(pDC);
    }
void CTestView::OnKeyDown(UINT nChar, UINT nRepCnt, UINT nFlags)
{
    // TODO: Add your message handler code here and/or call default
    switch(nChar)
    {
    case VK_UP:
        Alpha=+5;
        transform.RotateX(Alpha);
        break;
    case VK_DOWN:
        Alpha=-5;
        transform.RotateX(Alpha);
        break;
    case VK_LEFT:
        Beta=-5;
        transform.RotateY(Beta);
        break;
    case VK_RIGHT:
        Beta=5;
        transform.RotateY(Beta);
        break;
    default:
        break;
    }
    Invalidate(false);
    CView::OnKeyDown(nChar, nRepCnt, nFlags);
}
```

2.6 效果图

花瓶效果图如图 A.2.3 所示。图 A.2.3(a)为无底花瓶，图 A.2.3(b)为绘制了控制网格的花瓶。

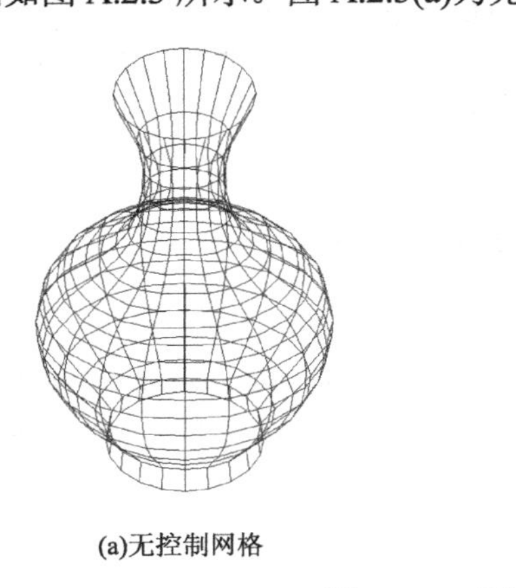

(a)无控制网格

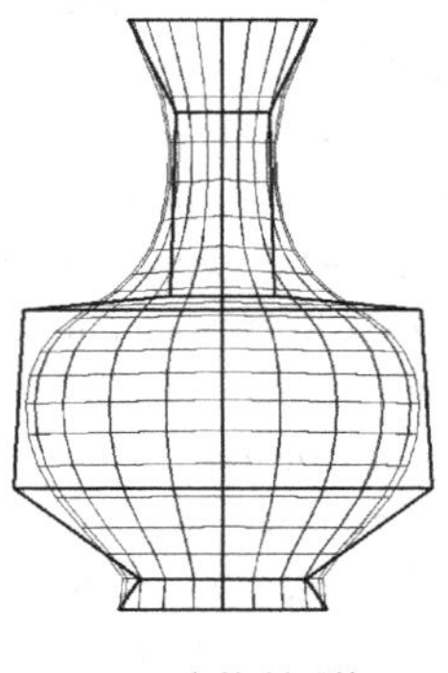

(b)有控制网格

图 A.2.3 花瓶正交投影图

参考文献

[1] Farin G. *Algorithms for Rational Bezier Curves* [J]. CAD, 1983, 15(2): 73-77.

[2] Faux I D, Pratt M J. *Computational Geometry for Design and Manufacture* [M]. Chichester; Ellis Horwood, 1979.

[3] 朱心雄. 自由曲线曲面造型技术[M]. 北京：科学出版社，2000.

[4] Bezier, P. *Numerical Control-Mathematics and Applications*, John Wiley and Sons, London, 1972.

[5] 施法中. 计算机辅助几何设计与非均匀有理 B 样条[M]. 北京：高等教育出版社，2013.

[6] Piegl L. *On NURBS: A Survey* [J]. IEEE CG&A, 1991, 11(1): 55-71.

[7] Piegl L, Tiller W. *A Menagerie of Rational B-spline Circles* [J]. IEEE CG&A, 1989, 9(5): 48-56.

[8] Piegl L, Tiller W. 非均匀有理 B 样条[M]. 赵罡，穆国旺，王拉柱，译. 2 版. 北京：清华大学出版社，2010.

[9] 施法中. 各种角度圆弧的二次 NURBS 表示[J]. 计算机辅助设计与图形学学报, 1993, 5(4): 247-250.

[10] 莫蓉，常智勇. 计算机辅助几何造型技术（第 2 版）[M]. 北京：科学出版社，2009.

[11] 孔令德. 计算机图形学基础教程（Visual C++版）（第 2 版）[M]. 北京：清华大学出版社，2013.

[12] 孔令德. 计算机图形学实践教程（Visual C++版）（第 2 版）[M]. 北京：清华大学出版社，2013.

[13] 孙家广，胡事民. 计算机图形学基础教程（第 2 版）［M］. 北京：清华大学出版社，2009.

[14] Boehm W. *Inserting New Knot into B-spline Curves* [J]. CAD, 1980, 12(4): 199-201.

[15] Cohen E, Lyche T, Schumaker L L. *Algorithms for Degree-raising of Splines* [C]. ACM Transactions of Graphics, 1985, 4(3): 171-181.

[16] Lyche T, Morken K. *Making the Oslo Algorithm More Efficient* [J]. SIAM J. Number. Anal, 1986, 23(3): 663-675.

[17] 秦开怀，关右江. B 样条曲线的节点插入问题及两个新算法[J]. 计算机学报，1997, 20(6): 556-561.

[18] 魏海涛. 计算机图形学：理论、工具与应用（第 3 版）[M]. 北京：电子工业出版社，2013.

[19] 苏步青，华宣积. 应用几何教程（第 2 版）[M]. 上海：复旦大学出版社，2012.

[20] 王仁宏，李崇君，朱春光. 计算几何教程[M]. 北京：科学出版社，2016.